Stefan Merath

Dein Wille geschehe

Gewidmet Andreas Müller und Anja Haller

Einige der Leser, die mich kennen, werden sicherlich versuchen, in den Figuren Menschen aus meinem Umfeld wiederzuerkennen, daher dies vorab: Jede Ähnlichkeit mit real lebenden Personen, egal, ob Coach, Unternehmer oder Mitarbeiter, ist rein zufällig und nicht beabsichtigt!

Stefan Merath

Dein Wille geschehe

Führung für Unternehmer

Der Weg zu Selbstbestimmung
und Freiheit

GABAL

Bibliografische Information der Deutschen Nationalbibliothek

Die Deutsche Nationalbibliothek verzeichnet diese Publikation
in der Deutschen Nationalbibliografie; detaillierte bibliografische Daten
sind im Internet über http//dnb.d-nb.de abrufbar.

ISBN 978-3-86936-751-4

Lektorat: Anke Schild, Hamburg
Umschlaggestaltung: Martin Zech Design, Bremen | www.martinzech.de
Umschlagfoto: Erni / Fotolia
Autorenfoto: Orhidea Briegel
Satz und Layout: Das Herstellungsbüro, Hamburg | www.buch-herstellungsbuero.de
Druck und Bindung: Salzland Druck, Staßfurt

5. Auflage 2020

Wir drucken in Deutschland.

www.gabal-verlag.de
www.twitter.com/gabalbuecher
www.facebook.com/Gabalbuecher
www.instagram.com/gabalbuecher

PEFC
PEFC/04-31-2251

PEFC zertifiziert
Dieses Produkt stammt aus nachhaltig bewirtschafteten Wäldern und kontrollierten Quellen.

www.pefc.de

Inhalt

Personenübersicht

Marc Kaufmann	Inhaber der »Kastor Unternehmensimage GmbH«
Wolfgang Radies	Der Unternehmercoach
Thomas Willmann	Ehemaliger Schüler von Wolfgang Radies, Inhaber von drei Firmen und Unternehmercoach
Olli Steinbach	Ehemaliger Schüler von Wolfgang Radies, Inhaber eines mittelgroßen Unternehmens und Unternehmercoach
Carlos Anconia Sanchez	Ehemaliger Schüler von Wolfgang Radies, Inhaber zweier mittelgroßer Unternehmen und Unternehmercoach
Uwe	Inhaber eines Maschinenbauunternehmens mit 150 Mitarbeitern und Kunde von Wolfgang Radies
Jens	Kameramann in Marcs Unternehmen
Beate	Mitarbeiterin bei Kastor: Medienkontakte und Platzierung der Beiträge
Ria und Werner	Mitarbeiter bei Kastor: Akquise
Jana	Marcs Assistentin
Petra und Hartmut	Mitarbeiter bei Kastor: Texter
Tobias, Sebastian und Karla	Mitarbeiter bei Kastor: Projektleiter
Torsten	Mitarbeiter bei Kastor: Tonmeister
Maria	Mitarbeiterin bei Kastor: Cutterin
Herr Jaschke	Kastor-Kunde, Hersteller von Home-Sportgeräten
Anton und Dieter	Marcs Kneipenkumpels und »Fußballexperten«
Martin Kaufmann	Vater von Marc, verrenteter Journalist
Karin Kaufmann-Kleine	Mutter von Marc, verrentete Lehrerin
Gerhard Kaufmann	Verstorbener Großvater von Marc
Helena	Exfreundin von Marc (2009–2015)

1. Vorwort von Andreas Nau

EASYSOFT GMBH, TOP-JOB-GEWINNER 2014

»Der Unterschied zwischen dem, was wir tun,
und dem, wozu wir fähig sind, würde
die meisten Probleme auf der Welt lösen.«

Mahatma Gandhi

Fast unglaublich, ja eigentlich unfassbar, was sich in den letzten acht Jahren bei mir verändert hat! Und dabei stand ich doch kurz vor dem Aus. Hatte eigentlich schon aufgegeben. Wollte nicht mehr. Raus aus der Firma, die ein Freund und ich 1994 gegründet hatten, und wieder einer »normalen«, geregelten Arbeit nachkommen.

Mein Unternehmen stand damals kurz vor der Insolvenz. Über ein Jahr zog sich unsere Krise schon hin und wir kamen einfach nicht weiter. Ganz im Gegenteil, es wurde immer schlimmer. Vieles hatten wir bereits zu ändern versucht – aber nichts hatte den gewünschten Effekt gehabt. Bis es dann am 31. März 2008 so weit war, dass ich meinen beiden Geschäftsführerkollegen erklärte: »Ich steige aus. Das war's.«

Damals hatte unsere Firma 14 Mitarbeiter inklusive uns drei Geschäftsführern. Einige Kollegen waren Wochen oder Monate vorher bereits gegangen. Hatten quasi das sinkende Schiff verlassen. Jetzt war ich so weit.

Und dann kam alles anders.

Jetzt, im September 2016, sitze ich in einem neuen Gebäude, das wir erst vor ein paar Wochen bezogen haben: 2000 Quadratmeter neue Büroflächen, Besprechungs- und Schulungsräume, Kommunikationsinseln, Fitnessraum, eine 16 Meter hohe Kletterwand und vieles mehr … Ein Gebäude, das der Vision verblüffend nahekommt, die ich als konkretes Bild im Mai 2008 beim Seminar »Der Weg zum erfolgreichen Unternehmer« am Starnberger See festgehalten hatte.

Ich glaube nicht daran, dass es ein Zufall war, dass ich kurz zuvor auf das gleichnamige Buch von Stefan Merath gestoßen war. Bei der Lektüre war mir schon vieles klar geworden: Ich bekam ganz neue Ideen, was ich konkret machen könnte, um unser Unternehmen wieder in die Spur zu bringen – wenigstens einigermaßen.

Der Weg zum erfolgreichen Unternehmer

Doch ein Buch zu lesen und es zu verstehen, heißt noch lange nicht, auch etwas anzupacken. Sich konkret zu verändern. Schon am nächsten Morgen herrscht wieder der Alltag, sind da die gleichen Probleme, die auch am Vortag bereits da waren. Und alles läuft wieder im alten Trott. Man steckt erneut in seinem gewohnten Hamsterrad und läuft weiter und weiter. Das wollte ich aber nicht mehr. Ich wollte raus. Jetzt oder nie. Eine letzte Chance.

Nachdem ich das Buch gelesen hatte, meldete ich mich also schnell für das zweitägige Seminar an. Die Kosten dafür übernahm ich privat, um keine weiteren Diskussionen auszulösen.

Eine goldrichtige Entscheidung. Eigentlich zum ersten Mal machte ich mir grundlegend Gedanken darüber, was mich wirklich antreibt: Wo möchte ich eigentlich hin und wie sieht meine Vision für mein Leben und für mein Unternehmen aus? Was sind meine Werte und Grundmotive? Und worin bestehen meine Träume, Wünsche und Ziele in den sieben Lebensbereichen?

Nachdem diese Fragen im Seminar und durch ein Coaching von Stefan Merath gestellt wurden und mir meine persönlichen Antworten klarer wurden, eröffnete sich für mich fast schon automatisch der richtige Weg. Wo ich vorher lange überlegen musste, konnte ich diesen Weg plötzlich ganz deutlich sehen, und das schon bei den kleinen Kreuzungen im Alltag. Wo ich vorher an der Abzweigung stand und zwischen Weg A, B oder C immer wieder hin- und hersprang, mal hier und mal dort unterwegs war, gab es plötzlich kein langes Überlegen mehr. Keine unnötigen Diskussionen, sondern Klarheit.

Roy Disney sagte einmal: »Wenn wir unsere Werte kennen, ist es nicht schwer, Entscheidungen zu treffen.« Stimmt! Doch wir nehmen uns oft viel zu wenig Zeit, auf unsere innere Stimme zu hören und uns diese grundlegenden Gedanken zu machen.

Arbeiten am Unternehmen

Und dann ging es an die Unternehmensarbeit. Es galt, Antworten auf die großen Fragen zu finden: Wo ist momentan unser größter Engpass und wie können wir ihn lösen? Ich lernte die Grundlagen der Engpasskonzentrierten Strategie (EKS)® kennen und konkret auf das eigene Unternehmen anzuwenden. Ja, ich machte mich daran, überhaupt die richtige Strategie zu finden und daran zu feilen.

Wichtig ist es, praktisch zu werden. Erkenntnisse müssen im praktischen Leben umgesetzt werden, Bücherwissen allein führt nicht weiter. Aus eigener Erfahrung kann ich dabei nur dazu ermuntern, Möglichkeiten wie Seminare und Coachings wahrzunehmen. Sie geben den Anstoß für die entscheidenden Schritte zur Veränderung.

Noch das Jahr 2008 – also das Jahr, in dem wir nach dem ersten Quartal kurz vor dem Aus standen – schlossen wir mit 30 Prozent Umsatzwachstum und Gewinn ab. Wirklich fast unfassbar! Acht

Jahre später haben wir Umsatz und Mitarbeiterzahl sogar vervierfacht. Wir haben Preise und Auszeichnungen gewonnen, darunter Platz 1 bei TOP JOB, Platz 5 bei Great Place to Work ITK, ArbeitPLUS (Arbeitgebersiegel der EKD), Deutschlands Kundenchampions und TEMP-Award. Mit unserem neuen Gebäude haben wir 2016 die Grundlage für weiteres Wachstum gelegt. Wir haben noch viel vor. Meine Vision steht.

Dabei hatten sich die äußeren Bedingungen überhaupt nicht verändert. Kein Lottogewinn. Keine unerwartete Finanzspritze. Kein plötzlicher Run auf unsere Produkte. Nein, was sich verändert hatte, kam von innen. Von mir und uns selbst, und ja, auch von meinem Glauben. Ein neues Mindset. Eine neue Sichtweise auf mich und mein Unternehmen. Das war das Entscheidende!

Und deswegen steht heute Folgendes in meinem persönlichen Tagebuch:

»Gerade habe ich mir eine Tasse Cappuccino geholt. Bin dabei in den dritten Stock unseres neuen Bürogebäudes gegangen. Dort gibt es einen großzügigen Bistrobereich, wunderschön gestaltet mit einer einladenden Terrasse und Blick ins Grüne. Auf dem Weg begegnen mir freundliche, lachende und strahlende Kolleginnen und Kollegen. Zurück gehe ich an Meetingräumen vorbei. Durch die Glasflächen kann man sehen, wie neue Ideen kreiert werden, wie engagiert diskutiert, gezeichnet und illustriert wird. Der Meetingraum ist virtuell mit unserem Meetingraum an unserem zweiten Standort in Bretten verbunden. Dort haben wir erst vor drei Jahren neu gebaut, weil uns damals zum ersten Mal der Platz ausging. Einige Kollegen gehen mit der Laufgruppe eine Runde joggen, weitere spielen Tischtennis im Fitnessraum.

Ich lächle, kehre zurück in mein Büro und zücke den roten Ordner, den ich damals im Mai 2008 am Starnberger See bekommen habe. Ich komme auf eine Seite, auf der wir nach einer Meditation eine »grobe Unternehmervision« notiert hatten, also das Bild, wie unser Unternehmen einmal aussehen soll. Beim Lesen bekomme ich Gänsehaut – und eine tiefe Dankbarkeit erfüllt mich. Ein Professor von mir hat früher Mark Twain zitiert: »Wer nicht weiß, wohin er will, braucht sich auch nicht zu wundern, wenn er ganz woanders ankommt.« Und ich drehe das heute gerne um und sage: »Wenn man weiß, wohin man will, kann man sich nur wundern, wie gut man ankommt!«

Unterwegs mit neuer Energie

Aber läuft denn dann alles so einfach? Geht es nur noch geradeaus und bergauf? Leider nein, tut mir leid! In den vergangenen Jahren gab es immer wieder Herausforderungen. Dinge, die unerwartet kamen, die wir gerade so gar nicht gebrauchen konnten.

Aber wie hatte ich doch bei Stefan Merath gelernt:

- Eine gute Vision gibt eine Richtung vor.
  Wir haben oft viel zu viele Möglichkeiten und verzetteln uns zu schnell. Eine Vision schützt uns vor dieser Verzettelung.
- Eine gute Vision gibt auch bei Schwierigkeiten Energie.
  Es gibt immer Schwierigkeiten – und wir benötigen so viel Energie, dass wir an der Bewältigung Spaß haben.
- Eine gute Vision macht effektiver.
  Je anziehender eine Vision ist, desto größer unsere Initiative. Und desto weniger müssen wir uns mit Details und Kontrolle beschäftigen.

Nach und nach wurde mir etwas ganz Wichtiges klar: Es ist sehr ratsam, sich *externe Energie* zu holen.

Ich habe mich beispielsweise bewusst gefragt, welche Personen mir helfen können: Wer ist in den Bereichen, in denen ich einen

Engpass habe, besser als ich? Man kann sein Tennisspiel schneller optimieren, wenn man mit besseren Tennisspielern zusammenspielt. Beim Laufen ist es ähnlich: Durch das Laufen mit schnelleren Läufern besteht eine höhere Chance, daran zu wachsen. Wenn man hingegen mit langsameren Läufern laufen würde, hilft dies zwar dem Ego, jedoch nicht der Verbesserung.

Bücher und Seminare bieten ebenfalls eine Möglichkeit, sich durch externe Anstöße weiterzuentwickeln. Früher glaubte ich, das wäre unnötig, viel zu teuer und letztlich Zeitverschwendung – heute weiß ich es besser. Stephen R. Covey fragte einmal in einem Seminar: »Hast du schon einmal versucht, 5000 Kilometer mit dem Auto zu fahren, ohne zu tanken? Ging das gut?« Wir kommen nur dann voran, wenn wir immer wieder Energie auftanken. Immer neu dazulernen. Und uns weiterentwickeln.

Beratung und Coaching können ebenfalls ein Hilfsmittel sein. Für mich war es wichtig, dass ich neue Ideen und Gedanken in diesem Rahmen reflektieren und ordnen konnte. Das Bewusstsein, dass mir jemand bei den ersten Schritten des Wandels zur Seite steht, um bestimmte Vorgehensweisen zu bewerten, gab zusätzliche Sicherheit. Vor allem konnten mir hier Unternehmer mit ihren eigenen Erfahrungen weiterhelfen.

Darüber hinaus hat auch der regelmäßige und verpflichtende Austausch mit anderen Unternehmern zu meinem jetzigen Stand beigetragen. So besuchte ich zum Beispiel zwischen 2009 und 2013 die Braintrusts von Stefan Merath.

Ich kann nur jedem raten: Nutze die Chancen der externen Energie und entwickle dich weiter!

Das Mindset der Führung

Schließlich ist da noch ein Thema, das entscheidend für den Erfolg eines Unternehmens ist: Führung.

Ich sage es noch einmal: Die richtige Führung ist entscheidend! Sie kann ein Unternehmen zu gesundem Wachstum bringen. Sie kann aber auch in fataler Weise das Gegenteil bewirken. Gute Führung ist die Stunde der Wahrheit: Wollen andere Menschen an der Vision und Strategie mitwirken? Oder bleiben diese nur leere Träume? Ohne richtige Führung ist alles nichts. Und noch viel mehr: Unter einer guten und gesunden Führung stimmen nicht nur die Zahlen, auch die Lebensqualität aller Mitarbeiter im Unternehmen verbessert sich, einschließlich die des Führenden selbst.

Deshalb bin ich begeistert, dass Stefan Merath sich nach seinen Büchern *Der Weg zum erfolgreichen Unternehmer* und *Die Kunst, seine Kunden zu lieben* diesem Thema gewidmet hat. Und das, obwohl es bereits eine Vielzahl von Büchern zu dem Thema gibt. Aber dieses Buch ist etwas ganz Besonderes: Es richtet sich als erstes Buch nur an Unternehmer, nicht an Manager. Es bringt in die Vielfalt unterschiedlichster Theorien endlich Klarheit und Ordnung. Und es beginnt nicht bei irgendwelchen Führungsmethoden, die man in der Hektik des Alltags dann doch vergisst, sondern bei der Persönlichkeit des führenden Unternehmers. Und das ist für mich die Klammer beim Werk von Stefan Merath: Sein erstes Buch handelt von der Persönlichkeit des Unternehmers, sein zweites Buch von der Persönlichkeit des Strategen und sein drittes Buch von der Persönlichkeit des Führenden.

Wie für seine vorigen Büchern hat Stefan Merath die aktuelle Literatur ausgewertet und die wichtigsten Erkenntnisse in einem System zusammengebracht, wobei wirklich Neues und Wichtiges entsteht, das längst zusammengehört. Herausgekommen ist ein Buch, das zum Reflektieren der eigenen Haltung und zum konkreten Arbeiten im und am Unternehmen anleitet. Und obwohl wir uns ja nun schon eine

Weile mit diesem Thema beschäftigen und zahlreiche Führungsauszeichnungen bekommen haben, waren auch für uns wichtige neue Anregungen dabei. Wie zum Beispiel die Wahrnehmungsmodelle und hier insbesondere der Stuck State. Dann die sieben Handlungsfelder der Führung – sie sollten ausgedruckt auf mindestens DIN A3 in jedem Unternehmerbüro hängen. Oder ganz praktisch: die Tabelle zu den drei entscheidenden Kriterien für Führung. Wir haben daraus einen Mitarbeiterumfragebogen gemacht, den wir einmal im Quartal auswerten, und daraus konnten wir schon viel lernen. Klasse!

Ja, Führung ist ein Dauerthema, das, wenn wir es richtig angehen, viel Spaß machen kann und zu einem besseren Leben und Handeln, zu mehr Selbstbestimmung und Freiheit führt.

September 2016
Andreas Nau
www.easysoft.de, www.andreasnau.de

2. Das neue Jahr beginnt

(FREITAG, 8. JANUAR)

»Warum können die nicht ein einziges Mal tun, was man ihnen sagt?«, seufzte ich frustriert, als Jens mein Büro verlassen hatte. »Verstehen die denn meine Ideen nicht? Wissen die nicht, was wir hier in meiner Firma machen? Am besten wäre, wenn ich hier ein paar Klone von mir hätte!«

Volle zwei Wochen hatte ich mich im Dezember mit unserem Kunden Herrn Jaschke zusammengesetzt, um ein Konzept dafür zu erstellen, wie sein Unternehmen in den Social-Media-Kanälen wieder besser dastehen könnte. Infolge kleiner Qualitätsmängel an seinen Home-Sportgeräten war er Opfer eines Shitstorms geworden. Dieser war zwar mittlerweile abgeklungen, aber das Ansehen war weiterhin beschädigt. Mein Unternehmen hilft Auftraggebern dabei, ihr Image wieder aufzupolieren. Dazu hatte ich eine wirklich besondere Story entwickelt, die den Menschen hinter dem Unternehmen, also Herrn Jaschke, herausstellte und so Identifikationspotenzial und Vertrauen aufbauen sollte. Eine Story aus der Gründungsphase seines Unternehmens – er hatte es ja genau deshalb gegründet, weil ihm die Qualitätsmängel bei seinem vorherigen Arbeitgeber so gegen den Strich gingen.

Meine Mitarbeiter sollten die Story filmisch umsetzen: Sebastian als Projektleiter und Jens hinter der Kamera. Und mit dem Clip wollten wir dann YouTube und Facebook bestücken. Wenn es gut laufen würde, könnten wir da eine ganze Serie machen, die sich immer um denselben Story-Kern drehen würde. Und nach und nach würde sich das Image seines Unternehmens wieder wenden. Ich freute mich schon richtig darauf, die ersten Bilder zu sehen.

Und jetzt das!

Jens zeigte mir den Rohschnitt. Ein Herr Jaschke war darauf nicht zu sehen. Und von meiner Story auch nichts. Herr Jaschke hatte angeblich keine Zeit gehabt, als Sebastian und Jens da waren. Stattdessen fand sich in dem Clip irgendein hübsches Mädel, das als Marketingpraktikantin bei Herrn Jaschke arbeitete.

»Statt zurück ins Büro zu fahren, habe ich nach einer Lösung gesucht«, erklärte Jens stolz. »Scheitern ist keine Option! Und da kam mir diese süße Maus aus dem Marketing vor die Kamera. Die ist doch scharf, oder?«

»Ja, ja«, erwiderte ich frustriert. Vermutlich hatte er mit ihr danach noch Überstunden gemacht. Jens fiel das leicht: ein durchtrainierter Endzwanziger, etwa 1,90 Meter groß und gut aussehend und ohne Hemmungen. »Aber das ist nicht das, was wir vereinbart hatten. Wir wollen, dass die Menschen die Person hinter dem Unternehmen erleben können, also Herrn Jaschke, und nicht irgendeine austauschbare Tussi.«

»Ach, komm schon, Marc«, lächelte Jens gewinnend, »seien wir doch mal ehrlich: Herr Jaschke ist völlig untrainiert und hat Ringe unter den Augen. Wer von seinen Kunden will sich denn mit dem identifizieren? Die wollen doch alle besser aussehen! Aber Viola ist eine echte Prachtschnitte. Die guckt jeder an, egal, um was es geht. Sie ist ganz klar eine Sympathieträgerin.«

»Und was hat Sebastian dazu gesagt?«, fragte ich. Immerhin ist er der Projektleiter.

Jens grinste. »Marc, du kennst doch Sebastian. Der meckert immer nur rum. Aber«, und nun wirkte er plötzlich nicht mehr ganz so forsch, »Herr Jaschke findet den Clip super.«

»Herr Jaschke findet ... was?«, fragte ich fassungslos. »Du hast ihm den Clip doch nicht etwa schon gezeigt? Bevor ich ihn gesehen habe? Das glaube ich jetzt nicht!«

»Nein, natürlich nicht«, entgegnete Jens. »Ich weiß ja, dass du als Chef den Kunden die Clips präsentierst. Ich hab ihn nur Viola, der Marketingpraktikantin geschickt, weil sie sich natürlich sehen wollte. Und da ist der Clip viral in einer Stunde durch Jaschkes komplette Firma gewandert. Bis ganz nach oben. Damit hab ich echt nicht gerechnet. Aber, Marc, das beweist doch: Der Clip ist viral, er funktioniert und Herr Jaschke will ihn.«

»Herr Jaschke will ihn«, wiederholte ich leise kopfschüttelnd. Wofür hatte ich mir die ganze Zeit mit der Story den Arsch aufgerissen?

»Soll ich den Schnitt fertig machen lassen? Ist ja im Moment noch die Rohfassung«, fragte Jens.

»Ja, mach«, erwiderte ich resigniert – was soll man auch tun, wenn der Kunde etwas will? Jens nickte und verließ mein Büro. Ich war wieder allein.

»Warum können die nicht ein einziges Mal tun, was man ihnen sagt?«, fragte ich mich nochmals kopfschüttelnd. Ich hätte brüllen können und machte es doch nicht. Als ich zum Fenster hinausblickte, kam mir das erste Mal seit sieben Jahren der Gedanke, einfach aufzustehen, meine Daunenjacke anzuziehen und zu gehen. Und nicht mehr wiederzukommen.

Vor knapp sieben Jahren, im April 2009, hatte ich mein Unternehmen gegründet. Davor hatte ich in Berlin fürs Fernsehen gearbeitet, dann in Agenturen Werbefilme produziert. Ich war vor allem für die Storys verantwortlich. Aber beim Fernsehen wollten sie keine Story, sondern Einschaltquoten, und in der Werbung wurde zwar viel von Storys geredet, aber letztlich wusste keiner so recht, was eine gute Story überhaupt ausmacht. Ich war meist der Einzige, der Storywriting wirklich studiert hatte, zuerst Regie, dann Schwerpunkt Drehbuch an der Film- und Fernseh-Akademie.

Aber noch viel schlimmer war: Es schien auch keiner wissen zu wollen, wie gute Storys wirklich funktionieren. Ich hatte es permanent mit autoritären »So und nicht anders wird's gemacht«-Idioten als Chefs zu tun. Hauptsache, die Agentur bekam einen Award dafür. Ich hatte es so satt, Perlen vor die Säue zu werfen. Vor allem die letzte Firma – eine Werbeagentur mit 100 Leuten und einem völligen Egomanen als Chef – war wirklich gruselig!

Im Januar 2009 hatte ich mich dann in Helena verliebt. Meinen 35. Geburtstag am 4. April feierten wir bei ihr in Mainz. Jedes Mal wenn ich zu Besuch bei ihr war, blühte ich auf und fühlte mich voller Energie. Und damals, an meinem Geburtstag, spürte ich wieder diese Energie und beschloss spontan, zu kündigen. Ich zog zu ihr nach Mainz und gründete eine eigene Firma: *Schluss mit diesen unfähigen Chefs! Ich wollte es anders machen!*

Helena war Marketingleiterin, und die Agentur, die eigentlich den Werbeclip für ihr Unternehmen drehen sollte, war aufgrund der damaligen Wirtschaftskrise pleitegegangen. Sie brauchte ganz dringend eine Lösung und so kam ich dann gleich zu meinem ersten Auftrag. Zwei Tage später kaufte ich einen GmbH-Mantel und nannte mein Unternehmen »Kastor Unternehmensimage GmbH«. »Kastor« verbindet den Anfang meines Nachnamens, **Ka**ufmann, mit **Stor**y. Zudem war Kastor in der griechischen Mythologie derjenige, der Helena gerettet hat, nachdem sie entführt worden war. Das gefiel uns.

Schnell kamen weitere Kunden hinzu. Die meisten hatten Probleme in der Außenwahrnehmung. Und genau da komme ich ins Spiel: Immer dann, wenn sie ein schlechtes Image in der Öffentlichkeit haben, drehen wir diese Wahrnehmung. Wir machen PR, Kommunikation, YouTube- und Fernsehfilme. Kurz: Wir peppen das Image auf und retten so unsere Kunden.

Meine feste Überzeugung war: Wenn ein Unternehmen in der Öffentlichkeit schlecht dasteht, dann entweder weil das Unternehmen keine gute Story über sich erzählt oder, noch schlimmer, das Story-Erzählen anderen überlässt. Und wenn kein Mensch das Unternehmen kennt oder das Unternehmen keine Fans hat, ist die Ursache immer, dass keine gute Story erzählt wird. Story ist alles! Dementsprechend ist es mein Job, die guten Storys zu machen! Insofern kümmere ich mich auch darum, dass Unternehmen, die nicht so gut dastehen wie die Topunternehmen, ebenfalls wirkliche Chancen haben. Und damit sorge ich für mehr Gerechtigkeit. Gerechtigkeit ist mir sehr wichtig.

Zu Beginn hatten wir ein helles Loft mit nur einem Raum, in das wir die ganzen Schreibtische quetschten. Wir wuchsen schnell, sodass wir nach drei Jahren, also im Jahr 2012, bereits zwölf feste Mitarbeiter waren. Mir war völlig klar, dass ich demnächst meinen Exchef mit seinen 100 Mitarbeitern überholen würde – der konnte nichts!

Weil das Loft inzwischen aus allen Nähten platzte, zogen wir in ein richtiges Büro um. Einige bekamen Einzelbüros, die meisten saßen zu zweit in einem Raum. So konnten sich alle im Vergleich zu vorher endlich mal wieder richtig auf die Arbeit konzentrieren und mussten nicht dauernd das Gequatsche der anderen anhören. Das war eine prima Zeit; damals, vor vier Jahren, verdienten wir wirklich gutes Geld und wir gewannen sogar einige Preise für unsere Filme.

Am 8. Januar 2016, dem Tag, als sich für mich alles zu drehen begann, waren wir 13 Mitarbeiter. Ich erinnere mich, wie ich an die Wand auf unser Organigramm schaute.

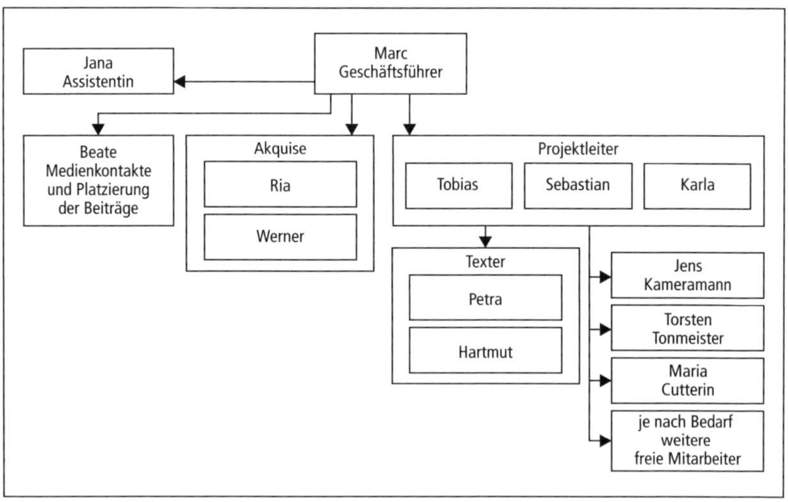

Während sich bis 2012 alles leicht anfühlte und ich das Gefühl hatte, endlich mein Talent zeigen zu können, wurde es ab 2013 immer zäher. Der Umsatz stagnierte und unser »Gewinn« ging auf etwa null zurück. Irgendetwas lief schief, und ich hatte nicht die leiseste Ahnung, was das war.

Sogar ein paar staubtrockene Bücher über Unternehmensführung hatte ich gelesen, aber daraus konnte ich auch nicht viel entnehmen. Vieles schien einfach nicht auf meine Situation zu passen. Ich hatte auch schon ein paar Unternehmensberater engagiert, aber die meisten schienen selbst ziemlich erfolglos zu sein. Da sie immer nur den Businessplan mit mir überarbeiten wollten und ich nicht das Gefühl hatte, dass mir das sehr viel helfen würde, trennte ich mich recht schnell wieder von ihnen.

Das Einzige, was ich nach einer solchen Beratung mal gemacht hatte, war, meine Unternehmenswerte auf ein großes Plakat zu schreiben und mit in die Firma zu nehmen. Auf dem Poster an der Wand stand nun in großen Buchstaben: *Gerechtigkeit – Harmonie – Qualität.* Ja, diese drei Werte waren mir sehr wichtig! Mein Qualitätsanspruch war es, der mich die Firma hatte gründen lassen. Gerechtigkeit war mein Motiv, warum ich unsere Kunden unterstützte. Und ich wollte das in Harmonie mit meinen Mitarbeitern und meinen Kunden tun. Streit fand ich einfach sinnlos – das hatte ich von meiner friedensbewegten Mutter.

Aber je länger ich auf diese drei Worte blickte, desto klarer wurde mir, dass in meiner Firma Anfang 2016 nichts davon mehr galt. Aber warum? Diese Werte lagen mir doch wirklich am Herzen! Und ich betonte sie immer mal wieder gegenüber meinen Mitarbeitern. Warum funktionierte das nicht?

Während ich noch diesen Gedanken nachhing, klopfte es an meiner Tür.

»Herein!«

Es war Jana, meine Assistentin. Bevor ich etwas sagen konnte, begann sie: »Weißt du eigentlich, dass die Toilette wieder aussieht, dass ich es gar nicht beschreiben kann? Jedes Mal, wenn Ria dort war, kann ich danach nicht mehr auf die Toilette gehen! Warum sagst du denn nicht mal was?«

»Äh, keine Ahnung«, erwiderte ich noch halb in meinen Gedanken, »weil ich nicht so oft auf die Frauentoilette gehe?«

»Aber du *musst* doch was sagen! Dir scheint alles egal zu sein!«

»Weißt du, Jana, die Toilette beschäftigt mich gerade nicht so. Macht das doch bitte unter euch aus.« Das war mir wirklich zu blöd, und so wechselte ich das Thema: »Und, ach ja, hast du das Angebot für Herrn Schäfer schon entworfen, damit ich das fertig machen kann?«

»Nein«, entgegnete Jana nun wieder ruhiger, »ich bin leider noch nicht dazu gekommen. Es gab so viele Telefonate und E-Mails. Ich hoffe, ich bekomme es heute noch fertig.«

»Wieso ist das unsicher, es ist doch erst 10 Uhr?«, fragte ich verblüfft.

»Ja, aber ich habe noch so viele andere Sachen auf dem Tisch liegen«, erwiderte sie bockig.

»Versuch es wenigstens, es ist wichtig!«

»Okay«, erwiderte sie lustlos und verschwand.

Toiletten! Als ob es nichts Wichtigeres gäbe. Mal war es die Toilette, mal die nicht ausgeräumte Geschirrspülmaschine, mal die verschmutzte Kaffeemaschine, mal eine Tasche, die im Weg herumlag. Ich fragte mich, wie ich die Leute nur dazu bringen kann, Wichtiges von Unwichtigem zu unterscheiden und sich um das Wichtige zu kümmern.

Ich habe jedenfalls nicht die Zeit, um jedem Einzelnen hinterherzulaufen und es ihm so behaglich wie möglich zu machen. Und ich habe auch keine Lust dazu! Schließlich bin ich hier nicht das Kindermädchen! Ohnehin arbeitete ich schon für zwei. Ja, 80 Stunden pro Woche, das stimmt ungefähr. Wieso regeln die ihren Mist nicht alleine? Ich komme ja noch nicht mal dazu, die wirklich wichtigen Dinge kontrolliert nachzuverfolgen.

Nachverfolgen ... Genau! Irgendetwas wollte ich doch noch machen, als Jens zur Tür raus war. Was war das noch gleich? Manchmal verlor ich den gedanklichen Faden. Vielleicht sollte ich mal etwas kürzertreten. Aber wie sollte das gehen?

Ach ja, genau, Sebastian! Wieso ließ Sebastian Jens das eigentlich mit dem Mädel-Clip durchgehen? *Er* ist doch der Projektleiter! *Er* hätte wissen müssen, dass sie meine Story nicht einfach so in den Müll kippen können! Habe ich lauter unfähige Idioten um mich? Jens, Jana, Sebastian! Das konnte ich so einfach nicht durchgehen lassen.

Wütend und zugleich widerstrebend – wie gesagt, ich hasste es, mich mit Leuten zu streiten, deshalb war Harmonie ja auch so ein wichtiger Wert für mich – stand ich auf und ging über den Flur zu Sebastian ins Büro. Er saß mit einem der anderen beiden Projektleiter, Tobias, in einem Raum.

»Wieso hast du eigentlich Jens das mit dem Praktikantenmädel-Clip durchgehen lassen?«, blaffte ich ihn an. Und fühlte mich im gleichen Moment elend. Ich wollte so nicht mit Menschen umgehen! »Dein Job ist es doch, dafür zu sorgen, dass meine Story auch umgesetzt wird.«

Sebastian schreckte überrascht von seiner Arbeit hoch. Dann begann er sich zu verteidigen: »Du kennst doch Jens. Wenn er eine schöne Frau sieht, ist er nicht mehr zu halten.«

»Ja, aber dein Job *ist*, ihn zu halten und zu steuern. Sorg dafür, dass das nächste Mal der Plan und die Story eingehalten werden, ja?«

»Was machen wir jetzt eigentlich mit dem Clip?«, versuchte Sebastian abzulenken.

»Sorgst du jetzt das nächste Mal dafür, dass der Plan eingehalten wird?«, ließ ich ihn nicht vom Haken. Konnte er mir das nicht einfacher machen?

»Ja«, antwortete Sebastian kleinlaut. »Aber vielleicht könntest du Jens lieber zu den Projekten von Tobias oder Karla einteilen? Ich komm mit ihm irgendwie nicht klar.«

Tobias duckte sich tiefer vor seinen Computer und tat so, als ob er nichts gehört hätte.

»Mal sehen«, lenkte ich ein.

Zurück in meinem Büro fühlte ich mich mies. Wie ich diese Konflikte hasste. Die hatten wir doch früher nicht in meiner Firma. Wo ist nur die Harmonie geblieben, die wir ja mal hatten?

Den restlichen Vormittag verbrachte ich mit Bergen von Kleinkram: E-Mails, Rückfragen von Kunden und Fragen von Mitarbeitern.

Nachmittags vertiefte ich mich in eine neue wichtige Story. Einer unserer Kunden, eine kleine, familiengeführte Firma aus dem Sonderwerkzeug-Bereich, war in eine wirtschaftliche Schieflage geraten. Zu allem Überfluss war dies irgendwie nach außen in den Markt durchgedrungen, und deshalb hielten sich ihre Kunden mit Bestellungen zurück, was die Sache weiter verschlimmerte. Einfach dementieren ging natürlich nicht: Erstens waren sie tatsächlich in einer Schieflage und zweitens glaubt solche Dementis sowieso niemand.

Nach mehreren Telefonaten hatte ich eine bewegende Geschichte ausgegraben: dass das Unternehmen vom Vater gegründet wurde, der dann aber früh starb, und dass die beiden Söhne, damals 16 und 18 Jahre alt, Lehre noch nicht abgeschlossen, die Firma übernahmen und retteten. Super spannend! Genau das, was ich brauchte! Wenn die beiden das mit 16 und 18 Jahren schon mal hinbekommen haben, dann schaffen sie das jetzt erst recht. Mut machen! Und Menschen unterstützen Menschen, die Mut haben und was Außergewöhnliches erreicht haben, gerne. Ich musste die Geschichte nur noch richtig ausarbeiten. Qualität war bei meinen Storys zentral! Das hatte ich vermutlich von meinem Vater, der in seiner journalistischen Arbeit auch immer das größte Augenmerk auf Qualität legte.

Immerhin hatten meine Mitarbeiter gelernt, dass sie mich in dieser Kreativphase nicht stören durften, und so blieb meine Tür zu und ich hatte am Nachmittag meine Ruhe. Mir war klar, dass die Story der Hammer würde. Genau solche Geschichten liebte ich.

Als ich an diesem Freitag das Büro verließ, um mit meinen zwei Freunden noch ein Bier trinken zu gehen, war ich der Letzte. Ich war froh, niemanden mehr sehen zu müssen und ins Wochenende zu gehen.

Gerade als ich die Tür schloss, kam jedoch eine SMS von Sebastian: »Ich hab vorhin mitbekommen, dass du doch den Tussi-Clip nimmst. Erst forderst du ein, dass ich mich durchsetze, und jetzt fällst du mir in den Rücken! Ich kündige!«

Mann, hat man denn nie seine Ruhe! Was für ein Weichei! Fasst man ihn einmal ein bisschen härter an, schon knickt er ein …

Da ich den Aufwand, einen Ersatz für ihn zu finden, nicht auch noch an der Backe haben wollte, simste ich zähneknirschend zurück: »Sorry, dass ich dich heute Morgen so fertiggemacht habe. Willst du es dir nicht noch mal überlegen?«

Gefühlte drei Sekunden später kam: »Marc, du blickst auch überhaupt nichts! Nein, ich überlege es mir nicht noch mal!«

Kopfschüttelnd und mit dem Vorsatz, mich heute Abend und am Wochenende nicht mehr mit der Firma zu beschäftigen, fuhr ich in die Kneipe, in der ich mich mit Anton und Dieter treffen wollte. Ich hatte sie bei einem Public Viewing während der WM 2010 kennengelernt. Seither hatten wir uns auf meine Initiative hin immer mal wieder getroffen.

Außer den beiden kannte ich in Mainz nur noch die Freunde von Helena. Aber die waren tabu, seit sie sich vor einem Jahr von mir getrennt hatte. Natürlich hatte sie dafür gesorgt, dass ihr ganzer Freundeskreis auf ihrer Seite stand. Irgendwie war mir das auch egal, da ich sowieso fast nie Zeit hatte.

Sicher würden wir drei uns heute Abend über Fußball unterhalten, wie immer. Da kannte ich mich aus und war meistens der Wortführer. Und ich müsste nicht an meine Firma denken. Ein paar Bier dazu und weg wäre der Stress. Geil!

»Ich verstehe nicht, wieso nach Klopp jetzt auch noch Guardiola nach England wechseln wird«, begann Anton das Gespräch. »Kennen die nicht mehr so was wie Treue? Warum bleiben die nicht in Deutschland? Sie treten ja ohnehin wieder gegeneinander an?«

»Ist doch spannend«, entgegnete Dieter. »Klopp hat wieder einen Problemverein und Guardiola wieder einen Spitzenverein. Bin gespannt, wie das Duell dieses Mal ausgeht.«

»Sicher gewinnt wieder Guardiola«, entgegnete Anton. »Er hat einfach den ruhigeren und durchdachteren Stil. Dem Klopp gehen doch immer die Gäule durch.«

»Na ja«, warf Dieter ein, »aber Klopp hat als Trainer den BVB von Platz 13 auf Platz 1 gebracht. Die Bayern waren hingegen schon oben, als Guardiola kam. Also keine Verbesserung.«

Und so plätscherte das Gespräch dahin. Ganz entgegen meiner sonstigen Art hielt ich mich zurück und sagte fast gar nichts. Ich betrachtete das Krabbentattoo, das Anton auf seine rechte Hand hatte tätowieren lassen, und meine Gedanken schweiften wild umher. Als ich gerade beim vierten Bier war, hörte ich mich plötzlich fragen: »Gibt's eigentlich solche Spitzentrainer auch für Unternehmer?«

Dieter und Anton schauten mich verwirrt an: »Das hat doch nichts mit Fußball zu tun!«

»Also, ich meine keine Hobbytrainer. Ich hab ja auch schon ein paar Bücher über Führung gelesen. Die meisten Autoren haben noch nie geführt und waren noch nie Unternehmer.«

Anton erwiderte süffisant: »Wird's sicher geben, solche Leute. Kannste dir leisten, wenn du Deutsche Bank oder Telekom oder so heißt.«

Ärgerlich unterbrach ich: »Aber ich will doch nicht wie die Telekom werden!«

Dieter dachte kurz nach und sagte dann: »Also, ich hab mal von einem Unternehmen gelesen, das bester Arbeitgeber Deutschlands geworden ist. Das war sicher nicht die Telekom. Wenn's einen besten Arbeitgeber gibt, dann müsste es ja auch so was wie 'ne Liga geben. Wie will man sonst rausfinden, wer der Beste ist? Und vielleicht haben die solche Trainer? Moment, ich google das mal kurz.«

Dieter tippte die Suchanfrage in sein iPhone, während Anton missmutig daneben saß: »Können wir nicht endlich wieder über Fußball reden? Was soll der Scheiß, es ist Wochenende!«

Aber da hielt Dieter schon triumphierend sein iPhone hoch: »Da haben wir es! Great Place to Work. Und Top Job.«

»Haben die Gewinner Trainer?«, fragte ich neugierig.

»Keine Ahnung, steht da nicht. Ruf doch einfach mal ein paar von den Gewinnern an«, antwortete Dieter.

»Ich kann doch nicht einfach da anrufen«, entgegnete ich irritiert.

»Dann lass es halt jemanden von deinen Mitarbeitern machen«, grinste Dieter, der ganz offensichtlich mein Problem nicht verstanden hatte.

»Also, der Guardiola jedenfalls ...«, setzte Anton an, während er gedankenverloren sein Krabbentattoo streichelte. Okay, zurück zum Fußball. Doch ich war eigentlich nur noch mit halbem Ohr dabei. Nach dem achten Bier verabschiedete ich mich und hörte im Gehen, wie Anton zu Dieter sagte: »Der war heute aber mal merkwürdig drauf ...«

3. Wie geht's weiter?

(SAMSTAG, 9. JANUAR – MITTWOCH, 13. JANUAR)

Betrunken wie ich war, schlief ich ziemlich unruhig. Und mitten in der Nacht wachte ich auf, weil mir ein Gedanke gekommen war. Ich brauchte Kriterien, welche Art von Unternehmertrainer ich eigentlich wollte. Aber welche Kriterien?

Da ich ja nicht die Telekom war, sollte er mit kleineren Unternehmen arbeiten. Ich würde also bewusst nur Gewinner dieser Preise anrufen lassen, die ein kleines Unternehmen hatten.

Was noch? Ich wollte jemanden, der auch eine praktische Ahnung von dem hatte, wovon er spricht. Nicht nur irgendwelche Theoretiker, die erzählen, wie es gehen könnte. Guardiola und Klopp und viele andere gute Fußballtrainer waren vorher auch selbst Spieler gewesen. Gut, Klopp nur in der 2. Liga, aber trotzdem. Der Trainer sollte selbst also auch mal ein Unternehmen geführt haben und nicht nur selbstständiger Berater sein. Noch was? Mmh, am besten wäre, wenn er nicht nur einen Unternehmer erfolgreich gemacht hat, sondern mehrere. Und wenn er einen bekannten Namen hätte, wäre das auch super. Dann wäre ihm sein Name wichtig und allein schon deshalb würde er volle Leistung bringen.

Mehr fiel mir nicht mehr ein, und so schrieb ich die vier Stichworte »Kleines Unternehmen, Praktiker, mehrere Erfolge, bekannter Namen« auf einen Zettel, der neben meinem Bett lag, und schlief wieder ein.

Den Samstagmorgen verpennte ich, die acht Bier forderten ihren Tribut. Den Rest des Tages hing ich rum und putzte mal wieder meine Wohnung. Abends kaufte ich noch was ein. Als ich auf dem Rückweg an meinem Briefkasten vorbeikam, fand ich eine Urlaubskarte von Beate. Keine Ahnung, wer sonst heutzutage noch Postkarten schreibt. Beate war eine alte Jugendfreundin aus Landsberg, und sie war die einzige Mitarbeiterin, auf die ich mich wirklich verlassen konnte. Sie war die entscheidende Schlüsselperson, wenn es darum ging, unsere Beiträge in den Medien zu platzieren. Sie kannte alle relevanten Ansprechpartner bei Zeitungen, Radio und Fernsehen.

Schnell las ich ihre Karte: »Lieber Marc, ich bin stolz auf dich, dass du mir die Gelegenheit gibst, bei einem so tollen Unternehmen wie dem deinen dabei zu sein. Kümmere dich gar nicht um die anderen – sie haben so jemanden wie dich gar nicht verdient. Wir schaffen uns gemeinsam ein tolles Jahr! In Liebe. Beate. PS: Grüße auch von Rolf und den Kindern!«

Während ich noch glücklich die Treppe hochging, antwortete ich ihr per SMS: »Danke! Deine Karte kam genau zum richtigen Zeitpunkt. Ich bekam schon wieder Zweifel an meiner Fähigkeit als Unternehmer. Aber sicher hast du recht: Die anderen Mitarbeiter sind einfach unfähig oder unwillig. Und bis auf dich sind alle ersetzbar. Wenigstens habe ich dich und kann mich zu 1000 Prozent auf dich verlassen. Du bist mir immer eine Stütze und meine wichtigste Ratgeberin. In Liebe. Marc. PS: Genieß deine letzte Urlaubswoche!«

Wir liebten uns wirklich! Obwohl wir noch nicht mal in Landsberg eine Beziehung gehabt hatten. Irgendwie platonisch. Aber es tat einfach gut, eine solche Freundin zu haben. Vielleicht sollte ich mir das mit dem Unternehmertrainer einfach sparen und ihrem Rat folgen und die anderen rauswerfen? Mit ihr gemeinsam könnte ich es auch schaffen.

Den Sonntag verbrachte ich das erste Mal seit Langem komplett vor der Glotze und damit, mir ein paar größere Hosen im Internet zu bestellen. Die alten passten nicht mehr. Vielleicht sollte ich mal wieder weniger essen.

Am Montag war ich, obwohl noch immer ziemlich platt, wie immer morgens um 6:30 Uhr im Büro. Mein E-Mail-Postfach lief schon wieder über und ich musste noch vier Kundengespräche für den Vormittag vorbereiten. Ab 8:30 Uhr trafen nach und nach meine Mitarbeiter ein.

Während ich in Gedanken bei einem der bevorstehenden Gespräche war, hörte ich plötzlich, wie Ria quer durchs Büro rief: »Die Kaffeemaschine lebt ja schon! Jana, hast du mal wieder vergessen, sie zu reinigen?«

Und Jana keifte zurück: »Das fragst ausgerechnet du? Mach lieber mal das Klo sauber!«

In mir keimte Ärger auf. Ich wollte doch Harmonie! Wenn ich alle rauswerfen würde, hätte ich zwar Ruhe, aber wer sollte dann die Arbeit machen? Vielleicht brauchte ich wirklich einen Trainer? Laut rief ich raus auf den Flur: »Jana, kommst du mal?«

»So geht das nicht mehr weiter!«, begann Jana das Gespräch. »Diese Zicke beschuldigt mich – MICH! – vor allen anderen hier im Büro.«

»Deswegen habe ich dich nicht gerufen«, unterbrach ich.

»Aber was sagst du zu den Beschuldigungen?«, fuhr sie fort.

»Jana, ich hab einen Job für dich. Kannst du bitte heute ein paar Anrufe machen? Ich muss was rausfinden.«

»Sind dir diese Beschuldigungen etwa egal?«, fragte sie völlig ungläubig.

»Jaanaa! Ich brauche heute ein paar Anrufe von dir!«

Irritiert schaute sie mich an: »Wann soll ich das denn noch alles machen?«

Ich ließ mich davon nicht beirren und erklärte ihr, dass sie die Gewinner der Awards anrufen und rausfinden sollte, ob die einen Trainer hätten. Sie nickte und wollte gerade gehen. Aber als sie an der Tür war, fiel mir noch was ein: »Ach, Jana, was ist denn mit dem

Angebot für Herrn Schäfer, das du am Freitag noch machen wolltest?«

»Oh, das habe ich am Freitag nicht mehr geschafft«, erwiderte sie. »Soll ich das heute machen?«

»Ja, natürlich«, erwiderte ich verärgert und versuchte zugleich, meine Verärgerung nicht allzu deutlich rüberzubringen. Wie sollten meine Mitarbeiter denn da erkennen, dass mir meine Werte wirklich wichtig waren, wenn ich mich selbst schon nicht harmonisch verhielt?

»Aber dann schaffe ich die Anrufe nicht. Was ist denn wichtiger?«

»Das Angebot«, erwiderte ich frustriert.

»Okay, versuche ich bis heute Abend zu erledigen«, nickte Jana.

»Heute Nachmittag! – Und, ach ja, Sebastian hat am Freitag gekündigt. Machst du alles Nötige fertig und schaltest eine Stellenanzeige für einen Projektleiter?«

»Ist das wichtiger als das Angebot?«

»Nein!«, entgegnete ich und konnte nur noch mit Mühe die Aggression in meiner Stimme unterdrücken. »Das Angebot möchte ich bis heute Nachmittag!«

»Okay«, antwortete sie, ging hinaus und schloss die Tür hinter sich.

Was für eine Sch…e! Vielleicht sollte ich wirklich alle bis auf Beate rausschmeißen und wieder von vorne anfangen. Nachdenklich blickte ich aus dem Fenster.

Den Rest des Vormittags verbrachte ich mit Kundengesprächen. Immerhin schaffte ich es, daraus zwei neue Aufträge zu generieren, die uns für zwei Monate finanzieren sollten. Aufträge akquirieren konnte ich richtig gut, aber was sollte ich denn noch alles machen? Zwischendurch blitzte der Gedanke auf, dass ich für die neuen Aufträge ja meine Mitarbeiter brauchen würde, aber dann wurde mir klar, dass ich sie auch in zwei Monaten noch rausschmeißen könnte. Und dann könnte ich es ja auch zwei Monate lang mit so einem Trainer versuchen. Ich konnte mich wirklich nicht entscheiden. Etwas, was ich von mir überhaupt nicht kannte.

So beschloss ich, erst mal selbst zu recherchieren, ob es so jemanden überhaupt gab, und dann weiterzusehen. Jana betrieb ja aktive Arbeitsverweigerung. Doch ich glaubte ohnehin nicht, dass sie es richtig gemacht hätte. So recherchierte ich am Nachmittag etwa 20 Unternehmen, die entweder regional oder bundesweit einen dieser Preise gewonnen und weniger als 100 Mitarbeiter hatten. Das ging schnell!

Dann begann ich zu telefonieren. Am Ende des Nachmittags fühlte ich mich großartig. Ich hatte tatsächlich acht dieser 20 Unternehmer erreicht. Als ich meine Situation schilderte und die Geschäftsführer fragte, von wem sie gelernt hätten, und zudem meine vier Kriterien aufzählte, waren sie total hilfsbereit. Die meisten von ihnen hatten mindestens einen Trainer. Manche sogar mehrere. Und sie bestärkten mich auch in meinen vier Kriterien:

- Hat auch oder nur kleine Unternehmen trainiert
- War selbst mal Unternehmer oder ist es noch
- Hat mehrere Preisträger erfolgreich gemacht
- Hat einen bekannten Namen

Alle acht nannten mir konkrete Personen, von denen sie sehr viel gelernt hatten. Drei davon empfahlen einen Wolfgang Radies.[1] Das war mein Mann!

---

1 Wolfgang Radies ist eine Kunstfigur und das Roman-Alter-Ego von Unternehmercoach. Er ist auch in meinen vorangegangenen Büchern *Der Weg zum erfolgreichen Unternehmer* (2008) und *Die Kunst, seine Kunden zu lieben* (2011) der Mentor. Mittlerweile konnten wir in Seminaren, Coachings und Braintrusts mehrere Tausend Unternehmer bei der Entwicklung ihres Unternehmens und ihrer Unternehmerpersönlichkeit unterstützen. Unter unseren Kunden sind Gewinner von Top Job sowie von Great Place to Work (sowohl bundesweit als auch regional). Daneben gewannen Kunden von uns Innovationspreise, den Strategiepreis usw. Wir selbst haben für das Unternehmercoach-Konzept den Strategiepreis gewonnen: Vor uns gab es zwar Unternehmensberater und es gab Coachs, aber Unternehmer, die nur Unternehmer coachen, das war

So rief ich dort an und nach einem kurzen Gespräch mit seiner Assistentin vereinbarten wir einen Telefontermin für Mittwochvormittag um 9:00 Uhr.[2]

Danach kamen allerdings wieder Zweifel in mir hoch: Ob dieser Radies mir helfen könnte? Und ob ich ihn überhaupt bezahlen könnte? Und nachher ist es doch wieder nur so ein Berater, wie ich schon mehrere erfolglos engagiert hatte? Vielleicht sollte ich wirklich einfach alle Mitarbeiter rauswerfen ... Diese Entscheidungsschwäche an mir selbst wahrzunehmen, ging mir inzwischen gehörig auf den Zeiger. Das war doch nicht ich!

Bis Mittwoch schossen mir tausend Gedanken durch den Kopf. Um Ordnung in dieses Durcheinander zu bringen, beschloss ich, die Fragen aufzuschreiben, die ich diesem Radies am Mittwoch stellen wollte.

- Was unterscheidet Sie von anderen Beratern?
- Wie kann ich sicher sein, dass Sie mir auch helfen können?
- Wie schnell können Sie mir Ihre Führungsmethoden beibringen?
- Wie viel kostet ein Trainingstag?

Am Mittwochmorgen um Punkt neun klingelte das Telefon. Seine Assistentin war dran: »Ich stelle zu Herrn Radies durch!«

»Guten Morgen, Herr Kaufmann«, begann Herr Radies, »bevor wir beginnen, vorneweg eine Frage: Ich bin mit allen meinen Kunden und Interessenten per Du. Das macht es intensiver und einfacher. Also ich bin Wolfgang!«

---

neu – deswegen waren die unternehmercoach-Domains ja auch noch frei. Die *Vertriebsnachrichten* und *Buch aktuell* nannten mich bereits 2009 den bekanntesten Unternehmercoach Deutschlands.

2 Der konkrete Ablauf ist bei uns etwas anders, aber das beschreibe ich für die Interessierten am Ende im Kapitel 12: Dein Weg.

»Marc«, erwiderte ich überrascht.

»Gut, Marc, du rufst auf Empfehlung einiger meiner Kunden an. Ich vermute, du hast in deiner Firma ein paar Herausforderungen, die du angehen möchtest, richtig?«

»Äh, ja«, bestätigte ich.

»Da bist du schon mal weiter als 90 Prozent der anderen Unternehmer«, entgegnete Wolfgang. »Mit solchen Menschen arbeite ich gerne!«

»Wieso?«

»Weil die meisten glauben, ihre Probleme allein lösen zu können. Das ist oft auch gut so, sonst wären sie ja keine Unternehmer! Ein Unternehmer nimmt die Dinge selbst in die Hand. Aber an manchen Punkten kommt man allein eben nicht mehr weiter. Und wenn doch, dann nur im Schneckentempo. Also schieß mal los, um was geht's? Erst mal nur die Eckpunkte, um rauszufinden, ob ich überhaupt der Richtige für dich bin.«

Und so schilderte ich ihm in knapp drei Minuten meine Situation und schloss: »Können Sie mir Methoden beibringen, damit ich mein Unternehmen besser führen kann? Und wie lange brauchen Sie – äh, brauchst du dazu?«

»Methoden, um besser zu führen? Nein, mache ich nicht!«

Völlig verblüfft wartete ich einen Moment, aber nachdem keine weitere Erklärung kam, fragte ich: »Dann bin ich bei Ihnen falsch?«

»Das kommt ganz drauf an, was du von mir erwartest«, entgegnete Wolfgang, und man konnte sein Grinsen durchs Telefon förmlich spüren.

»Wie meinst du das?«Vor Nervosität wechselte ich dauernd zwischen dem Du und dem Sie hin und her.

»Nun, du fragtest nach Methoden. Eine Methode ist: Mach A, B, C und D in dieser Reihenfolge und du wirst erfolgreich. Davon halte ich nur in wenigen Ausnahmefällen was.«

Ich beschloss, mich mal auf seine merkwürdige Gesprächsführung einzulassen und fragte: »Wieso? Wenn ich zum Beispiel Lasagne mache, nutze ich doch auch eine Methode in Form eines Kochrezepts. Was soll daran falsch sein?«

»Sofern ich Lasagne mag«, schränkte Wolfgang ein, »würde mir ein Rezept helfen. Und sofern ich einen Backofen habe. Und sofern ich mich im entsprechenden Moment daran erinnern würde, dass ich überhaupt ein Rezept habe. Methoden oder, wie ich es auch nenne, Handlungsmodelle, funktionieren nur unter spezifischen Voraussetzungen und spezifischen Zielsetzungen. Habe ich keinen Backofen und keine Lust auf Lasagne, ist die Methode nicht hilfreich. Methoden funktionieren natürlich bei so einfachen Dingen wie Kochen noch ganz gut, aber stell dir das mal für eine Gesprächsmethode vor: Um ein erfolgreiches Gespräch zu führen, musst du A, B und C machen. Das klappt ganz offensichtlich nur in Ausnahmefällen.[3] Zumal noch nicht mal klar ist, ob wir beide dasselbe unter einem erfolgreichen Gespräch verstehen. Solange die Voraussetzungen und die Ziele nicht klar sind – und beides ergibt sich oft erst im Gespräch –, kann ich keine funktionierende Methodik für alle Gesprächssituationen beschreiben. Und sollte ich spezifische Methodiken entwickeln, so wird die Anzahl unüberschaubar. Führung ist sogar noch komplexer. Ich habe für die Führung zwar ein paar Handlungsmodelle, und du wirst auch ein paar davon kennenlernen, aber das sind nur die Fußnoten.«

»Und was ist dann das Entscheidende?«, fragte ich einerseits irritiert, andererseits auch neugierig. Das Gespräch verlief so ganz anders, als ich es mir vorgestellt hatte. Meine Fragen hatte ich, obwohl sie direkt vor mir lagen, komplett vergessen.

»Ist es dir schon mal passiert, dass du in einer Gesprächssituation warst, die etwas unglücklich verlief, und dir ist erst hinterher richtig klar geworden, was da falsch lief?«

---

3 Zum Beispiel bei standardisierten Vertriebsgesprächen für wenig beratungsintensive Produkte. Aber selbst dort gilt: Sobald der Interessent vom Standard abweicht, kommt eine festgelegte Methode an ihre Grenzen.

»Ja, natürlich! Das kennt doch jeder«, nickte ich.

»In so einer Situation bringen dir Methoden und Handlungsmodelle überhaupt nichts. Einfach, weil sie dir zu spät einfallen. Die meiste Zeit handeln wir automatisch und unbewusst und da bringen die ganzen Modelle nichts.[4] Es gibt nur eine einzige Chance, diesem Problem zu entkommen.«

»Und die wäre?«, fragte ich neugierig.

»Ist mir bei einem Gespräch mit Richard Branson, dem englischen Ausnahmeunternehmer, der Menschen mit Virgin Galactic ins All bringen will, aufgefallen«, fuhr Wolfgang fort. »Ich habe ihn mal interviewt[5] und versucht, mit meinen Fragen hinter sein Erfolgsgeheimnis zu kommen. Ich fragte ihn nach seiner Strategie, nach seinem Umgang mit Mitarbeitern und Kunden. Und die Antworten waren auch alle ziemlich interessant. Aber um ehrlich zu sein: Da war nichts dabei, was man nicht an anderer Stelle auch schon gehört oder gelesen hätte. Warum wurde er, der Legastheniker, zum Milliardär?«

»Keine Ahnung. Was war es?«, wollte ich wissen.

»Die Antwort ist: Er nimmt die Welt auf eine andere Weise wahr

---

4 Aus diesem Grund sind viele Vorschläge in Führungsbüchern à la »Sie müssen Ihren Mitarbeitern besser zuhören« schlicht und ergreifend Müll. Wenn es nämlich besonders angesagt wäre, zuzuhören, also wenn man beispielsweise wütend ist oder man seine Mitarbeiter mit der eigenen Begeisterung überrollt, dann denkt man am allerwenigsten an solche Ratschläge. Sie sind also in 80 bis 95 Prozent der Fälle nicht praktizierbar. Das Gefährliche daran ist, dass sie so sinnvoll klingen und man sich danach in seinem eigenen inneren Dialog Vorwürfe macht: »Jetzt habe ich wieder nicht zugehört …« Vorgehensweisen, die man nicht umsetzen kann, weil sie der Art und Weise, wie das menschliche Gehirn funktioniert, nicht entsprechen, gehören meiner Meinung nach aus jeder Führungslehre verbannt!

5 Im März 2014 veranstaltete ich »Light the Fire« in Hamburg, ein dreitägiges Unternehmer-Event mit Richard Branson, Titus Dittmann, Tim Mälzer, Bodo Schäfer und vielen anderen. Bei dieser Gelegenheit führte ich vor 1200 Unternehmern das eineinhalbstündige Interview mit Richard Branson auf der Bühne.

als andere Menschen. Und wenn ich andere Dinge sehe, dann handle ich logischerweise auch *automatisch* völlig anders. Zum Beispiel war er auf einem Flughafen in der Karibik gestrandet, weil British Airways einen Flug abgesagt hatte: Es gab zu wenig Passagiere. 99,99 Prozent der Menschen hätten sich aufgeregt. Richard Branson dachte sich: Ein paar Passagieren geht es jetzt bestimmt wie mir. Und wenn wir ein kleineres Flugzeug hätten, wäre es voll. Also sammelte er mit einem Pappschild die anderen Passagiere am Flughafen ein, charterte eine kleine Maschine und teilte die Kosten. Von den 0,01 Prozent, die dieses Problem ähnlich gelöst hätten, wäre das wiederum für 99,99 Prozent eine einmalige Aktion gewesen. Richard Branson sah im schlechten Service von British Airways hingegen eine Business-Chance. Das war der Beginn seiner Fluggesellschaft.«

Erfolgreiche Menschen haben nicht bessere Methoden oder größere Fähigkeiten. Sie nehmen die Welt auf eine andere Weise wahr als andere Menschen. Und da sie andere Dinge sehen, handeln sie auch *automatisch* völlig anders.

»Tolle Story«, sagte ich.

»Andere Wahrnehmung, andere Handlung. Und zwar *automatisch,* ohne irgendwelche Methoden!«, antwortete Wolfgang.

Und er fuhr fort: »Was ich dir beibringen kann, ist, dein Unternehmen, deine Mitarbeiter, deine Führung, deine Rolle dabei und letztlich dich selbst anders *wahrzunehmen*. Und dann wirst du in jeder Situation anders handeln. Dann brauchst du keine Methoden mehr. Wer wahrnimmt, dass ein Mitarbeiter etwas auf dem Herzen hat, braucht sich nicht mehr an die Aufforderung zu erinnern, ihm besser zuzuhören. Er wird es von allein machen. Und diese Wahrnehmung ist erlernbar! Interessiert?«

Es geht darum, das Unternehmen, Führung, die eigene Rolle dabei und letztlich sich selbst anders *wahrzunehmen*. Und dann braucht man keine Methoden mehr.

»Ja, klar!«, entfuhr es mir. »Aber wie lange dauert das und was kostet das? Das klingt ja deutlich aufwendiger, als sich ein paar Methoden anzueignen.«

»Gegenfrage«, konterte Wolfgang. »Wie lange dauert es, einen Schwarzen Gürtel zum Beispiel in Karate zu bekommen?«

»Keine Ahnung, vielleicht fünf Jahre?«, erwiderte ich und war mir hundertprozentig sicher, dass ich keine fünf Jahre zu diesem Radies gehen wollte.

»Manche schaffen es nie«, sagte Wolfgang traurig, »aber ich habe auch einen Freund, der es in sieben Monaten geschafft hat. Der Unterschied lag nicht in der Intelligenz, in der Sportlichkeit oder Willensstärke, sondern schlicht und ergreifend in der Motivation. Meine Gegenfrage lautet deshalb: Wie wichtig ist es dir denn?«

Im ersten Moment kam mir das wie ein verkaufsstrategisches Ablenkungsmanöver vor. Aber dann fiel mir ein, dass ich mein Studium auch viel schneller abgeschlossen hatte als andere. Einfach, weil ich die Dinge *unbedingt* lernen wollte und anderen das eher egal war.

Als ich mir dann meine Situation in meinem Unternehmen anschaute und mir die Zickereien allein der letzten halben Woche vergegenwärtigte, erwiderte ich: »Ich halte das so, wie es jetzt ist, keinen Tag länger aus! Entweder werfe ich alle raus oder wir finden gemeinsam einen Weg!« In dem Moment, als ich diesen Satz sagte, spürte ich, dass sich etwas in mir geändert hatte. Die letzten Tage war ich dauernd zwischen beiden Optionen hin und her gerissen und handelte gar nicht, hatte also die dritte, die schlechteste Alternative gewählt. Diese hatte ich nun gerade ausgeschlossen, das spürte ich. Entweder – oder!

»Diese Motivation gefällt mir«, bestätigte Wolfgang Radies. »Um wirklich dauerhaft Änderungen zu etablieren, brauchst du mit einer sehr hohen Motivation sechs bis neun Monate. Normalerweise kannst du eher mit zwei Jahren rechnen. Je höher also deine Motivation, desto schneller und preiswerter wird es!«

»Boah«, entfuhr es mir, »ich hab nur ein kleines Unternehmen. Das werde ich niemals bezahlen können.«

»Oh, dann hätte ich keine Kunden«, erwiderte Wolfgang, und erneut spürte ich, dass er an der anderen Seite des Telefons grinste.

»Wir sind auf Unternehmen von drei bis 50 Mitarbeitern spezialisiert. Aber kostenlos bekommst du meine Unterstützung natürlich nicht. Stell dir einfach mal vor, dein Unternehmen wird um 10 Prozent effizienter, macht also meinetwegen denselben Umsatz mit 10 Prozent weniger Kosten. Was wäre dir das wert?«

Ich rechnete kurz nach, aber bevor ich antworten konnte, fuhr Wolfgang fort: »Es wird dich weniger kosten als der Betrag, den du jetzt im Kopf hast. Und die Ergebnisse meiner hochmotivierten Kunden sind normalerweise dramatisch besser als 10 Prozent.«

Ich dachte einen Moment nach. Der Typ schien wirklich Ahnung zu haben. Ja, ich wollte nicht nur irgendwelche Führungsmethoden lernen – ich wollte selbst anders werden und diese Situation ein für alle Mal meistern. Und Wolfgang strahlte auch ein hohes Selbstbewusstsein aus und wusste, was seine Arbeit wert war. Als ich am Freitag mit Anton und Dieter auf die Idee kam, wollte ich ja den Besten haben. Und eigentlich war mir ja schon vorher klar, dass der nicht umsonst sein würde. So schlug ich vor: »Wir machen einen Tag und danach entscheide ich?«

»Fast«, erwiderte Wolfgang. »Du willst schnelle Änderungen, also gehen wir schnell vor und machen zwei Tage. Wir entscheiden dann am Abend des zweiten Tages beide, ob wir weitermachen oder nicht. Nächsten Montag um 9 Uhr?«

»Okay«, erwiderte ich.

»Gut, die Location klärt meine Assistentin. Bis nächsten Montag, Marc«, verabschiedete sich Wolfgang und war im nächsten Moment auch schon aus der Leitung.

4. Der Aufbruch in eine neue Welt

(MONTAG, 18. JANUAR – DIENSTAG, 19. JANUAR)

Am 18. Januar 2016 kam ich um Punkt neun in den Besprechungsraum des Hotels, auf das wir uns verständigt hatten. Wolfgang war schon da, stand an der langen Fensterfront und schaute hinaus auf die verschneite Landschaft. Er hatte eine irrsinnige Präsenz. Er war etwa 1,70 Meter groß, schlank und durchtrainiert. Er hatte schon etliche graue Haare und trug einen dezenten Armani-Anzug. Als er sich umdrehte und mich begrüßte, schätzte ich ihn auf Anfang bis Mitte 60. Aber das Auffälligste waren seine leuchtenden Augen, die eine tiefe innere Ruhe ausstrahlten.

»Guten Morgen, Marc«, begrüßte er mich strahlend, wobei er mich mit einem Blick abschätzte. »Auf die Minute«, fügte er mit einem Blick auf seine Uhr hinzu. »Das gefällt mir. Das hat was mit Respekt anderen Menschen gegenüber zu tun.«

4.1 Die Zeitrevolution

4.1.1 Der Stuck State

Bevor ich noch mit Small Talk anfangen konnte, zeigte Wolfgang Radies aufs Flipchart: »Lass uns beginnen! Du hast mir letzten Mittwoch kurz deine Situation geschildert. Lass uns die Punkte noch mal aufschreiben, damit wir wirklich alles haben und ich mir sicher bin, zu verstehen, um was es geht.«

»Okay«, begann ich und schrieb folgende Liste:

- Mitarbeiter zicken wegen Kleinkram (Toilette, Kaffeemaschine)
- Einige Mitarbeiter (insbesondere Jens) machen, was sie wollen
- Meine Assistentin Jana erledigt ihr übertragene Aufgaben nicht oder nur unwillig und hat dauernd irgendwas anderes zu tun. Keine Ahnung, was ...
- Das Unternehmen wächst seit vier Jahren nicht mehr
- Gewinn etwas über 0 Euro
- Ich arbeite 80 Stunden pro Woche
- Ich muss Ersatz für Sebastian suchen
- Meine Projektleiter kontrollieren ihre Mitarbeiter nicht
- Kurz: *Die Mitarbeiter tun nicht, was ich will*

»Das müsste es sein«, sagte ich, als ich nochmals alles anschaute.

Wolfgang Radies schüttelte hingegen den Kopf: »Sieht unvollständig aus.«

»Wieso?«, fragte ich verblüfft.

»Zunächst einmal«, begann er, »beeinflusst unser Unternehmen unser ganzes Leben als Unternehmer. *Unternehmersein ist kein Job, sondern eine Lebensform!* Und wenn man es auf die richtige Weise angeht, ist Unternehmersein die geilste Lebensform der Welt. Ich bin direkt – und werde also auch Dinge sagen, die wehtun. Ist das in Ordnung für dich?«

»Ja«, nickte ich. »Es soll ja was dabei herauskommen, also sag mir offen, was du denkst.«

»Okay«, sagte er. »Nur so können wir wirklich gut zusammenarbeiten. Mir fehlt Folgendes: Du bist knapp 1,80 Meter groß und du wiegst ungefähr 100 Kilogramm, schätze ich. Und das sind keine Muskeln!«

»1,78 Meter und 95 Kilogramm«, korrigierte ich leicht betroffen. »Was hat das mit meinem Unternehmen zu tun?«

»Zwei Dinge: Erstens ist das ein Ausdruck dessen, dass du dich nicht im Griff hast. Wenig verwunderlich bei der Arbeitsmenge«, fügte er versöhnlicher hinzu. »Zweitens raubt es dir Energie, wenn du zu fett bist. Dein Körper und dein Geist können einfach nur einen Bruchteil ihrer Leistung bringen.«

Der fing ja gut an: Fett! Der beleidigt mich! Wenn er das Thema schon ansprechen muss, hätte er es dann nicht etwas freundlicher machen können? Leichtes Übergewicht, ja, aber doch nicht »fett«! Fett waren Leute mit 150 Kilo! »Mag ja sein, dass ich etwas zu viel Bauch habe«, erwiderte ich protestierend, »aber deswegen bin ich nicht da. Ich will kein Sportler werden. Ich will mein Unternehmen auf die Reihe bekommen.«

»Unternehmer sein ist wie Hochleistungssport treiben«, sagte Wolfgang Radies langsam. »Wenn ein Fußballer zu viel isst oder persönliche Probleme hat oder sonst irgendetwas in seinem Leben nicht stimmt, wird ein guter Trainer eingreifen. Und er wird deutliche Worte wählen. Du hast dir einen guten Trainer gesucht und deswegen spreche ich die Dinge an.«

Unternehmer sein ist wie Hochleistungssport treiben.

Mit diesen Worten ging er zu seiner Tasche und holte einige Bilder heraus. Ich erkannte Nelson Mandela, Gandhi, Steve Jobs und John F. Kennedy. Und dann noch einige Unternehmerinnen und Unternehmer, deren Namen mir nicht einfielen.

»Fällt dir eine Gemeinsamkeit an denen auf?«

Ich schaute mir die Bilder der Reihe nach an. »Da wir vom Gewicht geredet haben: Die sind alle schlank!«

»Genau!«, nickte Wolfgang Radies. »Große Menschenführer sind in der Lage, ihr gesamtes körperliches und geistiges Potenzial abzurufen, und haben ihren Körper im Griff – zumindest in der Zeit ihrer wirklich großen Leistungen.«

Ich dachte einen Moment nach: »Winston Churchill«, wandte ich ein. »Der war echt fett!«

»Der alte Sumoringer«, grinste Wolfgang. »Weißt du, wie Sumoringer trainieren? Zuerst bauen sie ihre Muskeln und ihre Beweglichkeit auf. Sie schaffen sich eine Kraftbasis. Erst dann sorgen sie für das Gewicht, um die Stabilität zu bekommen. Churchill hat in seiner Jugend und Militärzeit extrem viel Sport getrieben.[6] Er hatte eine Basis. Das Gewicht kam erst hinterher und entsprach genau seiner Führungsleistung: standhaft bleiben und sich nicht von Hitler aus dem Ring werfen lassen. Sich *nicht* zu bewegen. Aber das ist nicht die Art Führungsleistung, die *du* brauchst!«

Mit diesen Worten ging er ans Flipchart und schrieb: »Zu fett« als weiteren Punkt auf.

»Aber die Liste erscheint mir immer noch nicht vollständig. Also nächster Punkt: Wie sieht's mit deinen Finanzen aus?«, fragte Wolfgang.

»Das geht noch«, erwiderte ich. »Ich habe in der Firma ein Guthaben von vielleicht 60 000 Euro auf dem Konto und einen Kontokorrent von 100 000 Euro, der nicht ausgeschöpft ist. Die offenen Posten der Debitoren und Kreditoren halten sich etwa die Waage. Privat habe ich vielleicht 50 000 Euro. Alles aus den ersten Jahren, als die Firma gut lief.«

»Nicht gut, aber ausreichend. Da haben wir glücklicherweise kei-

6 Das Zitat »Sport ist Mord« bzw. »No sports« wird ihm zwar zugeschrieben, stammt aber nicht von ihm. Stattdessen sagte er: »Keine Stunde, die man mit Sport verbringt, ist verloren!«, vgl. http://www.zeit.de/2005/25/Stimmts_25.

ne Baustelle. Sieht bei den meisten Unternehmern in deiner Situation schlechter aus. – Machen wir weiter«, fuhr Wolfgang fort. »Du arbeitest 80 Stunden. Wie läuft's mit deiner Partnerin?«

Ich spürte einen schmerzlichen Stich. Offensichtlich hatte ich diese Geschichte noch nicht ganz überwunden: »Wir haben uns vor einem Jahr getrennt. Ich würde ja gerne wenigstens eine freundschaftliche Beziehung mit ihr aufbauen, aber sie blockt das aggressiv ab.«

Bevor Wolfgang ans Flipchart gehen konnte, schrieb ich selbst: »Keine Partnerschaft«.

»Enge Freunde?«, fragte er als Nächstes.

»Anton und Dieter«, erwiderte ich. »Und Beate.«

Wolfgang schaute mich fragend an.

»Mit Anton und Dieter treffe ich mich hin und wieder und wir reden über Fußball.«

»Und über euch selbst? Über dich?«

»Selten«, gab ich zu. »Ich hab ja fast nur die Arbeit, über die ich reden kann, und die beiden sind angestellt und froh, mal nicht über die Arbeit zu reden.«

»Und Beate?«, wollte Wolfgang wissen.

»Wir lieben uns«, antwortete ich begeistert. »Also rein platonisch. Sie ist ja verheiratet. In meiner Jugend, noch in Landsberg, wollte ich mal was von ihr, aber daraus wurde nichts. Als ich nach Mainz kam, trafen wir uns zufällig wieder und sie arbeitet jetzt bei mir. Sie ist der einzige Lichtblick in der Firma.«

Wolfgang musterte mich zweifelnd: »Okay, keine Freunde also« und schrieb es ans Flipchart.

Ich korrigierte »außer Beate«.

Er trat einen Schritt zurück und betrachtete das Flipchart:

- Mitarbeiter zicken wegen Kleinkram (Toilette, Kaffeemaschine)
- Einige Mitarbeiter (insbesondere Jens) machen, was sie wollen
- Meine Assistentin Jana erledigt ihr übertragene Aufgaben nicht oder nur unwillig und hat dauernd irgendwas anderes zu tun. Keine Ahnung, was …
- Das Unternehmen wächst seit vier Jahren nicht mehr
- Gewinn etwas über 0 Euro
- Ich arbeite 80 Stunden pro Woche
- Ich muss Ersatz für Sebastian suchen
- Meine Projektleiter kontrollieren ihre Mitarbeiter nicht
- Kurz: *Die Mitarbeiter tun nicht, was ich will*
- Zu fett
- Keine Partnerschaft
- Keine wirklichen Freunde, außer Beate

»Fällt dir etwas auf?«, fragte Wolfgang.

Ich las nochmals alle Einträge, dann schüttelte ich den Kopf: »Nein, es fällt mir nichts auf. Fehlt noch was?«

»Ja«, nickte Wolfgang. »Das Wichtigste fehlt noch!«

Ich blickte nochmals auf das Flipchart, aber hatte nicht die leiseste Ahnung, was er meinen könnte.

»Alles, was da am Flipchart steht, sind Fakten! Diese sind wichtig, aber nicht entscheidend. Ein überzeugter Single ist glücklich, wenn er keine Partnerschaft hat. Viele Unternehmer wären glücklich, wenn ein Projektleiter wie Sebastian, der seinen Job nicht macht, freiwillig geht und sie ihn ersetzen könnten. Die Fakten sind erst einmal neutral. Du kannst sie so oder so interpretieren. Daraus entsteht keinerlei Veränderungsbedarf. *Die entscheidende Frage ist: Wie fühlst du dich dabei, wenn du dir diese Liste, wenn du dir dein Leben anschaust?*« Er schwieg und schaute mir in die Augen.

Ich betrachtete die Liste. »Schlecht«, erwiderte ich mit einem Kloß im Hals.

Diese Antwort reichte offenbar nicht.

»Man hat vor vielen Jahren mal ein Experiment gemacht«, setzte Wolfgang an. »Die Teilnehmer bekamen einen Pieper und wurden während einer Woche vielleicht 100-mal angepiept. Jedes Mal mussten sie dann aufschreiben, wie sie sich gerade fühlten. Die meisten Teilnehmer notierten gerade mal ein Dutzend unterschiedliche Gefühle, sechs gute und sechs schlechte. Es ist aber nicht so, dass wir nur so wenige Gefühle hätten, wir können sie nur nicht unterscheiden und benennen. Dadurch wird unser Leben nicht nur arm, sondern wir verlieren auch den Blick für Prioritäten: Wie willst du deinen Fokus halten, wenn du 20 Dinge vor dir hast, die sich ›schlecht‹ anfühlen? Also, überleg noch mal: Kannst du dein Gefühl etwas genauer benennen als ›schlecht‹?«

Ich dachte einen Moment nach, dann erwiderte ich: »Ich weiß nicht. Ziemlich schlecht? Wozu brauchen wir das?«

»Das ist dein Treibstoff, deine Motivation, etwas zu ändern! Aus ›schlecht‹ oder ›ziemlich schlecht‹ höre ich keinen Treibstoff raus. Versuchen wir es anders: Du bist doch Storywriter. Wäre es für dich befriedigend, wenn es dem Helden einfach nur ›schlecht‹ ginge?«

»Nein«, überlegte ich. »Das muss natürlich genauer herausgearbeitet werden! Eine Story ohne klare Emotionen funktioniert nicht!«

»Unternehmersein ohne klare Emotionen funktioniert auch nicht. Also, wie fühlst du dich angesichts dieser Liste?«, fragte Wolfgang nochmals.

»In manchen Momenten, wenn ich Zeit habe, nachzudenken, sehr einsam.«

Er nickte mitfühlend. »Und wie fühlt sich dein Unternehmen und dein Leben an? Ganz ehrlich?«

Nach einiger Zeit, in der ich versuchte, meine Gesichtszüge unter Kontrolle zu bringen, erwiderte ich: »Hohl und leer.«

»Und wenn du skalieren solltest, wo würdest du dich dann auf einer Skala von eins bis zehn einsortieren? Ein bisschen einsam, hohl und leer ist eine Eins und völlig vereinsamt und sinnlos und leer eine Zehn.«

Ich spürte nochmals in mich hinein, und als ich jetzt mein Unternehmen und mein Leben betrachtete, stiegen Tränen auf, und ich erwiderte erschüttert: »Bei 20!«

Wolfgang ergänzte am Flipchart: »Einsam, hohl und leer, 20«.

Dann fuhr er fort: »Jetzt ist die Liste vollständig, und du spürst, dass du etwas ändern *musst*!«

»Absolut«, stimmte ich zu. »Aber was? Ich habe ja schon alles versucht, um die Situation zu verbessern. Es geht nicht!«

Wolfgang nickte: »Okay, wenn du selbst einen Weg heraus gewusst hättest, wärst du jetzt vermutlich nicht hier. Dabei ist es so: Ob etwas ein unlösbares Problem ist oder nicht, liegt im Auge des Betrachters. Für ein sechsjähriges Kind ist Integralrechnung ein unlösbares Problem, für einen Mathestudenten ist sie hingegen trivial.«

»Du meinst also, ich wäre wie ein sechsjähriges Kind«, erwiderte ich etwas ärgerlich. »Aber es gibt ja auch Matheaufgaben, die tatsächlich unlösbar sind.«

»Richtig«, nickte Wolfgang, »aber die Frage ist folgende: Glaubst du, es gibt irgendjemanden auf dieser Welt, der für deine Liste Lösungen hätte?«

Ich dachte einen Moment nach: »Ja, klar! Sicher wird es da einen geben. Aber was hilft mir das jetzt?«

»Die Vermutung liegt nahe«, schloss Wolfgang, »dass diese Person eine andere Sichtweise auf diese Liste hat als du. Lass uns also gemeinsam mal eine andere Sichtweise einnehmen. Gehen wir mal von einem einfach gestrickten Menschen aus, der die Liste einfach Punkt für Punkt abarbeitet. Zum Beispiel: Geh hin und such dir eine neue Partnerin!«

»Aber das geht nicht, weil ich keine Zeit habe«, wandte ich ein.

»Okay, dann reduziere deine Arbeitszeit«, erwiderte er.

»Aber ich muss so viel arbeiten, weil ich doch meine Firma am Leben halten muss.«

»Dann stell einfach jemanden ein«, schlug Wolfgang grinsend vor.

»Aber das kann ich nicht. Ich hab ja nicht mal Zeit, einen Ersatz für Sebastian zu suchen, und bezahlen kann ich das mit meinem Betriebsergebnis auch nicht.«

»Dann erhöh einfach die Preise«, entgegnete Wolfgang lachend.

Mir war völlig unverständlich, warum er lachte, und so erwiderte ich ärgerlich: »Du scheinst meine Probleme nicht ernst zu nehmen. Ich kann die Preise nicht erhöhen, das würden die Kunden nicht mitmachen.«

»Gut, gut, ich hab ein Einsehen«, sagte Wolfgang noch immer lachend. »Siehst du, ich könnte ewig fortfahren: Such dir neue Kunden, nimm ein Darlehen auf usw. Deine Antwort wäre immer: ›Aber das geht nicht, weil …‹ Solange du in diesem Mindset gefangen bist, brauchen wir überhaupt nicht mit der Arbeit anzufangen!«

Erschrocken vergegenwärtigte ich mir nochmals meine Antworten der letzten Minute. Wolfgang hatte recht, aber diese Haltung, die er kritisierte, passte so gar nicht zu meinem Selbstbild. Ich war doch der Unternehmer, der die Dinge machte. Und jetzt sagte ich selbst bei jedem Vorschlag, dass er nicht zu realisieren sei. Hatte ich mich, ohne es selbst zu bemerken, so verändert? Das Problem waren in der Tat nicht die Punkte auf der Liste, sondern meine Das-geht-nicht-Haltung, die ich selbst überhaupt nicht wahrgenommen hatte.

»Wie fühlt sich das an?«, wollte Wolfgang wissen.

Ich musste schlucken und entgegnete schließlich: »Hilflos.«

»Möchtest du so leben?«

»Nein«, sagte ich traurig. »Das fühlt sich völlig fremdbestimmt an.«

Wolfgang schrieb »Hilflos und fremdbestimmt« ans Flipchart.

Ich ergänzte eine 30 dahinter.

Er fuhr fort: »Lawrence Peter hat Ende der 60er-Jahre das Peter-Prinzip formuliert: ›Jeder Beschäftigte neigt dazu, in einer Hierarchie bis zu seiner Stufe der Unfähigkeit aufzusteigen.‹ Bei Unternehmern gilt das abgewandelt: Ein Unternehmer hat die Fähigkeit, ein Unternehmen einer bestimmten Größe mit einer bestimmten Anzahl an

Mitarbeitern zu führen. Diese Anzahl ist bei jedem unterschiedlich. Aber jedes Unternehmen wächst – vorausgesetzt, die Strategie funktioniert einigermaßen – so weit, bis diese Zahl überschritten ist – und dann wächst es nur noch dem Unternehmer über den Kopf. Entweder er arbeitet nun an sich und verändert sein Maximalpotenzial oder er, sein Unternehmen und seine Mitarbeiter werden eine lange Leidenszeit vor sich haben. Ich nenne diese Leidenszeit den Stuck State: Du hast das Gefühl, du kannst dich nicht mehr bewegen. Egal, was du machen willst, du weißt schon vorher, dass es nicht geht. Du fühlst dich wie mit 50 Gummiseilen festgebunden, die alle in unterschiedliche Richtungen ziehen. Egal, wohin du dich bewegen willst, es geht nicht. In so einer Situation fühlen sich Unternehmer hilflos, fremdbestimmt und unfrei. Ich habe das selbst zweimal am eigenen Leib als Unternehmer erlebt. Das Leben wird sinnlos und leer.«

Ein Unternehmer hat die Fähigkeit, ein Unternehmen einer bestimmten Größe zu führen. Wächst es über dieses Maß hinaus, ist der Unternehmer überfordert. Entweder er arbeitet nun an sich und verändert sein Maximalpotenzial oder es gibt eine lange Leidenszeit. Das ist der Stuck State.

»Ganz so schlimm ist es aber doch nicht«, versuchte ich dieses Elendsbild zu relativieren. »Das Storywriting macht mir zum Beispiel richtig Spaß!«

»Nein, nicht so schlimm?«, fragte Wolfgang Radies. »In den Momenten, in denen du was zu tun hast – und davon gibt es reichlich –, also wenn du Storys schreibst, mit Kunden sprichst usw., da nimmst du das nicht wahr. Aber wie ist es in den ruhigen Momenten? Wenn du dich nicht mit Arbeit oder Ablenkungen oder Alkohol zudröhnst?«

»Scheiße«, schüttelte ich resignierend den Kopf und versuchte, die Tränen zurückzuhalten. Ich wehrte mich ein letztes Mal: »Wozu fragst du mich das alles?«

»Weil es wichtig ist, dass du spürst, dass es so nicht mehr weitergehen kann. Aus diesem Schmerz erwachsen die Motivation und der

Impuls, tatsächlich etwas zu ändern. Wenn ich dich in deinem alltäglichen Grau lassen würde, dann würdest du dich nur unwesentlich bewegen. Es ist wichtig, von der Einstellung ›So schlimm ist es doch auch nicht‹ zu der Einstellung ›Ich ertrage das nicht eine Sekunde länger‹ zu kommen. Es ist wichtig, seine Selbstgespräche *nicht* weichzuspülen. Sich nicht zu sagen: ›Ich bin nicht ganz in Form‹, sondern sich selbst einzugestehen: ›Ich bin fett und schwabblig geworden. FETT!‹ Wenn ich mit Menschen arbeite, dann will ich spüren, warum sie etwas ändern *müssen*. Ich meine *MÜSSEN*!«

»Und was soll es bringen, wenn ich so leide?«

»Wie würdest du dich denn gerne fühlen?«, lenkte Wolfgang ein.

Ich brauchte einen Moment, um mich zu fangen. Und als ich dann noch mal ans Flipchart schaute, erwiderte ich aus tiefstem Herzen: »Frei, selbstbestimmt, wirksam.«

»Bingo!«, antwortete Wolfgang erleichtert. »Und wenn du dir jetzt die emotionale Spannung zwischen deinem aktuellen Schmerz, ›hilflos und fremdbestimmt‹ zu sein, und deiner Hoffnung, ›frei, selbstbestimmt und wirksam‹ zu sein, anschaust, entsteht da eine Energie, etwas zu verändern?«

»Ja, klar!«, rief ich. »Aber ich weiß doch nicht, wie!«

»Ach, das ist nicht so schwer«, warf Wolfgang ein. »Tony Robbins sagte einmal, dass sich die erfolglosen Menschen zu 80 Prozent mit dem Wie beschäftigen. Die erfolgreichen hingegen zu 80 Prozent mit dem Wozu. Oder um es mit Nietzsche auszudrücken: Wer ein Warum zu leben hat, erträgt fast jedes Wie. Ohne ein Motiv, das stark genug ist, wirst du das Wie nicht umsetzen. Und mit einem Motiv, das stark genug ist, wirst du jedes Wie bewältigen. – Als wir telefoniert haben, spürte ich ein leichtes Motiv: Dir ging gerade die Situation in deinem Unternehmen auf den Zeiger. Als du vorhin die Adjektive ›einsam, hohl und leer‹ notiert hast, da spürte ich eine stärkere Energie. Aber jetzt, jetzt, wo du selbst erkannt hast, dass du diese Emotionen mit der Das-geht-nicht-Haltung selbst erzeugst, und wo du weißt, wie du dich stattdessen fühlen willst, jetzt haben wir ein wirkliches Motiv.

Und du weißt es nicht nur, sondern fühlst es in der ganzen Tiefe. Das ist großartig! Vergiss das in den nächsten Monaten nie!«

Ich schaute Wolfgang an, lächelte und ging ans Flipchart. Ich strich mit großem Bogen alles, was dort stand, durch und schrieb mit mächtigen roten Buchstaben darüber: »Frei, selbstbestimmt, wirksam!«

4.1.2 Die Glaubenssatz-Struktur hinter dem Stuck State

Innerlich bewegt nickte Wolfgang: »Eigentlich bist du gekommen, um besser führen zu lernen. *Das, was da jetzt am Flipchart steht, wäre eine neue, eine andere Art zu leben.* Und das ist es, worum es *wirklich* geht! Was nützt dir eine gut geführte Firma oder der Preis ›Bester Arbeitgeber Deutschlands‹ oder ein super Einkommen, wenn du dich dabei nicht frei, selbstbestimmt und wirksam fühlst?«

»Ja«, stimmte ich ihm zu, »das wäre richtig geil. Der emotionale Ausgangspunkt und der emotionale Zielpunkt treffen genau, was ich fühle. Wie bei einer guten Story: Am Ende befindet sich der Held in einem komplett anderen emotionalen Zustand als am Anfang. Aber was passiert zwischendrin? Wie sieht meine Story aus? Welchen Weg schlagen wir jetzt ein?«

»Gleich«, erwiderte Wolfgang. »Du bist durch den Stuck State noch immer am Startpunkt gefangen. Die Hürde ist deine Es-geht-nicht-Haltung. Diese Haltung beruht immer auf Vermutungen. Du hast eine Vermutung, Marc, dass zwingend Y passieren würde, wenn du X tun würdest, und Y erscheint dir ganz schrecklich. Diese Struktur liegt hinter jedem deiner ›Es geht nicht, weil …‹ Und in dieser Struktur sind zwei Prämissen drin. Erstens nimmst du mit absoluter Sicherheit an, dass Y eintreten würde, doch tatsächlich weißt du das gar nicht. Und zweitens glaubst du ganz sicher zu sein, dass Y echt schrecklich ist. Das weißt du aber auch nicht. Das sind unhinterfragte Glaubenssätze!«

»Wie meinst du denn das?«

»Ich habe dir vorhin vorgeschlagen, du könntest einfach jemanden einstellen. Und du sagtest, dass das nicht ginge, weil du ihn nicht bezahlen könntest. Aber schauen wir uns das genauer an. Ein neuer Mitarbeiter in deinem Bereich kostet dich, sagen wir mal großzügig, vielleicht 50 000 Euro im Jahr. Du hast 60 000 Euro im Unternehmen, 100 000 Euro Kontokorrent und 50 000 Euro privat, also einen Gesamtpuffer von 210 000 Euro, bevor das Licht ausgeht. Du könntest den Mitarbeiter also vier Jahre bezahlen, ohne dass er einen Cent reinbringt. Das solltest du natürlich nicht tun, aber du könntest es. Deine Vermutung, dass mit der Einstellung eines neuen Mitarbeiters über kurz oder lang deine Firma zusammenbrechen würde, ist zwar richtig, aber erst nach vier Jahren. Sehr wahrscheinlich fällt dir jedoch vorher was ein, und sei es nur, ihm wieder zu kündigen. Deine Vermutung, dass mit X (Einstellung des Mitarbeiters) automatisch Y (Pleite) passieren würde, stimmt also nicht zu 100 Prozent. Schauen wir uns nun den zweiten Teil an, die Bewertung von Y. Selbst wenn du pleitegehen würdest, was genau wäre daran so schlimm?«

»Wie? Natürlich ist das schlimm! Dann bin ich gescheitert! Das will ich nicht!« Der konnte vielleicht blöde Fragen stellen!

»Ich selbst bin zweimal pleite gewesen«, erwiderte Wolfgang. »Und es war beide Male eine Befreiung und hat mir einen Neuanfang ermöglicht. *Vor* der Pleite fühlte ich mich wie du.« Er zeigte aufs Flipchart: »Einsam, hilflos, fremdbestimmt.«

Ich schaute ihn fragend an: »Du meinst also, dass eine Pleite besser sein kann, als so zu leben?«

Wolfgang nickte: »Ohne deine Firma hättest du kein Rumgezicke, du müsstest dich nicht mehr über Mitarbeiter ärgern, du hättest Zeit für Freunde und Partnerschaft. Das wär doch cool, oder?«

»Spinnst du?«, entfuhr es mir. »Ich komme doch extra her und bezahle dich, weil ich nicht scheitern will.«

»Du gibst mir zwar Geld«, entgegnete Wolfgang, »*aber du bist nicht bereit, den Preis zu zahlen*. Stellen wir uns einen Boxer vor. Nimm mal an, er würde glauben: ›Immer wenn ich meine Rechte bringe, zieht der andere mit seiner Linken über meine dann offene Deckung und haut mich k.o.‹ Erstens weiß er nicht, ob das passiert. Es kann passieren oder auch nicht passieren. Zweitens muss er bereit sein, mit einem K.o. zu leben, weil das passieren kann. *Er muss bereit sein, den Preis vorher zu bezahlen.* Der Preis lautet: Ich kann k.o. gehen. Ich werde zwar alles tun, was in meiner Macht steht, damit es nicht passiert, aber es kann passieren. Und ich bin bereit, das Risiko zu tragen. Ich bin bereit, k.o. zu gehen.«

Langsam begann ich zu verstehen: »Indem ich mir einrede, bei Einstellung eines zusätzlichen Mitarbeiters vermutlich pleitezugehen, und indem ich die Pleite als etwas ganz Furchtbares ansehe, mache ich mir mein Problem selbst unlösbar. Betrachte ich die Situation hingegen so, dass ich mit einer gewissen – in diesem Fall nicht allzu hohen – Wahrscheinlichkeit pleitegehen könnte, dass dieses mögliche Ereignis allerdings auch eine Befreiung sein kann, dann erscheint mir die Option nicht mehr beängstigend und ich gehe aktiv drauf zu. Richtig?«

Wolfgang nickte.

»Aber geht das mit den anderen Punkten auf der Liste auch?«, fragte ich zweifelnd.

»Die Antwort ist immer: Solange deine Glaubenssätze so festgefahren sind, dass du die Konsequenzen Y für sicher hältst, obwohl sie das nicht sind, und solange du nicht bereit bist, im schlimmsten Fall die Konsequenz Y zu tragen, wirst du nicht frei sein und nicht in der Lage sein, aus diesem Stuck State rauszukommen.«

Solange deine Glaubenssätze so festgefahren sind, dass du die Konsequenzen einer Handlung für sicher hältst, obwohl sie das nicht sind, und solange du nicht bereit bist, im schlimmsten Fall die Konsequenzen zu tragen, wirst du nicht frei sein.

»Du meinst, das Problem ist gar nicht der Zeitmangel, der Geldmangel oder die unfähigen Mitarbeiter?«, fragte ich.

»Unfähige Mitarbeiter, Kunden, die nicht bezahlen, Steuerprüfer, die zum ungünstigsten Moment irgendwelche Regeln ausgraben, die nicht mal dein Steuerberater kennt, extrem viele Anforderungen von außen usw. wird es immer geben«, nickte Wolfgang. »Ob du dich bewegen kannst und dich frei fühlst, hängt allein von deiner Betrachtungsweise ab. *So gesehen entscheidest du mit der Wahl deiner Betrachtungsweise auch, wie du dich fühlst! Und diese Wahl ist in jedem Moment frei!* Im ersten Moment möchte man das nicht glauben, aber wenn man sich das näher anschaut, ist das eine der wichtigsten Erkenntnisse überhaupt. Ich habe über externe Ereignisse keine Kontrolle. Aber meine eigenen Glaubenssätze kann ich zu 100 Prozent kontrollieren und beeinflussen. Ob ich im Stuck State bin oder nicht, ob ich mich einsam und hilflos oder frei und wirksam fühle, liegt ausschließlich und vollständig in meinem eigenen Kontrollbereich!«

»Aber das sind ja Dutzende Glaubenssätze«, wandte ich ein. »Müssen wir die jetzt alle verändern und wie machen wir das überhaupt?«

4.1.3 Fachkraft – Manager – Unternehmer

»Ja, es sind Dutzende«, nickte Wolfgang. »Deshalb schaffen wir das auch nicht mal nebenbei an einem Tag. Wir beginnen heute beim ersten und wichtigsten einschränkenden Glaubenssatz. Egal, was wir danach tun werden, du wirst Zeit dafür brauchen. Nicht nur ein oder zwei Stunden in der Woche, sondern 20 oder 30. Wir brauchen eine Zeitrevolution!«

»Das geht doch nicht! Ich schaffe doch jetzt schon nicht alles« – wollte ich spontan erwidern, aber gerade noch rechtzeitig besann ich mich. Und so sagte ich: »Ich *vermute*, dass alles zusammenbrechen wird, wenn ich weniger arbeite. Und das *wäre* eine Katastrophe. Aber vielleicht bricht ja doch nicht alles zusammen, und selbst wenn, ist es vielleicht keine Katastrophe und ich könnte das akzeptieren. Um mein Ziel, mich selbstbestimmt, frei und wirksam zu fühlen, zu erreichen, bin ich bereit, das Risiko zu tragen. Wie soll das jetzt gehen?«

»Ah, schon was gelernt«, lächelte Wolfgang. »Der erste Schritt ist immer, selbst zu bemerken, wenn ein solcher Glaubenssatz aktiviert wird. Diese Aufmerksamkeit unseren Glaubenssätzen gegenüber müssen wir bewusst trainieren, aber dazu kommen wir morgen noch. Lass uns zuerst mal anschauen, wofür du deine Zeit jetzt einsetzt. Eine grobe Näherung reicht.«[7]

Ich ging ans Flipchart und schrieb auf:

Storys entwickeln	40 Stunden
Kundengespräche und Angebote	12 Stunden
Finanzen	4 Stunden
E-Mails und Gespräche über Kleinkram (Toilette, Kaffeemaschine)	8 Stunden
Aufgaben verteilen und Ziele vorgeben	4 Stunden
Diverses	12 Stunden

»Sieht so ähnlich aus wie bei den meisten Inhabern von kleineren Unternehmen«, nickte Wolfgang.

»Okay, und wo willst du da jetzt 20 oder 30 Stunden streichen?«, forderte ich ihn heraus.

»Lass mich ein wenig ausholen, damit du auch wirklich verstehst, um was es hier geht.«

---

7 Der folgende Abschnitt ist eine Kurzfassung dessen, was in meinen anderen Büchern, vor allem im *Weg zum erfolgreichen Unternehmer,* ausführlich dargelegt wird. Diese Wiederholung ist notwendig, da der nun folgende Gedankengang grundlegend für jede Änderung im Selbstverständnis des Unternehmers ist. Alle, die meine anderen Bücher schon kennen, können diesen Abschnitt also einfach überfliegen. Für alle anderen: Ich nutze hier einen relativ einfachen Fall, um das Prinzip zu verdeutlichen. Für komplexere Situationen muss ich entweder auf das Buch *Der Weg zum erfolgreichen Unternehmer* oder das gleichnamige Seminar verweisen.

»Ah, zuerst kommt wieder das neue Wahrnehmungsmodell, richtig?«

»Richtig«, grinste Wolfgang. »Dieses Wahrnehmungsmodell wurde ursprünglich von Michael Gerber in den USA bekannt gemacht. Er unterscheidet drei Rollen im Unternehmen. Diese Rollen gibt es in jedem Unternehmen, also auch in einem 1-Personen-Unternehmen. Da füllt eben die eine Person alle drei Rollen aus. Zuerst gibt es die Fachkraft. Das sind die Personen, die produzieren, verkaufen, Rechnungen schreiben, Reklamationen bearbeiten usw. Ohne Fachkräfte gibt es kein Unternehmen. Fachkräfte sind mit Ausnahme des Verkaufs und Marketings im Wesentlichen reaktiv. Sie bringen Ergebnisse. Und ihre Arbeit will der Kunde, dafür bezahlt er und davon lebt das Unternehmen. Dann gibt es den Manager. Der Manager sorgt dafür, dass ausreichend Fachkräfte mit der richtigen Qualifikation vorhanden sind. Er hat sicherzustellen, dass die Fachkräfte zusammenarbeiten und dass unterschiedliche Fachkräfte Leistungen vergleichbarer Qualität erzeugen. Er schafft Systeme und sorgt für die Einhaltung dieser Systeme. Schließlich gibt es den Unternehmer. Der Unternehmer ist der mit der Idee. Er ist die Energie hinter dem Ganzen. Er entwickelt und verankert Vision, Strategie und Kultur im Unternehmen.«

Wolfgang räusperte sich. Dann erklärte er weiter: »Alle drei Rollen haben völlig unterschiedliche Mindsets und führen zu einer spezifischen Sicht auf die Welt. Die Fachkraft beschäftigt sich mit den Details des einzelnen Arbeitsschritts und will diese so gut wie möglich ausführen. Leider gibt es den Manager, der immer mit seinen Systemen und Prozessen nervt. Und den Unternehmer, der gerade mal wieder mit einer neuen Idee alles durcheinanderbringt. Der Manager versucht zu optimieren und betrachtet das Ganze. Leider gibt es da die Fachkraft, die im konkreten Einzelfall mal wieder alles ganz anders macht als in seinen Systemen vorgesehen. Und leider gibt es auch den Unternehmer, der immer dann, wenn ein System steht, gerade mal wieder eine neue Idee hat. Der Unternehmer bestimmt die Richtung und hat deshalb einen noch weiteren Blick als der Manager. Leider stoßen seine tollen neuen Ideen immer auf die sich langsam dahinschleppenden Füße der Manager, die sich ihre Systeme nicht kaputt machen lassen wollen, und die der Fachkräfte, die gerade an einem wichtigeren Projekt sind. Wir haben also zwischen diesen drei Rollen ganz grundsätzliche Konflikte. Die Wahrnehmung der Personen, die diese Rollen ausfüllen, *muss* unterschiedlich sein.«

»Das habe ich verstanden«, nickte ich. »Was bringt mir das jetzt?«

»Oh, ganz einfach«, fuhr Wolfgang Radies fort. »Wenn du mit deinem Unternehmen beginnst, bist du Selbstständiger, also kein Unternehmer. Du machst 80 oder 90 Prozent Fachkraftaufgaben und beschäftigst dich zu maximal je zehn Prozent mit Management- und Unternehmeraufgaben. Ein Selbstständiger ist also in Wirklichkeit eine Fachkraft. Das ist am Anfang auch in Ordnung so. Wenn das Unternehmen aber wächst, steigt der Anteil der notwendigen M- und U-Aufgaben. Der Selbstständige macht aber immer noch hauptsächlich seine Fachkraftaufgaben. Er sieht oft sogar nicht einmal die M- und U-Aufgaben, da er ja die F-Brille aufhat. Weil der Selbstständige fast nur Fachkraftaufgaben macht, gibt es ein Führungsdefizit, und die anderen Mitarbeiter erledigen ihre F-Aufgaben ungeführt viel schlechter, als sie könnten. Die Folge ist, dass der Selbstständige mit jedem zusätzlichen Mitarbeiter noch mehr F-Aufgaben macht bzw. den fehlerhaften F-Ergebnissen seiner Mitarbeiter hinterherläuft. Es ist leicht zu sehen, dass dieses Konzept endlich ist: Die Woche hat nur 168 Stunden. Die Grenze ist je nach Branche unterschiedlich, meist aber spätestens bei 10 bis 25 Mitarbeitern erreicht.«

Mir ging plötzlich ein Licht auf: »Ja, genau so ist das! Mit jedem neuen Mitarbeiter scheinen die Ergebnisse aller Mitarbeiter schlechter zu werden und ich bekomme noch mehr zu tun. Ich weiß jetzt auch, was diese zwölf Stunden Diverses sind: Da versuche ich die Fehler meiner Mitarbeiter einigermaßen auszubügeln.« Ich schaute noch mal aufs Flipchart: »Bis auf die fünf Prozent Aufgaben verteilen und Ziele vorgeben, mache ich überhaupt keine reinen U- und

M-Aufgaben. Aber für die M-Aufgaben habe ich doch meine Projektleiter!«

»Die ihren Job nicht machen, weil der Unternehmer immer noch die Manager managen muss. Und das tust du nicht. Wenn du wirklich Unternehmer werden willst, dann musst du damit beginnen, die F-Aufgaben loszuwerden. Ein Unternehmer macht – je nach Größe seines Unternehmens – vielleicht 30 bis 80 Prozent U-Aufgaben und rund 15 bis 30 Prozent M-Aufgaben. Wenn ich mir das Flipchart anschaue, dann sehe ich einen ziemlich großen F-Block, den du streichen könntest.«

»Du meinst die Storys«, erschrak ich. »Das ist das Einzige, was mir noch Spaß macht!«

»Das ist genau das Problem«, nickte Wolfgang. »Die Fachkraftaufgaben machen den Selbstständigen am meisten Spaß. Darin sind sie wirklich gut! Und sie haben den Glaubenssatz, dass sie diese Fachkraftaufgaben unbedingt machen müssen. Und wenn sie es nicht tun, passiert etwas ganz Schreckliches. Zu allem Überfluss wird dieser Glaubenssatz auch noch dauernd gestärkt: Wenn sie mal wieder frustriert sind, dann finden sie in der Fachkraftaufgabe ihre Bestätigung. Fühlt es sich nach den Zickereien nicht gut an, wenn du endlich deine Tür zumachen und in F-Aufgaben versinken kannst? Endlich wieder richtige, produktive Arbeit?«

Ich schluckte: »Ja, das ist leider so. Und das soll ich jetzt aufgeben? Dann halte ich das nicht mehr aus in meiner Firma.«

Wolfgang nickte wieder: »Wenn du Unternehmer werden willst, dann *musst* du es aufgeben. Wenn du Selbstständiger bleiben willst, dann lässt du deine Firma wieder schrumpfen, vielleicht auf fünf bis sieben Leute, und ihr zieht wieder in das Loft. Dann geht das auch so und dann brauchst du mich nicht. Das ist deine Entscheidung!«

Wolfgang schwieg. Und schwieg. Und schwieg. Bis ich schließlich begriff, dass er diese Entscheidung von mir erwartete. Jetzt!

Aber ich konnte mir so gar nicht vorstellen, was das bedeuten würde. Und deshalb erwiderte ich: »Aber wie soll das praktisch gehen, die Storys abzugeben? Das kann keiner so gut wie ich! Und die Kunden würden das nicht akzeptieren!«

»Sind wieder zwei Glaubenssätze«, grinste Wolfgang. »Das kann keiner so gut wie du? Mag sein. Das wäre dann die Folge einer falschen Einstellungspolitik, aber entscheidender sind die folgenden zwei Fragen: Können es erstens die anderen überhaupt wertschätzen, was du da machst? Kommt es hinten an? Jens scheint sich um deine Story nicht gekümmert zu haben und der Kunde auch nicht. Und wie lange würde zweitens jemand deiner Mitarbeiter brauchen, um mit deiner Hilfe ausreichend gut zu werden?«

Im ersten Moment war ich wieder versucht, Einwände zu erheben, aber als ich einen kleinen Moment darüber nachgedacht hatte, antwortete ich: »Nein, du hast recht! Zu 80 Prozent sehen sie noch nicht mal, was an meinen Storys so gut ist. Weder meine Mitarbeiter noch meine Kunden. Und jemanden ausreichend zu qualifizieren? Nun, es gibt Seminare zum Storywriting und Petra könnte mit meiner Unterstützung sicher einigermaßen schnell ganz gute Geschichten schreiben. Nur«, wandte ich ein, »es war ja gerade das Motiv meiner Unternehmensgründung, Storys mit einer extrem hohen Qualität zu schreiben und nicht dauernd Müll zu produzieren. Wie bei Steve Jobs, der Steve Wozniak anwies, die Leiterbahnen auf den Platinen ordentlich und gerade zu machen. Wenn ich mir dieses Motiv nehme, dann brauche ich auch keine eigene Firma mehr.«

»Richtig«, stimmte Wolfgang zu. Er stand auf und wanderte langsam durch den Raum. »Das Motiv einer Fachkraft ist es, herausragende Fachkraft-Ergebnisse zu bringen. Das Motiv des Unternehmers ist es, ein herausragendes Unternehmen aufzubauen. Jobs' Motiv war nicht, selbst gerade Leiterbahnen zu machen. Sein Ziel war es, dafür zu sorgen, dass Steve Wozniak und alle anderen gerade Leiterbahnen machen und den Wert erkennen. Das ist was völlig anderes! Die Fachkraft arbeitet *im* Unternehmen, der Unternehmer *am* Unternehmen. *Das Produkt*

> **Die Fachkraft arbeitet *im* Unternehmen, der Unternehmer *am* Unternehmen.**

der Fachkraft ist die Story, das Produkt des Unternehmers ist ein Unternehmen, in dem herausragende Storys produziert werden. Das, was ich dir gerade vorschlage, ist nicht einfach, etwas anders als in der gewohnten Weise zu tun, sondern es handelt sich um einen völlig neuen Beruf. Du bist dann nicht mehr Storywriter, sondern Unternehmer. *Das* ist ein anderes Wahrnehmungsmodell. Du brauchst dann auch ein völlig anderes Motiv! Und du wirst lernen müssen, dir aus anderen Dingen deine Bestätigung und deinen Selbstwert zu holen als aus guten Storys. Du wirst dich entscheiden müssen! Nicht weil ich, Wolfgang Radies, das von dir fordere, sondern weil es nur die Wahl gibt: Selbstständiger oder Unternehmer.«[8]

4.1.4 Die Entscheidung

»Können wir eine kurze Pause machen, damit ich in Ruhe darüber nachdenken kann?«, bat ich.

Wolfgang nickte, schaute auf seine Uhr und verschwand: »Ich bin um elf Uhr, also in 20 Minuten, wieder da.«

Ich ging zum Fenster und schaute in den gepflegten Garten. Bewusst ließ ich den Blick in die Ferne schweifen. Dann sammelte ich mich und vergegenwärtigte mir noch mal, was heute bisher passiert

---

8 Alle Zwischenkonstruktionen wie »Ich bleibe der Topexperte, stelle aber einen Manager ein, der mein Team führt« oder »Ich schließe mich mit anderen Experten mit jeweils fünf bis sieben Zuarbeitern zu einer größeren Einheit zusammen« funktionieren in der Praxis nicht oder nur suboptimal. Im ersten Fall scheitert es daran, dass der Experte dann den Manager führen müsste, es aber nicht kann, im zweiten Fall gibt es meist nicht genügend Bindungskräfte, damit die Experten tatsächlich zusammenbleiben, und spätestens bei drei bis fünf Experten stellt sich das Problem des Managements und der unternehmerischen Steuerung erneut. Große Kanzleien beispielsweise funktionieren nur, weil einer oder einige wenige den Laden führen! Will man es wirklich gut machen, bleibt also nur die Wahl: Selbstständiger mit einem kleinen Unternehmen oder Unternehmer mit entsprechendem Wachstumspotenzial.

war: Zuerst hatten wir meine Probleme gesammelt. Wolfgang hatte diese Liste dann erweitert und erklärt, dass Unternehmersein eine Lebensform sei und deshalb alle Lebensbereiche betreffe. Und schließlich hatte er mich dahin geführt, mir einzugestehen, wie ich mich jetzt wirklich fühlte und wie ich mich fühlen wollte. Und daraus war ein großer Veränderungswille entstanden.

Doch wie ich damit umgehen könnte, wusste ich nicht, weil ich das Gefühl hatte, mich nicht bewegen zu können: Ich war im Stuck State. Und dass ich mich darin befand, lag wiederum daran, dass ich Glaubenssätze und Annahmen hatte, die nicht mehr zu meinen jetzigen Herausforderungen passten. Diese Annahmen blockierten mich und machten mich unfrei. Es war also notwendig, erstens zu hinterfragen, ob die angenommenen Folgen tatsächlich eintreten würden, und zweitens im Vorfeld bereit zu sein, den Preis zu bezahlen. Zu akzeptieren, dass man dabei k.o. gehen kann. Angesichts meiner frustrierenden Gefühle war ich dazu jetzt bereit.

Um aber überhaupt irgendetwas ändern zu können, brauchte ich eine Zeitrevolution. Wolfgang hatte mir den Unterschied zwischen einer selbstständigen Fachkraft und einem Unternehmer ja erklärt. Nun musste ich mich entscheiden.

Ganz klar, ich hatte als Fachkraft begonnen. Das erschien mir als logische Folge meines bisherigen Weges. Mein Vater war Journalist bei einer Lokalzeitung. Ihm ging es immer um die hohe Qualität seiner Beiträge. Als ich 1993 Abitur machte, starb mein Opa väterlicherseits. Ich erbte von ihm ein Aktienpaket und ein paar alte Bücher von Nietzsche und so. Mit dem Aktienpaket konnte ich was anfangen. Ich floh damit gewissermaßen vor meinen Eltern und der Enge in Landsberg am Lech und ging nach Berlin. Während meines Studiums fühlte ich mich frei. Ich wurde gefordert und man wollte Qualität von mir. Aber in meinen verschiedenen Jobs stieß ich immer wieder an die Decke und hatte mich mit ignoranten Chefs rumzuschlagen. Qualität war denen völlig unwichtig! Mir aber nicht. Gute Storys waren mein Leben! Die Fachkraftaufgaben waren mein Leben!

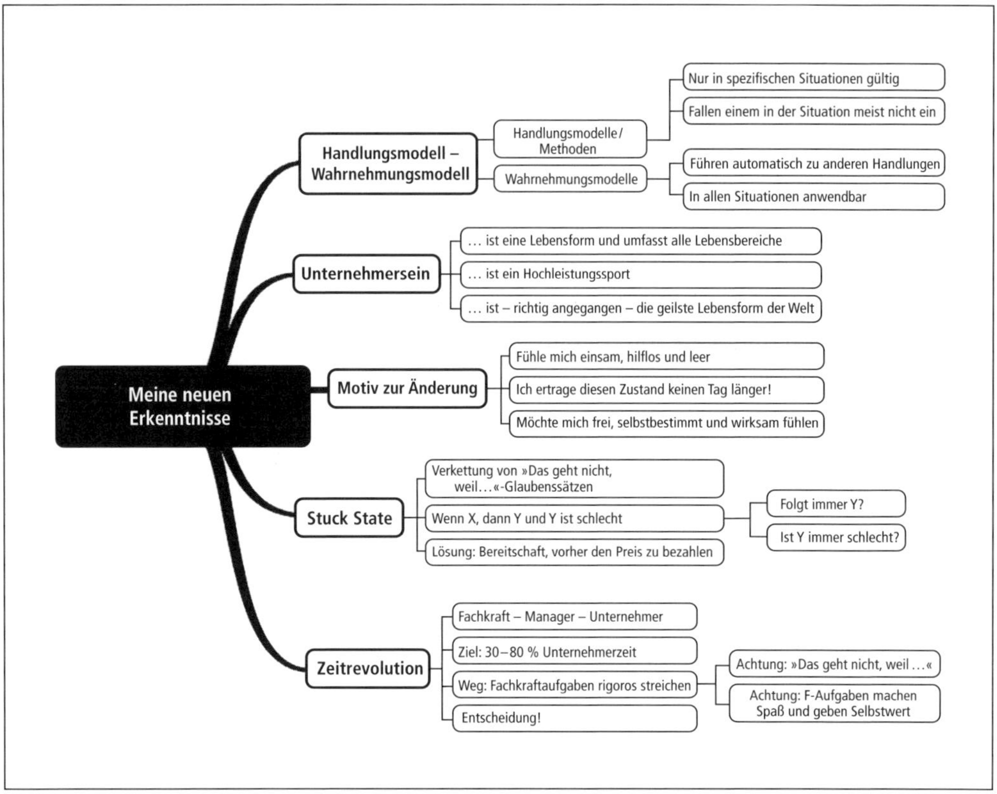

An dieser Stelle hielt ich einen Moment inne. Wenn ich nämlich ehrlich war, hatte ich mich jetzt statt mit ignoranten Chefs mit ignoranten Kunden und Mitarbeitern rumzuschlagen. Wollte ich das weiter? Könnte ich so jemals die Harmonie finden, die ich mir ersehnte?

Je länger ich darüber nachdachte, desto mehr fühlte ich mich an einem Endpunkt angekommen. Selbst wenn ich die Firma wieder verkleinern würde, wäre es nicht mehr wie vorher. Zumindest würde ich mich nicht frei und wirksam fühlen. Und nicht harmonisch.

Aber Unternehmer? Ich hatte keine Ahnung, wie das aussehen könnte. Konnte ich um der Ruhe willen so einfach auf die Qualität verzichten? Vielleicht war das auch die falsche Frage. *Würden, kam mir plötzlich die Idee, meine Mitarbeiter und Kunden es nicht viel mehr schätzen, wenn ich der beste Unternehmer würde?* Also nicht eine Story mit hoher Qualität schreiben, sondern ein Unternehmen mit hoher Qualität schaffen würde?

Wie lange würde ich da brauchen? Dieser Wolfgang Radies hat von zwei Jahren gesprochen, vielleicht etwas weniger. War ich wirklich bereit, auf das Storywriting zu verzichten?

Ich hörte in mich hinein. Und es kam wieder das Gefühl eines Endpunktes hoch. Und dann erklang plötzlich ein leises, fernes Ja. Es schien näher zu kommen und wurde zu einem immer lauteren Ja. Bis ich mich dabei ertappte, wie ich laut sagte: »Ja, ich bin bereit, auf das Storywriting zu verzichten! Ja, ich will Unternehmer werden!«

Ich hatte mich entschieden! Ich wollte Unternehmer werden – noch ohne zu wissen, was das genau bedeutete.

Als Wolfgang wieder zur Tür hereinkam, sagte ich: »Ja, ich will Unternehmer werden, und ich will, dass du mir dabei hilfst.«

Wolfgang musterte mich aufmerksam. Dann nickte er und fragte: »Du hast dein iPhone dabei?«

»Klar!«

»Ruf Petra an und sag ihr, sie soll heute ein Storywriting-Seminar für sich buchen – zum schnellstmöglichen Termin!«

»Aber …«

»Du hast dich doch entschieden?«

»Ja, aber …«

»Dann ruf an!«, insistierte Wolfgang. »Wir müssen nach jeder Entscheidung unserem Gehirn schnellstmöglich ein Signal geben, dass wir es wirklich ernst meinen. Das geht *nur* durch Handeln. Ist nebenbei einer der wirklich zentralen Schlüssel für Führung und Selbstführung. Und du willst doch in sieben oder acht Monaten so weit sein? Dann kannst du dir nicht erlauben, auch nur einen Tag zu verschwenden![9] Also?«

---

9 In Bezug auf unseren Fortschritt gibt es immer genau einen Engpass. Bei Marc ist es an dieser Stelle des Buchs seine Zeit. Am Engpass darf nicht eine Sekun-

Ich schaute ihn an – und er wartete. Er sagte nichts. In dem Moment war mir klar, dass der Tag zu Ende wäre, wenn ich nicht handeln würde. Und plötzlich nahm ich mein Handy, denn ich hatte gerade die Entscheidung noch einmal getroffen. Mit einer neuen Tiefe und Ernsthaftigkeit.

Petra reagierte zu meinem Erstaunen sehr erfreut: »Echt, Marc? Das wollte ich schon immer, und das war auch der Grund, warum ich bei dir angefangen habe. Ich suche was und melde mich an.«

»Heute?«, insistierte ich und registrierte aus dem Augenwinkel, wie Wolfgang lächelte.

»Ja«, erwiderte Petra und wirkte ein klein wenig überrascht, »gern heute!«

Als ich auflegte, fühlte ich mich großartig: »Sie hat schon gewisse Grundlagen und könnte sofort etwa zwei Drittel meiner Aufgaben in diesem Bereich übernehmen. Mit geringerer Qualität zwar, aber das würde ich für eine Übergangszeit tolerieren. Das letzte Drittel bleibt leider bei mir, da ich erst letzten Montag einen neuen Dauerauftrag angenommen habe, bei dem ich persönlich als Storywriter vertraglich fixiert bin. Also von meinen 40 Stunden Storywriting bleiben 15 bei mir, und fünf weitere Stunden nutze ich, um Petra mein Wissen weiterzugeben. Wir haben 20 Stunden gewonnen.«

Während ich mich wieder setzte, schüttelte Wolfgang lächelnd den Kopf: »Jetzt sind wir schon so weit gekommen, da geben wir nicht auf halbem Weg auf. Was hältst du davon: Petra übernimmt auch dieses letzte Drittel. Du trittst lediglich gegenüber dem Kunden als der Urheber auf und übernimmst die Kommunikation. Zugleich nutzt du diese Storys, um ihr dein Wissen weiterzugeben. Also 40 Stunden Gewinn durch Übergabe der Storys, während du zugleich fünf Stun-

---

de verschwendet werden, denn daraus ergibt sich die Gesamtgeschwindigkeit der Entwicklung. Bei allen anderen Punkten ist die Geschwindigkeit oft nicht so entscheidend. Da kann manchmal sogar mehr Ruhe wichtig sein! Auch in Situationen, in denen man seinen Engpass noch nicht klar erkannt hat, ist Ruhe meist hilfreicher.

den für Kundenkommunikation und Wissensweitergabe an Petra brauchst. Bleiben 35 Stunden pro Woche Nettogewinn. – Aber viel wichtiger als die 15 zusätzlichen Stunden gegenüber deinem ersten Vorschlag ist Folgendes: Du hast eine klare und endgültige Entscheidung getroffen. Du schreibst selbst ab heute *keine* Storys mehr. Null, nada, niente! Würdest du einen kleinen Teil des Storywritings für dich reservieren, so würde sich dieser wieder ausdehnen und immer mehr werden und wir stünden in vier bis acht Wochen an derselben Stelle wie jetzt. Das ist wie mit dem Rauchen aufhören. Entweder du machst es ganz, oder du bist in kürzester Zeit wieder da, wo du vor einer Reduktion warst. Wie sieht es aus: Bist du bereit für diese Entscheidung?«

Ich schluckte. Mir wurde plötzlich klar, dass man Entscheidungen in ganz unterschiedlicher Ernsthaftigkeit und Tiefe treffen kann. Und Wolfgang Radies schien nicht lockerzulassen, bevor meine Entscheidung nicht wirklich tief genug war und keinen Rückweg mehr zuließ.

Wolfgang wollte eine Antwort! War ich bereit, meine Fachkraftaufgaben *komplett* abzugeben? Schließlich nickte ich und sagte voller Überzeugung: »In Ordnung!« Ich wusste, dass ich in diesem Moment eine Entscheidung getroffen hatte, und fühlte mich zum ersten Mal seit langer Zeit wieder selbstbestimmt und frei. Und das, das war das wirklich Merkwürdige, obwohl ich diese Entscheidung ja eben nicht ganz freiwillig, sondern nur aufgrund des mehr oder weniger sanften Drucks von Wolfgang getroffen hatte.

4.2 Die drei Metamodelle der Führung

»Meine Hochachtung für diese Entscheidung«, nickte Wolfgang lächelnd. »Vor allem weil du noch nicht wirklich weißt, was auf dich zukommt. Das ist eine der Grundfähigkeiten eines Unternehmers: Entscheidungen zu treffen, deren Konsequenzen man nicht absieht. Und zwar schnelle Entscheidungen!«

»Und was kommt jetzt auf mich zu?«, fragte ich, wieder etwas unsicher werdend.

»Wir haben eine kleine Zeitrevolution initiiert: Dein reguläres Arbeitspensum liegt jetzt nur noch bei 45 Stunden pro Woche. Leider kannst du trotzdem nicht wesentlich früher nach Hause gehen. Etwa 15 Stunden wirst du im Büro für Führung[10] einsetzen. Weitere zehn Stunden für deine eigene Entwicklung – und zwar außerhalb des Büros. Immerhin landest du dann insgesamt erst mal bei 70 Stunden pro Woche. Das ist doch schon was.«

Einerseits war ich glücklich, heute an einem Vormittag eine solche für mich revolutionäre Entscheidung getroffen zu haben und mal eben fast die Hälfte meiner Arbeitszeit gestrichen zu haben. Andererseits war ich nicht so glücklich, dass davon nur zehn Stunden netto übrigbleiben sollten: »Für mich klingt das nicht so toll. Ich hatte mich insgeheim schon gefreut, endlich früher aus der Firma

10 Manche Leser meiner anderen Bücher werden sich vielleicht fragen, warum wir hier mit Führung und nicht mit Strategie oder den eigenen Zielen beginnen. Letztlich ist es so: Wenn ich mit einem dieser Themen anfange, werde ich immer auch irgendwann an den anderen arbeiten müssen. Beginne ich mit der Strategie, werde ich irgendwann überprüfen müssen, ob das noch zu meinen Zielen passt und wie aktuell diese eigentlich noch sind. Und die Strategie wird auch Auswirkungen auf die Führung haben. Genauso werde ich irgendwann bei der Strategie und den Lebenszielen landen, wenn ich mit der Führung beginne. Womit ich beginne, entscheide ich im Einzelfall: *Was bringt diesen Unternehmer in dieser Situation zu diesem Moment am besten weiter?* Bei Marc ist es die Führung. Wichtig jedoch: Es ist eher selten das, was der Unternehmer glaubt. Würde er richtig liegen, hätte er in den meisten Fällen seine Herausforderung schon allein bewältigt.

zu kommen und diesen ganzen Zickereien und Konflikten entgehen zu können.«

»Oh, wenn es dir darum geht, das Gezicke zu vermeiden«, lachte Wolfgang, »dann wird die Tatsache, dass ich dir zwei Drittel deines Zeitgewinns wieder wegnehme, noch dein kleineres Problem sein.«

»Wieso das?«, fragte ich verblüfft.

»Du triffst hier in nächster Zeit noch einige Entscheidungen. Manche davon werden durchaus auf Gegenliebe stoßen, wie eben mit Petra. Andere werden hingegen heftigste Gegenwehr hervorrufen. Das wird nicht mehr so harmonisch wie bislang!«

»Aber ich will doch mehr Harmonie, nicht weniger!«

»Lass es bitte erst mal so stehen, Marc. Ist jetzt noch nicht unser Thema. Zuallererst müssen wir die Grundlagen legen. Das wird uns bis heute Abend beschäftigen.«

Da ich selbst auch keine Lust hatte, weiter darüber zu diskutieren, willigte ich ein und kam auf das eben Gesagte zurück: »Okay, also 15 Stunden Führung. Was mache ich da? Und welche Grundlagen?«

»Genauso wie es für das Unternehmersein als Ganzes Grundlagenwissen[11] gibt, also zum Beispiel zur Rolle von Fachkraft, Manager und Unternehmer, gibt es dies auch für die Führung. Ohne diese Grundlagen habe ich letztlich keine Ahnung, was ich überhaupt mache, stochere im Nebel und eiere mit meinen Handlungen orientierungslos herum.«

»Du meinst, wir sollten mit meinen Werten beginnen? Qualität – Harmonie – Gerechtigkeit?«

»Nein.« Wolfgang lehnte sich zurück. »Darauf kommen wir ein anderes Mal zu sprechen. Vor allem auf die Frage, warum das mit den Werten nicht funktionieren kann.[12] Aber jetzt geht es um die

---

11 Diese sind ausführlich in meinem Buch *Der Weg zum erfolgreichen Unternehmer* beschrieben.

12 Früher habe ich auch geglaubt, dass man mit den Werten beginnen müsse. Und natürlich gab es auch welche in meinem Unternehmen. Dann habe ich

Grundlagen von Führung generell, also nicht von deiner Führung im Speziellen. Zwischendurch wirst du hin und wieder das Gefühl haben, dass wir von der konkreten Situation in deinem Unternehmen abkommen, aber wir werden darauf zurückkommen. Versprochen!«

»In Ordnung«, nickte ich neugierig. »Dass das mit den Werten in meiner Firma irgendwie hakt, ist mir in den letzten Tagen auch klar geworden. Dass das insgesamt nicht funktionieren kann, macht mich allerdings neugierig. – Aber ich werde mich gedulden.«

»Lass uns mit dem zentralen Fragenkomplex beginnen«, stimmte Wolfgang Radies zu. *»Was ist eigentlich Führung, was macht man da? Und woran erkennst du, ob du gut führst?«*

Er machte eine Pause. Erst nach einiger Zeit wurde mir klar, dass er keine rhetorische Fragen gestellt hatte, sondern auf eine Antwort wartete.

»Na ja, gute Führung ist, wenn meine Mitarbeiter endlich das tun, was ich will«, entgegnete ich.

»Nach dem Motto ›Dein Wille geschehe‹?«, fragte Wolfgang.

Aber genau in diesem Moment kam mir der Vormittag in den Sinn: »Nein, eigentlich ist gute Führung für mich eher, wenn ich mich dabei frei und selbstbestimmt fühle und selbstwirksam bin.«

Wolfgang Radies schüttelte den Kopf: »Das, was du gerade als Letztes gesagt hast, ist dein subjektives Ziel: Was willst du für dich im Ergebnis fühlen, wenn die Führung optimal läuft? Aber der Zweck der Führung ist nicht, dass du dich gut fühlst. Diese Fragen, die ich gerade gestellt habe, sind in der Tat nicht sehr leicht zu beantworten; und wenn sie überhaupt beantwortet werden, hat jeder da seine eigene Definition. In einem Seminar habe ich einmal die Frage gestellt, was die Teilnehmer unter ›Führung‹ verstehen. *Alle* hatten

---

dasselbe festgestellt wie nahezu alle anderen, die Wertedeklarationen haben: Es funktioniert in der Praxis nicht. Und wenn es bei wenigen Ausnahmefällen doch funktioniert, dann liegt es nicht an den Werten, sondern hat einen anderen Grund. Dazu mehr in Kapitel 7.2.

unterschiedliche Antworten. Nicht zwei davon waren identisch! Ein paar davon zeige ich dir hier mal.« Er schob seinen Laptop zu mir rüber:

Führung ist ...

- ... Ziele setzen und verfolgen
- ... Mitarbeiter entwickeln
- ... wenn Mitarbeiter das machen, was ich will
- ... kommunizieren
- ... Projektpläne erstellen und zum Ergebnis bringen
- ... Macht haben und ausüben
- ... gemeinsam Erfolge erzielen
- ... Konflikte lösen
- ... ein Umfeld schaffen, in dem Mitarbeiter tolle Ergebnisse bringen können
- ... Leuten in den Arsch treten
- ... Strukturen schaffen
- ... mit Charisma Menschen begeistern

»Okay, aber das stimmt doch alles irgendwie auch«, wandte ich ein.

»Ja, allerdings sind die Antworten völlig beliebig.[13] Ich könnte noch ein paar Dutzend Definitionen anführen. Wie willst du dich da orientieren? Das ist völlig aussichtslos! Du schreibst Storys. Ich nehme an, du hast eine Vorstellung davon, was eine Story ist und was nicht. Du weißt, woran du die Qualität einer Story bemisst. Dir ist beim Schreiben der Zweck klar. Und natürlich weißt du beim Schrei-

---

13 Und wenn man sich irgendwelche Führungsbücher anschaut, ist das nicht besser. Nachdem ich selbst mein eigenes Unternehmen besser führen wollte und die ersten 20, 30 Führungsbücher gelesen hatte, bekam ich den Eindruck, dass eben jeder Autor über sein persönliches Führungshobby schreibt. Das Ergebnis nach meinen ersten 20 bis 30 Führungsbüchern war also nicht Orientierung, sondern Orientierungslosigkeit.

ben auch, wer der Held ist und vor welcher Herausforderung er steht. Und du hast eine Vorstellung davon, was du tun musst, damit die Story verdammt gut wird. Richtig?«

»Ja, klar!«

»Und das brauchen wir beim Thema Führung auch. Wie wollen wir da verdammt gute Ergebnisse erwarten, wenn uns nicht einmal richtig klar ist, über was wir eigentlich sprechen?«

Und nach einer kurzen Atempause fuhr er fort: »Marc, du erinnerst dich sicher an unser erstes Telefonat?«

»Ja«, nickte ich.

»Ich habe da zwischen Handlungsmodell im Sinne einer Methode und Wahrnehmungsmodell unterschieden. Es wird dir nicht dauerhaft helfen, wenn ich dir sage, *wie* du auf das Gezicke reagieren sollst. Danach käme das Problem mit Jens, dann mit Sebastian usw. Nach dem tausendsten Handlungsmodell wärst du immer noch nicht grundlegend weiter. Hier geht es also um Wahrnehmungsmodelle. Für die Führung benötigst du nur drei *grundlegende* Wahrnehmungsmodelle, nicht mehr und nicht weniger. Mit diesen drei Wahrnehmungsmodellen hast du einen allgemeinen Rahmen, in den du alles einsortieren und mit dem du alle möglichen konkreten Führungshandlungen bewerten kannst. Diese drei Metamodelle geben dir also Sicherheit und Orientierung. *Wenn du irgendwann nicht mehr weiterweißt, dann nimm dir diese drei Modelle vor und du findest wieder Orientierung.*«

Wie wollen wir in der Führung gute Ergebnisse erwarten, wenn uns nicht einmal richtig klar ist, über was wir eigentlich sprechen?

»Warum sprichst du von Metamodellen?«, warf ich ein.

»Weil es keine Modelle sind, die dir unmittelbar sagen, wie du dies oder jenes tun sollst. Sie bieten dir Übersicht, Klarheit und Orientierung, und mit dieser Übersicht kannst du in der Regel selbst ganz gut entscheiden, was du tun sollst! Während ich dir nun gleich diese drei Metamodelle vorstelle, wirst du sicher die eine oder andere Erkenntnis haben, die dir helfen wird, dein Unternehmen besser zu verstehen. Aber die Übersicht und damit die Klarheit, wo wir beginnen und auf was wir uns fokussieren, kannst du erst nach dem Verständnis aller drei Modelle gewinnen. Deshalb beginnen wir jetzt mit dem ersten Wahrnehmungsmodell zur Führung. Ich will, dass du Führung hinterher anders wahrnimmst. Allein das Modell wird zu anderen Handlungen führen! Und, fast noch wichtiger, du kannst dann hinterher, wenn permanent Hunderte konkreter Handlungsempfehlungen auf dich einprasseln – durch Bücher, Zeitschriften, Berater, Mitarbeiter, Freunde usw. –, sofort entscheiden, ob die konkrete Handlungsempfehlung zu dir passt, und wenn ja, welchen Stellenwert und welche Funktion sie hat. *Diese Metamodelle erlauben es dir, alle weiteren Führungskonzepte in ein einziges System einzuordnen und so zu jedem Zeitpunkt Klarheit zu erlangen.*«

»Da bin ich aber gespannt«, erwiderte ich neugierig.

»Um mich dem Thema zu nähern, stelle ich die vorige Frage ein klein wenig anders. Nicht ›Was ist Führung?‹, sondern ›Wozu dient Führung?‹ oder ›Was ist der Zweck der Führung?‹[14]. Oder, wie Reinhard Sprenger fragt: ›Was ist das Problem, für das Führung die Lösung ist?‹[15]«

»Und was war seine Antwort?«

»Genauso beliebig.« Wolfgang zuckte mit den Achseln. »Seine Antwort ist: Führung sichert das Überleben. Aber sorry, zum Überleben können wir uns auch gemeinsam in den Keller hocken und warten. Da wird auch nichts passieren. Jede Spezies, auch der Mensch,

---

14 Dies ist immer die grundlegende Frage, wenn ich mich einer komplexen Materie nähere. Wer mein Buch *Der Weg zum erfolgreichen Unternehmer* gelesen hat, erinnert sich sicher: Auch dort fragte ich zu Beginn: »Was ist der Zweck eines jeden Unternehmens?«

15 Vgl. Reinhard K. Sprenger: Radikal führen. Nach meinem Kenntnisstand ist Reinhard Sprenger der Einzige, der diese Frage überhaupt stellt. Diese Frage unterscheidet sich von »Was ist Führung?« dadurch, dass sie nicht abstrakt-beliebig ist, sondern Führung in einen funktionalen Kontext stellt. Erst wenn ich die Frage so stelle, bin ich überhaupt in der Lage, eine fundierte, nicht beliebige Antwort zu geben.

will nicht nur *über*leben, sondern auch erkunden, wachsen, sich ausdehnen, *er*leben. Reines, reaktives Überleben ist vielleicht Voraussetzung, aber nicht Ziel oder Zweck! Niemand schreibt auf einen Grabstein: ›Er hat bis zum 12. Juli 2015 überlebt!‹ Auch nicht auf einen Firmengrabstein! Manche Menschen und auch Tiere oder Firmen riskieren ihr Leben, um etwas Neues zu entdecken. Das wäre nicht möglich, wenn es nur ums Überleben ginge. Wir kommen später noch ausführlicher auf die Ergebnisse aus den Neurowissenschaften der letzten 20 Jahre. Doch so viel vorab: Es gibt drei emotionale Basisinstruktionen, nämlich erstens Balance und Sicherheit, zweitens Stimulanz und drittens Dominanz. Diese finden sich bereits bei einfachsten Lebensformen.[16] Überleben ist ein Motiv aus dem Balance- und Sicherheitsbereich, umfasst also nur eine einzige emotionale Basisinstruktion. Führung als Sicherung des Überlebens zu sehen, ist eine reduktionistische Betrachtungsweise.«

»Okay, aber wie kommen wir dann zu einer nicht beliebigen Antwort?«

4.2.1 Der Zweck der Führung und die drei Kriterien

»Wir schauen uns einfach an, wann und wozu Führung entstanden ist«, grinste Wolfgang Radies. »Wenn die Führung damals keinen Nutzen gehabt hätte, wäre sie nicht entstanden oder sehr schnell wieder verschwunden.«

»Oh Gott, also zurück zu den Pharaonen?«

»Sogar noch weiter.«

»Wie weit denn?«

»Führung, wie wir sie kennen, entstand bereits bei unseren Vor-

---

16 Vgl. dazu Hans-Georg Häusel, zum Beispiel unter http://www.haeusel.com/wp-content/uploads/2016/03/Tatendrang20_ThinkLimbic_110531.pdf.

fahren, den Primaten[17]«, erwiderte Wolfgang. »Und alle Primatenarten haben hierarchische Führungsstrukturen. Also muss es einen Nutzen gehabt haben, denn sonst hätte die Evolution dies ausgesiebt. Hierarchische Strukturen haben nämlich auch ein paar Nachteile. Der Nutzen muss also größer gewesen sein.«

»Schon«, versuchte ich das Gespräch wieder auf meine Firma zurückzubringen, »aber seither hat sich die Welt doch dramatisch verändert! Wir haben Medien, Polizei, Staaten, Werte und Gesetze, das Internet und viele andere Errungenschaften. Das hat doch einen gewaltigen Einfluss auf Führung. Und ich glaube nicht, dass ich meine Firma im Schimpansenstil führen möchte. Dazu sind mir meine Werte, vor allem Harmonie und Gerechtigkeit, zu wichtig!«

»Ja«, nickte Wolfgang Radies, »damit hast du recht. Die Welt hat sich dramatisch verändert. Wir haben heute auch Fertigpizza und Dschungelcamp. Aber was sich in den letzten 100 000 Jahren kaum verändert hat, das sind wir selbst! Wir Menschen sind dieselben geblieben. Wissenschaftler gehen heute davon aus, dass 70 bis 99 Prozent unserer Handlungen unbewusst und weitestgehend emotional gesteuert sind. Und unsere grundlegenden Emotionsprogramme sind Hunderttausende und Millionen Jahre alt. Klar ist heute manches anders, aber längst nicht in dem Maße, wie wir uns als Krone der Schöpfung das gern einbilden. Damals bekamen wir Angst und Stress, wenn der Säbelzahntiger kam, heute, wenn der Prüfer vom Finanzamt kommt. Der Anlass ist anders, das zugrunde liegende emotionale Muster ist dasselbe. Bei Intel kam ein Manager regelmäßig mit einem Baseball-Schläger[18] in die Sitzung, um die Diskussion ›in eine produktive Richtung zu lenken‹. Das war sicher nicht

17 Natürlich gibt es Führung auch bei anderen Tierarten, beispielsweise im Wolfsrudel, um gemeinsam zu jagen. Auch Kämpfe von Männchen in der Paarungszeit lassen sich unter diesem Stichwort subsumieren. Für unsere Zwecke reicht es aber, bei den Primaten zu beginnen.

18 Zitiert nach Richard Conniff: Was für ein Affentheater, S. 68.

der besonderen zivilisatorischen Errungenschaft der Erfindung des Baseball-Schlägers geschuldet.«

»Genau dieses Gorilla-Posing will ich eben nicht!«

»Natürlich gibt es beim Menschen unterschiedliche Spielarten der Führung. Dies wird dann das nächste grundlegende Modell sein, das wir danach besprechen: die fünf Führungsstile. Ich kann aber die Variationen der Führung erst verstehen, wenn ich den Hauptzweck und die Hauptfunktionsweise verstehe. – Ich kann durchaus nachvollziehen, dass dir deine Werte wichtig sind und du dich nicht mit einem Schimpansen-Alphamännchen identifizieren willst. Ich bitte dich dennoch, mir zuerst zu folgen, und dann schauen wir im Kontext der fünf Führungsstile, wie es heute aussieht. In Ordnung?«

»Ja«, stimmte ich besänftigt zu.

»Und danach kommen wir dann wieder zu deiner konkreten Situation. Lass uns beginnen! Primaten leben in Gruppen. Wird es evolutionär betrachtet besser gewesen sein, wenn die Gruppe klein oder wenn sie groß war?«, begann Wolfgang.

Ich beschloss, mich auf diesen Exkurs einzulassen, und überlegte einen Moment: »Also wenn einigermaßen genügend Nahrung da ist, dann ist eine große Gruppe sicher besser. Mehr Augen sehen Feinde schneller und sie können sich sicher besser zusammen verteidigen.«

»Genau«, nickte Wolfgang. »Es ist auch kein Zufall, dass sich der Mensch schließlich unter allen Primaten durchgesetzt hat. Früher ging man immer davon aus, dass der Mensch sein großes Gehirn wegen des Werkzeuggebrauchs entwickelt hat. Aber mittlerweile ist man eher der Meinung, dass die Gehirngröße mit der Größe der sozialen Gruppe korreliert. Die einzelnen Individuen müssen ja die Übersicht behalten, wer wer ist und welche Beziehungen die anderen untereinander haben. Je größer die Gruppe, desto größer muss auch das Gehirn sein. Robin Dunbar[19] hat sogar ausgerechnet, wie

19 Siehe Manfred Spitzer in https://www.schattauer.de/index.php?id=5236&mid=16546.

groß die ideale Gruppengröße für den Menschen ist, indem er die relative Hirngröße und die Gruppengröße der anderen Affenarten ins Verhältnis setzte und dann interpolierte. Die ideale Größe beim Menschen ist eine Gruppe mit etwa 150 Individuen. Und damit hat er unter allen Primaten die größte natürliche Gruppengröße und entsprechend einen Selektionsvorteil.«

»Und warum brauchen die in ihrer 150-Personen-Gruppe jetzt eine hierarchische Führung?«, warf ich ein.

»Aus drei zentralen Gründen«, antwortete Wolfgang. »Beginnen wir mit dem ersten. Was passiert, wenn du 150 Frühmenschen von der Straße aufliest und sie gemeinsam auf eine einsame Insel verfrachtest?«

Ich dachte einen Moment nach. Gerne hätte ich geantwortet, dass sie sich zusammenraufen und ein harmonisches Leben führen. Aber das naturwüchsige harmonische Leben erschien mir bei Primaten nicht wirklich realistisch. Und so erwiderte ich etwas widerstrebend: »Es wird wohl Streit und Grüppchenbildung geben.«

»Genau! Und was passiert dann mit dem potenziellen Vorteil der Gruppengröße?«

»Er kann nicht genutzt werden und kehrt sich vielleicht sogar in einen Nachteil um. Es streiten sich plötzlich mehr Individuen miteinander als bei anderen Primatenarten.«

Wolfgang nickte: »Wissenschaftler haben eine Schimpansengruppe beobachtet. Dabei haben sie genau die Zeiten gemessen, wie lange sich die Schimpansen lausten, stritten, miteinander kopulierten oder aßen. In der Wahrnehmung der Wissenschaftler stritten sich die Schimpansen ziemlich viel und die meisten dieser Streits schienen mit drei Alphamännchen an der Spitze der Hierarchie zusammenzuhängen. Sie überlegten, ob sie das Aggressionspotenzial herabsetzen könnten, indem sie diese drei Tiere aus der Gruppe entfernen. So machten sie es dann auch.«

»Ja, und? Ist doch eine gute Idee, die aggressiven Tiere zu entfernen«, überlegte ich.

»Nicht ganz«, erwiderte Wolfgang verschmitzt. »Die Zahl der Konflikte ging nämlich überraschenderweise um den Faktor 5 nach oben.«

»Nach oben? Wieso das denn?«, fragte ich verblüfft.

»Haben sich die Wissenschaftler auch gefragt und die drei Alphatiere wieder zur Gruppe gebracht. Die Streits gingen sofort zurück, und plötzlich sahen die Wissenschaftler etwas, was sie vorher nicht gesehen hatten. Wenn zwei Tiere begannen, miteinander zu streiten, dann drehte oft nur einer der drei Alphas seinen Kopf mit einem drohenden Blick zu den beiden und der Streit war sofort beendet. Also: Hierarchische Führung dient – das ist für viele überraschend – der Konflikt*reduktion*. Und nur wenn nicht alle ständig Konflikte austragen, sind die Individuen der Gruppe, positiv gewendet, überhaupt erst in der Lage, untereinander Vertrauen aufzubauen und die Größe der Gruppe sinnvoll zu nutzen.«

Erster Zweck von Führung: mehr Energie. Nur wenn nicht alle ständig Konflikte austragen, können die Individuen der Gruppe untereinander Vertrauen aufbauen.

Ich dachte einen Moment nach. »Eine hierarchische Führung soll also friedlicher sein als gar keine Führung. Das wirbelt mein Weltbild ganz schön durcheinander. Aber wenn ich mir das auf der Ebene von Staaten anschaue, dann scheint das auch zu stimmen: Länder ohne starke hierarchische Führung wie Libyen oder Somalia versinken in Gewalt. Je größer das zugrunde liegende Konfliktpotenzial, desto stärker muss offensichtlich die hierarchische Führung sein.«

Und in dem Moment rastete was bei mir ein: »Du meinst also, dass die ganzen Konflikte in meinem Unternehmen, Sebastian gegen Jens, Ria gegen Jana usw., ein Resultat davon sind, dass ich nicht führe?«

»Ein bisschen führst du schon«, nickte Wolfgang. »Du vergibst Aufgaben etc. pp., aber diesen ersten Zweck der Führung erfüllst du offensichtlich nicht. *Der erste Zweck von Führung ist also Konfliktreduktion* bzw., positiv gewendet, die Möglichkeit zu schaffen, dass die große Gruppe ihr Potenzial, ihre Energie, ihre gemeinsame Power überhaupt erst nutzen kann.[20] Klaus Kobjoll sagte: ›Die Stimmung in einem Unternehmen ist wichtiger als jedes Wissen oder Kapital.‹ – Aber lass uns die anderen beiden Zwecke noch betrachten, bevor wir zu den Lehren für dich und dein Unternehmen kommen.«

Ich nickte, während ich noch darüber nachdachte, dass ich dann wohl doch Kindermädchen spielen müsste, um die ganzen Konflikte zu verhindern oder zu beenden. Und darauf hatte ich nun überhaupt keine Lust!

»Wir haben also eine Gruppe, die sich nur so viel streitet, dass die Hierarchie klar ist, aber nicht mehr«, fuhr Wolfgang Radies fort. »Diese Gruppe findet sich nun in unterschiedlichen Situationen wieder: Sie jagen gemeinsam, sie führen gemeinsam Krieg[21] gegen die Nachbargruppe, sie sammeln gemeinsam Pilze usw. Lassen wir diese Gruppe also gemeinsam Mammuts jagen. Ganz offensichtlich funktioniert das nur, wenn *alle* jagdfähigen Gruppenmitglieder zusammenwirken. Vermutlich waren es allerdings ausschließlich die Männchen. Jedenfalls muss es also ein Alphatier gegeben haben, das

---

20 Der Soziologe Stefan Kühl hat schon vor 20 Jahren in seinem Buch *Wenn die Affen den Zoo regieren*, gestützt auf empirische Studien, darauf aufmerksam gemacht, dass die Abschaffung von Hierarchien Schattenseiten hat. Die Organisationen verlieren ihren Zusammenhalt, die Identifikation der Mitarbeiter mit dem Unternehmen sinkt, und Unsicherheitszonen, in denen Statuskämpfe zwischen Mitarbeitern ausgetragen werden, nehmen rapide zu.

21 Man hat in der Tat auch bei einer frei lebenden Schimpansengruppe beobachtet, wie die Männchen zu kollektiven Kriegszügen aufbrachen, in deren Rahmen immer mal wieder ein Männchen der Nachbargruppe »verschwand«, bis dort keine Männchen mehr übrig waren und die Weibchen in die Gruppe integriert wurden. Dass es also eine menschliche Erfindung sei, Krieg zu führen, stimmt nicht. Und vor diesem Hintergrund haben Gruppen, die zu einem solch koordinierten Vorgehen in der Lage sind, evolutionär betrachtet, einen Selektionsvorteil. Auch in der gesamten menschlichen Geschichte erwiesen sich Staaten, die zu einem solchen Vorgehen in der Lage waren, als erfolgreicher – auch wenn wir das vor dem Hintergrund unserer heutigen Ethik nicht gut finden. Beobachtungen nach Jane Goodall u. a.

in der Lage war, eine Jagd zu initiieren und alle zum Mitmachen zu bewegen. Es muss in der Lage gewesen sein, eine gemeinsame Strategie vielleicht nicht selbst zu entwickeln, aber zumindest zu erkennen und durchzusetzen. Das Alphatier muss in der Lage gewesen sein, einzelne Tiere, die während der Jagd – aus Faulheit, aus Angst, aus einer sexuellen Fantasie heraus oder aus einem anderen Grund – zum Lager zurückgingen, zu bestrafen und so ein Ausscheren Einzelner zu verhindern. Sonst hätte es nichts zu fressen gegeben. Es war notwendig, dass *alle* zusammenarbeiteten. Die Erschließung zusätzlicher Nahrungsquellen ist also Teil des zweiten Zwecks. Pilze sammeln hingegen«, fuhr Wolfgang fort, »funktioniert ganz anders. Da müssen nicht zwingend alle mit. Es braucht auch keine zentrale Strategie. Jede und jeder agiert autonom. Die Regeln sind einfach: Geh weit genug weg von den anderen, sonst suchen alle auf derselben Stelle. Bleib nah genug bei den anderen, damit ihr euch gemeinsam verteidigen könnt, wenn Gefahr auftaucht. Wenn du eine Stelle findest, wo richtig viele Pilze sind, dann gib ein Signal, damit die anderen zu dir kommen. Mit diesen drei Regeln kann man im Team optimal Pilze sammeln.«

»Pilze sammeln ist also ein Schwarmverhalten ohne Hierarchie«, freute ich mich.

»Ja, vordergründig schon«, nickte Wolfgang. »Daran sieht man auch, dass es noch nie nur eine einzige Führungs*methode* gegeben hat. Die Führungsmethode muss immer zu den Rahmenbedingungen passen. Ein Alphatier, das jedem Gruppenmitglied beim Pilzesammeln seinen Platz zuweisen würde, würde nicht funktionieren. Eine gemeinsame Jagd ohne Anweisungen des Alphamännchens jedoch auch nicht. Aber ich sagte eben bewusst: Vordergründig ist es ein Schwarmverhalten ohne Hierarchie. Denn sobald beim Pilzesammeln eine Gefahr auftaucht, rücken die Mitglieder sofort zusammen. Es gibt ein Alphatier, das entscheidet: Kampf oder Flucht. Würden die Mitglieder im Moment der Gefahr erst mal ausdiskutieren, wer jetzt entscheidet, oder würde womöglich die Hälfte sich verteidigen, während die andere Hälfte flieht, dann wären die Ergebnisse ziemlich suboptimal und würden in der Regel mit dem Verlust mindestens eines Gruppenmitglieds enden. Der potenzielle Vorteil der größeren Gruppengröße würde zum Vorteil für den Säbelzahntiger, weil er genügend zu fressen bekommt. Für uns heißt das: Auch wenn die Tätigkeit vordergründig einem Schwarmverhalten gleicht, so ist doch zu jeder Sekunde jedem Gruppenmitglied klar, wer das Alphatier ist. *Die Rangfolge und der Status bilden bei Primaten auch beim Schwarm das Sicherheitsnetz.*«

»Gut«, überlegte ich laut, »das bedeutet, der zweite Zweck der Führung ist, gemeinsam neue Nahrungsquellen zu erschließen und die Verteidigung zu organisieren? Also bezogen aufs Unternehmen: neue Kunden zu gewinnen, Kohle zu machen und sich gegen den Wettbewerb durchzusetzen?«

»So einfach funktioniert die Analogie dieses Mal nicht«, erwiderte Wolfgang. »Eine Primatenhorde hat evolutionär betrachtet die Aufgabe, sich zu vergrößern und zu verbreiten. Das gilt auch für die gesamte Menschheit. Es sind also kollektiv-egoistische Zwecke und damit auch Motive. Ein Unternehmen ist hingegen nur ein soziales Subsystem, das für die Menschheit oder Teile davon eine Aufgabe zu erfüllen hat. Der Bauer hat Nahrung zu produzieren, der Weber soll Stoffe herstellen. Und zwar machen sie das für ihre Kunden. Und in beiden Fällen auch nur etwa so viel, wie gebraucht wird. Es kann für Unternehmen also nicht das Ziel eines endlosen Wachstums geben.[22] Der einzige Zweck, die Aufgabe eines Unternehmens ist demnach nicht, zu wachsen, sondern die Bedürfnisse seiner Kunden zu befriedigen.[23]

---

22 Zumindest nicht innerhalb einer Branche oder eines Segments. Irgendwann ist der Markt gesättigt und die Preise gehen nach unten. Würde das Unternehmen in diesem Bereich nun trotzdem weiter investieren, so würde es scheitern.

23 Ausführliche Erläuterungen hierzu finden sich auch im *Weg zum erfolgreichen Unternehmer* und in der *Kunst, seine Kunden zu lieben.*

Das heißt für die Führung, dass sie dafür zu sorgen hat, dass die Gruppe diese Aufgabe gemeinsam erledigt. Natürlich kann die Führung auch dafür sorgen, dass neue Kundengruppen erschlossen werden.

Ich würde den zweiten Zweck also folgendermaßen zusammenfassen: *Der zweite Zweck der Führung ist, dafür zu sorgen, dass gemeinsam Ergebnisse geschaffen werden. Und zwar die Ergebnisse, die dem Zweck der jeweiligen Organisation oder Gruppe entsprechen.* Führung muss die Gruppenmitglieder auf diesen Zweck hin ausrichten oder bestenfalls sogar dafür sorgen, dass die Gruppenmitglieder sich von allein auf diesen Zweck ausrichten. Im Falle von Unternehmen also auf den Nutzen der Kunden.«

Der zweite Zweck der Führung ist, dafür zu sorgen, dass gemeinsam Ergebnisse geschaffen werden.

»Oje«, entfuhr mir ein Seufzer, »wenn ich mir da mein Unternehmen so anschaue, dann kümmert sich da jeder um seinen Mist. Um die Kaffeemaschine, die Toilette, die Marketing-Praktikantin des Kunden. Aber freiwillige Unterstützung zum Beispiel bei der Angebotserstellung: Fehlanzeige. Da bin ich dann wohl auch nicht so richtig gut.«

»Vermutlich nicht«, pflichtete mir Wolfgang bei. »Lass uns zum dritten Zweck kommen. Wenn wir die zeitliche Perspektive ausdehnen, geht es ja bei der Primatengruppe nicht darum, einmal Pilze zu essen, sondern darum, sich auf der Erde auszubreiten. Dazu muss die Gruppe stark sein und aus starken Tieren bestehen. Dies ist am ehesten dann gewährleistet, wenn in Notsituationen die stärksten Tiere überleben. Wer bekommt also die knappe Nahrung? Auch wenn viele heute damit moralische Schwierigkeiten haben – vor allem diejenigen, die nichts bekommen würden –, für die Gruppe war es am besten, wenn die fähigsten Tiere überlebten. Und um der Art einen evolutionären Vorteil zu sichern, ist es auch am besten, wenn sich vor allem die gesündesten und fähigsten Tiere fortpflanzen. *Der dritte Zweck von hierarchischer Führung ist also,* den Zugang zu Nahrung und Sex zu regeln und damit *die zukünftige Stärke zu sichern.*«

»Und wie soll das nun auf meine Firma passen?«, warf ich ein. »Soll ich also regeln, mit welcher Praktikantin Jens ins Bett geht, um das zukünftige Überleben meines Unternehmens zu sichern?«

Dritter Zweck von Führung: künftige Stärke sichern.

»Ich glaube, das regelt Jens lieber selbst«, schüttelte Wolfgang grinsend den Kopf. »Aber du hast begrenzte Ressourcen in deinem Unternehmen. Und es ist sehr wohl deine Aufgabe, die Geschäftsfelder zu identifizieren, die einen großen Kundenbedarf decken, für die die Kunden gern bezahlen, und die begrenzten Ressourcen in diesen Geschäftsbereich zu stecken und sie anderen sinnloseren Bereichen zu entziehen, auch wenn das den dort tätigen Mitarbeitern nicht passt. Und es ist auch deine Aufgabe, den besten Mitarbeitern die meisten Ressourcen zu geben und sie in ihrer Entwicklung am meisten zu fördern.«

So hatte ich das noch nicht gesehen. Diese Sichtweise passte nicht mit meinem Gerechtigkeitsempfinden zusammen; ich fand, man sollte alle Mitarbeiter gleichermaßen fördern. Dem ersten Teil mit den Geschäftsbereichen stimmte ich zu, aber den zweiten Teil wollte ich mir nochmals durch den Kopf gehen lassen. Als ich das Wolfgang sagte, schaute er mich durchdringend an und erwiderte dann: »Lass uns das mit den Werten zurückstellen. Um was es mir geht: Führung dient genau drei Zwecken:

- **Energie:** Die Konflikte müssen reduziert, Vertrauen muss aufgebaut werden. Die Mitglieder der Gruppe sollten füreinander durchs Feuer gehen. Gibt es eine Störung, so sollte diese so schnell wie möglich wieder beseitigt werden (Gruppenresilienz). Nur so kann die Gruppe ihr Potenzial ausspielen.
- **Beitrag:** Die Gruppe muss ihren gemeinsamen Zweck erfüllen, das heißt bei einem Unternehmen, den Kunden einen überragenden Nutzen bieten. Möglichst alle Mitglieder sollten sich automatisch an diesem

Zweck, also am Kundennutzen, ausrichten. Nur so kann die Gruppe gemeinsam überragende Ergebnisse erzielen.

- **Zukunft:** Sowohl das Unternehmen als auch die (wichtigsten) Mitglieder wachsen durch die Decke und tragen dazu bei, dass auch ihre Kunden durch die Decke wachsen. Der Alpha muss dies unterstützen und dafür auch die Ressourcenzuteilung vornehmen. Nur so hat die Gruppe eine strahlende Zukunft.

Ich möchte dir das auch noch mal in einem Diagramm zeigen und zugleich die Verbindung zum Wahrnehmungsmodell Fachkraft–Manager–Unternehmer deutlich machen.« Wolfgang ging zum Flipchart:

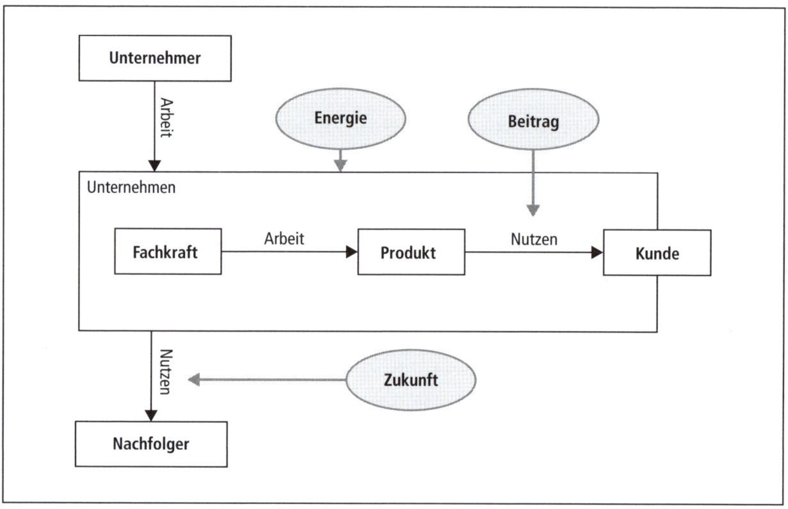

»In einem Unternehmen arbeiten Fachkräfte; sie stellen ein Produkt mit einem Nutzen für den Kunden her. Das ist der Beitrag, also der zweite Zweck. Damit sie das gut können, darf es nur wenig Konflikte bzw. muss es eine hohe Energie im Unternehmen geben. Das ist der erste Zweck. Der Unternehmer hat als einzige Aufgabe[24], ein Unter-

24 Vgl. auch hierzu ausführlich den *Weg zum erfolgreichen Unternehmer*.

nehmen zu produzieren, und dieses sollte einen großen Nutzen für seinen Nachfolger und dessen zukünftige Kunden haben. Das ist der dritte Zweck von Führung.«

Wolfgang trat vom Flipchart zurück und wandte sich wieder zu mir: »Nun sind das nicht nur abstrakt-philosophische Zwecke, sondern dies sind zugleich die Kriterien, anhand deren ich *messen* kann, ob ich eine gut geführte Firma vor mir habe. *Führung ist eine Dienstleistung, die diesen drei Zwecken dient. Und die drei Kriterien sagen mir, ob diese Dienstleistung gut erbracht wird oder nicht. Und diese drei Kriterien sind notwendig und vollständig – du brauchst keine weiteren Kriterien!*[25] Nehmen wir für die ersten beiden Werte eine Skala von 0 bis 10, für den dritten Wert, da eine Firma ja auch schrumpfen kann, eine Skala von –10 bis +10. Du kannst dich und deine Führungsleistung darauf nun einschätzen.«

Ich überlegte kurz und wollte mir gerade die Werte 3, 5 und 5 geben, als mich Wolfgang unterbrach: »Aber bevor du das tust, noch ein paar Hinweise. Die meisten Unternehmer schätzen sich viel zu gut ein.[26] Hinterfrag bitte wirklich kritisch, ob du einen so guten Wert verdienst! Die *besten* Arbeitgeber Deutschlands geben sich höchstens eine 7 oder 8 in allen drei Werten!«

---

25 So kann man recht schnell erkennen, wo andere Führungstheorien ihren blinden Fleck haben. Chris Brady beispielsweise geht nur von zwei Dingen aus, die ausschlaggebend für den Erfolg sind: Ergebnisse bringen und Beziehungen aufbauen. Man sieht sofort: Die Ausrichtung auf die Zukunft fehlt. Und so ist sofort klar – bevor ich den Rest der Führungslehre überhaupt nur angeschaut habe –, wo in der Praxis die Schwächen eines solchen Führungskonzepts liegen werden.

26 Wenn du als Leser diese Bewertung für dich selbst angehst, dann nimm die folgenden kritischen Fragen von Wolfgang Radies als Anlass, deine eigene Bewertung ebenfalls kritisch zu hinterfragen. Den Durchschnitt aller kleinen und mittleren Unternehmen würde ich bei etwa 3, 2 und 0 verorten. Bitte beachte folgenden Mechanismus: 90 Prozent der deutschen Autofahrer sagen von sich selbst, dass sie überdurchschnittlich gute Autofahrer sind. Das geht aber schon rein mathematisch nicht. Wenn deine Werte also besser als der Durchschnitt sein sollten, hinterfrag sie noch einmal!

Wolfgang legte mir eine Tabelle vor und forderte mich auf: »Jetzt bewerte deine Führungsleistung ernsthaft! Wie gut bist du als Rudelführer, als Alpha wirklich?«

	Energie	Beitrag/Ausrichtung	Zukunft/Wachstum
–10	–	–	Firma stirbt, Mitarbeiter sind depressiv und hilflos
–5			Unternehmen und Rücklagen schrumpfen leicht und Mitarbeiter werden zunehmend demotiviert
0	Krieg aller gegen alle	Jeder und das Unternehmen kümmern sich nur um sich selbst	Wachstum Unternehmen und Mitarbeiter wie Branchendurchschnitt
5	Alle Mitarbeiter arbeiten gut zusammen	Jeder unterstützt die kundenorientierte Strategie	Alle Mitarbeiter kümmern sich aktiv um das eigene und das Unternehmenswachstum
10	Jeder geht für den anderen durchs Feuer und der Laden vibriert vor Energie; Konflikte werden sofort gelöst und danach herrscht wieder dieselbe Energie wie vorher	Alle richten jeden Tag als Einzelne und als Team ihre Aufmerksamkeit *automatisch* darauf, dem jetzigen und zukünftigen Kunden das bestmögliche Ergebnis zu bieten, weil sie den Kunden lieben und emotional mit dem Kunden verbunden sind	Mitarbeiter und Unternehmen wachsen durch die Decke und leisten einen signifikanten Beitrag zur Entwicklung der Branche oder der Welt

Ich dachte einen Moment nach. »Bei der Energie würde ich eine 0 einsetzen. Alle zicken rum, keiner arbeitet mit dem anderen zusammen, nicht mal ich habe mehr Lust, ins Büro zu kommen. Der Beitrag? Also wir leisten schon einen wichtigen Beitrag für unsere Kunden, allerdings nicht jeder. Da würde ich uns eine 4 geben.«

»Einspruch«, unterbrach Wolfgang. »Habt ihr überhaupt eine kundenorientierte Strategie, die alle kennen? Du selbst sprichst von tollen Storys, um den Kunden wieder ein besseres Ansehen zu verschaffen. Jens denkt da sicher an was anderes. Jana scheint nach meinem jetzigen Wissensstand an gar nichts zu denken. Wie ist es bei den anderen?«

Als ich es von dieser Seite betrachtete und mich fragte, wer überhaupt meine Vision teilte, fiel mir eigentlich nur Beate ein. Den anderen war es offensichtlich egal oder sie hatten die Idee schon wieder vergessen. Und wenn sie sich erinnerten, hatten sie sie nicht verstanden.

»Immerhin Beate«, erwiderte ich. »Also eine 1.«

»Gerade mal so«, stimmte Wolfgang skeptisch zu. »Und wie sieht's bei der Zukunft aus?«

»Keine Ahnung«, überlegte ich. »Ich weiß nicht, wie die Branche wächst.«

»Ich weiß es auch nicht. Aber wir haben gerade keine Wirtschaftskrise. Also dürfte sie wachsen – und du wächst nicht.«

»Also –2?«, fragte ich.

Aber Wolfgang schüttelte den Kopf: »Es geht nicht nur um das Unternehmen als Ganzes, sondern auch um die Menschen. Waren Jana und Ria schon solche Zicken, als sie zu dir kamen? War Sebastian schon so demotiviert, als er bei dir angefangen hat?«

»Ich wollte doch eigentlich, dass es den Mitarbeitern bei mir gut geht. Aber es wurde von Monat zu Monat schlimmer«, musste ich frustriert einräumen.

»Die Mitarbeiter entwickeln sich zurück?«

»Ja«, nickte ich. »Nicht nur ein bisschen, sondern gewaltig! Ich müsste eine –6 geben.«

»Das scheint mir gerechtfertigt«, nickte Wolfgang. »Wir haben also die drei Werte 0, 1, –6. Wenn ich alles zusammenrechne, dann hast du also auf einer Skala von –10 bis +30 insgesamt –5 Punkte. Das ist die Qualität deiner bisherigen Führung.«

Ich schluckte heftig: »Krass! Als so schlimm habe ich das bisher nicht eingeschätzt. Aber mit den Zahlen vor mir schwarz auf weiß wird mir erst richtig klar, wie sehr ich in der Unternehmensführung versagt habe. Das ist echt nicht leicht, mir das einzugestehen! Was mache ich denn jetzt?«

»Sieh es positiv: Wir haben ein riesiges Potenzial nach oben!«, forderte mich Wolfgang auf. »Diese drei Kriterien – Energie, gemeinsamer Beitrag, Zukunft – sehen völlig unscheinbar aus, aber sie werden in den nächsten Monaten dein wichtigstes Instrument.«

»Wie das?«

»Nun, Führung ist lebenslanges Lernen. Lernen braucht Feedback. Wenn du einen Führerschein machst, dann übst du die theoretischen Fragen und machst eine Menge Testprüfungen. Du erhältst Feedback. In der Schule bekommst du mit den Noten Feedback. Je häufiger du Feedback bekommst, desto schneller kannst du nachjustieren. Nur eine Testprüfung für den Führerschein am Vorabend der Prüfung dürfte zu wenig sein. Ähnlich ist es hier. Mit den drei Kriterien kannst du einmal in der Woche eine Selbstbewertung deines Führungshandelns vornehmen. Was hat sich verbessert in deiner Firma, was verschlechtert? Warum?«

Langsam begann ich zu verstehen: »Dieses Selbstfeedback ersetzt in gewissem Sinne auch dich? Ich brauche keinen Trainer, der den ganzen Tag neben mir steht und mir Feedback gibt, ich kann das selbst tun?«

»Genau«, nickte Wolfgang. »Du kannst das zusätzlich deine Mitarbeiter machen lassen. Wenn du sie einmal im Quartal befragst, dann bekommst du auch noch mal ein unabhängigeres Feedback.«

»Cool! Das mache ich!«, antwortete ich begeistert. »Gleich nächste Woche frage ich alle.«

Wolfgang nahm sein Handy, tippte kurz etwas und erwiderte: »Ich habe dir gerade den Fragebogen[27] geschickt. Wir machen fünf Minuten Pause, dann kannst du diesen Bogen an jemanden in deinem

---

27 Kostenloser Download unter http://www.unternehmercoach.com/deinwillegeschehe/fragebogen.

Unternehmen weiterleiten, der dafür sorgt, dass die Dinger von allen Mitarbeitern ausgefüllt werden; und am Mittwoch, wenn du in deine Firma kommst, hast du die Ergebnisse. Entscheidend ist, dass allen Mitarbeitern klar ist, dass sie nicht die eigene Energie oder den eigenen Beitrag bewerten, sondern die Energie in der Firma und den Beitrag der Firma! Andernfalls kannst du die Ergebnisse nicht gebrauchen!«

Der machte wirklich Nägel mit Köpfen. Bis Mittwoch? Eigentlich war ja Jana als meine Assistentin für so etwas zuständig, aber das würde bestimmt nichts werden. Und so rief ich Beate an, erklärte ihr, was ich wollte, und sie übernahm den Job: »Ich weiß zwar nicht genau, wofür du das brauchst – du hast ja auch meine Einschätzung zum Team. Aber du weißt ja, ich bin immer für dich da. Mache ich!«

Ich war nun wirklich gespannt, was da herauskommen würde.

»Das wöchentliche Selbstfeedback«, fuhr Wolfgang nun fort, »war eine Idee für die Unternehmer, die sich mit der normalen Geschwindigkeit entwickeln wollen. Du wolltest aber doch High Speed, oder?«

»Ja«, bestätigte ich.

»Dann habe ich zwei Verschärfungen. Erstens machst du dieses Selbstfeedback nicht nur einmal pro Woche, sondern an jedem Abend. Hat sich heute etwas in meinem Unternehmen in Bezug auf diese drei Kriterien verbessert? Ja oder nein? Zweitens: Setz eine solche Bewertung nach jeder einzelnen Führungshandlung ein und außerdem nach jeder unterlassenen Führungshandlung, von der du aber weißt, dass du sie hättest tun sollen. Bei diesem zweiten Teil bewerte nicht von 0 bis 10, sondern einfach nur, ob es sich negativ, positiv oder gar nicht auf den entsprechenden Wert ausgewirkt hat.«

»Das ist aber ziemlich viel Arbeit«, wandte ich ein.

»Ein schnelles Ergebnis erfordert viel Arbeit«, nickte Wolfgang. »Je häufiger du dir selbst Feedback gibst, desto schneller lernst du! Und diese Einschätzung dauert nur jeweils etwa zehn Sekunden. Nach kurzer Zeit bekommst du ein gutes Gefühl dafür, welche Art von Führungshandeln wirklich was bringt, wo die Probleme liegen und welchen Handlungen, die was bringen könnten, du ausweichst. Und mit diesen Erkenntnissen geht deine Entwicklung dramatisch schneller. Wahrscheinlich wirst du das jetzt noch nicht sehen, aber dieses Selbstfeedback ist eines der wichtigsten Instrumente, um besser führen zu lernen.«

Ich sah es wirklich noch nicht, beschloss aber, es mal einfach für vier Wochen zu machen und dann neu zu entscheiden.

»Gut, dann lass uns zu Mittag essen«, schloss Wolfgang.

4.2.2 Die fünf Führungsstile

Wir aßen beide nur einen leichten Salat und machten im Anschluss noch einen kurzen Spaziergang durch den Park gleich hinter dem Hotel. Da ich sehr in Gedanken war, redeten wir nicht viel. Nach dem Spaziergang fuhr Wolfgang fort: »Jetzt komme ich wie versprochen auf deine Einwände von vorhin zurück, dass du nicht wie der Gorilla-Poser führen willst. Die Welt hat sich seit den Primaten natürlich verändert. Zwar nicht unsere emotionalen Programme und Prägungen, wohl aber unsere Führungstechnologie. Ich unterscheide insgesamt fünf Stile[28], die sich im Laufe der Jahrtausende herausgebildet haben.«

---

28 Wer es komplexer mag, kann auch mit den acht Stilen von Spiral Dynamics arbeiten. Aus meiner Sicht ist das Konzept für die Praxis allerdings zu komplex. Es ist zudem sehr rational orientiert und meiner Einschätzung nach nicht wirklich geeignet, die neueren Erkenntnisse der Gehirnwissenschaften zu integrieren. Darüber hinaus führt es unter den Anhängern zu einer extremen »Ich bin besser als du«-Haltung. Für Insider: Es gibt so viele grasgrüne Leute, die sich schon für türkis halten, auf die orangefarbenen runterschauen und nichts geregelt kriegen. Dann gibt es knallorangefarbene Leute, die sich für gelb halten, um auf grün herabsehen zu können. Dann gibt es die gelben Typen, die die blauen oder roten schon hinter sich gelassen haben, ohne zu sehen, dass gelb sich dadurch auszeichnet, dass es *alle* vorhergehenden Stufen integriert usw. Am lustigsten finde ich die, die sich in einem türkisfarbenen

»Das heißt, ich suche mir dann einen Stil aus und führe danach?«, fragte ich.

»Ganz so einfach ist es nicht«, lächelte Wolfgang. »Aber du kannst damit einschätzen, wo deine Firma und du gerade steht. Du kannst entscheiden, wohin du willst. Und du kannst daraus erkennen, was für diesen Weg erforderlich ist. – Also: Führung hat sich historisch schon vor den Menschen entwickelt. Entsprechend ist vieles, was mit Führung zu tun hat, zum Beispiel Statusverhalten, der Wunsch nach Nähe und das Bedürfnis nach Bedeutsamkeit, tief in uns angelegt und oft unbewusst. In den meisten Fällen ist dieses unbewusste und emotionale Verhalten das bestimmende Moment. Darauf werden wir in unserer Zusammenarbeit noch sehr oft zurückkommen. Dennoch hat sich sozusagen eine zweite Schicht, die kulturelle Schicht, darübergelegt. Das heißt, im Laufe der Menschheitsgeschichte wurden verschiedene Führungsformen herausgebildet. Und daran hängen Werthaltungen, Fähigkeiten, Methoden, kollektive Glaubenssätze, ja sogar die jeweiligen Selbstbilder usw. Beginnen wir mit dem ersten Führungsstil.«

4.2.2.1 Zwang

»Ich bin gespannt.«

»Eine große Gruppe ist vorteilhaft. Das hatten wir schon. Unser Gehirn kann aber nur Beziehungsgeflechte bis etwa 150 Personen auf natürliche Art und Weise überblicken. Sollten die Gruppen größer werden, brauchten die Menschen eine neue Technologie. Um Ackerbau in größerem Maßstab zu betreiben, mussten Bewässe-

---

Umfeld wähnen (das meist grün oder gar blau ist) und dann besser sein müssen und sich deshalb als Koralle beschreiben, ohne überhaupt zu sagen, wie diese neunte Stufe aussehen soll. Wenn man da kritisch nachhakt, ist man halt als Kritiker »noch nicht weit genug, um das zu verstehen«. ;-)

rungskanäle gebaut und gesichert werden. Man brauchte Märkte. Und Arbeitsteilung. Die zentrale neue Technologie war die Fähigkeit, Großprojekte zu führen. In den meisten Fällen lief dies über Sklaven, die erbeutet wurden. Diese wurden mit Zwang geführt. Die eigene Bevölkerung wurde damals meist über eine Priester- bzw. Adligenkaste geführt, die befugt war, drakonische Strafen zu verhängen. Insofern gab ein Vertreter eines Gottes oder gar jemand, der vorgab, Gott selbst zu sein, die Richtung vor und die anderen arbeiteten. Taten sie dies nicht, wurden sie bestraft. Damit dies funktionierte, waren bestimmte Vorstellungen und Werte erforderlich: Zum Beispiel mussten sich alle dem gottgleichen Herrscher beugen und diese Idee musste allgemein akzeptiert sein. Die Idee hingegen, dass alle Menschen gleich wären, war diesen Gesellschaften komplett fremd.«

Wolfgang trank einen Schluck und sprach dann weiter. »Aber entscheidend war: Es funktionierte und war im Vergleich zu den früheren nomadischen Stämmen ein riesiger Fortschritt. Nun wurden weitere Kenntnisse und Fähigkeiten erforderlich: Mathematik etwa, um abschätzen zu können, wie viele Sklaven überhaupt nötig waren, um die großen Projekte zu bauen. Die Schrift und erste Gesetze entstanden. Die Menschen bauten Bewässerungssysteme und Pyramiden, schufen Staaten und arbeitsteilige Berufe, entwickelten ozeantaugliche Galeeren usw.«

»Und wozu brauche ich heute noch Zwang?«, wandte ich widerwillig ein. Zwang war mir wirklich verhasst.

Wolfgang fuhr mit etwas festerer Stimme fort: »Das, was ich dir jetzt beschreibe, ist wirklich entscheidend! Jeder der fünf Führungsstile hebt den vorherigen auf. Und zwar in einem doppelten Sinne. Zum einen wird er aufgehoben im Sinne von ersetzt, zum anderen aber auch aufgehoben im Sinne von aufbewahrt – wenn auch in neuer Form. Ich muss bei den folgenden Stilen in der Lage sein, auf die Errungenschaften der vorherigen Führungsstile zurückzugreifen. Ich muss in der Lage sein, Großprojekte zu berechnen. Und ich muss in der Lage sein, Zwang anzuwenden, wenn es gar nicht mehr anders geht. Das kann in Krisensituationen sein, in denen sofort gehandelt werden muss. Das kann in Situationen sein, in denen sich der Einzelne völlig außerhalb der Regeln bewegt. Führung ist ohne die Ultima Ratio der Polizei auf Staatsebene und ohne Strafen, Abmahnungen und Kündigungen auf Unternehmensebene nicht möglich. Das bedeutet nicht, dass mit Polizei und Kündigungen geführt wird. Es bedeutet lediglich, dass ich als Führender die Option benötige, im letzten Notfall darauf zurückgreifen zu können.[29] Damit ich das kann – das ist wirklich wichtig –, muss ich als Führender in der Lage sein, auf die zugrunde liegenden Glaubenssätze, Werthaltungen, Fähigkeiten und sogar auf das zugrunde liegende Selbstbild zurückzugreifen. Ich muss diese also als Option in mir haben.«

»Das verstehe ich nicht«, warf ich ein. »Ich weiß zwar nicht, welche Führungsstile noch kommen, aber ich nehme mal an, da sind auch demokratischere Stile dabei. Um demokratisch führen zu können, muss ich annehmen, dass alle Menschen gleich sind. Und zugleich soll ich annehmen, dass die Menschen nicht gleich sind? Das geht doch nicht!«

»Problem erkannt«, nickte Wolfgang anerkennend. »Gab es mal eine Situation in deinem Leben, in der du völlig von etwas überzeugt warst? Du wolltest das unbedingt machen?«

»Ja, klar!«

»Was hast du da über dich selbst geglaubt?«

»Dass mich nichts stoppen kann!«

»Und hast du das auch die letzten zehn Tage über dich und deine Firma geglaubt?«

»Nein«, erwiderte ich nachdenklich.

»Siehst du? Die Idee der einen Identität mit nur einem Set an

---

29 Wobei die konkreten Strafen je nach Organisationsform unterschiedlich sind: Staaten haben Gefängnisse, Unternehmen nicht. Dafür können Unternehmen Leute rauswerfen, was bei Staaten wieder nicht geht.

Glaubenssätzen und Selbstbildern ist nicht aufrechtzuerhalten! Du hast verschiedene Identitäten. Du bist manchmal Marc der Große und manchmal Marc der Jammerlappen. Manchmal bist du Marc der Abenteurer und manchmal Marc der Schutzbedürftige. Wenn eine dieser Identitäten gerade dein Handeln und Fühlen bestimmt, dann hast du bestimmte Fähigkeiten, die du mit einer anderen Identität nicht hast, du hast andere Glaubenssätze, andere Werte und ein anderes Selbstbild!«

»Aber wer bin ich dann?«

»Der, den du in einem bestimmten Moment aktivierst. Vielleicht hast du eine dominante Identität, aber die anderen hast du auch in dir. Und du solltest sie auch nicht aus dem Wunsch nach Sicherheit heraus verdrängen, weil du dich damit bestimmter Fähigkeiten und Möglichkeiten berauben würdest! Dich auf nur eine Identität zu versteifen, ist eine unnötige Begrenzung, auch wenn es sich im ersten Moment sicherer anfühlt.«

»Und was heißt das jetzt?«, fragte ich leicht irritiert.

»Dass du in dir die Identität des Sklaventreibers oder Polizisten als Möglichkeit bewahren musst, weil du sonst nicht nach den anderen Stilen führen kannst. Aber lass uns zu den anderen Stilen kommen, dann wird das deutlicher.«

»Ich will das aber nicht«, warf ich ein.

»Hast du schon mal jemandem gekündigt?«, fragte Wolfgang.

»Ja, aber erst einmal«, entgegnete ich. »Und da habe ich auch monatelang drüber nachgedacht!«

»Marc«, erwiderte Wolfgang, »ich habe nicht gesagt, dass du diese Identität und die zugehörigen Handlungsoptionen leichtfertig einsetzen solltest. Ich sagte, dass du die Möglichkeit brauchst, und ganz offensichtlich hast du sie ja auch einmal schon selbst angewandt, weil dir nichts anderes mehr einfiel. Nutzt du diese Option zu häufig, wirst du gar nicht mehr anders führen können. Wir sind uns also einig, dass dieser Stil des Zwangs heutzutage nicht mehr das primäre Mittel der Wahl ist. Dieser Führungsstil hat eine subjektive Entsprechung bei den Geführten. Im Buch *Tribal Leadership*[30] wird das Lebensgefühl von Menschen, die heute noch nach diesem Stil geführt werden, mit ›Life sucks‹ auf den Punkt gebracht.«

4.2.2.2 Führen mit Prozessen und Aufgaben

»Lass uns zum zweiten Stil kommen«, schlug ich versöhnlicher vor.

Wolfgang nickte: »Unter Zwang machen Menschen nur das absolut Notwendige. Und sobald der mit der Peitsche wegschaut, gehen sie vielleicht sogar zur Sabotage über. Ein riesiger Fortschritt war die Bauernbefreiung Anfang des 19. Jahrhunderts und die Möglichkeit, sich als ›freie‹ Arbeitskraft zu verdingen. Es gab also ›freiwillige‹ Verträge, in denen sich der Arbeitnehmer verpflichtete, eine bestimmte Aufgabe zu übernehmen. Zum Beispiel irgendwo den ganzen Tag lang Schrauben reinzudrehen. Dass das zumindest im 19. Jahrhundert nicht ganz so frei war, ist sicher ein berechtigter Einwand – dennoch im Vergleich zur Leibeigenen- oder Sklavengesellschaft ein gigantischer Fortschritt. Die Mehrzahl erfüllte zumindest einigermaßen die Aufgaben.«

Ich nickte: »Okay, heute ist das durch die Arbeitskämpfe der Gewerkschaften natürlich gerechter. Aber das Prinzip ist doch heute immer noch so, oder?«

»In manchen Unternehmen, ja«, nickte Wolfgang. »Zuerst einmal ist aber wichtig, dass diese neue Form Voraussetzungen hat. Der Führende muss die prinzipielle Freiheit seines Geführten akzeptieren. Der Geführte könnte auch woanders arbeiten. Und außerhalb

30 Dave Logan, John King, Halee Fischer-Wright: Tribal Leadership. Auch die folgenden vier Führungsstile finden sich dort mit ihren subjektiven Entsprechungen. Wenngleich das Motiv zur Entwicklung der fünf Führungsstile ein anderes war als bei *Tribal Leadership* und der Fokus etwas anders gesetzt wird, so ist das Buch doch eine gute Ergänzung zu dem hier dargelegten Konzept aus einer etwas anderen Perspektive.

der Arbeitszeit kann er machen, was er will. Das ist neu und für den früheren Sklaventreiber nicht einfach. Umgekehrt muss der Geführte eine Vorstellung von Verträgen haben, und ihm muss klar sein, dass er für die Bezahlung auch eine Leistung zu bringen hat. Zudem braucht er Respekt vor dem Eigentum anderer. Der eine muss in der Lage sein, Aufgaben glasklar zu beschreiben, der andere muss sie verstehen und umsetzen können.«

»Ja, und?«

»Diese Form der Führung setzt also eine bestimmte geistige Entwicklung bei beiden voraus. Der Sklaventreiber wird in diesem Umfeld genauso scheitern wie der Maschinenstürmer. Das ist deshalb entscheidend, weil bei allen nachfolgenden Stilen immer weiter gehende Voraussetzungen auf beiden Seiten gegeben sein müssen. Du kannst nicht einfach hergehen und mich auffordern: ›Los, Wolfgang, lass uns zum fünften Stil kommen. Ich will sowieso den obersten und besten Stil bei mir einführen.‹ Wenn weder du noch deine Mitarbeiter die Voraussetzungen dafür haben, wird das nicht funktionieren!«

Da hatte er mich mal wieder ertappt. Eigentlich wollte ich ihn genau dazu auffordern. So änderte ich meine Frage: »Okay, was ist der dritte Stil?«

Wolfgang lächelte mich freundlich an: »Die Führung mit Prozessen und Aufgaben funktionierte gut, solange sich der Kontext oder der Markt nur langsam änderte. Als Innovationen nur alle zehn bis 50 Jahre kamen und sich die Märkte ähnlich langsam veränderten, war es leicht möglich, Systeme und Prozesse von einer kleinen Schicht von Managern designen zu lassen. Und die Arbeiter agierten lediglich im System und drehten irgendwo Schrauben fest. Die subjektive Wahrnehmung der Geführten, die heute nach diesem Stil geführt werden, verändert sich von ›Life sucks‹ zu ›*My* life sucks‹. Das ist ein Fortschritt, weil es zumindest die Möglichkeit enthält, dass es auch anders gehen könnte.«

4.2.2.3 Führen mit Zielen

»Das vertragsbasierte Modell der Führung mit Aufgabenübergabe kam an seine Grenze, als die Dynamik der Umwelt und die Komplexität in einzelnen Berufsfeldern zunahmen«, fuhr Wolfgang fort. »Für die Tätigkeit der Manager selbst oder für Verkäufer hochwertiger Produkte in sich verändernden Märkten konnten keine Systeme und Prozesse mehr vom Management vorgedacht werden. Oder das Management war nicht mehr in der Lage, diese schnell genug anzupassen. Es waren also größere Freiheitsgrade notwendig. Die Lösung bestand vor allem ab den 1950er-Jahren im Management by Objectives: Den Mitarbeitern wurden Ziele vorgegeben, und sie konnten sich – in einem gewissen Rahmen – dann selbst Wege suchen, um diese Ziele zu erreichen. Plötzlich war die Arbeit von viel mehr Freiheit auf der einen Seite und Verbindlichkeiten auf der anderen Seite geprägt. Solche Angestellten müssen fähig sein, selbstverantwortlich ihre Ziele zu verfolgen. Sind sie das nicht, kann ich sie so nicht führen, und ich muss zum Level der Systeme und Aufgaben zurück.«

»Auf meine Firma übertragen, bedeutet das: Beim Führen mit Aufgaben sage ich zu Jana: ›Deine Aufgabe ist es, einmal pro Woche die Kaffeeküche zu reinigen. Das umfasst die Tätigkeiten A, B und C. Mach Tätigkeit A auf diese Weise und Tätigkeit B auf jene usw.‹ Beim Führen mit Zielen hingegen sage ich ihr: ›Du hast dafür zu sorgen, dass dieses Büro so sauber ist, dass sich alle darin wohlfühlen. Du hast dafür Budget X.‹ Im einen Fall definiere ich die Aufgabe mitsamt allen Teilaufgaben, im anderen Fall das Ergebnis und die Rahmenbedingungen.«

»Genau«, nickte Wolfgang. »Und du wirst bei der Führung mit Zielen bessere Ergebnisse erreichen. Stell dir mal vor, die Küche ist nach einer halben Woche schon richtig siffig. Jemand, der nach Aufgaben geführt wird, wird sich sagen: Ich muss erst wieder in einer halben Woche reinigen.«

Ich dachte einen Moment nach: »Kann es sein, dass ich dann an vielen Stellen, an denen meine Mitarbeiter nicht mitdenken, einfach falsch führe? Ich habe ihnen eine Aufgabe gegeben und die machen sie. Zumindest hin und wieder. Aber nichts anderes. Ich müsste ihnen stattdessen Ziele und Rahmenbedingungen vorgeben?«

»Ja, kann sein«, stimmte Wolfgang zu. »Das schauen wir uns nachher an. Aber auch hier wieder gilt: Um diese Stufe ausfüllen zu können, braucht nicht nur der Führende neue Fähigkeiten, vor allem im Bereich der Kommunikation, sondern auch der Geführte. Er muss gelernt haben, seinen Bereich zu überschauen, sich selbst zu organisieren und Verantwortung zu übernehmen. Er braucht eine Selbstwirksamkeitsüberzeugung und keine Opferhaltung. Er benötigt eine Resilienz in dem Sinne, dass er in der Lage ist, sich in kürzester Zeit wieder selbst aus der Opferhaltung herauszuholen, wenn einmal Entscheidungen fielen, die ihm nicht passten. Auch hier wieder geht der neue Stil mit neuen Methoden, neuen Fähigkeiten, neuen Werthaltungen und Glaubenssätzen, einem neuen Selbstbild und sogar einem neuen Lebensgefühl einher. Sein Lebensgefühl ist nicht mehr ›My life sucks‹, sondern ›I am great‹.«

»Hier habe ich sicher eine Baustelle«, räumte ich ein. »Gibt es da eine einfache Methodik, wie ich an dieser Stelle weiterkommen kann?«

»Ja«, nickte Wolfgang, »Boris Grundl propagiert das Konzept der EOAs, der ergebnisorientierten Aufgabenbeschreibung.[31] Natürlich gibt es noch weitere Instrumente: Budgets, Kennzahlen, Selbst- und Zeitplanungs-Tools usw.! Aber beginn lieber mit einem Instrument richtig als mit vielen ein bisschen.«

---

31 Ausführlicher in Kapitel 6.4.2. Und in Boris Grundls Buch *Leading Simple*.

4.2.2.4 Führen mit flexiblen Zielen bzw. Selbstorganisation

»Gut, das war der dritte Stil, welche beiden kommen denn da noch?«, drängelte ich etwas. Ich wollte mal endlich zum Punkt kommen.

»Die Umwelt hat sich in den letzten Jahrzehnten immer schneller geändert. Viele Jahresziele und teils sogar Strategien waren in manchen Branchen oder Berufen schon nach einem halben Jahr überholt. Der Manager musste also immer öfter für seine Mitarbeiter Ziele formulieren. Dadurch wurden jedoch die Manager systematisch überlastet, denn sie hatten plötzlich die doppelte und vierfache Arbeit. Zudem wurde die Welt unübersichtlicher, sodass es immer schwerer für den eigentlich außenstehenden Manager wurde, überhaupt adäquate Ziele zu erstellen. Das erhöhte die Anforderungen nochmals. Und in der Praxis zeigten sich weitere Nachteile dieses Führungsstils: Hatte beispielsweise ein Vertriebler seine Ziele schon im Oktober erfüllt, machte er nicht mehr viel oder verschob Abschlüsse sogar aktiv ins nächste Jahr, um auch da sein Ziel einfach zu erreichen. Fixe Ziele gerieten an ihre Grenzen und wurden dysfunktional.«

»Ja«, sagte ich, »nach dem Motto: Plansoll erfüllt, Arbeit eingestellt.«

»Dies führte insbesondere im IT-Bereich zu neuen agilen Methoden wie Scrum oder in der Allgemeinwirtschaft zu Beyond Budgeting oder Management 3.0. Ziele werden in sehr kurzen Zeitabständen gesetzt und alle sind an der Zielbildung beteiligt. Die Ziele selbst werden flexibler. Der Manager erarbeitet dabei nicht mehr jährlich die Ziele für jeden einzelnen Mitarbeiter, sondern er sorgt vor allem für die Einhaltung des permanenten Zielbildungsprozesses. Dies erfordert wieder komplett neue Kompetenzen bei den Angestellten und auch neue Fähigkeiten seitens der Manager.«

Das klang ja interessant. »Die Zusammenarbeit wird dann kooperativer, oder?«, fragte ich.

Wolfgang nickte: »Ja, und dies führt wiederum zu einem neuen Lebensgefühl bei den Geführten: Aus ›I am great‹ wird ›We are great‹. Manager sind nicht mehr diejenigen, die die kurzfristigen Ziele vorgeben, und demgemäß auch nicht mehr diejenigen, die kontrollieren, sondern sie werden Moderatoren. Sie denken nicht mehr hierarchisch, sondern systemisch. Natürlich ist das immer noch hierarchisch in dem Sinne, dass der Manager dafür sorgt, dass der Prozess eingehalten wird. Aber nicht mehr hierarchisch in dem Sinne, dass Anweisungen gegeben werden und ihre Ausführung kontrolliert wird.«

»Aha«, sagte ich. »Das gefällt mir ausnehmend gut. Sollte ich nicht gleich das einführen?«

»Wird leider nicht funktionieren«, antwortete Wolfgang. »Wenn du die Ziele flexibel machst, bevor alle mit fixen Zielen arbeiten können und das Verantwortungskonzept erlernt haben und leben, fällst du auf die zweite Stufe zurück. Die Flexibilität der Ziele wird genutzt werden, um Ausreden zu finden, warum die Ziele keinesfalls erreicht werden konnten. Solange nicht beim dritten Stil genügend Eigenmotivation entstanden ist, würde auch beim vierten Stil niemals jemand auf die Idee kommen, die Ziele zu erhöhen, wenn sie sich als zu leicht heraus gestellt haben.«

Ich nickte: »Ja, jetzt verstehe ich die Idee langsam, warum jede vorherige Stufe gelernt sein muss, bevor ich zur nächsten Stufe übergehen kann. Und sobald ich beim vierten Stil merke, dass die Verantwortung von Einzelnen nicht mehr übernommen wird oder die Motivation zurückgeht, werde ich vermutlich – zumindest mit diesem Mitarbeiter – wieder zum dritten Stil zurückmüssen. Ich muss also auch selbst alle Stile beherrschen.«

»Stimmt«, bestätigte Wolfgang. Und betonte nochmals deutlich: »Das gilt auch für den ersten Stil.«

Und so langsam verstand ich, was er damit meinte. Um dem noch einen Moment auszuweichen, schlug ich vor: »Lass uns zum fünften Stil kommen, auch wenn er erst mal für mein Unternehmen noch nicht relevant sein wird.«

4.2.2.5 Emotionale[32] Führung mit Sinn

»Die Führung mit flexiblen Zielen hat zwei Schwachstellen. Erstens geht sie noch immer vom alten Menschenbild des vorrangig rational entscheidenden und handelnden Menschen aus. Entsprechend sind die vier Stile, die ich dir gerade vorgestellt habe, auf technische Aspekte wie Ziele, Prozess-Tools usw. ausgerichtet. Aber die Neurowissenschaften haben bereits vor 20 Jahren die emotionale Wende eingeläutet. Danach ist *jede*[33] Entscheidung emotional!«

Jede Entscheidung ist emotional.

»Aber wenn ich rational abwäge, ob ich beispielsweise diese oder jene Investition mache?«, warf ich ein.

»Dann liegen dieser Entscheidung auch Emotionen zugrunde. Zum Beispiel dein Bedürfnis nach Sicherheit. Oder dein Wunsch nach Anerkennung. Bloße Zahlen haben keinerlei Bedeutung. Ich kenne Menschen, die können nicht mehr schlafen, wenn sie einen Euro Schulden haben, und andere, die eine Million Schulden haben und ganz locker mit einem neuen Projekt beginnen, für das sie noch einen Millionenkredit brauchen. Die Frage ist also ganz schlicht: Wenn Emotionen eine solch wichtige Rolle für alle Entscheidungen und damit auch für alle Handlungen spielen, warum sorge ich als Führender dann nicht dafür, dass alle die förderlichsten Emotionen haben? Also in Bezug auf die drei Kriterien herausragender Führung für das erste Kriterium Vertrauen untereinander, Begeisterung

---

32 Wenn ich hier im Buch von Emotionen spreche, dann meine ich keine weichgespülte Lesart nach dem Motto: Wir sitzen alle im Kreis und halten uns an den Händchen und haben uns furchtbar lieb. Emotionen und Gefühle sind ganz grundlegend menschlich und bestimmen in wesentlichen Teilen unser Denken und Handeln. Und zwar *alle* Emotionen und Gefühle, also auch Wut, Aggression usw. Allein dadurch wird schon klar, dass es emotionale Führung ohne »negative« Emotionen gar nicht geben kann.

33 Manche Neurowissenschaftler sagen, 70 bis 99 Prozent unserer Entscheidungen seien emotional. Aber hinter vorgehaltener Hand geben sie zu, dass es 100 Prozent sind. Nur ist das für viele Menschen noch schwer zu akzeptieren.

und den Wunsch, füreinander einzustehen, für das zweite Kriterium Liebe zu den Kunden und für das dritte Kriterium eine positive und zukunftsorientierte Lebenseinstellung. Dafür zu sorgen, dass alle die förderlichsten Emotionen haben, schließt auch den Unternehmer selbst mit ein[34]: Hat er diese Emotionen nicht, wie will er sie dann in anderen wachrufen? Du hast heute Morgen gesagt, dass du dich frei, selbstbestimmt und wirksam fühlen möchtest. Emotionale Führung heißt auch das: auf deine eigenen Gefühle zu achten!«

»Wow! Das klingt faszinierend! Langsam beginne ich erste Zusammenhänge zwischen meiner Ausgangssituation, meinen Träumen und deinen Modellen zu sehen.«

Wolfgang lächelte: »Das ist aber nur die erste Schwachstelle bei der Führung mit flexiblen Zielen. Zudem geht dort auch die übergeordnete Ausrichtung verloren. Die Flexibilität kann leicht dazu führen, dass man sich wie die Fliege an der Scheibe verhält: Man läuft mal hierhin und mal dorthin. Das Ganze wird richtungslos. Subjektiv auf Mitarbeiterseite geschieht dabei Folgendes: Je mehr Freiheit und Eigenverantwortlichkeit in den Stilen 3 und 4 entsteht, desto stärker kommt zugleich die Frage hoch: ›Wozu mache ich das eigentlich?‹ Während die Antworten hier bei den vorigen Stilen waren: ›Schmerzen vermeiden oder Geld verdienen‹, also die Antwort sich nicht auf die Tätigkeit selbst, sondern auf die individuellen Folgen der Tätigkeiten bezog, werden nun die Antworten in der Tätigkeit selbst und den Folgen der Tätigkeit für andere gesucht. Es geht um Erfüllung und Sinn. Die Antworten auf diese Fragen nach Erfüllung und Sinn sind emotionale Antworten.«

---

34 Dies ist die zentrale Schwachstelle der Theorien, die sich unter dem Dach Neuroleadership sammeln: Es werden nur die Emotionen der Mitarbeiter betrachtet, aber nicht die Emotionen des Unternehmers. Der Unternehmer soll nach diesen Theorien wieder mit rationalen Modellen arbeiten. Das geht so wenig wie im Bereich der Strategie, wie ich bereits in meinem Buch *Die Kunst, seine Kunden zu lieben* zeige: Nicht nur der Kunde entscheidet emotional, sondern auch der Stratege, der Unternehmer. Und eben auch der Führende.

Ich nickte, und Wolfgang fuhr fort: »Auch dieser Stilwechsel hat wieder zur Folge, dass auf den Unternehmer ganz neue Anforderungen zukommen: Ein Unternehmer, der so führt, muss in der Lage sein, mit seinen Emotionen umzugehen, die Emotionen anderer zu spüren und zu wecken sowie Sinnangebote zu machen. Und auch der Mitarbeiter muss bereit sein, wieder ganz neue Anforderungen zu erfüllen: Selbstreflexion, Öffnung und Commitment. Ein distanzierter, ›professioneller‹, emotionsloser Umgang im Unternehmen ist nicht mehr möglich und sinnvoll – Unternehmer und Mitarbeiter müssen ihre Emotionen einbringen. Der emotionale Sinn bietet eine Art Leuchtfeuer in der Beliebigkeit flexibler Ziele und systemischer, aber emotionsloser Konzepte. Hat ein Unternehmen einen Sinn, hat es auch einen zentralen Maßstab, an dem jeder Mitarbeiter alle Ziele messen kann. So können im Prinzip die Mitarbeiter beim Setzen ihrer flexiblen Ziele selbst entscheiden, ob diese letztlich richtig sind. Dieser Sinn ist der einzige Weg, auf einer tiefer liegenden Ebene doch wieder so etwas wie Langfristigkeit in die flexiblen Ziele zu integrieren.«

»Wahnsinn«, entfuhr es mir. »So ein Unternehmen möchte ich gerne haben! Auch wenn es länger dauern sollte, bis ich die Stufen 3 und 4 durchlaufen habe. Aber ein Unternehmen, in dem alle einen Sinn verspüren und in dem auf die grundlegenden Bedürfnisse der Kunden und der Mitarbeiter eingegangen wird, das möchte ich haben.«

»Und auf die grundlegenden Bedürfnisse des Unternehmers«, ergänzte Wolfgang. »Ein Unternehmer, der seine eigenen grundlegenden Bedürfnisse nicht kennt, nicht dazu steht und sie nicht erfüllt, wird solch ein Unternehmen nicht erschaffen können. Ein solches Unternehmen ist keine Opfereinrichtung, sondern auf einer sehr tiefen und weit verstandenen Ebene auch ein zutiefst egoistisches Unternehmen. Das wird uns aber in den nächsten Wochen und Monaten noch intensiver beschäftigen.«

4.2.2.6 Was heißt das für die Praxis?

Wolfgang lehnte sich nach vorn: »Was mich jetzt interessiert, ist, wo du und deine Mitarbeiter nach deiner Einschätzung stehen. Und bei den Mitarbeitern interessiert mich auch, wo sie waren, bevor sie zu dir kamen. Wenn du selbst ein Stil-2-Unternehmer bist, also mit der Übertragung von Aufgaben führst, und einen Stil-5-Mitarbeiter einstellst, dann wird er dich entweder wieder verlassen oder irgendwann ein demotivierter Stil-2-Mitarbeiter sein. Selbst wenn du – aufgrund einer Krise oder warum auch immer – nur für einige Zeit auf Stufe 2 oder 1 zurückgehst, wirst du diese Mitarbeiter demotivieren und früher oder später verlieren! Das ist der Grund, warum Unternehmer langfristig nur Mitarbeiter führen können, die höchstens auf derselben Stufe sind wie sie selbst. Einen Sonderfall bilden noch Stil-3-Unternehmer. Diese machen unbewusst und ohne es zu wollen die meisten um sich zu Stil-2-Mitarbeitern. Das innere Selbstgespräch lautet nämlich ›I am great‹ und da gibt es den unausgesprochenen Subtext ›and you are not‹.[35] Du glaubst nicht, wie viele Unternehmer es gibt, die sich selbst für großartig halten, sich aber dauernd darüber beschweren, welche Nieten die eigenen Mitarbeiter sind. Wenn dieser Unternehmer wirklich seine Unternehmerrolle großartig ausfüllen würde, hätte er keine Nieten. Er hat die Leute ja selbst eingestellt. Und zudem spüren es die Mitarbeiter immer, wenn der Chef sie für Nieten hält. Es gibt ein paar wenige, die es ihm aus Trotz beweisen wollen, aber die meisten wandern zu Stil 2 oder in eine andere Firma ab.[36] Aber lass uns jetzt deine Firma betrachten.«

---

35 Vgl. Dave Logan u.a.: Tribal Leadership

36 Dies ist eine der am schwersten zu akzeptierenden Einsichten: Als streng zielorientierter Unternehmer (Stil 3) produziere ich mir Mitarbeiter, die ich nur durch klare Prozesse, Aufgaben oder gar durch Zwang führen kann (Stil 2), selbst. Es ist deshalb nicht hilfreich, durch noch bessere Mitarbeiterauswahlverfahren tolle Leute zu finden – nach kurzer Zeit werden sie genauso wie die anderen oder verlassen das Unternehmen. Der Schlüssel zur Änderung liegt

Ich dachte einen Moment nach. Dann nahm ich mir einen großen Bogen Papier und begann, eine Tabelle zu erstellen.

Name	Anfangsstil	Stil jetzt	Begründung
Ria	3	2	Hat die Aufgabe, Kunden zu gewinnen. Mit keinem konkreten Ziel verknüpft. War am Anfang viel motivierter.
Werner	2	2	Hat die Aufgabe, Kunden zu gewinnen. Mit keinem konkreten Ziel verknüpft. Motivation hat sich nicht geändert. Bringt aber gute Ergebnisse.
Beate	4	4	Sie setzt ihre Ziele flexibel und erreicht sie eigenverantwortlich.
Jana	3	1/2	Sie erledigt ihre Aufgaben oft nur unzuverlässig, ich müsste sie manchmal zwingen. Buchhaltung funktioniert einigermaßen. Zu Beginn war sie motiviert.
Petra	3	2/3	Sie war bis heute eine 2, kann aber durch die jetzige Weiterbildung im Storywriting und die damit einhergehende Verantwortung schnell wieder eine 3 werden.
Hartmut	2	2	Schreibt einen Text, wenn ich es ihm sage, macht aber auch nicht mehr. Wirkt jedoch nicht unmotiviert oder desillusioniert.
Karla	3	2	Ich muss den Projektleitern immer sagen, was sie tun sollen, sie sind jetzt völlig demotiviert.
Tobias	3	2	Ich muss den Projektleitern immer sagen, was sie tun sollen, sie sind jetzt völlig demotiviert.
Jens	3	1	Macht, was er will. Ich könnte ihn nur noch über Zwang führen.
Torsten	2	2	Macht halt den Ton bei den Videos.
Maria	3	2	Schneidet die Clips, die es zum Schneiden gibt. Bringt keine eigenen Ideen mehr ein.
Marc	(2)	(2)	Ich sage den Leuten, was sie tun sollen (Aufgaben), und hoffe, dass es passiert. Ohne die Fallback-Option zu Stil 1 kann ich allerdings auch Stil 2 nicht richtig anwenden.

Wolfgang schaute sich die Tabelle einige Zeit an. »So schlecht ist das gar nicht.«

»Findest du?«, fragte ich. »Ich finde das überaus frustrierend, dass die meisten Mitarbeiter motiviert bei mir begonnen haben und dann demotiviert wurden. Und die Ursache ist nach den Erkenntnissen des heutigen Tages mein Führungsstil.«

Ich dachte einen Moment nach. »Du sagtest vorhin, dass jeder Stil mit bestimmten Haltungen, Glaubenssätzen und Werten verbunden ist. Das würde ja heißen, dass man sehr schnell erkennen kann, welchen Führungsstil jemand hat. Wusstest du dann schon die ganze Zeit, dass ich ein Stil-2-Chef bin?«

»Ja«, lächelte Wolfgang. »Du sagtest, dein Ziel sei es, dass deine Leute eben das *tun*, was du willst. Du willst, dass ›dein Wille geschehe‹. Das klingt nach Aufgaben, die nicht erledigt werden. Setzt du Ziele, also im Sinne von Stil 3, willst du, dass die Ziele erreicht werden, egal, was deine Mitarbeiter im Einzelnen tun. Und würdest du mit Zwang, also nach Stil 1, führen, wäre die Methode, die Leute dazu zu bringen, die Dinge zu tun, die du willst, recht einfach: Hol die Peitsche raus. Der Wunsch, dass die Mitarbeiter endlich das tun, was der Chef will, kann nur von einem Stil-2-Chef ausgesprochen werden, der sich aus ethischen Erwägungen die Option des Stils 1 verbaut. Allerdings hätte es heute Morgen nichts gebracht, dir das zu sagen. Du hättest dich ja noch gar nicht einordnen können. Klarheit ergibt sich immer erst mit den richtigen Modellen. Der Philosoph Immanuel Kant sagte schon: ›Es gibt nichts Praktischeres als eine gute Theorie.‹«[37]

»Was mir hier ganz klar auffällt«, sagte ich, »ist etwas, was du vorhin schon erwähnt hast: Kein Mitarbeiter kann auf Dauer einen

---

im Konzept der Selbstverantwortung, das Stil-3-Unternehmern sehr wichtig ist: Sie sind auch für die Situation verantwortlich, in der sie jetzt sind. Der einzige Weg heraus ist, zu Stil 4 oder 5 zu wechseln, also sich selbst zu verändern.

37 Das Zitat wird auch Kurt Lewin und Theodor Adorno zugeschrieben. Ich habe die historisch früheste Person gewählt.

höheren Stil haben als der Chef. Eine Ausnahme ist allerdings Beate. Mit anderen Worten: Ich muss bei mir anfangen?«

Kein Mitarbeiter kann auf Dauer einen höheren Stil haben als der Chef.

»Gut erkannt!«, nickte Wolfgang und überging dabei Beate. »Allerdings habe ich doch noch einen Einwand. Ich bin mir nicht so sicher, ob die Leute, die am Anfang eine 3 hatten, auch wirklich eine 3 waren. Es gibt jährliche Untersuchungen von Gallup. Danach sind nur ein Achtel aller Mitarbeiter hoch motiviert, die anderen machen Dienst nach Vorschrift oder haben innerlich gekündigt.«

»Wurden die dann alle von ihren Chefs demotiviert?«

»Eben nicht!«, schüttelte Wolfgang den Kopf. »Das wird zwar immer behauptet, aber das würde ja bedeuten, dass nur höchst motivierte Bewerber zu dir kämen und die Arbeitslosen höher motiviert wären als die Angestellten, bis der böse Chef käme und sie alle demotivieren würde. Dass Arbeitslose motivierter wären als Angestellte, lässt sich so in der Realität nicht beobachten und ist offensichtlich Unfug. Was man sagen kann, sind zwei Dinge: Erstens *entscheidet* jeder Mitarbeiter über seine Motivation autonom und selbstverantwortlich, und sieben Achtel *entscheiden* eben, nicht motiviert sein zu wollen. Zweitens lässt der Reiz des Neuen zu Beginn fast alle Mitarbeiter motiviert *erscheinen*. Das gibt sich bei diesen sieben Achteln nach kurzer Zeit auch bei großartigen Chefs. Das heißt, dass die anfängliche Motiviertheit in deiner Tabelle nicht zwingend darauf schließen lässt, dass diese Leute auf Level 3 waren.«

»Ist das nicht ein ziemlich negatives Menschenbild?«

»Nein«, erwiderte Wolfgang, »ich glaube, dass alle Menschen von klein auf sehr motiviert sind – sicher gibt es auch da graduelle Unterschiede –, aber dass dann Eltern, Schule, Uni und die ersten Jobs ihnen die Motivation systematisch abtrainieren. Vor allem die Schule ist ein riesiges Demotivationssystem. Wenn jemand mit voller Absicht ein System hätte erfinden sollen, um Kinder zu demotivieren, er hätte es kaum besser hinbekommen können.«

»Da stimme ich sofort zu«, kam es aus meinem tiefsten Herzen.

»Das Schlimme an der Sache ist: Wenn man durch diese ganze Mühle durch ist, dann hat man ein demotiviertes Lebensgefühl, ein Opfer-Selbstbild, jede Menge Glaubenssätze über fiese Führungskräfte, ausbeuterische Unternehmer[38] und sonstigen Bullshit aufgenommen. Die Menschen bringen aus der Schule normalerweise die Kompetenzen, Glaubenssätze und Werte mit, um mit Aufgaben, also im Stil 2, geführt werden zu können. Natürlich kann man dies alles wieder ändern. Aber nur wenn derjenige selbst es will und nur wenn man sehr viel Zeit investiert. Dieses Risiko kann ich als Unternehmer eines kleinen Unternehmens normalerweise[39] nicht eingehen. Mit anderen Worten: Ja, du musst bei dir anfangen – das ist die Voraussetzung. Aber dann musst du auch das Achtel der besten und motiviertesten Leute bei der Einstellung von Mitarbeitern herausfischen. Du kannst zwar auch Mitarbeiter von Stil 2 zu Stil 3 zu entwickeln versuchen, aber das Ergebnis ist ungewiss. Deine Aufgabe ist also klar: Du wirst dich als Nächstes zu einem Stil-3-Unternehmer entwickeln, den verschollenen Stil 1 als Option in dir ausgraben und dabei deine Mitarbeiter zum Stil 3 bringen. Dabei wirst du die ganze Zeit im Blick haben, dass dein Stil 3 nur eine Übergangslösung ist. Und dadurch wird dein Stil 3 etwas modifiziert sein. Da kommen wir später noch zu. Du wirst dich *gleichzeitig* zu einem Stil-4- und -5-Unternehmer weiterentwickeln und dann einige Mitarbeiter auf diesem Weg mitnehmen.«

»Wieso nur einige?«, fragte ich.

»Weil es bestimmte Aufgabenbereiche im Unternehmen gibt, die

---

38 Interessanterweise haben die Jugendlichen bis zum Zeitpunkt ihres Schulabschlusses vermutlich nie mit einem Unternehmer gesprochen …

39 Eine Ausnahme ist zum Beispiel Rupert Voß mit seiner Work & Box Company, einem Konzept, mit dem ganz bewusst jugendliche Straftäter wieder integriert werden. Aber dazu brauche ich dann einen definierten Prozess mit einer reproduzierbaren Erfolgsquote. Mehr zu Rupert Voß bei UnternehmercoachTV: https://www.youtube.com/watch?v=j-lwRN9dI9M.

hervorragend mit Stil 3 funktionieren. Für die Buchhaltung brauche ich keine flexiblen Ziele und keine emotionale Führung mit Sinn.«

Das war so viel Input, dass ich das für mich zusammenfassen und mir das Wichtigste noch mal in Form einer Skizze verdeutlichen wollte. Wolfgang schaute zu, wie ich eine Mindmap entwarf.

»Wir hatten damit begonnen, dass es nicht so entscheidend ist, konkrete Handlungsoptionen kennenzulernen, sondern dass es darauf ankommt, sich selbst und sein Unternehmen anders *wahrzunehmen*. Das hatte mich zu Beginn noch nicht sonderlich überzeugt, denn ich wollte ja handeln! Aber nachdem ich einige dieser anderen Wahrnehmungsmodelle kennengelernt hatte, sah das auf einmal ganz anders aus. An dem Punkt wurde mir bewusst, dass *alle Führungslehren, die mir sagen wollten, welche Führungs*aufgaben *ich ausführen sollte, versuchten,* mich *mit Stil 2 zu führen. Der Verfasser dieser Lehren führte mich ja auch! Damit könnten sie mich nie weiter bringen als bis zum Stil 2.* Andererseits wurde mir auch klar: Gerade weil ich selbst dem Stil 2 entsprach, erwartete ich zu Beginn von dir Handlungsanweisungen und Methoden und war enttäuscht, als du mir diese nicht liefern wolltest.«

Wolfgang nickte mir aufmunternd zu, sagte aber nichts. Ich fuhr fort: »Dann hatten wir uns meine jetzige Situation angeschaut. Dabei ist mir aufgegangen, dass ich nicht so sehr wegen konkreter Probleme etwas ändern wollte, sondern weil ich mich in einem Stuck State befand. Ich fühlte mich völlig hilflos und fremdbestimmt. Und dass es umgekehrt auch nicht darauf ankam, die eine oder andere Führungsmethodik zu lernen, sondern dass ich mich *frei, selbstbestimmt und wirksam fühlen* wollte. Als ich mir dies noch mal bewusst machte, wurde mir plötzlich klar, dass du mich durch deine Art auf ein emotionales und für mich sinnvolles Ziel gestoßen hattest. So betrachtet führtest du mich – zumindest an diesem Punkt – mit Stil 5.«

Ich sah Wolfgang an und merkte, dass er sich wirklich freute. Lächelnd setzte ich meine Zusammenfassung fort: »Die Ursache des Stuck State lag in vielen Glaubenssätzen, die alle dieselbe Struktur

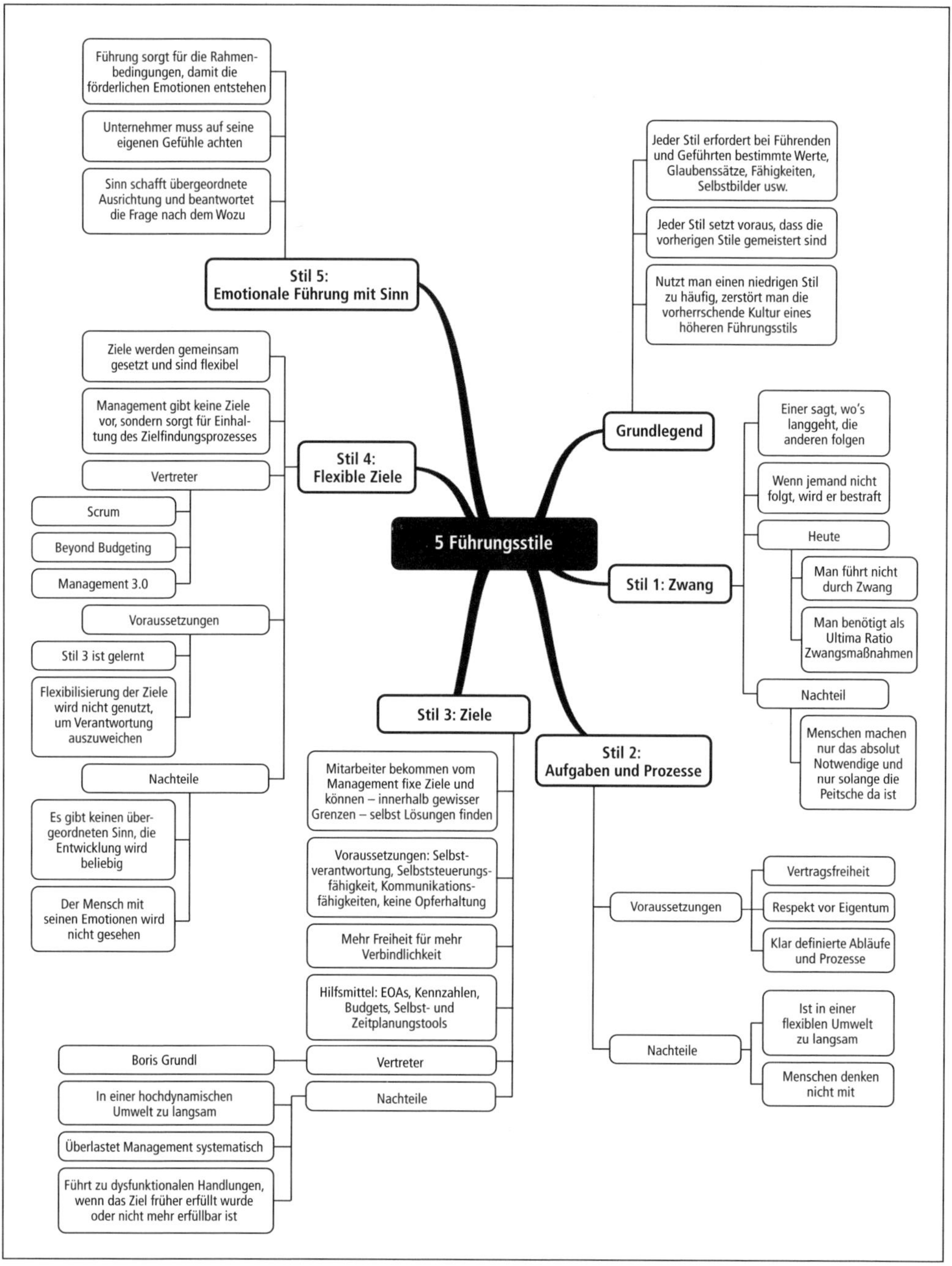

5 Führungsstile
Grundlegend
Jeder Stil erfordert bei Führenden und Geführten bestimmte Werte, Glaubenssätze, Fähigkeiten, Selbstbilder usw.
Jeder Stil setzt voraus, dass die vorherigen Stile gemeistert sind
Nutzt man einen niedrigen Stil zu häufig, zerstört man die vorherrschende Kultur eines höheren Führungsstils
Stil 1: Zwang
Einer sagt, wo's langgeht, die anderen folgen
Wenn jemand nicht folgt, wird er bestraft
Heute
Man führt nicht durch Zwang
Man benötigt als Ultima Ratio Zwangsmaßnahmen
Nachteil
Menschen machen nur das absolut Notwendige und nur solange die Peitsche da ist
Stil 2: Aufgaben und Prozesse
Voraussetzungen
Vertragsfreiheit
Respekt vor Eigentum
Klar definierte Abläufe und Prozesse
Nachteile
Ist in einer flexiblen Umwelt zu langsam
Menschen denken nicht mit
Stil 3: Ziele
Mitarbeiter bekommen vom Management fixe Ziele und können – innerhalb gewisser Grenzen – selbst Lösungen finden
Voraussetzungen: Selbstverantwortung, Selbststeuerungsfähigkeit, Kommunikationsfähigkeiten, keine Opferhaltung
Mehr Freiheit für mehr Verbindlichkeit
Hilfsmittel: EOAs, Kennzahlen, Budgets, Selbst- und Zeitplanungstools
Vertreter
Boris Grundl
Nachteile
In einer hochdynamischen Umwelt zu langsam
Überlastet Management systematisch
Führt zu dysfunktionalen Handlungen, wenn das Ziel früher erfüllt wurde oder nicht mehr erfüllbar ist
Stil 4: Flexible Ziele
Ziele werden gemeinsam gesetzt und sind flexibel
Management gibt keine Ziele vor, sondern sorgt für Einhaltung des Zielfindungsprozesses
Vertreter
Scrum
Beyond Budgeting
Management 3.0
Voraussetzungen
Stil 3 ist gelernt
Flexibilisierung der Ziele wird nicht genutzt, um Verantwortung auszuweichen
Nachteile
Es gibt keinen übergeordneten Sinn, die Entwicklung wird beliebig
Der Mensch mit seinen Emotionen wird nicht gesehen
Stil 5: Emotionale Führung mit Sinn
Führung sorgt für die Rahmenbedingungen, damit die förderlichen Emotionen entstehen
Unternehmer muss auf seine eigenen Gefühle achten
Sinn schafft übergeordnete Ausrichtung und beantwortet die Frage nach dem Wozu

hatten. Wir brachen einen davon auf, nämlich meinen Glaubenssatz, ich müsste alles selbst machen, und leiteten da bereits eine konkrete Handlung in die Wege: Ich gab das Storywriting komplett ab. *Diese Handlung war so radikal, dass ich sie noch heute Morgen für unmöglich gehalten hätte.* Und in der Tat war, als ich jetzt in mich reinhörte, das Gefühl des Stuck State bereits verschwunden. *Die Dinge begannen sich zu bewegen. Wow!* Dann hatten wir uns den Zweck der Führung und die drei Kriterien herausragender Führung – nämlich Energie, gemeinsamer Beitrag, Zukunft – angeschaut und ich hatte mein Unternehmen selbst bewertet und die Bewertung durch die Mitarbeiter in die Wege geleitet. Und nun hatten wir uns die fünf Führungsstile angeschaut, und ich hatte klar erkannt, wo meine Fehler waren und welche nächsten Schritte ich daraus ableiten müsste. Nein, halt, die nächsten Schritte sind noch nicht so richtig klar. Und dann gibt es da noch einen Punkt: Wie hängt das Modell der drei Kriterien mit den fünf Stilen zusammen?«

»Zuerst einmal«, begann Wolfgang Radies, »möchte ich dir meine Anerkennung aussprechen. Das ist richtig gut zusammengefasst. Und vor allem gibt es nur sehr wenige, die erkennen, dass auch ihre Erwartungen und Fragestellungen, mit denen sie an einen Coach oder ein Buch herangehen, Ausdruck ihres eigenen Führungsstils sind.«[40]

»Danke! Ich bin gespannt, wie sich das noch verändern wird.«

»Dann zu deinen beiden Fragen: Wie hängt das Modell der drei Kriterien mit den fünf Führungsstilen zusammen? Nun, die drei Kriterien lassen erkennen, ob herausragend geführt wird oder lausig. Sie beschreiben die Qualität. Die fünf Stile beschreiben die Art und Weise, wie geführt wird. Ich kann innerhalb eines jeden Stils mit einer hohen Qualität führen oder mit einer niedrigen. Es wird Pyra-

---

40 Das hat zur Folge, dass ein Coach, der im Stil 4 oder 5 agiert, einen Klienten, der bei Stil 2 oder 3 ist, zuerst einmal enttäuschen und frustrieren *muss*. Der Coach *kann und darf* die Erwartungen nicht erfüllen, da der Stil ja gerade überwunden werden soll!

midenbaustellen gegeben haben, die super funktionierten, und andere, wo es zu Sklavenaufständen kam. Welchen Stil wir einsetzen, hat mit unserer Kompetenz als Unternehmer, mit der Kompetenz der Mitarbeiter und auch dem Umfeld zu tun. Bewege ich mich in einem völlig starren Umfeld, macht eine Führung mit flexiblen Zielen schlicht keinen Sinn. Und dann muss und kann ich eben mit einer Stil-3-Führung herausragende Ergebnisse bei den drei Kriterien erzielen. Und bezogen auf deinen konkreten Fall: Das Modell mit den fünf Stilen erlaubt es dir, dein Ziel zu konkretisieren. Du willst erst einmal zu einer Führung mit Zielen und später irgendwann zu einer emotionalen Führung mit Sinn kommen. Ob du dabei vorankommst und dies alles richtig machst, misst du mit den drei Kriterien.«[41]

»Verstanden«, nickte ich. »Und was mache ich jetzt konkret, um von Stil 2 zu Stil 3 und dann zu Stil 5 zu kommen?«

4.2.3 Die sieben Handlungsfelder

»Da«, schüttelte Wolfgang den Kopf, »musst du dich leider noch bis morgen gedulden. Würde ich dir das sofort erklären, würden wir wieder zu kurz springen. Ich hatte heute Morgen auch von drei Wahrnehmungsmodellen gesprochen. Eines fehlt also noch, und zwar das Modell der sieben Handlungsfelder. Erst wenn du das kennst, können wir uns fundiert an die konkrete Umsetzung machen. Oberflächlich einfach nur irgendwelche Maßnahmen in die Wege leiten, die du

41 Die drei Kriterien sind also zeit- und stilübergreifend. Das gilt bei vielen anderen Messverfahren nicht. Zum Beispiel gibt es Verfahren, die die Qualität der Prozesse messen und daraus Rückschlüsse auf die Führung ziehen. Dezidiert prozessorientiert sind aber nur die Stile 2 und 3, bei flexiblen Zielen und Führung durch Sinn werden Prozesse wieder unwichtiger. Aus diesem Grund sind solche Messverfahren nur sehr eingeschränkt nutzbar. Stilübergreifend sind die drei Kriterien insofern, als sie den generellen Zweck der Führung erfassen und sich nicht auf eine Methodik begrenzen.

nicht verstehst und die dann auch keine Ergebnisse bringen, mache ich nicht. Es würde auch nicht funktionieren: Du kannst nicht mit Stil-2-Vorgehensweisen, also Aufgaben und Maßnahmen, zu Stil 3 oder gar Stil 5 kommen.«

Auch wenn ich ungeduldig war, hatte ich mittlerweile doch Vertrauen zu Wolfgang gefasst. So stimmte ich seinem Vorschlag zu und wartete, was da jetzt kommen würde.

»An den drei Kriterien der Führung kannst du in fünf verschiedenen Stilen arbeiten. Und diese Arbeit kannst du in insgesamt sieben Handlungsfeldern verrichten.«

»Das klingt ziemlich komplex«, erwiderte ich.

»Hat niemand behauptet, dass Führung einfach wäre«, stellte Wolfgang grinsend fest. »Jedes dieser Handlungsfelder ist in sich ja nochmals recht komplex. Du kannst deshalb nicht davon ausgehen, heute ein Führungskonzept kennenzulernen und das morgen zu können! Der Zweck der drei Metamodelle ist es ja nicht, dich führen zu lehren, sondern ein generelles Muster zu schaffen, in dem du dich jederzeit selbst orientieren kannst. Jetzt im ersten Durchgang stelle ich die sieben Handlungsfelder einfach vor. Danach, wenn du alle drei Metamodelle der Führung kennst, sind wir in der Lage, deinen Engpass und den besten Ansatzpunkt gemeinsam herauszuarbeiten. Es handelt sich also um einen Überblick, und wenn wir dann in den nächsten Monaten einen Handlungsbereich angehen, gehen wir gemeinsam sehr viel tiefer darauf ein. Damit es jetzt plastischer wird, lass uns Jana als Beispiel nehmen. Sie ist zwar nicht der Hauptansatzpunkt, aber es wird hilfreich sein, um die sieben Handlungsfelder und den praktischen Nutzen besser zu verstehen. Letztlich kannst du jedes Führungsproblem in fast all diesen Bereichen lösen.«

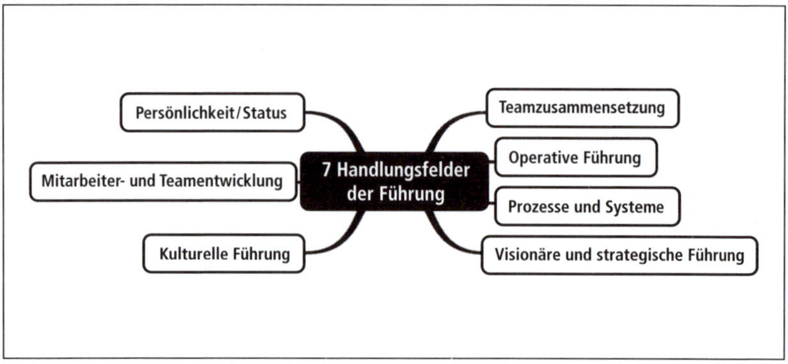

4.2.3.1 Teamzusammensetzung

»In Ordnung, also Jana. Da bin ich mal gespannt.«

»Der erste Handlungsbereich der Führung ist ganz einfach: Wie stellst du dein Team zusammen? Beim Stil 1, also mit Zwang, wurde eine Armee losgeschickt, um ein paar Sklaven einzufangen, oder die Sklaven wurden direkt auf dem Sklavenmarkt gekauft. War man mit einem Sklaven nicht so zufrieden, wurde er verkauft, bestraft oder im schlimmsten Fall getötet. Das machen wir heute nicht mehr so. Wir definieren den Arbeitsbereich und unseren bevorzugten Stil. Daraus leiten wir die entsprechend notwendige Einstellung und die Kompetenzen ab. Dann versuchen wir, dafür die richtige Person zu finden. Und wenn sich später herausstellen sollte, dass es nicht die richtige Person ist, trennen wir uns von ihr.«

»Klar, aber warum packst du das unter die Handlungsfelder der Führung?«

»Weil die Teamzusammenstellung eine Führungsaufgabe ist. Und weil es die erste Handlungsoption wäre, deinen Konflikt mit Jana zu lösen: Du könntest sie rauswerfen.«

»Aber das will ich nicht!«

»Musst du auch nicht. Die Teamzusammenstellung ist ja nur eines von sieben Handlungsfeldern, in denen du deinen Konflikt lösen kannst. Ob es das beste Handlungsfeld ist, kann und will ich dir aktuell nicht sagen.«

»Okay, und die anderen sechs Handlungsfelder?[42]«

4.2.3.2 Operative Führung

»Der nächste Bereich ist der, der meist gemeint ist, wenn über Führung gesprochen wird. Operative Führung[43] umfasst Projekte, Steuerung, Controlling, Mitarbeitermotivation, Meetings, Budgets usw. Ich schätze mal, dass 90 Prozent der Führungsliteratur und 90 Prozent des alltäglichen Führungshandelns dieses Feld betreffen.«

Ich dachte einen Moment nach: »Hier gehören auch das Vergeben von Aufgaben und das Meckern, wenn's nicht erledigt ist, hin? Ja, dann kommt das mit den 90 Prozent bei mir ungefähr hin.«

»Der Haken an der operativen Führung«, fuhr Wolfgang fort, »ist folgender: Sobald du zur Tür raus bist, hört sie auf und funktioniert nicht mehr. Du handelst nur im Moment. Je mehr Leute du hast, desto mehr musst du operativ führen. Dein Problem mit Jana könntest du auch auf der rein operativen Ebene lösen: Gib ihr klare Aufgaben und Ziele, und kontrolliere jedes Detail, bis sie es drin hat.«

»Damit will ich mich aber wirklich nicht rumschlagen«, erwiderte ich aus tiefstem Herzen.

»Ist ja auch nur eine von sieben Handlungsmöglichkeiten«, lächelte Wolfgang mitfühlend.

»Sind die alle so ätzend wie die ersten beiden?«

»Nein«, grinste Wolfgang. »Ich hab mit den beiden angefangen, die dir die meisten Bauchschmerzen machen. Der Sollwert für die operative Führung liegt übrigens nach meiner Meinung für Manager

---

42 Ausführlich zu Einstellungen und Kündigungen siehe Kapitel 7.5: »Teamzusammensetzung«.

43 Vgl. dazu auch Kapitel 6.

bei etwa 30 Prozent, für Unternehmer vielleicht noch bei 10 Prozent. Die Wahrscheinlichkeit ist also eher gering, dass das bei Jana die zentrale Lösung ist.«

»Du meinst also, dass das, was alle zu etwa 90 Prozent machen, nur zehn bis 30 Prozent des Führungshandelns ausmachen sollte?«

»Genau!«, bestätigte Wolfgang. »Zu viel operative Führung ist immer ein deutlicher Hinweis darauf, dass der Führende nicht weiß, was er eigentlich tut, und die anderen Handlungsbereiche deshalb vernachlässigt. Und weil er sie vernachlässigt, muss er noch mehr operativ führen, um seine Fehler auszugleichen.«

»Okay, jetzt bin ich aber wirklich neugierig, was da noch kommt. Wie sieht das dritte Handlungsfeld aus?«, wollte ich wissen.

4.2.3.3 Prozesse und Systeme

»Rein operative Führung gelangt irgendwann an ihre Grenzen, weil der Kommunikationsaufwand immer größer wird. Je mehr Leute beteiligt sind und je komplexer die Tätigkeit, desto mehr Abstimmungsnotwendigkeiten und Missverständnisse gibt es. Aus diesem Grund brauche ich Prozesse und Systeme im Unternehmen. Diese schaffen Wiederholbarkeit und Sicherheit und reduzieren damit dramatisch den oft unnötigen Kommunikationsaufwand! Und sie reduzieren an vielen Stellen die Notwendigkeit, in jedem Einzelfall operativ führen zu müssen.«

»Systeme und Prozesse gibt's aber doch nur in den Führungsstilen 2 und 3?«, dachte ich laut nach.

»Nein«, entgegnete Wolfgang, »auch beim Bau von Pyramiden mit Sklaven gab es Systeme und Prozesse. Allerdings mussten die einzelnen Sklaven davon nichts wissen. Es reichte, wenn der Vorarbeiter mit der Peitsche Bescheid wusste. Und auch bei der emotionalen Führung mit Sinn gibt es sie. Trotzdem geht deine Überlegung in die richtige Richtung: Nirgends ist die Bedeutung von Systemen und Prozessen so groß wie bei den Stilen 2 und 3. Systeme haben je nach Führungsstil eine unterschiedliche Ausprägung. Für eine Führung durch Aufgaben brauche ich relativ durchdachte, statische Systeme. Für eine Führung mit flexiblen Zielen braucht es agile Systeme wie zum Beispiel Scrum, die den Rahmen des Umgangs miteinander festlegen. Im Unternehmen können an unterschiedlichen Stellen unterschiedliche Arten von Systemen eingesetzt werden, beispielsweise ein eher prozessorientiertes Verfahren in der Produktion und ein agiles System in der Entwicklung.«

Systeme haben je nach Führungsstil eine unterschiedliche Ausprägung.

»Das heißt, ich muss die Menschen unter Umständen auch unterschiedlich führen? In der einen Abteilung so und in der anderen so?«

»Leider heißt es das«, nickte Wolfgang, »und das führt oft zu nicht unerheblichen internen Kommunikationsproblemen, weil jedes System auch andere Werthaltungen und Kulturen erfordert. *Die Verantwortung liegt dann immer bei den Mitarbeitern mit dem höheren Stil, da diese ja die vorangegangenen Stile integriert haben müssen.* Sie können sich also in die Haltung und Identität der anderen hineinversetzen, während die mit den niedrigeren Stilen das nicht können. Aber das Problem würde ich mir in deinem Unternehmen erst anschauen, wenn du mit all deinen Leuten auf der für sie optimalen Ebene angekommen bist.«

»Noch was«, hakte ich ein. »Heute Morgen hast du mir den Unterschied zwischen Managern und Unternehmern erklärt. Diese beiden Handlungsfelder sind jetzt aber eher für die Manager?«

Wolfgang nickte: »Was ich dir hier schildere, sind alle sieben Handlungsfelder der Führung, die es im Unternehmen gibt. Die Arbeitsteilung zwischen dem Unternehmer und dem Manager ist ein anderes Thema, auf das wir zurückkommen, wenn du mal einen Manager hast. Ist deshalb aktuell für dich nur nachgeordnet von Interesse. Doch kommen wir konkret zu Jana: Du könntest gemeinsam mit ihr Prozesse und Abläufe festlegen, sie darin schulen und vielleicht damit dein Problem lösen.«

»Das glaube ich nicht, dass das geht«, schüttelte ich den Kopf. »Dazu hat sie als Assistentin viel zu viele unterschiedliche Aufgaben.«

»Es müsste ja nicht für alle Aufgabenbereiche sein«, warf Wolfgang ein. »Wenn es die Zusammenarbeit in nur einigen Bereichen verbessert, wäre auch schon was gewonnen. Aber lass uns zum vierten Handlungsbereich kommen.«

4.2.3.4 Strategisch-visionäre Führung

Wolfgang fuhr fort: »Im vierten Handlungsbereich geht es um die strategische und visionäre Führung.[44] Strategie und Vision müssen nicht nur entwickelt, sondern auch wirksam gemacht werden. Wie sorgst du dafür, dass deine Mitarbeiter beides kennen, sich danach verhalten und am besten noch davon begeistert sind?«

»Du meinst also, in diesem Bereich geht's darum, die Vision und Strategie mitzuteilen und zu erklären?«, fragte ich.

»Das wird kaum reichen«, entgegnete Wolfgang. »Zum einen hast du mehr Möglichkeiten, als nur etwas mitzuteilen: Du kannst und sollst den aussichtsreichsten Projekten die meisten Ressourcen zuteilen. Zum anderen: Hast du denn schon mal in deinem Unternehmen ein Meeting angesetzt, wo du eine neue Idee, eine neue Ausrichtung vorgestellt und erklärt hast?«

»Ja, natürlich«, antwortete ich und lehnte mich zurück. Da ich schon ahnte, was die nächste Frage sein würde, fügte ich hinzu: »Leider ist nichts draus geworden. Aber«, überlegte ich weiter, »brauche ich denn überhaupt eine Strategie und Vision?«

»Du selbst solltest schon eine Idee haben, wozu du das Ganze machst. Und zwar unabhängig von deinem Führungsstil. Selbst beim Stil mit Zwang: Wenn du keine Idee hast, wofür du eine Pyrami-

44 Vgl. dazu ausführlich Kapitel 10.1. und 10.2.

de brauchen kannst, wieso solltest du sie dann bauen lassen? Der Baumeister sollte zudem den Zweck verstehen, aber ob die Sklaven davon begeistert waren, war ziemlich egal. Auch bei der Führung mit Prozessen und Aufgaben und eingeschränkt bei der Führung mit Zielen brauchst du noch nicht zwingend eine Begeisterung für Strategie und Vision bei den Mitarbeitern. Bei Stil 4 und vor allem bei Stil 5 kommst du allerdings nicht mehr drum herum. – Vielleicht sind Jana ja auch einfach die Strategie und Vision nicht klar oder völlig egal. Stell dir vor, welche Ergebnisse sie erreichen würde, wenn sie hinter dem, was sie macht, einen tieferen Sinn sehen würde.«

»Ja, das könnte alles drehen«, überlegte ich. »Dann fangen wir damit an?«

»Nicht so schnell«, bremste Wolfgang, »wir kommen erst noch zu den anderen Bereichen. Und eine Vision, die wir jetzt beide am grünen Tisch entwickeln würden, taugt eh nichts. Aber dazu später mehr.«

»Okay«, nickte ich. »Erzähl weiter!«

4.2.3.5 Kulturelle Führung

»In jedem Unternehmen gibt es eine Kultur: Wer ergreift zuerst das Wort? Wie offen darf kritisiert werden? Was passiert bei Misserfolgen? Und was bei Erfolgen? Wie gehen wir miteinander um? Sind wir professionell distanziert und siezen uns oder emotional-verbunden und duzen uns? Welches Lebensgefühl herrscht in unserem Unternehmen? Es kann verkäuferische Powerkulturen, innovative Spinnerkulturen, bürokratisch-prozessorientierte Kulturen und noch viele andere Arten geben.«

»Wir haben eine ziemlich chaotische Kultur«, überlegte ich.

»Das würde ich nun eher als Unkultur bezeichnen«, gab Wolfgang zurück. »Aber im Ernst: Du hast zwar bewusst über Werte nachgedacht, dich aber darüber hinaus vermutlich nie richtig mit deiner

Unternehmenskultur beschäftigt – und dann hat sich eben alles Mögliche reingemischt. Eine Kultur wird meist unbewusst geprägt: stark durch den Gründer und etwas weniger stark durch die ersten Mitarbeiter. Aber auch durch den Markt und die Geschichte des Unternehmens. Denn ein Unternehmen, das in einer permanenten Krise groß geworden ist, hat eine andere Kultur als ein risikokapitalfinanziertes Unternehmen, dem von Anfang an die Geldsäcke zur Verfügung standen. Lässt du das einfach laufen, so wie es die meisten Unternehmer und praktisch alle Selbstständigen machen, hast du einen ziemlich chaotischen Mischmasch. Die meisten wirklich herausragenden Unternehmen kümmern sich hingegen sehr stark um ihre Kultur.«

»Warum genau?«, fragte ich. So ganz hatte ich das noch nicht verstanden.

»Weil die Kultur wirklich alles, jede einzelne Handlung im Unternehmen beeinflusst. Eine Kultur bestimmt, ob bei einer verschmutzten Kaffeemaschine quer durch den Raum gebrüllt wird, ob man die ›schuldige‹ Person im vertraulichen Gespräch beiseite nimmt, ob man sich als Chef überhaupt mit solchen Dingen beschäftigt usw. In einer anderen Kultur würde sich Jana anders verhalten oder vom Team ausgeschieden werden. Eine Kultur bestimmt darüber, ob eine Strategie überhaupt auf den Boden gebracht werden kann. Peter Drucker sagte: ›Die Kultur verspeist die Strategie zum Frühstück.‹«

»Das heißt, ich müsste eine Kultur festlegen und die Mitarbeiter darin schulen?«

»Geschult wird Kultur nur am Rande! Aber dazu kommen wir auch später, wenn du es brauchst. Natürlich schadet es nicht, wenn du eine Idee hättest, wie deine Kultur aussehen soll.«

»Wenn ich also einen Weg finden würde, wie ich meine Werte wirklich im Team verankere, dann würden sich die Verhaltensweisen im gesamten Team, also auch die von Jana, verändern«, überlegte ich.

»Im Prinzip ja. Abgesehen davon, dass das, wie ich heute Morgen schon sagte, mit den Werten nicht wirklich funktioniert, hast du recht.«

»Gut, dann lass uns jetzt zum nächsten Bereich[45] kommen«, bat ich neugierig.

4.2.3.6 Entwicklung von Team und Mitarbeitern

»Die Entwicklung des Mitarbeiters und die Entwicklung des Teams«, fuhr Wolfgang fort, »sind durchaus zwei verschiedene Dinge. In den meisten Führungsbüchern findet Führung immer im Verhältnis eins zu eins zwischen Führendem und Geführtem statt. Dabei muss der Führende jeden einzelnen Mitarbeiter weiterentwickeln. Und zwar regelmäßig! Wer nur auf die viel genutzten Jahresentwicklungsgespräche setzt, zeigt dem Mitarbeiter, dass er ihm nicht besonders wichtig ist. An der Entwicklung der Mitarbeiter muss ich wöchentlich arbeiten – und zwar mit der größten Aufmerksamkeit und Energie für die Besten, nicht für die Schlechtesten. Dies gilt besonders bei begrenzten Ressourcen. Hatten wir ja schon beim dritten Kriterium herausragender Führung.«

An der Entwicklung der Mitarbeiter muss man wöchentlich arbeiten – und zwar mit der größten Aufmerksamkeit und Energie für die Besten, nicht die Schlechtesten.

Ich nickte, um Wolfgang zu signalisieren, dass ich mich daran erinnerte.

»Aber selbst wenn ich eine Gruppe von top entwickelten Mitarbeitern habe«, sagte Wolfgang, »habe ich noch immer kein Team. Kann man manchmal gut im Fußball sehen: super Spieler, null Teamgeist, extrem schlechtes Ergebnis. Und wenn ich dann aufgrund des schlechten Ergebnisses in die Eins-zu-eins-Kritik gehe, werden diese super Leute in der Regel noch weiter demotiviert. Sie beginnen zu glauben, dass die schlechten Ergebnisse an ihnen persönlich liegen, dabei liegen sie am Team-Zusammenspiel.«

---

45 Mehr zum Thema Kultur in Kapitel 10.3.

»Und irgendwann geht der Trainer«, grinste ich.

»Wenn er sich nicht auf die Teamentwicklung konzentriert, ja.«

»Ich muss mich also um die persönliche Weiterentwicklung sowohl der Einzelnen als auch um die Weiterentwicklung des ganzen Teams kümmern?«

»Ja«, bestätigte Wolfgang. »Die Führungsstile 4 und 5 lassen sich durch Eins-zu-eins-Führung weder etablieren noch aufrechterhalten. Schau: In einem Team finden vielfältige Interaktionen statt. Lobe ich einen Mitarbeiter, wird das von anderen wahrgenommen. Finden sie das ungerechtfertigt, so sinkt ihre Motivation. Setze ich Regeln zu weit, beschweren sich die Disziplinierten; setze ich sie zu eng, machen die Individualisten Theater. Damit die Entwicklung des Teams gelingen kann, ist die zentrale Kenngröße Vertrauen und Zutrauen der Mitarbeiter *untereinander*. Damit dieses entstehen kann, muss ich als Führender die Rahmenbedingungen richtig setzen.«

»Mit anderen Worten, ich könnte entweder versuchen, mit Jana an ihrer Persönlichkeitsentwicklung zu arbeiten – worauf sie sich aktuell nicht einlassen würde –, oder ich könnte versuchen, das gesamte Team zu entwickeln, sodass alle füreinander einstehen?«

»Stimmt«, nickte Wolfgang. »Das könntest du. Bevor wir das entscheiden, kommen wir zum letzten Handlungsfeld.«

»Und das ist vermutlich, so wie ich dich bislang kennengelernt habe, das wichtigste, richtig?«, grinste ich.

4.2.3.7 Führung im Moment bzw. Führung durch Persönlichkeit

»So ist es«, lachte Wolfgang. »Und zwar mit Abstand das wichtigste Handlungsfeld.[46] Die allermeisten Führungsbücher, vor allem aber

46 Dieser Bereich zieht sich quer durch das ganze Buch. Ich kann keines der anderen Handlungsfelder vernünftig angehen, wenn ich mich nicht um diesen Bereich auch kümmere.

die, die sich auf Führungsmethoden konzentrieren, gehen von folgender Prämisse aus: Es geht nur darum, diese Methoden oder jene Systeme anzuwenden. Sobald man das tut, wird man gute Führungsergebnisse erzielen. Demnach wäre es egal, welche Person führt. Aber stell dir einmal vor, du gibst irgendeine Führungsmethodik vor und bittest zum Beispiel Beate, Jens und Anton, deine Firma als Manager zu führen. Was würde passieren?«

»Anton, meinen Fußballkumpel?«, fragte ich, denn ich vermutete, dass sich Wolfgang beim Namen vertan hatte.

Doch er nickte.

»Oh mein Gott«, schüttelte ich den Kopf. »Beate würde die Methodik gar nicht nutzen. Für sie muss immer alles aus dem Gefühl gehen. Damit liegt sie meist richtig. Jens würde, wenn er das System gut finden würde, wohl ziemlich gute Ergebnisse erzielen – es sind ihm ja jetzt schon alle hörig. Und Anton? Den würde keiner ernst nehmen. Er bricht selbst abends in der Kneipe, wenn er gar nichts zu tun hat, unter der Last seiner eigenen Bedenken zusammen.«

»Und was ist der Unterschied zwischen den dreien?«

»Es sind völlig unterschiedliche Persönlichkeiten«, erwiderte ich spontan.

»Mit unterschiedlichen Fähigkeiten, Glaubenssätzen, Selbstbildern usw. Die entscheidende Wirksamkeit der Führung ergibt sich über die Persönlichkeit. Jens wirkt auf die Menschen anders als Anton. Anton wird nicht ernst genommen, dein Kameramann hingegen schon. Und deshalb wird er andere Ergebnisse erzielen.«

»Ich will aber nicht so werden wie Jens«, warf ich ein. »Eher noch wie Beate. Da sie sehr emotional ist, ist sie vielleicht schon beim Stil 5.«

»Emotional zu sein, heißt noch nicht, mit Stil 5 zu führen«, entgegnete Wolfgang. »Dann wäre jeder Jammerlappen, der richtig emotional würde, ja auch schon dort. Und die soften Kuschelschafe wären die besten Führenden. Das lässt sich so in der Realität nicht beobachten. Nein, es geht darum, dass es etwas in diesen Persönlichkeiten gibt, was sie ganz leicht führen lässt. Es geht also nicht um die Entwicklung der Persönlichkeit insgesamt – obwohl das nicht schadet –, sondern um die Entwicklung eines spezifischen Teils deiner Persönlichkeit. Was für ein Teil dies ist, wird uns morgen noch beschäftigen. – Wollen wir mal etwas Obst bestellen?«

Gute Idee, fand ich. Ich übernahm das Bestellen und dann ging's auch schon weiter.

»Kommen wir noch mal zu Jana. Wenn sie quer durch den Raum brüllt und dich mit solchen Lappalien belästigt, nimmt sie dich da ernst?«

Ich schluckte, versuchte aber abzublocken: »Wie meinst du denn das?«

»Nehmen wir mal eine Person, die ähnliche Werte hatte wie du: Gandhi. Stell dir mal vor, Jana käme zu Gandhi. Glaubst du, sie würde jemals vor ihm rumschreien, dass die Kaffeemaschine dreckig ist?«

»Nein«, antwortete ich etwas bedrückt. »Du meinst also, meine Mitarbeiter nehmen mich nicht ernst?«

»Tun sie es denn?«, fragte Wolfgang erbarmungslos zurück. »Vielleicht haben sie manchmal Angst, weil du der Boss bist und Anweisungen geben oder Konsequenzen androhen kannst, die ihnen nicht gefallen. Vielleicht finden sie die eine oder andere deiner Storys toll. Aber respektieren sie dich als Mensch, und vor allem, nehmen sie dich als Unternehmer in deiner Führungsrolle wirklich ernst?«

»Nein«, räumte ich betroffen ein. »Jana nicht. Jens nicht, und Sebastian hat gesehen, dass ich vor Jens nicht bei meiner Haltung geblieben bin, und nimmt mich deshalb auch nicht mehr ernst. Und tief in meinem Inneren spüre ich, dass mich nicht mal Beate wirklich ernst nimmt. Aber warum? Und kann ich das ändern?«

Wolfgang erwiderte fest: »Du kannst gar nicht anders, als das zu ändern. Eine Führungsrolle mit einer Persönlichkeit, die nicht wirklich respektiert wird, ausfüllen zu wollen, ist der sicherste Weg ins Unglück! Carlo Ancelotti, der dreimal als Trainer die Champions League gewann, sagt: Respekt ist alles!«

»Und das kann man lernen?«, fragte ich zweifelnd.

»Ja, auf jeden Fall«, nickte Wolfgang. »Das dauert nur ein bisschen.«

4.2.3.8 Der Nutzen der sieben Handlungsfelder

Ich bat um eine kurze Pause, um das Wichtigste zu den Handlungsfeldern in einer Skizze festzuhalten.

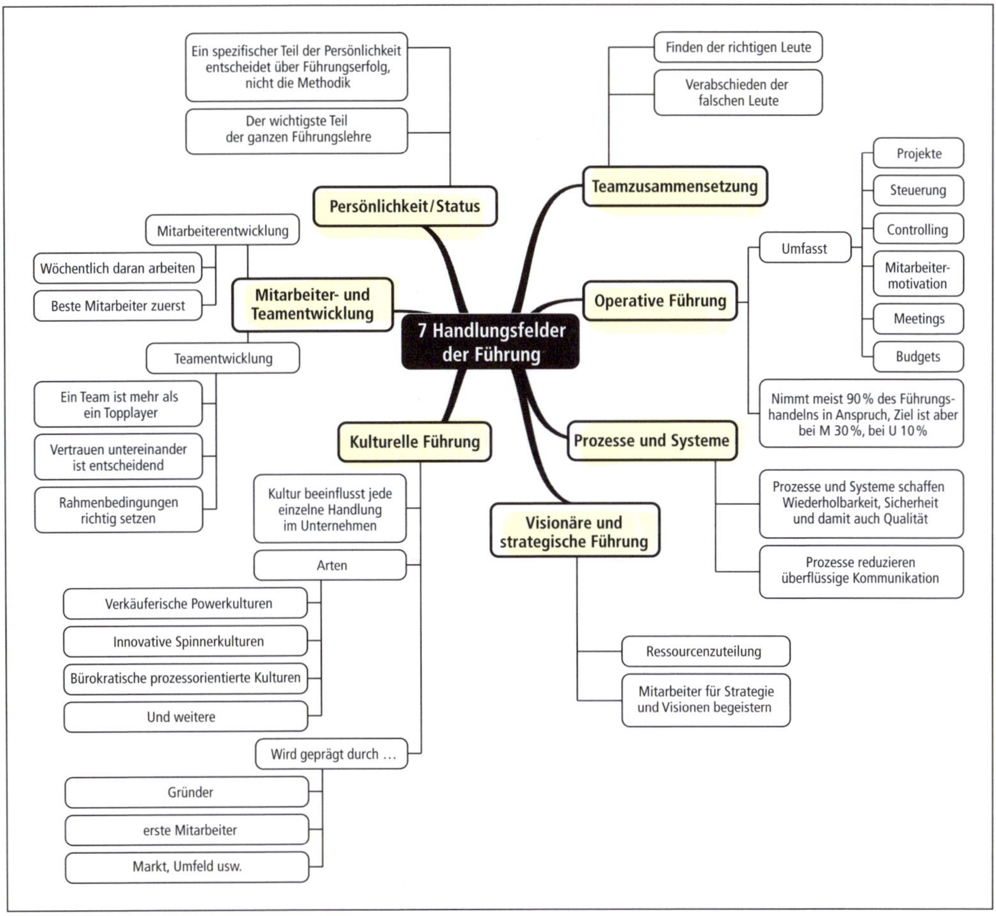

Wolfgang betrachtete sie anerkennend. Dann sagte er: »Wir sind mit den sieben Handlungsfeldern jetzt durch. Die drei Metamodelle – also die drei Kriterien, die fünf Führungsstile und die sieben Handlungsfelder – decken alles ab, auch alles, was die Unternehmer damals in meinem Seminar sagten, was Führung sei und was hier am Flipchart steht[47], also Ziele setzen und verfolgen, Mitarbeiter entwickeln usw. Nur dass jetzt alles in einem logischen Zusammenhang steht. Damit wird das Ganze handhabbar. Du kannst alle Führungslehren[48], mit denen du dich in Zukunft beschäftigst, und alle konkreten Fragestellungen im Unternehmen einem der fünf Führungsstile und einem der sieben Handlungsfelder zuordnen, und du kannst dann abschätzen, wie sie sich auf die Werte der drei Kriterien herausragender Führung auswirken. Damit hast du für dich ein Ordnungssystem, in dem du dich jederzeit orientieren kannst.«

Alle Führungslehren und alle konkreten Fragestellungen im Unternehmen lassen sich einem der fünf Führungsstile und einem der sieben Handlungsfelder zuordnen.

»Aber das heißt noch nicht, dass ich die fünf Stile beherrsche und weiß, was ich in den sieben Handlungsfeldern tun soll«, warf ich ein.

»Nein, das nicht«, antwortete Wolfgang. »Aber du hast einen Plan, nach was du suchen sollst! *Meist ist es doch so, dass Menschen sagen: ›Ich muss besser führen lernen‹, und das ist so allgemein, dass sie in Wirklichkeit nicht die geringste Ahnung haben, wo sie anfangen und was sie tun sollen. Und dann passiert es auch nicht.*«

---

47 Vgl. Beginn von Kapitel 4.2.

48 Man kann also Führungslehren wie z. B. Jörg Knoblauchs Konzept »Mitarbeiter finden« ins Handlungsfeld Teamzusammenstellung einordnen, Boris Grundls »Leading Simple« passt – zumindest in seiner ursprünglichen Form – am ehesten zu Führungsstil 3 und den Handlungsfeldern Operative Führung, Führung über Systeme und Mitarbeiterentwicklung. Systemische Führung oder agile Methoden wie Scrum entsprechen dem Stil 4 usw. Das kann man mit jeder beliebigen Führungstheorie machen und bekommt so, wenn man mehrere dieser Bücher liest, eine sauber strukturierte Landkarte statt der üblichen Verwirrung.

»Ich habe bislang aber auch noch keine Ahnung, wo ich anfangen soll«, stellte ich fest.

»Dazu kommen wir jetzt«, lächelte Wolfgang. »Entscheidend ist eine grundsätzliche Idee: die Idee der Engpassorientierung. Diese wurde von Wolfgang Mewes im Bereich der Unternehmensstrategie eingeführt, aber wir können sie auch hier nutzen. Meist haben Probleme viele Symptome und Auswirkungen. Diese Idee der Engpassorientierung besagt, dass es bei jeder Ansammlung von Problemen einen zugrunde liegenden Engpass gibt. Das heißt, ich muss meine Kräfte nicht auf viele unterschiedliche Handlungsfelder zersplittern, sondern konzentriere mich auf einen, maximal zwei Bereiche.«

Wolfgang trank einen Schluck Wasser, bevor er weitersprach: »Noch mal allgemeiner: Angenommen, ich möchte das erste der drei Kriterien optimieren, also die Energie, und ich habe einen Konflikt im Unternehmen. Dann kann ich in allen sieben Handlungsfeldern aktiv werden. Ich kann beispielsweise den entsprechenden Mitarbeiter entlassen. Ich kann operativ die Streithähne einfach trennen, indem ich die Arbeit anders einteile. Ich kann meine Systeme hinterfragen, inwieweit sie einen Interessenswiderspruch und damit Konflikt erzeugen. Ich kann die Vision und damit das Gemeinsame im Unternehmen stärken usw.; das heißt, ich kann in jedem Handlungsfeld aktiv werden. Zugleich kennen viele Unternehmer leider immer nur eine oder zwei Handlungsoptionen: ›Wenn die zwei noch länger rumzicken, schmeiße ich eben beide raus …‹ Die sieben Handlungsfelder helfen uns also nicht nur, uns die Komplexität und die Einflussmöglichkeiten von Führung bewusst zu machen, sondern auch unsere eigenen Handlungsoptionen zu erweitern.«

»Ja«, warf ich etwas ungeduldig ein, »die Frage für mich lautet jetzt: Wo liegt die zentrale Ursache bei mir und wo beginne ich deshalb am besten?«

»Wo würdest du anfangen wollen?«, fragte Wolfgang zurück.

Ich dachte einen Moment nach und vergegenwärtigte mir nochmals die drei Metamodelle. »Wenn ich streng analytisch vorgehe, dann brauche ich doch zuerst eine Richtung im Unternehmen, eine Strategie und Vision. Dazu passend entwickle ich Kultur und Prozesse, dann suche ich die richtigen Leute und schmeiße die falschen raus. Und schließlich entwickle ich die richtigen Leute, das richtige Team und mich selbst. So richtig?«

Wolfgang schüttelte lächelnd den Kopf. »In der Theorie würde das alles wunderbar funktionieren, aber leider nicht in der Praxis. Ein Unternehmen ist ein lebendes System, eingebettet in eine dynamische Umwelt. Während du noch dabei wärst, deine Strategie und Vision zu entwickeln, das dauert seine Zeit, bekommst du noch ein paar Kündigungen oder Kunden beschweren sich usw. Dieses Modell funktioniert noch nicht mal vor der Unternehmensgründung – einfach weil du während der Gründung so viel über deine Kunden, deine Mitarbeiter, deine Umwelt und auch dich selbst lernst, dass all deine schönen Strategien und Prozesse nach einem Jahr völlig anders aussehen.«

»Und was dann?«, fragte ich etwas ratlos. »Muss ich dann doch an allen Stellen gleichzeitig beginnen?«

»Das wiederum wäre der sichere Weg dahin, dass du den ganzen Prozess abbrichst, weil er dir über den Kopf wächst.«

»Okay«, begann ich zu raten, »dann beginne ich bei meiner Persönlichkeit? Du sagtest doch, das sei das Wichtigste und ohne das funktioniere alles nicht.«

»Das ist eine kluge Idee«, nickte Wolfgang. »Um diesen Bereich kommst du nicht herum. Deshalb beginnen wir auf jeden Fall damit. Ohne eine Entwicklung in diesem Bereich wird alles andere nur suboptimal bis überhaupt nicht funktionieren. Fängst du bei der Kultur und deinen Werten an, werden deine Mitarbeiter nichts davon annehmen, solange sie dich nicht respektieren. Und wer folgt schon einem Visionär, der nicht respektiert wird? Du kannst dich sicher erinnern, dass ich heute Morgen sagte, dass du rund zehn Stunden pro Woche in deine Persönlichkeitsentwicklung investieren wirst. Damit war genau das gemeint.«

»Du wusstest also schon vorher, auf was es hinauslaufen wird?«, fragte ich.

»Seitdem du mir die Situation in deinem Unternehmen geschildert hast, ja.«

»Warum haben wir dann nicht gleich damit angefangen?«

»Weil ich möchte, dass du verstehst, was wir tun, warum wir es tun und wann wir es tun. Irgendwann kommt der Zeitpunkt, an dem du deine Führungsprobleme ohne mich lösen musst, und mein Ziel ist, dass dieser Zeitpunkt möglichst schnell kommt.«

»Dann verdienst du aber nicht so viel an mir«, warf ich überrascht ein.

»Ich gehöre auch nicht zu den 90 Prozent der erfolglosen Coachs, die auf die Einnahmen durch ihre Kunden angewiesen sind«, entgegnete Wolfgang. »Allein durch meine anderen Firmen habe ich ausgesorgt.«

»Okay, also Persönlichkeit«, kam ich zum Thema zurück. »Das geht aber vermutlich auch nicht so richtig schnell?«

»Stimmt«, nickte Wolfgang. »Deswegen wirst du zeitgleich in noch einem zweiten Handlungsfeld ansetzen müssen, auch wenn deine Aktivitäten in diesem Bereich anfangs nicht sonderlich effektiv sein werden – die Persönlichkeit dahinter fehlt noch. Ein Tipp: Nicht raten, um welches Handlungsfeld es sich handelt, sondern die drei Modelle nutzen.«

Ich dachte nochmals drüber nach. Das erste Modell, das der drei Kriterien, half mir hier nicht weiter. Und das zweite mit den fünf Stilen? »Na klar! Ich will von Stil 2 zu Stil 3 oder später sogar zu Stil 5, erst mal also von den Aufgaben zu den Zielen! Die beiden Stile unterscheiden sich durch eine andere Form der Übergabe von Aufgaben. Das liegt im Bereich des Operativen und der Systeme. Der Hauptansatzpunkt liegt bei mir also dort![49] Richtig?«

Wolfgang nickte.

---

49 Er kann natürlich je nach Unternehmen und Fall auch woanders liegen.

»Aber das ist doch das, was ich als Erstes an meine Manager, also meine Projektleiter, übergeben wollte. Das ist doch im engeren Sinne dann keine Unternehmeraufgabe? Und ehrlich gesagt, habe ich auch gar keine Lust darauf!«

»Deine Antwort ist die Standardantwort von Selbstständigen«, grinste Wolfgang. »Aber dein neues Produkt ist das System Unternehmen. Oberflächlich betrachtet, ist das bei dir auch angekommen, aber nicht in der Tiefe. Ein Selbstständiger will sich mit dem System überhaupt nicht beschäftigen. Er will eine gute Fachkraft sein und vielleicht dazu passend noch die Vision und Strategie entwickeln, aber das soziale System Unternehmen soll einfach *funktionieren*. Und wenn der Selbstständige schließlich begriffen hat, dass es um dieses System geht, würde er es am liebsten sofort an den Manager abgeben. Dann hat er es von der Backe. Genau so geht es dir jetzt.«

»Ja, aber das leuchtet mir auch nicht ein: Der Manager soll Systeme entwickeln und operativ führen, und jetzt sagst du mir wieder, ich solle Manageraufgaben übernehmen?«

»Ja«, erwiderte Wolfgang, »und zwar aus drei Gründen. Erstens hast du zurzeit keinen echten Manager. Deshalb liegt die Verantwortung bei dir. Zweitens ist es immer und wird es immer Aufgabe des Unternehmers bleiben, den oder die wichtigsten Manager zu führen. Dazu musst du wissen, was sie tun sollen. Und dazu musst du zumindest eine Zeit lang selbst gemanagt haben und am besten dabei ein Managementsystem für dein Unternehmen etabliert haben. Sonst kannst du die Manager nicht führen. Die operative Führung der Manager und die Entwicklung der Führungssysteme wird immer Aufgabe des Unternehmers bleiben! Und drittens: Wenn du dich nicht vorübergehend in die ›Niederungen‹ des Operativen und der Systementwicklung begibst, dann bleiben alle Ereignisse, die in diesem Bereich geschehen, Dinge, die dich nerven und mit denen du nichts zu tun haben willst. Damit begibst du dich in eine reaktive Haltung. Und in einer reaktiven Haltung bleibst du schwach und kannst keine starke Persönlichkeit entwickeln, die respektiert wird.«

»Auf alle Fälle hast du recht damit, dass ich diesen Bereich nervig finde. Also: Muss ich das wirklich selbst machen?«

»Du willst Unternehmer werden. Die einzige Möglichkeit, dies zu werden, ist, Interesse am Gesamtsystem zu entwickeln! Du musst zu Beginn ein System- und Mitarbeiterfreak werden, so wie du bislang ein Story-Fanatiker warst.«

In dem Moment spürte ich, was mir schon heute Morgen aufgefallen war: Mit jedem Schritt, den ich machte, musste ich mich nochmals tiefer entscheiden. Mir wurde klar, dass genau hierin der Unterschied zwischen einem halbherzigen Versuch und wirklichem Erfolg liegt: Der Erfolgreiche bestätigt seine Entscheidungen jeden Tag aufs Neue und jedes Mal noch tiefer.

»Für heute sind wir fertig«, erklärte Wolfgang. »Nimm dir heute Abend Zeit, um dein bisheriges Führungshandeln zu reflektieren und in die Metamodelle einzupassen. Solange du keinen Bezug zu deiner Praxis herstellst, bleiben es nur leblose Modelle.«

Ja, klar, es ging mir ja um mein konkretes Unternehmen und nicht um irgendwelche Theorien. Ich nickte und verabschiedete mich – ziemlich geschafft – von Wolfgang. Dann machte ich mich auf den Weg zu meinem Hotelzimmer.

4.3 Innerer Status

»Okay«, begann Wolfgang am nächsten Morgen, »lass uns heute intensiv zum siebten Handlungsfeld, zu deiner Persönlichkeit, kommen. Schauen wir uns noch mal deine Liste von gestern Morgen an.«

Er blätterte am Flipchart zurück:

- Mitarbeiter zicken wegen Kleinkram (Toilette, Kaffeemaschine)
- Einige Mitarbeiter (insbesondere Jens) machen, was sie wollen
- Meine Assistentin Jana erledigt ihr übertragene Aufgaben nicht oder nur unwillig und hat dauernd irgendwas anderes zu tun. Keine Ahnung, was …
- Das Unternehmen wächst seit vier Jahren nicht mehr
- Gewinn etwas über 0 Euro
- Ich arbeite 80 Stunden pro Woche
- Ich muss Ersatz für Sebastian suchen
- Meine Projektleiter kontrollieren ihre Mitarbeiter nicht
- Kurz: *Die Mitarbeiter tun nicht, was ich will*
- Zu fett
- Keine Partnerschaft
- Keine wirklichen Freunde, außer Beate
- Einsam, hohl und leer (20)
- Hilflos und fremdbestimmt (30)

»Wenn du dir das jetzt anguckst, was meinst du: An welchen Punkten dürfte deine Persönlichkeit einen ursächlichen Einfluss haben?«

Ich schaute mir die Liste lange an und hinterfragte jeden einzelnen Punkt. Zwar zickten meine Mitarbeiter scheinbar ohne meinen Einfluss, aber wie mir der Vergleich mit Gandhi gestern deutlich gemacht hatte, hatte ich diesen offenbar doch. Dass meine Mitarbeiter machten, was sie wollen, oder dass meine Projektleiter ihre Leute nicht kontrollierten, hatte sicher auch was mit mangelndem Respekt zu tun. Selbst die eher sachlichen Punkte mit dem fehlenden Wachstum und Gewinn konnten darin begründet sein, dass das Unternehmen für meine Persönlichkeit einfach zu groß war – das modifizierte Peter-Prinzip von gestern.

Langsam und schweren Herzens sagte ich: »Alle diese Punkte haben mit meiner Persönlichkeit zu tun. Da hab ich wohl ein riesiges Defizit, oder?«

»Ach was«, schüttelte Wolfgang den Kopf. »Ich glaube – außer bei einigen psychisch Kranken – nicht an Defizite in der Persönlichkeit.[50] Nur sind die Herausforderungen aktuell noch zu groß für dich. Das ist, wie wenn du jetzt 100 Kilo heben solltest. Prinzipiell kannst du 100 Kilo heben, aber eben nicht in deinem aktuellen untrainierten Zustand. Das ist aber kein Defizit, sondern mangelndes Training. Ein Unternehmen mit vier oder fünf Leuten konntest du super führen. Also handelt es sich nicht um fehlerhaftes Sein, sondern um für das größere Unternehmen ungeeignetes Tun! Aber diese Erkenntnis, dass alles mit deiner Persönlichkeit zu tun hat, hat einen unschätzbaren Vorteil.«

»Ah ja, welchen?«, fragte ich skeptisch.

»Mit dieser Selbsterkenntnis hast du einen Lösungsweg, der nicht bei Jana, Ria, Jens oder sonst wem beginnt, sondern ausschließlich bei dir selbst. *Das hat den riesigen Vorteil, dass du die volle Kontrolle darüber hast und nicht auf ihren Goodwill angewiesen bist, um die Dinge in Bewegung zu bringen.*«

»So hab ich das noch nicht gesehen«, überlegte ich.

Wolfgang fuhr fort: »Übrigens geht es hier nur um einen ganz spezifischen Teil der Persönlichkeit. Ich maße mir nicht an, irgendwie über deine Persönlichkeit zu urteilen! Lass uns noch mal auf die Primatenhorde zurückkommen. Gestern haben wir das Szenario des Pilzesammelns entworfen. Falls dabei plötzlich eine Verteidigungssituation auftrat, wusste jedes Gruppenmitglied sofort, wer das Sagen hatte. Auch bei der Mammutjagd wurde nicht jedes Mal neu ausgehandelt, wer führte. Das war allen Gruppenmitgliedern zu jeder Zeit klar. Es war das jeweilige Alphatier. Auch dann, wenn das Alphatier der gesamten Gruppe nicht anwesend war, gab es immer zu jedem Zeitpunkt ein ranghöchstes Tier.«

»Ja, ich erinnere mich.«

---

50 Wenn ein Coach oder sonst jemand versucht, einem Defizite in der Persönlichkeit einzureden, dann sollte man diese Person unbedingt meiden!

»Die Preisfrage ist nun: Wie machten die das?«

»Wie meinst du das?«

»Nun ja, heute haben wir Titel wie Bundeskanzler oder Abteilungsleiter. Wir haben Insignien wie Kronen oder große Autos. Die Führenden tauchen im Fernsehen auf; über sie und ihr Handeln wird berichtet. Aber das hatten die damals nicht. Wie wussten die damals, wer der Alpha ist? Wie haben die das gemacht?«

»Keine Ahnung«, antwortete ich. Der konnte vielleicht Fragen stellen! Wieso sollte mich interessieren, wie Affen feststellten, wer der Chef ist und wer nicht?

»Die Antwort ist: Es ist der Status. Der Status ist die Methode, mit der bereits die Primaten Klarheit in ihre Hierarchien brachten. Wenn zwei Tiere sich treffen, ist immer eines im Hoch- und eines im Tiefstatus. Beide ›wissen‹ dies praktisch sofort, wenn auch vielleicht unbewusst. Das heißt, wir haben genetisch bedingt die Fähigkeit, Status auszudrücken, sowie die Fähigkeit, Status zu erkennen. Das geschieht über die Haltung, den Blick, die Bewegung, die Stimme, über Reaktionsweisen, Ausstrahlung usw. Ist der Status unklar, dann wird er ausgehandelt. Es kommt zum vorsichtigen Taxieren, zu Drohgebärden oder zum Kampf.«

Der Status ist die Methode, mit der bereits die Primaten Klarheit in ihre Hierarchien brachten.

Etwas zog sich in mir zusammen. Das, was er da gerade erzählte, ging wieder mal voll gegen meine Vorstellung von Gerechtigkeit. Aus meiner Sicht sollten alle Menschen gleich sein. »Auf diese Statusspielchen habe ich wirklich keine Lust«, erwiderte ich.

»Es ist irrelevant, ob du dazu Lust hast oder nicht«, erklärte Wolfgang nun. »*Status findet einfach statt.* Wenn nicht gesteuert und bewusst, dann eben unbewusst. Doch um dich zu versöhnen: Beim Status ist – vor allem beim Menschen – zu unterscheiden zwischen dem inneren und dem äußeren Status. Der äußere Status zeigt sich in Ämtern, Autos, Kleidung, Hierarchieregeln usw. Der innere Status liegt in der Person selbst. Gandhi war so ein Mensch mit einem sehr niedrigen äußeren, aber einem sehr hohen inneren Status. Und langfristig gewinnt immer der innere Status. Du kannst es, wenn du magst und mit dem Begriff besser klarkommst, auch innere Autorität nennen, das ist fast dasselbe. Natürlich gibt es auch viele Fälle, in denen Menschen praktisch in ihren äußeren hohen Status hineinwachsen. Ein Unternehmer kann zum Beispiel am Anfang allein durch seine Rolle als Eigentümer des Unternehmens im äußeren Hochstatus, aber im inneren Tiefstatus sein und erst im Lauf der Zeit auch einen inneren Hochstatus entwickeln. Vielleicht fühlt er sich zu Beginn klein, vielleicht erst später. Ziemlich sicher kommt aber der Punkt, wo er innerlich denkt: ›Ich bin nicht genug‹, wo er sich wie ein Hochstapler fühlt. Entsprechend wird seine Führung auch nicht wirklich gut funktionieren. Andere spüren das nämlich, und wenn nur unbewusst. Aber er kann im Laufe der Zeit einen inneren Status entwickeln, der dem äußeren entspricht, und dann wird auch seine Führung funktionieren.«

Irgendwie wollte ich das immer noch nicht akzeptieren, aber gleichzeitig zündete etwas bei mir. Ich war mir in letzter Zeit öfter wie eine Art Hochstapler vorgekommen: Das mit dieser großen Firma war doch nicht ich, der kleine Marc! Und weil etwas zündete, bat ich Wolfgang trotz meiner Bauchschmerzen, mit diesen Statusgeschichten fortzufahren.

»Es kann also Könige geben, die in Wahrheit arme Würstchen sind und sich innerlich ganz klein fühlen, und es kann Sklaven geben, die eine innere Würde ausstrahlen. Langfristig entscheidend ist der innere Status. Wie gesagt: *Status findet einfach statt.* Keith Johnstone, der Dramaturg und Regisseur, der das Impro-Theater entwickelt hat, sagt sogar, dass es für eine freie Improvisation nur eins braucht: Die Darsteller müssen sich ihres Status bewusst sein, die übrigen Umstände tun nichts zur Sache. Und letztlich ist alles, was wir im Alltag tun, freie Improvisation. Der innere Status ist übrigens, obwohl der Ausdruck auf etwas Inneres oder Innewohnendes verweist, immer eine Beziehungsgröße! Nehmen wir mal Beispiele. Antworte ganz aus dem Bauch: Wer hatte einen höheren Status: Sebastian oder Jens?«

»Jens«, entfuhr es mir. »Obwohl Sebastian ihm formal übergeordnet war …«

»Wer hat sich – vermutlich ohne große Gegenwehr – durchgesetzt?«

»Das war Jens«, nickte ich.

»Und wie wäre das bei der nächsten Unstimmigkeit weitergegangen, wenn Sebastian dageblieben wäre?«

»Es hätte sich wieder Jens durchgesetzt«, stimmte ich zu.

»Nehmen wir ein anderes Beispiel: Als du Sebastian vor Tobias wegen des Praktikantinnen-Clips runtergemacht hast, hattest da du den höheren Status oder Sebastian?«

»Ich«, erwiderte ich. »Aber ich habe da wohl nur meinen äußeren Status als Inhaber des Unternehmens ausgespielt.«

Wolfgang nickte. »Weiter. Wer hat einen höheren Status: Jana oder Ria?«

»Weiß ich nicht«, sagte ich.

»Du hast also in den ersten Fällen ein Gefühl dafür, wer jeweils den höheren Status hat. Und ich hätte genau dieselben Antworten gegeben. Und ein Dritter vermutlich auch. Das Statusgeflecht in sozialen Beziehungen ist also ziemlich stabil und – sobald man gezielt hinschaut – auch ziemlich offensichtlich.«

»Aber bei Ria und Jana ist es das nicht«, warf ich ein.

»Und da es für die beiden selbst vermutlich auch nicht offensichtlich ist, versuchen sie das über Statuskämpfe zu klären. Ziemlich sicher haben sie selbst keine Einsicht in die Ursache ihrer Streits – das ist auch egal. Entscheidend ist, dass du verstehst, warum Jana bei ihren Konflikten mit Ria zu dir kommt. Was sie wirklich will, ist nicht die saubere Toilette, sondern vielmehr deine Anerkennung. Die Anerkennung des Chefs erhöht nämlich den eigenen Status. Es gibt viele Strategien, den eigenen Status zu erhöhen. Die Nähe zu statushöheren Mitgliedern ist eine davon.«

Mir wurde immer klarer, um was es wirklich ging. Ich hatte mich die ganze Zeit auf Kaffeemaschinen und Toiletten konzentriert. Aber da kam eine Frage hoch: »Du sagtest doch, dass Jana sich vor einem Gandhi nie so verhalten würde. Was würde sie denn dann machen, um ihre Statuskonflikte mit Ria auszufechten?«

»Sie würde vermutlich auch seine Nähe suchen, damit er den Statuskonflikt zu ihren Gunsten entscheidet. Das ist ihre innere Strategie. Aber sie würde nicht mehr quer durchs Büro brüllen, weil sie sich das angesichts seines inneren Status nicht trauen würde. Angesichts deines inneren Status hingegen schon. Sie akzeptiert aber vermutlich deinen äußeren Status. Genau deswegen erwartet sie von dir eine Entscheidung über ihren Statuskampf mit Ria.«

Langsam begann ich zu verstehen, was Wolfgang meinte: »Das bedeutet, Leute wie Sebastian können Menschen wie Jens niemals führen, weil Jens den höheren inneren Status hat. Ich bekomme das mit Jana nicht geregelt, weil erstens der Status zwischen Jana und Ria nicht klar ist und zweitens mein innerer Status zu niedrig? Oder anders gefragt: Du meinst, dass *alles*, was zwischen Menschen passiert, letztlich durch den inneren Status bestimmt ist?«

»Exakt! Alles!«, stimmte Wolfgang zu. »Und ohne Status können wir nicht führen und auch nicht lehren. Eine Mutter könnte ihrem Kind nichts beibringen, wenn das Kind ihr keinen hohen Status zubilligt. Und auch ich könnte dir nichts beibringen, wenn du nicht bereit wärst, mir einen hohen Status zuzubilligen.«

»Kann es denn keinen gleichen Status geben, also ein Verhältnis auf Augenhöhe?«, fragte ich etwas verzweifelt.

»Doch, kann es natürlich. Aber dann passiert genau das, was bei Ria und Jana passiert. Was allerdings möglich ist, ist, dass neben einem grundsätzlichen Statusverhältnis, bei dem A einen höheren Status hat als B, B in bestimmten Bereichen oder Situationen aufgrund höherer Kompetenz einen höheren Status hat als A. Also kann es passieren, dass Jens zu Sebastian geht und ihm eine sachliche Frage in einem Bereich stellt, in dem er ihm eine höhere Kompetenz zuweist.«

»Das bedeutet, ich muss meinen Status entweder erhöhen oder den meines Gegenübers erniedrigen, damit ich wirklich führen kann?«, fragte ich zweifelnd.

»Ja, du musst deinen inneren Status erhöhen, damit du führen kannst. Aber hüte dich davor, den Status deiner Mitarbeiter zu erniedrigen! Das machen zwar ziemlich viele Führungskräfte, aber das sind nicht die guten. Es gibt wenig, was Menschen einem mehr übel nehmen, als sie im Status zu erniedrigen. Sie werden dich hassen! Wenn sie dich dann zugleich noch fürchten, kannst du bestenfalls über den Führungsstil mit Zwang führen – mehr nicht. Wenn sie dich nur hassen, aber nicht fürchten, kannst du gar nicht mehr führen. *Der Idealfall ist, dass du deinen inneren Status erhöhst und den deiner Mitarbeiter auch.*«

Das klang für mich spannend. Aber irgendwie auch unklar: »Aber wie kann ich das denn gleichzeitig tun? Dann müsste ich mich doch gleichzeitig groß und klein machen?«

»Zuerst einmal«, erwiderte Wolfgang, »geht es nicht darum, dass dein Status extrem höher ist. Wenn du, überspitzt gesprochen, einen hilflosen Wicht vor dir hast, musst du nicht Dschingis Khan sein, um ihn führen zu können. Dein Status sollte nur etwas höher sein. Ganz konkret geht es darum, deinen Mitarbeitern in ihrem Feld einen hohen Status zu geben. Wenn du in allen Bereichen besser bist oder so tust, als ob du besser wärst, raubst du ihnen Statusmöglichkeiten. Gib ihnen Raum. Solange du aber selbst einen niedrigen inneren Status, also auch ein niedriges Selbstwertgefühl hast, kannst du das nicht: Du *brauchst* dieses Gefühl des Hochstatus ja selbst – du kannst ihnen das nicht schenken!«

So langsam konnte ich nachvollziehen, was Wolfgang meinte.

Er sprach weiter: »Gib ihnen ehrliches Lob. Du kannst mit Lob aber nur Status geben, wenn der Mitarbeiter umgekehrt auch dir einen hohen inneren Status zugesteht. Wenn der Mitarbeiter dich für einen Luschi hält, wird jedes Lob umsonst sein. Der König hätte ziemlich blöd geschaut, wenn der Hofnarr ihn gelobt hätte. Mit anderen

Worten: Auch um deinen Mitarbeiter zu erhöhen, brauchst du einen hohen inneren Status. Das heißt bezogen auf die fünf Führungsstile, dass du für jeden Stil einen hohen inneren Status brauchst, nur zeigt er sich anders. Bei Stil 1 wird er genutzt, um Zwang anzuwenden, bei den Stilen 4 und 5, um die Mitarbeiter zu ermächtigen. Also, halten wir fest: *Ohne inneren Hochstatus kannst du den Status deiner Mitarbeiter nicht erhöhen und du kannst sie auch nicht ermächtigen.*«

Nachdenklich erwiderte ich: »Dann habe ich in der Vergangenheit oft einen Fehler gemacht. Wenn ich spürte, dass mein Gegenüber einen sehr viel tieferen Status hatte als ich, dann fühlte sich das sehr unangenehm an. Und dann habe ich mich in meinem Status nach unten angeglichen. Gleichheit ist mir sehr wichtig. Natürlich habe ich dadurch einen hohen äußeren Status, dass mir der Laden gehört. Doch ich versuche alles, um den äußeren Statusunterschied so klein wie möglich zu halten. Ich habe nicht das höchste Gehalt, ich fahre ein durchschnittliches Auto, ich kleide mich wie Otto Normalverbraucher.«

»Du versuchst, dich zum Kumpel zu machen, weil deine Werte dir das sagen?«

»Ja, ich denke schon«, erwiderte ich nachdenklich.

»Und dazu senkst du deinen Status. Und deine Mitarbeiter finden das am Anfang gut. Aber später erhöhen sie ihren Status, da sie ja nicht sehen, dass du deinen Status bewusst gesenkt hast. Sie spielen bis auf wenige Ausnahmen das normale Standardspiel und das heißt: Erhöhen des eigenen Status. Plötzlich stellen sie fest: Oh, da ist ja niemand mehr mit einem höheren Status – du hast deinen ja dauernd gesenkt. Und dann passiert dasselbe wie in der Schimpansenhorde ohne die Alphatiere. Die Konflikte nehmen mindestens um den Faktor 5 zu!«

»Ich müsste also meinen inneren Status erhöhen? Aber ich will nicht der Alpha-Poser sein und mir wie der Gorilla auf die Brust trommeln. Das ist mir zu albern, so was kann meinetwegen Jens machen.«

»Und weil du ihm diese Rolle überlässt, macht er es auch!«, erklärte Wolfgang. »Aber ich habe noch eine Information, die dir besser gefallen wird: *Alphas sind selten diejenigen, die von sich behaupten, die größten Gorillas unter der Sonne zu sein. Diejenigen, die das tun, sind meist eher die Leute mit einem Selbstwertproblem. Und schon bei den Primaten war in der Regel nicht der stärkste Affe das Alphatier, sondern der mit den besten Bündnissen.* Soziale Fähigkeiten waren schon damals viel entscheidender. Die kräftigen Despoten wurden oft – solange sie nicht das Spiel ›Teile und herrsche‹ exzellent beherrschten – relativ schnell von Bündnissen der anderen Affen entsorgt. Und ›entsorgen‹ ist hier durchaus wörtlich zu nehmen.«[51]

Wolfgang grinste. Und fuhr dann wieder ernst fort: »Und auch bei Gandhi waren sicherlich nicht die rohen, körperlichen Eigenschaften für seinen hohen Status verantwortlich. Er hat aber durchaus dafür gesorgt, dass bei jedem verbalen Scharmützel mit den Engländern er der innere Sieger blieb und die Engländer das auch wussten.«

»Ich müsste also meinen Status erhöhen und könnte die andere Person so nach oben ziehen?«, überlegte ich. »Aber irgendetwas sträubt sich in mir dagegen. Es widerspricht meinen Werten!«

»Das spüre ich«, nickte Wolfgang. »Wir werden gleich dazu kommen. Das, was du beschreibst, findet in dir drin statt. Damit wir das verstehen, müssen wir noch einmal die Perspektive wechseln, und dann schauen wir, was genau sich in dir so sträubt. Einverstanden?«

»In Ordnung!«

---

51 Sie werden durchaus hin und wieder getötet. Mehr dazu bei Frans de Waal: Der Affe in uns. Warum wir sind, wie wir sind.

4.3.1 Wie der Alpha die Sache sieht

»Bislang haben wir die Entwicklung von außen angeschaut. Wir haben also die Gruppe im evolutionären Prozess betrachtet und uns gefragt, warum Hierarchie funktional ist. Wechseln wir nun die Perspektive: Die Gruppenmitglieder hatten – zumindest damals – keine Einsicht in diesen Prozess. Mit anderen Worten: Sie handelten nicht rational abwägend und vernunftgesteuert. Und das machen sie heute in 70 bis 99 Prozent der Fälle auch nicht. Was passiert also im Inneren des Alphamännchens, damit dieser Prozess funktioniert?«

Dieser Gedankengang faszinierte mich, und so spann ich ihn fort: »Müssen wir nicht auch fragen, was im Inneren der anderen Gruppenmitglieder geschieht?«

»Müssen wir«, stimmte Wolfgang zu, »aber noch nicht jetzt und heute. Zu Beginn geht es nur um *deine* Führungsfähigkeit.[52] Ein Alpha erfüllt eine Funktion. Diese haben wir bei den drei Kriterien beschrieben. Er weiß aber nichts von den drei Kriterien, sondern handelt auf der Basis seiner emotionalen Programme, die er, nebenbei bemerkt, selbst auch nicht kennt. Ein Affe[53] will aufgrund seines Dominanz- und Freiheitsstrebens Alphatier werden. Davon, dass er

52 Meiner Meinung nach ist das einer der zentralen Fehler vieler Führungsbücher: Sie beginnen bei der Psychologie der Geführten und vergessen die Psyche der Führenden. Zumindest bei den Führungsbüchern, die von Autoren geschrieben wurden, die nie erfolgreich geführt haben – und davon gibt es viele – und deshalb in ihren Büchern vor allem beschreiben, wie sie es gerne hätten, ohne jemals den Beweis dafür angetreten zu haben, dass es auch funktioniert. Diese »Führungsbücher« erkennt man relativ schnell am Befehlston: »Sie müssen dies und jenes tun. Achten sie auf X und Y. Machen Sie nicht den Fehler Z.« Hätte der Autor so geführt, wie er schreibt, wäre er in der heutigen Zeit ziemlich schnell gescheitert …

53 Das Folgende bezieht sich im Wesentlichen auf männliche Alphatiere. Zwar gibt es auch eher matriarchal geprägte Primatenarten wie die Bonobos. Aber erstens ist die Wahrscheinlichkeit hoch, dass der Mensch mehr vom Sozialverhalten des Schimpansen als von dem des Bonobos hat. Zweitens sind Unternehmen in einer eher patriarchalen Struktur entstanden. Und drittens

in dieser Funktion die Konflikte reduziert, weiß er nichts. Der Affe hat aufgrund seiner Stellung Vorteile bei Nahrungsverteilung und Sex; darum geht es. Davon, dass dies die Stärkung der Gruppe über die nächsten Generationen sichert, weiß er nichts.«

»Das heißt, Egoismus ist die Grundlage dafür, dass die Gruppe funktioniert? Das kann ich kaum glauben!«, schüttelte ich den Kopf.

»Genetisch doch. Es gab ja keinen Priester und keine andere Instanz, die Altruismus hätte predigen können. Aber natürlich wird dieser Egoismus modifiziert durch einen sozialen Aspekt. Um überhaupt ein Alphatier zu werden und zu bleiben, braucht es Bündnisse. Kein Alpha ist so stark, dass er es mit 150 anderen Individuen aufnehmen könnte. Der Alpha ist normalerweise der mit den meisten engen Beziehungen in der Gruppe – das gilt auch für eher matriarchale Primatenarten wie die Bonobos. Sobald ein Tier der Gruppe von außerhalb angegriffen wird, wird vor allem das Alphatier eingreifen, auch wenn dies durchaus mit enormen persönlichen Nachteilen von Verletzung bis hin zum Tod verbunden sein kann. Dies ist keine rationale Nutzenabwägung – das würde viel zu lange dauern –, sondern diese Unterstützung ist im emotionalen Grundmuster eines Alpha angelegt. Ein Beta im Alphakostüm wird sich hingegen oft ganz egoistisch fragen: Wie komme ich hier weg?«

»Ein Verhalten, das wir bei Menschen auch oft sehen«, warf ich ein.

»Der Alpha ist egoistisch, er weiß seine Position zu verteidigen und nimmt sich seine Vorteile – das ist ja nach Kriterium drei gerade eine seiner Funktionen, *aber der Egoismus umfasst zugleich die gesamte Gruppe*. Warum sollte der Alpha sonst zwei Streithähne trennen? Würden sich seine Ziele und Vorstellungen nur um ihn drehen, wäre ihm das schlicht egal. Aber er hat ein Bild einer Gruppe. Er hat ein Ziel. Er weiß, dass eine starke Gruppe auch für ihn gut ist. *Das ist kein*

---

werden in der Zielgruppe von Unternehmercoach, also Unternehmen von 3 bis 50 Mitarbeitern, 87 Prozent der Firmen von Männern geführt.

Altruismus, sondern Egoismus auf einem höheren Niveau. Während der Beta nur aus seinem individuellen Egoismus handelt, kommt beim Alpha ein auf die Gruppe bezogener Egoismus dazu und wird in vielen Bereichen dominant. Der Alpha ist stolz auf sich und dieser Stolz strahlt im Idealfall positiv auf die Gruppe aus. Er führt gerne, aber ohne die anderen entwürdigend zu behandeln. Der beste Alpha ist der *soziale* Siegertyp.«

Ein Alpha führt gerne, aber ohne die anderen entwürdigend zu behandeln. Der beste Alpha ist der *soziale* Siegertyp.

Ich spürte, dass darin eine gewisse Tiefe und Erkenntnis lag, konnte diese aber noch nicht begreifen. So bat ich Wolfgang, einfach weiterzumachen.

»Der Alpha weiß, dass er die Unterstützung der Gruppe braucht. Und die Gruppe unterstützt lebenserfahrene und weise Alphas, solche, die kommunikatives Geschick haben, solche, die wissen, was sie wollen, und solche, die auch teilen können. Und auch solche, die eine positiv verstandene Aggression – was im ursprünglichen Sinn ›auf etwas zugehen‹ bedeutet – haben, weil nur diese in der Lage sind, in zeitkritischen Situationen rasche Entscheidungen zu treffen und durchzusetzen. Und weil der Alpha spürt, dass die Gruppe dies braucht, wird er – lange bevor er Alpha ist – danach streben, diese Fähigkeiten und Beziehungen zu erlangen.[54] Die anderen in der Gruppe suchen genau einen solchen Alpha. Das werden sie in den meisten Fällen nicht offen zugeben – dazu kommen wir, wenn wir an einem anderen Tag über die Betaisierung sprechen, noch ausführlicher. Diese Prozesse, die ich beschrieben habe, laufen

54 Natürlich ist kein System perfekt. Und so gibt es auch brutale Alphas genau wie Weichei-Alphas. Aber keiner davon hält sich in Primatengesellschaften lange an der Spitze. Das ist bei Menschen mit ihren Führungstechnologien und Hilfsmitteln für den äußeren Status anders. Funktioniert ein Zwangssystem mit einem gottgleichen König, so kann der Alpha an der Spitze ein Despot oder Trottel sein – das geht ziemlich lange gut, zumindest solange niemand hinter die Fassade des äußeren Status schaut. Aber spätestens wenn einer ruft, dass der Kaiser keine Kleider anhat, geht auch das vorbei.

unbewusst auf der emotionalen Ebene ab. Und gerade deshalb sind sie so stark und wirkungsvoll und wirken auch unter der Patina einer demokratischen und gerechten Kultur.«

»Du zeichnest das sehr attraktiv«, resümierte ich. Und irgendeine Stimme in mir sagte, dass ich genau so selbst sein wollte. Aber noch konnte ich das nicht zulassen: »Und wenn ich gar kein solcher Alpha sein will?«

»Dann wird es jemand anderes oder die Gruppe zerfällt. Im Falle eines Unternehmens gibt es vier Möglichkeiten: Die erste besteht darin, dass der Unternehmer einen enormen Kraftakt unternimmt, um all die Brandherde[55], die überall aufgrund seines geringen Status entstehen, zu löschen. Allerdings werden sich permanent neue auftun. Und so hat er etwa fünfmal so viel zu tun wie ein Alpha mit einem hohen Status.«

»Moment mal«, meldete ich mich zu Wort, »das heißt, dass ich mit einem hohen Status nur ein Fünftel der Zeit einsetzen muss?«

»Nur ein Fünftel der Zeit für Krisenmanagement, Controlling und all diese Dinge. Ja!«, erklärte Wolfgang. »Deswegen klappt es auch nicht, diese Dinge über Zeitmanagement in den Griff zu bekommen. Da hilft nur Status! Die zweite Möglichkeit, wenn du kein Alpha sein willst, ist, dass das Unternehmen auf eine Größe schrumpft, die der Unternehmer mit seinem niedrigen inneren Status gerade noch führen kann. Dritte Möglichkeit: Das Unternehmen geht pleite. Vierte Möglichkeit: Der Unternehmer arbeitet an seinem inneren Status. Mehr Möglichkeiten gibt es nicht.«

»Okay, wenn ich mich jetzt rein rational entscheiden sollte, würde ich Version vier wählen. Aber ich hab immer noch die innere Stimme in mir, die nach Harmonie und Gerechtigkeit ruft.«

»Genau das werden wir uns jetzt genauer anschauen«, stimmte Wolfgang zu. »Zuerst einmal: Harmonie und Gerechtigkeit sind

---

55 Konflikte zwischen Mitarbeitern, die besten verlassen das Unternehmen, es arbeitet niemand für die Ziele, keiner hält sich an die Prozesse usw.

nichts Schlechtes. Das wünschen wir uns alle irgendwie. Auch ein Alpha. Nur ist ganz offensichtlich, dass ein Alpha von Harmonie- und Gerechtigkeitsideen nicht so blockiert wird wie du. Er schafft es, diese Werte in sein Handeln zu integrieren, aber zwischendurch auch mal ganz egoistisch zu sein. Für ihn geht beides gleichzeitig.«

4.3.2 Marcs Geschichte

»Mich würde interessieren, wie es bei dir dazu kam, dass dir diese Werte so wichtig sind. Erzähl mal!«, forderte Wolfgang mich auf.

»Ja, aber kann ich denn nicht einfach damit geboren sein?«

»Das glaube ich nicht. Jeder wird mit dem Potenzial geboren, ein Alpha zu werden«[56], erwiderte Wolfgang. »Lass uns mal sehen: Hast du dich als Kind irgendwann und irgendwo durchgesetzt?«

Ich dachte einen Moment nach und plötzlich kam eine uralte Erinnerung hoch. Unwillkürlich musste ich lächeln: »Das muss im Sommer 1981 gewesen sein. Da war ich siebeneinhalb und kam auf die Idee, dass ich nach München wollte. Ich hab das meinem Schulfreund erzählt und er fand die Idee super. Also haben wir uns verabredet und sind mittags bei uns zu Hause in Landsberg am Lech

---

56 Der Wille nach Macht ist eine Voraussetzung für deren Eroberung. Er ist evolutionsbiologisch begründet und deshalb sowohl im Tier als auch im Menschen tief verankert. »Macht ist das, was männliche Schimpansen in erster Linie umtreibt. Sie sind allzeit besessen davon, und sie zu erringen bietet unglaubliche Vorteile, sie aber zu verlieren ist äußerst bitter«, so Gottfried Koch. Menschen hingegen gestehen sich öffentlich nur ungern einen Willen zur Macht ein, so ist festzustellen, »dass sich die Mächtigen praktisch nie ausführlicher zu diesem heiklen Thema äußern, sich nie klar dazu bekennen, allenfalls auf Versatzstücke ausweichen und das Thema kleinreden«. Dieses Verhalten dürfte taktisch und kulturell begründet sein. Vgl. Gottfried Koch: Macht, Management und Verhaltensbiologie, zitiert nach: http://home.uni-leipzig.de/versicherungsinformatik/dokumente/lehrstuhl_vi/wir/Macht_Management_und_Verhaltensbiologie__korrigierteVersion_.pdf.

losgelaufen. Abends, als wir müde waren, schlichen wir uns in eine Scheune, schliefen dort und liefen am nächsten Tag weiter. Ich hatte immerhin daran gedacht, unser Taschengeld mitzunehmen, und so konnten wir zwischendurch was zu essen und Cola kaufen – die gab's bei uns zu Hause nicht. Ich war zwar müde, fühlte mich aber großartig, einfach frei. Wir erlebten die Abenteuer von Tom Sawyer und Huckleberry Finn. Ich war der Anstifter und Huckleberry Finn! In Germering wussten wir nicht mehr weiter, und als wir einen Polizisten sahen, fragten wir ihn, wie wir nach München kommen. Leider war unsere Reise dann zu Ende«, grinste ich.

»Und was ist dann passiert?«, fragte Wolfgang.

»Mein Schulfreund hat seiner Mutter verraten, dass alles meine Idee war. Der echte Tom Sawyer hätte nie bei Tante Molly gepetzt. Die Mutter meines Freundes kam dann natürlich wie eine Furie zu meiner Mutter. Und meine Mutter hat mich zur Schnecke gemacht: ob ich denn nie an sie denken würde. Immer müsste ich so egoistisch sein. Sie habe sich die ganze Nacht riesige Sorgen gemacht. Und ich solle ihr nie wieder so wehtun. Und dann durfte ich vier Wochen lang meinen Opa nicht mehr sehen.«

»Deinen Opa?«, fragte Wolfgang irritiert.

»Na ja, meine Mutter nahm an, dass er mich angestiftet hatte. Mit ihm habe ich viel Blödsinn gemacht. Er hat mir Abenteuergeschichten erzählt und das Huckleberry-Finn-Buch geschenkt. Und er hat mir seine eigenen Geschichten erzählt, zum Beispiel wie er nach dem Zweiten Weltkrieg immer mal wieder von Landsberg am Lech nach München gelaufen ist, um wichtige Dinge einzutauschen. Und da wollte ich halt auch nach München laufen.«

»An welche Geschichten erinnerst du dich außerdem noch, wenn du an deinen Opa denkst?«

»Ich glaube, bei ihm habe ich auch zum ersten Mal von Artus gehört und wollte natürlich immer Artus sein – die anderen Ritter fand ich langweilig. Ich erzählte den anderen Kindern davon und malte ihnen die anderen Ritter wie Lancelot, Gawain, Parzival in den schönsten Farben, damit sie unbedingt diese spielen wollten und ich allein Artus sein durfte. Den Tipp hatte mir auch mein Opa gegeben.«

Ich dachte einen Moment nach: »Von ihm bekam ich später auch Tolkiens *Herrn der Ringe*. Ganz klar, ich war Aragorn!«

»Beide Male König«, stellte Wolfgang fest. »Und außerdem«, lächelte er, »hast du dich mit einem klugen verkäuferischen Trick durchgesetzt.«

»Oh, Könige gab's noch mehr«, erwiderte ich, während mir wieder ein Lächeln übers Gesicht huschte. »Mein Opa erzählte mir vom Gilgamesch-Epos, dem alten babylonischen König. Und von Marc Aurel, dem römischen Philosophen- und Kriegerkaiser. An diesen Geschichten konnte ich mich gar nicht satthören. Ich glaube, es wurmte meine Mutter fürchterlich, dass ich meinen Opa so mochte.«

»Und welcher dieser Könige war dir der liebste?«

Wie aus der Pistole geschossen kam meine Antwort: »Ganz klar, Aragorn!«

»Warum?«

»Weil er Abenteuer bestand, weil er ein strategisches Genie war und weil er schließlich König wurde und 120 Jahre lang weise herrschte. Das Reich wurde unter seiner Herrschaft so stark und groß wie nie zuvor. Er besaß zudem die Gabe der Hellsicht, was mich als Jungen natürlich begeisterte.«

»Wenn ich mich richtig erinnere«, sagte Wolfgang, »wusste er in seiner Kindheit überhaupt nicht, dass er ein Königssohn war. Er erfuhr es erst im Alter von 20 Jahren. Und selbst dann trat er seine Herrschaft nicht gleich an, sondern erst nachdem er viele Abenteuer bestanden hatte, oder?«

»Ja, so war es«, bestätigte ich. »Aber Moment mal! Ein König ist doch ein Alpha! Dann wollte ich als Kind immer Alpha sein?«[57]

---

57 Wer nun glaubt, Marc wäre da etwas Besonderes, täuscht sich. Da der Wunsch nach hohem Status genetisch in uns festgelegt ist, hat jedes Kind zumindest Fantasien von einem außergewöhnlichen Status. Und wenn man genau

»Und du erfährst vielleicht erst jetzt, dass du es wirklich bist. Was ist passiert? Du hast dich als Kind doch bei deinem Opa wohlgefühlt?«

»Ja«, erklärte ich spontan. Doch dann musste ich einschränken: »Aber er war ein Nazi.«

»Wie kommst du darauf? War er NPD- oder früher NSDAP-Mitglied oder so?«

»Nein, er war in der FDP. Die CSU war ihm sogar zu volkstümlerisch. Er hatte aber während des Kriegs ein kleines Einzelhandelsgeschäft, das er von seinem Vater geerbt hatte. Und 1933 begann Landsberg damit zu werben, dass Hitler dort sein Buch geschrieben hat, und alle stellten irgendwas wie »Stadt des Führers« ins Schaufenster. Sein Vater auch. Als dann mein Opa aus dem Krieg zurückkam, haben die Amerikaner das Schild auf dem Speicher gefunden, wo es wohl seine Angestellte versteckt hatte, und meinen Opa für zwei Jahre interniert.«

»Hm, das Schild war von deinem Uropa, und du weißt noch nicht mal, ob und wie lange dein Opa das Schild selbst im Laden hatte? Deswegen von einem Nazi zu sprechen, ist doch etwas arg, findest du nicht?«

»Meine Mutter nannte ihn jedenfalls immer Altnazi!«

»Das ist natürlich was völlig anderes! Wenn deine Mutter das sagt! Dein Opa und deine Mutter kamen also nicht miteinander klar und hatten vermutlich unterschiedliche Vorstellungen über deine Erziehung, oder?«

»Oh ja«, nickte ich.

»Und aus dem Bauch heraus: Welche der beiden Erziehungsarten gefiel dir besser?«

---

gräbt, findet man immer irgendwelche Erlebnisse in der Kindheit, wo man diesen hohen Status auch punktuell erfahren hat. Eine punktuelle Erfahrung ist auch das, was Marc hier schildert. Während er sein Zimmer aufräumen musste, hat er sich bestimmt nicht wie ein König gefühlt … Wichtig ist hier: Wir *machen* unsere eigene Geschichte und Identität durch die mehr oder weniger bewusste *Auswahl* der Geschichten, die wir uns selbst erzählen.

»Natürlich die von meinem Opa! Da hatte ich viel mehr Freiheiten. Auch wenn ich manchmal fix und fertig war. Er ließ mich einen Nachmittag lang Holz hacken, bis die Blasen an meinen Händen fast bluteten: ›Ein Mann muss was aushalten können‹, sagte er dann. Ich heulte fast, aber ich genoss es! Und meine Mutter fing wieder an zu lamentieren: ›Immer machst du mir solche Sorgen! Versprich mir, dass du das nie wieder machst‹ und so weiter und so fort ... Zu meinem Opa hat sie übrigens nie was direkt gesagt. Einmal hat sie es versucht, aber er hat sie einfach laut lachend rausgeworfen, sodass es die ganze Straße mitbekam, wie sie ausgelacht wurde.«

»Wie hast du dich dabei gefühlt, dass deine Mutter dich für ihre Sorgen verantwortlich machte und dir verbieten wollte, etwas mit deinem Opa zusammen zu machen?«

»Ich war unglaublich wütend«, sagte ich – und fragte mich, worauf diese Psychologisiererei hinauslaufen sollte.

»Und wenn du die Wut gezeigt hast?«

»War ich verantwortlich dafür, dass es meiner Mutter schlecht ging, sie sich Sorgen machte usw.«

»Sie hat dir also Schuldgefühle gemacht«, stellte Wolfgang fest. »Okay, Themawechsel: Du hast mir gestern während des Mittagessens erzählt, dass du nicht nur Fußball schaust, sondern früher auch Fußball gespielt hast. Wie kam's dazu? Und warum hast du aufgehört?«

»Mein Opa war fußballbegeistert, und er erinnerte mich immer daran, dass ich in einem Jahr geboren wurde, als Deutschland Fußballweltmeister wurde. Und so begann ich, auch zu spielen.«

»Wie lange hast du das gemacht?«

»Nur bis zur F-Jugend. Aber ich war sogar Kapitän der Mannschaft.«

»Also wieder der Alpha«, hielt Wolfgang fest. »Aber warum nur bis zur F-Jugend? Das ist ja nicht lange. Was ist passiert? Hast du dich verletzt?«

»Nein«, erinnerte ich mich, und dabei überkam mich ein drückendes Gefühl, »1982 und 1983 gab's doch die Friedensbewegung. Gegen Krieg und Atomwaffen, für atomare Abrüstung.«

»Was hat das denn mit Fußball zu tun?«

»Nun, jeden Montagabend gab es in Landsberg am Bahnhofsplatz ›Schweigen für den Frieden‹ und da musste ich mit meiner Mutter mit und eine Stunde lang mit ihren Freundinnen und Freunden rumstehen und schweigen. Blöderweise war das genau zu dem Zeitpunkt, wo auch mein Training gewesen wäre. Da konnte ich dann nicht mehr hin.«

»Und das hat Spaß gemacht?«, fragte Wolfgang zweifelnd.

»Nein, natürlich nicht. Ich war unglaublich wütend! Ich wollte dann wenigstens während dieses Schweigens irgendwas spielen, aber dann wurde ich immer angezischt, und meine Mutter warf mir vor, die schöne friedliche Stimmung zu zerstören. Ich war wütend, aber auch hilflos.«

»Wie haben deine Freunde reagiert? Die meisten waren doch bestimmt auch beim Fußball oder mussten auch andere mit zum Schweigen für den Frieden?«

»Nein, nur ich«, erwiderte ich, und als ich das sagte, fühlte ich eine unglaubliche Wut in mir hochsteigen. »Die lachten sich kaputt und begannen mich zu hänseln, zu veralbern und auszuschließen.«

»Vom König zum Hofnarren und dann zum Geächteten. Was für ein Abstieg! Und das schon als Kind!«

So hatte ich das noch nie gesehen. Ich hatte nur gelitten. Und während ich nun darüber nachsinnierte, fiel mir noch was ein: »Ich habe dir doch gestern, als du sagtest, dass die Schule ein riesiges Demotivationssystem sei, aus ganzem Herzen zugestimmt. Das war nicht immer so. In der ersten und zweiten Klasse ging ich gerne in die Schule. Ich war sogar so was wie der Klassensprecher, obwohl noch gar nicht richtig gewählt wurde. Aber alle kamen immer zu mir, wenn es irgendwas zu regeln gab.«

»Und dann?«

»Meine Mutter war Grundschullehrerin und Landsberg ist klein.

So war es leider nicht zu vermeiden, dass sie in der dritten und vierten Klasse meine Klassenlehrerin wurde. Das war vielleicht ätzend: Immer wenn ich der Beste war, bekam ich von ihr hinterher zu hören, dass die Leute denken würden, dass sie mich bevorteile, und dass ich es ihr nicht zu schwer machen sollte. Ich wäre egoistisch und solle anderen auch mal die beste Note gönnen. Um es ihr nicht zu schwer zu machen, sorgte ich dafür, dass ich immer maximal der Zweitbeste war. Da das nicht ganz einfach war, setzte ich mich neben einen der schlechtesten Schüler und schrieb bewusst von ihm ab, um genügend Fehler zu haben. Immerhin ließ meine Mutter mir dieses Abschreiben durchgehen. Sehr viel schlechter als der Zweite durfte ich aber auch nicht sein, weil sonst die Leute gesagt hätten, dass sie nicht mal ihren eigenen Sohn unterrichten könne. Und Klassensprecher durfte ich auch nicht sein, weil ich dann ja wieder aus der Klasse herausgeragt hätte. Die anderen begannen mich auch hier zu hänseln und über mich zu lachen.«

»Und deine Mutter?«

»Predigte Harmonie, machte aber sonst nichts.«

»Sie hat dich nicht beschützt?«

»Nein, sie hatte ja Angst, dass man ihr einseitige Parteinahme für ihren Sohn vorwerfen würde.«

»Und wie hat sich dein Verhältnis zu deinem Opa ab dieser Zeit entwickelt? Er war ja vielleicht eine Rückzugsmöglichkeit und bot Schutz?«, fragte Wolfgang.

»Viel distanzierter«, überlegte ich. »Ich suchte die Nähe zu meiner Mutter.«

»Findest du das nicht ein wenig seltsam? Du willst König sein, distanzierst dich aber von dem, der dich darin unterstützen könnte, und näherst dich der Person an, die das verhindert?«

»Völlig verquer, wenn man das so betrachtet«, nickte ich betroffen. »Ich verstehe es auch nicht.«

»Das nennt sich bei Erwachsenen Stockholm-Syndrom. Die Entführten beginnen sich mit ihren Kidnappern zu identifizieren. Das erscheint oft als einzige Möglichkeit, die eigene Identität aufrechtzuerhalten.«

In diesem Moment spürte ich, wie eine ungeheure Wut auf meine Mutter hochkochte. Und im nächsten Moment nahm ich wahr, wie ich diese Wut wegdrückte, und versuchte möglichst ruhig zu sagen: »Das würde es verständlich machen.«

Doch Wolfgang hatte mich genau beobachtet und fragte: »Du warst gerade einen Moment lang sehr wütend auf deine Mutter, oder?«

Ich nickte wie ertappt.

»Und dann hakte irgendein Mechanismus in dir ein, der dir verbot, wütend zu sein. Richtig?«

»Ja, mein Wunsch nach Harmonie und mein Glaube, dass das Herauslassen von Wut schlecht ist.«

»Und woher kommt dieser Glaube?«

Ich schwieg und Wolfgang wartete. Sekunden, die sich immer länger zogen.

Bis ich schließlich antwortete: »Von meiner Mutter!«

»Und war es das, was du als Kind glaubtest und gerne glauben wolltest?«

»Natürlich nicht«, grummelte ich.

»Wann hast du dich glücklicher gefühlt? Bevor du das geglaubt hast oder danach?«

»Natürlich davor!«, gab ich ziemlich erbost zurück. Langsam nervte mich das: »Eigentlich wollten wir uns doch mit meiner Führung beschäftigen! Wozu jetzt diese Psychoeinlage?«

»Weil das Unternehmen ein Spiegel deiner Unternehmerpersönlichkeit ist. Ohne Arbeit an deiner Persönlichkeit wirst du kein anderes Unternehmen bekommen.« Und Wolfgang fuhr fort: »Wann kamst du besser und harmonischer mit deinen Freunden aus? Bevor oder nachdem du diesen Glaubenssatz mit der Harmonie angenommen hattest?«

Das Unternehmen ist ein Spiegel der Unternehmerpersönlichkeit.

In dem Moment traf es mich wie ein Blitz: »Du meinst, dass der von meiner Mutter übernommene Wunsch nach Harmonie gerade dazu führte, dass ich diese Harmonie nicht mehr erlebte? Das wäre ja der Oberhammer!«

»Ja, du hast für diese Strategie, die Werte deiner Mutter zu übernehmen, um den von ihr erzeugten Schuldgefühlen auszuweichen, 30 Jahre lang einen sehr, sehr hohen Preis bezahlt.«

Ich nickte betroffen: »Jetzt ergibt das alles für mich ein Gesamtbild. Meine Rolle in Gruppen, die Konflikte um mich herum, mein Wunsch nach Harmonie im Unternehmen, der zum Gegenteil führt. Verrückt! Wie komme ich da raus?«

»Genau diese Frage wollte ich von dir hören«, lächelte Wolfgang. »Den wesentlichen Schritt hast du gerade schon gemacht. Du hast dich entschieden, da rauszuwollen! Du wurdest als kleiner Löwe geboren, dann zum Schaf gemacht und hast sogar geglaubt, dass du ein Schaf bist. Und wolltest alle anderen auch davon überzeugen, dass Schafsein viel besser ist. Doch jetzt gerade hast du erkannt, dass du das Herz eines großen Löwen hast. Bjørn Leimbach erzählt die schöne Geschichte des Schafslöwen[58]:

Es war einmal ein Löwenbaby, das seine Mutter kurz nach der Geburt verlor. Das hilflose Kind erweckte das Mitleid einer Schafmutter, die gerade ihr Schafjunges durch eine Fehlgeburt verloren hatte. So nahm die Schafmutter das Löwenbaby als ihr Junges an und zog es in der Schafherde auf. Es lernte zu essen wie ein Schaf, zu blöken wie ein Schaf, wegzurennen, wenn Gefahr drohte – kurzum, es wuchs heran wie ein Schaf, ja sogar wie ein minderwertiges Schaf, denn die anderen, die wohl bemerkten, dass es anders war als sie, hänselten es. So war das Löwenjunge ein unglückliches, schüchternes Schaf geworden.

58 Zitiert nach Bjørn Thorsten Leimbach: Männlichkeit leben. Ursprünglich dürfte die Geschichte aus dem Indischen kommen – so gibt es auch ein Kinderbuch mit dem Titel *Der Schafslöwe*, das wiederum eine Ausgliederung aus den *Yoga-Geschichten* von Sukadev V. Bretz ist.

Eines Abends kam ein Löwe aus den Bergen herunter. Als er die Schafherde sah, traute er seinen Augen kaum. Mitten unter ihnen war ein junger Löwe, der sich genauso wie ein Schaf verhielt. Als die Schafe den Löwen witterten, blökten sie alle in panischer Angst und liefen in wilder Flucht davon. Aber er interessierte sich überhaupt nicht für die Schafe. Das Einzige, was ihn interessierte, war der Schafslöwe. Er holte ihn bald ein, packte ihn am Nackenfell und schüttelte ihn ein paarmal. Der Schafslöwe war wie gelähmt vor Angst.

›Was machst du hier?‹, knurrte ihn der Löwe scharf an.

›Mäh, mäh, mäh, ich bin nur ein kleines, schwaches, junges Schaf, bitte tu mir nichts, sondern lass mich zu meiner Mutter. Mäh, mäh, mäh.‹

›Was redest du denn da für einen Unsinn? Wo ist denn deine Mutter?‹

›Da vorne läuft sie, mit der Herde. Mäh, mäh, mäh, bitte lass mich los und tu mir nichts.‹

›Was suchst du hier unter den Schafen? Du, der Sohn des Königs der Tiere?‹

›Mäh, mäh, mäh, ich habe Angst.‹

›Hör auf zu blöken wie ein Schaf. Du bist kein Schaf, du bist ein Löwe wie ich.‹

›Nein, nein, ich bin ein armes kleines Schaf, bitte lass mich jetzt los, damit ich wieder zu meiner Mutter kann.‹

Da packte der Löwe den Schafslöwen erneut am Schlafittchen und trug ihn zu einem kleinen See in der Nähe und hielt ihn über das Wasser. ›Was siehst du?‹

›Ich … sehe dich doppelt!‹

›Bewege mal deinen Kopf nach links und rechts. Noch mal. Was siehst du?‹

›Ein Bild bewegt sich, das andere nicht.‹

›Also?‹

Der junge Schafslöwe schaute den großen Löwen an. Dann schaute er wieder ins Wasser. Dann bewegte er sich wieder etwas, legte den Kopf zur Seite, hob die Pfote, schaute wieder den Löwen an, sah jetzt auch, dass das andere Spiegelbild im Wasser größer war als seines. Und plötzlich erkannte er seine wahre Identität. Das Gebrüll, das in diesem Moment weit zu hören war, war die eigentliche Geburt des Löwen, der sich selbst erkannte.

Wie du rauskommst? *Du bist schon der Löwe!* Lerne nur, wie ein Löwe zu brüllen! Lerne von anderen Löwen das Löwenverhalten. Ganz einfach. Auch wenn es einige Zeit dauern wird und du dich zwischendurch immer mal wieder wie ein Schaf verhalten wirst.«

Als Wolfgang schloss, spürte ich eine tiefe innere Zustimmung, während mir eine Gänsehaut über den Rücken lief. Meine Augen wurden feucht. Ich war sicher, dass ich mich an diesen Moment lange erinnern würde – die Zeit schien stillzustehen. Ich hatte mich nun endgültig entschieden: Ich wollte den Weg des Löwen gehen! Meinen eigenen, wirklichen Weg!

Und ganz offensichtlich spürte das Wolfgang, denn seine Augen strahlten, als er mich anschaute: »Dann lass uns mit dem Löwentraining beginnen! Zuerst brüllen wir, dann schauen wir die Möglichkeiten an, wie du deinen Status beeinflussen kannst, und zuletzt bekommst du ein Trainingsprogramm für zu Hause. In Ordnung?«

Ich nickte mit leuchtenden Augen und konnte es kaum mehr erwarten. Ich fühlte mich so frei wie zuletzt bei meinem Großvater und seinen Geschichten von vergangenen Königen.

4.3.3 Aggression und Grenzen

»Lass uns noch mal zu den Situationen, als du beim Schweigen für den Frieden warst und als deine Mutter deine Klassenlehrerin war, zurückkommen. Für deine Freunde und Klassenkameraden warst du zuerst der König, dann der Hofnarr, dann der Ausgestoßene. Hast du dir diesen Wechsel einfach so gefallen lassen?«

»Nein, natürlich nicht!« Ich war sofort wieder so aufgebracht wie damals, wollte es aber Wolfgang nicht zeigen. Doch er hatte es natürlich sofort bemerkt.

»Du warst also wütend?«, hakte er nach. »Und was hast du mit dieser Wut gemacht?«

»Ich habe mich gewehrt! Als mich der erste Freund aus meiner alten Fußballmannschaft, der mich beim Schweigen gesehen hatte, Warmduscher nannte, habe ich ihn verprügelt. Und als sich in der dritten Klasse eine erste Clique bildete und mir einer sagte, dass ich da nicht mitmachen dürfe, habe ich ihn auch verprügelt. Das würde ich heute natürlich niemals mehr tun – das war ein Fehler. Das hab ich eingesehen.«

»Moment, Moment!«, unterbrach mich Wolfgang. »Zuerst einmal haben wir eine Emotion: Wut. Dann einen Handlungsimpuls, dem du unmittelbar nachgegeben hast, etwas, was Kinder fast immer tun. Und zum Schluss eine Bewertung durch dein heutiges Ich, dass das schlecht war. Darf ich fragen, wie deine Mutter damals auf diese Prügeleien – es waren vermutlich mehr als zuvor – reagiert hat?«

»Klar waren es mehr als zuvor. Davor war ich ja anerkannt! Und natürlich hat sie mich bestraft. Ich durfte mal wieder vier Wochen nicht zu meinem Opa, und sie hat mir vorgeworfen, dass ich immer egoistisch wäre und nie an sie denken würde. Was die Leute sagen würden, wenn sie, eine der zentralen Personen in der Friedensbewegung, einen gewalttätigen Sohn hätte. Da könne sie ihre Position verlieren. Und ob mir der Weltfrieden nicht wichtig sei? Natürlich war er mir wichtig! Und so fühlte ich mich egoistisch und schuldig. Und versprach, niemanden mehr zu verprügeln. Das klappte anfangs nicht so gut. Deswegen passierte es ja auch in der Schule noch mal. Aber da fing sie wieder an, dass ich nie an sie denken würde: Was würden die Leute von ihr halten, wenn sie nicht mal ihren eigenen Sohn im Griff hätte? Und tatsächlich kamen ein paar der Eltern, deren Kinder ich verprügelt hatte, zu ihr und beschwerten sich. Irgendwann hielt ich mich zurück und noch später wurde ich gar nicht mehr wütend. Und ich habe ja auch durchaus eingesehen, dass es nicht okay ist, andere zu verprügeln.«

»Kinder auf der ganzen Welt und zu allen Zeiten machen das«, widersprach Wolfgang. »Und das ist gut und wichtig!«

»Was soll daran denn gut sein?«, fragte ich.

»Jetzt sind wir am entscheidenden Punkt: Uns allen, vor allen den Männern, wurden die Wut und die Aggression abtrainiert.«

»Ja, aber das ist doch auch gut! Männer üben so viel Gewalt aus und haben so viele Kriege geführt – schau nur mal in die arabischen Länder, was Aggression anrichtet!«

»Marc, wir sitzen heute einigen gewaltigen Missverständnissen auf![59] Bitte folge mir einen Moment, um diese näher zu beleuchten, auch wenn das allem widerspricht, was du derzeit glaubst.«

Wolfgang schaute mich an und ich nickte gespannt.

»Zuerst einmal erleben wir heute eine Gleichsetzung von Wut, Aggression, Gewalt und Krieg. Das stimmt nicht! Wut und Aggression sind emotionale Impulse, die wir benötigen. Eine Mammutjagd wäre ohne Aggression – also im wörtlichen Sinne eine Energie, die uns trotz unserer Angst darauf zugehen lässt – unmöglich gewesen. Wut und Aggression weisen uns auch darauf hin, wenn in unserem sozialen Umfeld etwas schiefgeht: wenn wir an Status verlieren, wenn wir betrogen oder ausgenutzt werden. Und deshalb ist Aggression essenziell wichtig. Nur so können wir auf die wirklich schweren Dinge zugehen. Nur so können wir persönliche Grenzen zur Aufrechterhaltung unserer ei-

Wut und Aggression sind emotionale Impulse, die wir benötigen.

59 Hier ist in diesem Zusammenhang nur interessant, dass Aggressionen ganz offensichtlich bei beiden Geschlechtern vorkommen. Es gibt eine Vielzahl von Studien, die belegen, dass weibliche Geschwister die männlichen öfter verprügeln, dass häusliche Gewalt häufiger von Frauen ausgeht und vieles mehr. Frauen sind vielleicht körperlich unterlegen, haben aber weniger Hemmungen. Darauf verwies selbst die Feministin Erin Pizzey, die wohl das erste Frauenhaus gegründet hat. Mütter standen auch während der Hitlerzeit nicht unbeteiligt daneben, sondern waren durchaus aktiv an der Erziehung von Soldaten beteiligt. Und Männer sind weltweit die häufigsten Opfer von Gewalt, auch wenn das in den Medien bei Angabe der Opferzahlen durch den obligatorischen Zusatz »darunter viele Frauen und Kinder« (ist der Zusatz eigentlich gesetzlich vorgeschrieben?) immer kaschiert wird. Auf jede Menge Fakten und Studien wird u.a. in Bjørn Leimbachs Buch *Männlichkeit leben* hingewiesen.

genen Integrität ziehen. Nur so sind wir auch in der Lage, diejenigen, die wir lieben, zu beschützen. Kinder lernen durch Kämpfe, Aggression wahrzunehmen, ernst zu nehmen und damit umzugehen. Das ist wichtig für das spätere Leben – deswegen hat es die Evolution so eingerichtet.«

»Und wo liegt dann der Unterschied zur Gewalt?«, hakte ich skeptisch nach.

»Das Ziel muss sein, einen produktiven Umgang mit Aggression zu lernen, sie nicht vor sich selbst zu verstecken. Erstens verstecke ich dann alle Gefühle vor mir und werde zu einem fürchterlichen Waschlappen. Zweitens bricht sich die Aggression irgendwann doch Bahn und dann kommt es zu einem unkontrollierten Ausbruch mit unabsehbaren Folgen. Und das ist das eigentliche Problem. Nicht die Aggression, sondern der Umgang damit! Und um mit Aggression umzugehen, muss ich sie zuerst wahrnehmen. Du hast deine vor dir selbst so gut versteckt, dass du sie noch nicht mal mehr wahrnimmst oder in dem Moment, in dem sie hochkommt, so tust, als wäre sie gar nicht da. Ohne Aggression werden Probleme durch aufgesetzte Harmonie ausgesessen. Man tut so, als wären die Probleme nicht da. Nur kommen die Probleme dann wieder, und zwar in einer größeren Form. Sie werden immer größer, bis man es schließlich begreift.«

Im ersten Moment wollte ich mich wehren, aber dann fielen mir die Zickereien von Jana und Ria ein. Ich durfte nicht aggressiv sein und versuchte die Situation gar nicht wahrzunehmen. Dadurch verschwanden die Probleme aber nicht, sondern kamen immer heftiger zu mir zurück. »Du meinst, ich müsste bei Jana und Ria einfach mal auf den Tisch hauen?«

»Keine Ahnung, ob das die beste Option ist, mit dem Problem umzugehen«, erwiderte Wolfgang. »Aber was spricht dagegen? Ist doch nur ein Tisch. Und noch dazu ist es deiner; falls er kaputtgeht, ist es deine Sache!«

»Also, das ist irgendwie unvorstellbar für mich.«

»Dann geh anders damit um! Schrei zurück: Bin ich hier im Kindergarten? Oder mach sonst irgendwas. Es gibt tausend Optionen. *Und je mehr Optionen dir zur Verfügung stehen, mit Aggressionen umzugehen, desto größer ist die Wahrscheinlichkeit, dass du eine der Situation angemessene Handlungsweise findest.* Das ist das, was Erwachsene von Kindern unterscheidet. Kinder prügeln, später schreien sie sich an oder machen Wettkämpfe, doch Erwachsene sollten viele Optionen haben! Nur schlag dich keinesfalls mehr mental in den eigenen Nacken! Du bist ein Löwe!«

»Das kann ich aber nicht!«

»Warum?«

Ich schwieg einen Moment. Dann erwiderte ich: »Weil ich Angst habe.«

»Bingo!«, grinste Wolfgang. »Das ist wie bei dem blökenden Schaf, das zur Mutter wollte. Weil es Angst hatte. Du bist ein Löwe, vielleicht noch einer in Ausbildung, aber Löwen setzen dem Mut entgegen.«

»Und wie nehme ich meine eigenen Aggressionen wahr, wenn ich sie normalerweise eben nicht wahrnehme? Und wie setze ich dem Mut entgegen, wenn ich Angst habe? Und was ist, wenn ich dabei etwas falsch mache?«

»Du wirst in jedem Fall etwas falsch machen.« Wolfgang lächelte mich freundlich an. »Je mehr, desto besser. Dann lernst du nämlich schneller. Ein Trainingsprogramm, das deine anderen Fragen berücksichtigt, bekommst du heute Nachmittag, okay?«

Ich nickte. Löwe zu sein, hatte ich mir einfacher vorgestellt. Aggressionen und Wut sind also was Positives. Das war für mich sehr fremd und sehr neu. Und irgendwie auch aufregend.

»Ich möchte noch eine Sache betonen, bevor wir fortfahren: Diesen positiven Bezug zur eigenen Aggressivität müssen alle entwickeln, die mehr als eine bestimmte Anzahl von Menschen führen möchten. Ein schönes Beispiel ist Bill Hybels, Gründer und Leiter einer christlichen (!) Gemeinde. Ich zitiere mal aus einer Ansprache an seine Leute, in der ganz klar Aggressivität zum Ausdruck kommt, aber positive Aggressivität: ›Ich habe keine Lust mehr, cool, ruhig und gelassen über diesen Prozess zu reden. Die gesamte Zukunft der Gemeinde steht auf dem Spiel. Ich will einfach, dass wir alle uns an dem von Gott vorgesehenen Plan für diese Gemeinde orientieren. Ist das allen klar? Wenn irgendjemand von euch keine Lust dazu hat, sich diesem Plan anzuschließen, dann habt ihr hiermit die Freiheit, euch einer anderen Gemeinde oder Arbeit anzuschließen, die ihr voll und ganz mittragen könnt. Ich bin deswegen nicht böse, aber hier hat eine neue Zeit begonnen.‹[60] – Das sagt ein christlicher Geistlicher! Nächstenliebe, Harmonie und so weiter! Du spürst die Aggressionsenergie dahinter?«

Ich nickte. Nach und nach wurden die Dinge klarer. »Ich bin wirklich gespannt auf mein Training dazu.«

»Wir kommen bald dazu, aber damit wir das Training komplett haben, brauchen wir noch etwas mehr Background zum inneren Status. Du wolltest wissen, wie man diesen entwickeln kann.«

»Ja, das ist auch wichtig!«

4.3.4 Die sechs Einflussfaktoren des inneren Status

»Es gibt insgesamt sechs Einflussfaktoren beim inneren Status«, begann Wolfgang. »Allerdings reicht es nicht, diese einfach nur zu kennen, du wirst täglich daran arbeiten müssen. Und zwar an allen sechs Faktoren.«

»Du sagtest doch«, überlegte ich, »dass sich der Status an Gesten, Stimmlage, Körperhaltung usw. zeigt. Dann liegt hier sicher ein Ansatzpunkt, um das zu trainieren, oder? Zum Beispiel mit Rhetorik- oder Körpersprachetraining?«

»Das schadet sicher nicht, aber Rhetoriktraining gehört nicht zu den sechs Faktoren. Und zwar einfach, weil die Stoßrichtung von

---

60 Bill Hybels: Mutig führen

innen nach außen die stärkere und zugleich die einfachere ist.[61] Unter dieser Perspektive sind Gesten oder Stimmlage nur Symptome eines hohen Status, aber nicht die Ursache. Ich meine die wirklichen Grundlagen, die zu einem anderen inneren Statusgefühl führen. Lass uns beginnen!«

4.3.4.1 Kompetenz

»Der Faktor, an den die meisten Menschen als Erstes denken, ist die Kompetenz. Zum Beispiel wird dir Petra, wenn sie jetzt diese Storywriting-Fortbildung macht, mit Blick auf deine Kompetenz im Storytelling einen hohen Status zuschreiben. Du schreibst mir aufgrund meiner Kompetenz im Unternehmersein einen hohen Status zu. Deinem Arzt schreibst du eine hohe Kompetenz und einen hohen Status in Bezug auf deine Gesundheitsprobleme zu. Dir ist jetzt sicher schon aufgefallen, dass es sich immer nur um spezifische Bereiche handelt. Nur kleine Kinder schreiben den Eltern in allen Bereichen mehr Kompetenz zu. Aber spätestens wenn sie einmal mit ihren Eltern Memory gespielt haben, gibt sich das; sie erobern sich nach und nach Bereiche, in denen sie kompetenter sind. Und das ist auch nötig, weil sie sonst ihren eigenen Status nicht entwickeln könnten.[62] Das Gleiche gilt auch für Mitarbeiter. Du musst ihnen Raum lassen, in

61 Natürlich geht es auch umgekehrt, aber Schauspieler benötigen ein jahrelanges Training, bis sie in der Lage sind, ihre Bewegungen, ihre Gesten und ihre Stimme so einzusetzen, dass diese Handlung gezielt, glaubwürdig, fast schon authentisch das Statusgefühl hervorruft.

62 Das ist nebenbei gesagt auch ein Grund, warum Geschwister so oft scheinbar unterschiedliche »Talente« haben. Ich glaube nicht an Talent! Wenn der ältere Bruder stärker ist, dann wird der jüngere klüger, wenn der ältere sprachlich gut ist, dann wird der jüngere mathematisch gut sein und so weiter. Lediglich in Fällen, wo der Altersabstand zwischen beiden nicht so groß ist, wird der Jüngere darum kämpfen, einen höheren Status in diesem Bereich zu erlangen. Ist der ältere Bruder ein Wunderkind, das in allen Bereichen besser ist,

mindestens einem Bereich mehr Kompetenz zu entwickeln als du selbst.«

»Und das bedeutet«, überlegte ich, »dass Unternehmer, die ihren inneren Status *nur* aus ihrer Kompetenz beziehen, dazu tendieren, erstens ihren Mitarbeitern den Raum zu nehmen, selbst Status aufzubauen, und zweitens sich ausschließlich in diesem Bereich aufzuhalten. Das ist der Grund, warum ich so viel Zeit fürs Storywriting investiert habe, und das ist – neben der Zeitrevolution – der Grund, warum du dafür gesorgt hast, dass ich das komplett streiche, richtig?«

»Richtig«, stimmte Wolfgang zu. »Die Fokussierung auf seine Kompetenzbereiche führt, wenn die anderen fünf Einflussfaktoren nicht gegeben sind, dazu, diese Tätigkeiten immer weiter auszudehnen und andere Tätigkeiten, in denen die eigene Kompetenz fehlt, zu vermeiden. Damit blockierst du letztlich dein Wachstum. Irgendwann musst du immer in Neuland vorstoßen und das ist mit wenig Kompetenz und damit Statusverlust und damit auf subjektiver Seite oft mit Selbstwertverlust verbunden.[63] Deswegen wirst du in den nächsten Wochen eher noch mehr Schwierigkeiten haben: Dein gefühlter Status sinkt. Vor allem wenn du nicht zugleich an den anderen fünf Einflussfaktoren arbeitest!«

4.3.4.2 Physischer Zustand

»Okay, und der zweite Einflussfaktor beim Status?«, fragte ich.

»Der zweite Einflussfaktor wird oft gnadenlos unterschätzt, weil die Wahrnehmung der physischen Erscheinung so unbewusst abläuft. Dabei ist es völlig naheliegend. Im Tierreich nehmen oft stärke-

---

wird der jüngere Bruder Verlierer. (Der Bruder kann natürlich auch durch die Schwester ersetzt werden.)

63 Vgl. dazu auch die Unterscheidung von dynamischem und statischem Selbstbild in Carol Dwecks Buch *Selbstbild*.

re Tiere die Alphaposition ein. Nicht zwingend immer die Stärksten, da auch, wie wir schon besprochen hatten, Allianzen eine Rolle spielen, aber auf jeden Fall stärkere und vor allem *gesunde* Tiere! Keine Gruppe im Tierreich kann es sich leisten, von einem kranken und schwachen Tier angeführt zu werden. Das wäre für die Mitglieder lebensgefährlich. Aus diesem Grund haben wir extrem feine Antennen dafür, ob unser Anführer krank und schwach ist – im Tierreich wäre das der Punkt, an dem er abgesetzt würde. Da es bei uns äußere Strukturen gibt, die schwache Anführer beschützen können, verweigern die Menschen eben innerlich die Gefolgschaft. Vor allem wenn sie ihren kranken und schwachen Chef nicht absetzen können. Um sicherzugehen, dass sie auch von einem starken, gesunden Alphatier geführt werden, stellen die Untergebenen dieses häufig auf die Probe. Bei vielen kleineren Kämpfen geht es gar nicht darum, dass ein Beta zum Alphatier werden will, sondern schlicht um die Frage, ob das bisherige Alphatier auch weiter dazu in der Lage ist, Alpha zu sein. Das passiert beim Menschen genauso. Kranken und schwachen Menschen fehlt hier schlicht die entsprechende Ausstrahlung. Der Status fehlt.«

»Also, im Tierreich kann ich mir das ja noch vorstellen«, wandte ich ein. »Aber dass beim Menschen der physische Zustand eine große Rolle spielt, glaube ich eher nicht.« Ich lehnte mich zurück und nahm einen Schluck aus meinem Wasserglas.

»Nein?«, lächelte Wolfgang. »Hast du schon mal vor einem absolut durchtrainierten, gesunden Spitzensportler gestanden? Wie hast du dich dabei gefühlt?«

»Ja, als Fußballfan habe ich natürlich schon vor dem einen oder anderen meiner Idole gestanden. Die haben eine enorme Ausstrahlung und ein enormes Charisma!«

»Interessant, oder?«, fragte Wolfgang. »Die geben bei den Interviews nach den Spielen intellektuellen Sondermüll von sich und du schreibst ihnen Charisma zu. Charisma schreiben statusniedrigere Menschen den Menschen mit einem hohen inneren Status zu. Und um noch einen Schritt weiter zu gehen: Lass uns mal die Zahlen anschauen. In Deutschland sind 6,3 Prozent der Männer größer als 1,90 Meter. Doch über die Hälfte der DAX-Vorstände ist größer als 1,90 Meter. Laut Statistik verdient ein Mann in Deutschland pro Zentimeter Körpergröße im Schnitt 0,7 Prozent mehr. Also hat ein 1,70 Meter großer Mann 20 Prozent weniger Gehalt als ein Zwei-Meter-Hüne. Zwanzig Prozent!!! Bei den Frauen ist's etwas weniger deutlich: Da macht ein Zentimeter mehr 0,3 Prozent mehr Gehalt aus. Und jetzt machen wir den Praxistest – das ist allerdings nur bedingt aussagekräftig, da es ja noch fünf andere Einflussfaktoren gibt und sich der physische Zustand nicht allein auf die Körpergröße reduzieren lässt: Jens ist größer als Sebastian, und Ria und Jana sind etwa gleich groß?«

Verblüfft antwortete ich: »Ja, ist bei allen tatsächlich so. Warum weiß das niemand?«

»Ich glaube, das wissen wir alle unterschwellig. Ich selbst mit meinen 1,70 Meter war in der Kindheit und Jugend gegenüber Größeren immer sehr zurückhaltend. Und so ein Verhalten prägt. Zum Glück gibt es noch andere Einflussfaktoren, sonst würde ich heute nicht hier sitzen und dir diese Dinge erklären.« Wolfgang grinste. »Aus diesem Grund ist es entscheidend, für seine eigene Energie, Stärke und Gesundheit zu sorgen. Zumindest in den Bereichen, die man direkt beeinflussen kann. Für den Alltag heißt dies:

- Regelmäßig Sport – dabei nicht nur Joggen in Betracht ziehen, sondern auch eher männlichere Sportarten mit Power, bei denen es auch auf Körperspannung und Körperhaltung ankommt, zum Beispiel Kampfsport oder kampfbetonte Teamsportarten
- Gute Ernährung – viel Wasser, wenig einfache Kohlehydrate (Zucker, Weißmehl etc.), viel frisches Gemüse und gute Fette
- Nach umfassender Laboruntersuchung individuell abgestimmt: Aufbau Darmflora, Nahrungsergänzungsmittel usw.
- Ausreichend Schlaf

Noch ein Wort zur Ernährung. Unser kompletter Hormonhaushalt wird durch Ernährung beeinflusst. Man hat bei Kindern herausgefunden, dass eine Ernährung mit Obst zu einem niedrigeren Cortisolspiegel führt als eine mit Keksen.[64] Cortisol ist ein Stresshormon und damit fühlt man eher Angst.[65] Die Ausstrahlung und die Leistungsfähigkeit sinken. Noch wichtiger ist das Hormon Serotonin. Es ist gewissermaßen das Chefhormon. Bei Affen hat man festgestellt[66], dass die Alphas etwa doppelt so viel Serotonin im Blut hatten wie rangniedere Tiere. Gab man den Affen nun Medikamente zur Steigerung des Serotoninspiegels, konnte man damit ihren Aufstieg verursachen. Ebenso ließ sich der soziale Abstieg verursachen, indem der Serotoninspiegel mithilfe von Medikamenten gezielt gesenkt wurde. Dass Serotoninspiegel und Status in einem wechselseitigen Abhängigkeitsverhältnis stehen, belegt auch eine Studie mit Rekruten: Hier stellte man fest, dass sie deutlich weniger Serotonin im Blut hatten als ihre Vorgesetzten. Wurden sie jedoch befördert, stieg ihr Serotoninspiegel auf dasselbe Niveau an.[67] Ein unterschiedlicher Hormonspiegel führt zu unterschiedlichen chemischen Prozessen im Körper. Auch wenn dies meines Wissens noch nicht untersucht wurde, sollte dies zu unterschiedlichen Körperausdünstungen und damit zu einem anderen Geruch führen. Vermutlich wird der Alphastatus zumindest unbewusst auch gerochen.«

---

64 Vgl. http://www.n-tv.de/wissen/Ernaehrung-beeinflusst-Hormone-bei-Kindern-article17686071.html.

65 Aber wenn man zu lange in diesem Stress mit hohem Cortisolspiegel war, dann fällt er wieder ab. Das heißt nicht, dass man keine Angst mehr hat, sondern dass man im Burn-out ist und einem alles egal wird. Den Unterschied kann man im Verlauf des Cortisolspiegels über den Tag hinweg erkennen, weswegen man bei Tests auch zu drei unterschiedlichen Zeitpunkten messen muss.

66 Serotonin stärkt das Selbstbewusstsein der Alphas, dämpft ihre destruktiven Aggressionen und fördert ihr prosoziales Verhalten. Vgl. Gottfried Koch: Macht, Management und Verhaltensbiologie.

67 Nach Hans-Georg Häusel: Think Limbic!

»Das ist ja Wahnsinn«, entfuhr es mir. »Kann man die Serotoninbildung irgendwie fördern? Ohne Doping, meine ich.«

»Ja, kann man. Beim Essen solltest du darauf achten, dass du komplexe Kohlehydrate zu dir nimmst, zu empfehlen sind auch dunkle Schokolade, Omega-3-Fettsäuren.[68] Auch Bewegung bzw. Sport wirkt sich positiv aus, am besten 30 bis 60 Minuten täglich unterhalb des Extrembereichs. Außerdem mehr natürliches Licht, Massagen, sogar das Schwelgen in Erinnerungen an schöne Zeiten. Und vor allem: sich in möglichst vielen unterschiedlichen sozialen Gruppen als der Alpha zu verhalten.«

Plötzlich wurde mir klar, warum Wolfgang heute Morgen so viel Wert auf mein Gewicht und meine Energie gelegt hatte. Es ging nicht nur um Gewicht und Leistungsfähigkeit. Es ging um eine zentrale Grundlage meines Status. Durch meine Überlastung an der Grenze zum Burn-out war ich in vielen Gesprächen einfach nicht wirklich präsent. Das spürten meine Mitarbeiter und das reduzierte in ihren Augen meinen Status. Es war vermutlich nicht so, dass sie dies konkret benennen könnten. Aber unterschwellig wirkte dieser Mechanismus so. Diese Erkenntnis gab mir wiederum neue Energie: »Ich werde ab sofort meine Ernährung umstellen. Und ich werde wieder mit Sport beginnen: Ich erkundige mich, ob es in Mainz eine Fußball-Senioren-Gruppe gibt, bei der ich mitmachen kann.«

Wolfgang nickte und wartete.

Ich brauchte einen kurzen Moment, bis ich begriff. Und dann erwiderte ich: »Wenn ich das Jana recherchieren lasse, kommt garantiert nichts dabei heraus. Und ganz sicher nicht heute.«

Wolfgang schwieg weiter; offenbar wartete er noch auf etwas.

Plötzlich kam mir eine Idee. »Ich könnte Dieter anrufen. Vielleicht hat er ja auch Lust?«

---

68 Oft werden auch tryptophanhaltige Lebensmittel wie Pute empfohlen, da Tryptophan eine Vorstufe des Serotonin ist. Nur überwindet dieses wohl nicht die Blut-Hirn-Schranke und kommt deshalb nicht da an, wo es soll.

Keine Reaktion.

Schließlich verstand ich, zog mein Handy raus, rief Dieter an, erreichte aber nur die Mailbox und fragte ihn, ob er nicht auch Lust hätte, Fußball zu spielen, statt immer nur drüber zu reden, und ob er recherchieren könnte, ob es ein Angebot für unser Alter gebe.

Wolfgang nickte lächelnd: »Was machst du heute Abend, wenn du bis dahin keine Antwort hast oder Dieter nicht mitmachen will?«

»Dann werde ich heute Abend selbst eine Antwort finden und mich – falls es da Möglichkeiten in Mainz gibt – morgen anmelden.«

»Gut«, nickte Wolfgang, nun überzeugt.

4.3.4.3 Umfeld

Er fuhr fort: »Dann lass uns zum nächsten Einflussfaktor kommen, zum Umfeld. Auch dieser Einflussfaktor wird in seiner Wirkung auf unseren Status dramatisch unterschätzt! Unser Umfeld bestimmt letztlich alles. *Ich meine wirklich alles!* Ein Trinker wird niemals dauerhaft vom Trinken loskommen, wenn er sich weiter mit seinen Saufkumpanen trifft. Ein Unternehmer wird niemals dauerhaft erfolgreich werden, wenn sein Umfeld aus Verlierern besteht. Eine Sportlerin wird nie Spitzensportlerin werden, wenn all ihre Freundinnen jeden Tag Pizza vom Lieferservice kommen lassen. Du hast immer nur die Chance, dich von deinem Ziel zu verabschieden oder dein Umfeld zu verändern. Für unseren Status ist das Umfeld aus drei Gründen entscheidend. Erstens: *Imitation*. Am schnellsten und leichtesten lernt der Mensch durch Imitation. Diese geschieht ständig, dauernd und weitestgehend unbewusst. Wir kennen das alle: Wenn zwei Menschen, die sich sympathisch sind, zum Beispiel gemeinsam essen gehen oder sich einfach nur unterhalten, dann gleichen sich – ohne dass die Beteiligten etwas davon mitbekommen – ihre Bewegungen, ihre Stimme, ihr Gesichtsausdruck, ihre Atmung usw. an. Sprich: Alle körperlichen Äußerungen werden gespiegelt.«

»Ja, davon habe ich schon gehört«, bestätigte ich.

»Nun ist es so: Wir lächeln nicht nur, wenn wir uns freuen, sondern wir beginnen auch uns zu freuen, wenn wir lächeln. Ein Spiegeln der Körperbewegungen führt so automatisch zu einem Spiegeln der Emotionen! Bin ich zwei Stunden mit einem lustigen Menschen zusammen, bin ich hinterher lustiger als vorher. Bin ich zwei Stunden mit einem depressiven Menschen zusammen, dann bin ich hinterher depressiver. Aber es geht noch weiter! Erzählt mir mein Gegenüber beispielsweise, wie mühsam bei ihm die Führung seiner Mitarbeiter ist, dann kopiere ich erstens seine schlechten Emotionen und assoziiere dies zweitens mit Mitarbeiterführung – ohne dass ich davon bewusst etwas mitbekomme. Oft fallen mir genau in diesem Moment noch eigene Erfahrungen mit schwierigen Mitarbeitern ein und dann erzähle ich das auch noch.«

Wolfgang machte eine kurze Pause und erklärte dann: *»Im Ergebnis übernehme ich so unbewusst die Glaubenssätze meines Gegenübers.* Die damals sehr enge Bindung an deine Mutter hat dazu geführt, dass du mehr Glaubenssätze von ihr übernommen hast, als dir guttut. Glaubenssätze sind letztlich nichts anderes als emotional unterlegte Annahmen, meist mit drei bis fünf Geschichten verbunden, die als ›Beweise‹ dienen. Zum Glück liegen bei dir unter den mütterlich geprägten Glaubenssätzen auch irgendwo darunter die Glaubenssätze deines Opas. Der Schlüssel für unseren eigenen Status liegt also darin, uns im Umfeld von Menschen mit einem guten[69] hohen Status zu bewegen. Der Schlüssel für unsere eigene Führungsfähigkeit ist also, uns im Umfeld von großartigen Führungspersönlichkeiten aufzuhalten.«

Der Schlüssel für unseren eigenen Status liegt darin, uns im Umfeld von Menschen mit einem guten hohen Status zu bewegen.

69 »Gut« meint hier, dass es keine Menschen sein sollten, die sich ihren Status dadurch beweisen, dass sie permanent andere kleinmachen, oder die ihr geringes Selbstwertgefühl durch Hochstatus-Macho-Verhalten überspielen.

»Du meinst also«, überlegte ich, »allein dadurch, dass in meinem Umfeld Menschen sind, die herausragend führen können – egal, in welchem Bereich, also egal, ob im Unternehmen, im Sport, in der Politik oder sonst wo –, werde ich besser führen lernen?«

»Langfristig ein absolutes Ja! Vorausgesetzt, du magst diese Menschen. Wenn du diese Menschen innerlich abqualifizierst als machthungrige Idioten, dann wirst du natürlich nichts imitieren.«

»Meine Einstellung zu diesen Menschen bestimmt also darüber, ob ich etwas übernehme oder nicht?«

»Genau!«, bestätigte Wolfgang. »Lass uns zum zweiten Punkt kommen, der durch das Umfeld beeinflusst wird: *Stressreduktion*. Bin ich allein an der Spitze mit ultrahohem Status, wird das Leben verdammt stressig. Wir brauchen Verbündete und Freunde, auf die wir uns absolut verlassen können.«

»Das stimmt«, nickte ich. »Im Laufe meines Unternehmerdaseins und mit steigender Mitarbeiterzahl fand ich immer weniger Leute in meinem Umfeld, mit denen ich mich über mein Leben und die Firma austauschen konnte. Am Anfang hatte ich ja noch einige Bekannte aus Berlin, mit denen ich oft telefonierte, und natürlich meine Freundin, Helena. Aber ohne diesen Rückhalt begann ich, oft an meinen Entscheidungen zu zweifeln, und das macht das Leben recht schwer. Ein Glück, dass ich wenigstens Beate habe.«

»Ich möchte heute noch nicht näher auf Beate eingehen, weil es noch nicht der richtige Zeitpunkt ist. Aber nach all dem, was du mir bislang erzählt hast, scheint mir bei Beate doch eine sehr wichtige Komponente zu sein, dass sie dich auf diese Art auch beeinflussen kann.«

»Das würde sie nie tun«, verteidigte ich sie sofort.

»Wir werden sehen«, lenkte Wolfgang ein. »Wenn wir Beate jetzt mal außen vor lassen, stimmst du mir vermutlich zu, dass diese Verbündeten in den allermeisten Fällen keine untergeordneten Mitarbeiter sein dürfen.«

»Ja, das stimmt wohl«, glättete ich die Wogen ebenfalls.

»Steve Jobs hatte übrigens acht sehr gute Freunde und Ratgeber, die ihn von einer völlig anderen – weichen, unsicheren, traurigen, zweifelnden – Seite kannten. Diese Menschen sind extrem schwer zu finden und ein so tiefes Vertrauen baut sich oft über Jahre und Jahrzehnte auf. Wenn wir uns selbst weiterentwickeln, müssen wir alles daransetzen, diese Menschen mitzunehmen!«

»Das heißt, ich müsste Beate mitnehmen«, überlegte ich ein klein wenig provozierend.

»Kann sein. Aber das ist heute nicht unser Thema«, wehrte Wolfgang ab. »Lass uns zum dritten Punkt kommen, zum *Social Proof*. In New York gibt es eine Dienstleistung: Für 50 Dollar pro Stunde kann man(n) mit einer wunderschönen Frau ausgehen – aber nicht, um mit ihr irgendwas anzufangen, sondern um damit andere Frauen neugierig zu machen. Die schöne Frau an der Seite führt bei anderen Menschen zu der unbewussten Annahme, dass dieser Mann offensichtlich etwas richtig macht. Die Folge ist, dass ihn dies interessanter für die Frauen macht, auf die er eigentlich abzielt. Das funktioniert mit vertauschten Rollen natürlich genauso – nur weiß ich nicht, ob es dafür schon ein spezielles Dienstleistungsangebot gibt. Die Menschen in unserer Umgebung färben nämlich auf unseren Status ab! In den USA hat man zum Beispiel nachgewiesen, dass CEOs, die sich mit den Reichen und Schönen umgeben, beim Verkauf ihrer Firma erheblich bessere Bedingungen und höhere Verkaufserlöse erreichen. Wissen die Menschen in deiner Umgebung, dass du XY kennst? Oder wissen sie, dass du immer noch mit deinen alten Freunden, die es zu nichts gebracht haben, abhängst?«

»Aber sind das nicht reine Äußerlichkeiten?«, wandte ich ein.

»Ja«, nickte Wolfgang. »Und sie funktionieren. *Es ist dabei ganz egal, ob du diese Mechanismen magst oder nicht. Sie finden statt.* Und sie sind uralt. In Primatengruppen haben auch die anderen Tiere die Nähe des Alpha gesucht. Wer den Alpha lausen durfte, stieg selbst im Status.«

4.3.4.4 Gefühle

Wolfgang stand auf, um neue Getränke zu bestellen, und mein Blick ging zum Fenster. Ich streckte mich. Das war unglaublich viel Input, was ich bislang bekommen hatte. Manches leuchtete mir sofort ein, manches widerstrebte mir. Und die vorsichtige Kritik an Beate ging mir so richtig quer runter. Entschlossen schob ich den Gedanken an diese liebe Freundin beiseite; und in diesem Moment kam auch schon Wolfgang zurück.

»Lass uns nun zum vierten Einflussfaktor kommen. Unser innerer Status ist hoch, wenn wir mit unseren Gefühlen und Motiven bei uns sind, sprich sie wahrnehmen und kennen und dementsprechend handeln. Im beruflichen Alltag ist dies bei den meisten Menschen nicht gegeben. Bei Meetings konzentriert man sich auf die Inhalte statt beispielsweise auf subtile Gefühle des Unwohlseins. Bei der Strategiefindung und -umsetzung machen sich viele Unternehmer was vor, indem sie hehre Motive angeben, aber letztlich ist das Motiv doch nur, den gefühlten finanziellen Mangel in der Kindheit oder während einer Pleite nie mehr erleben zu wollen. In all diesen Fällen sinkt der innere Status, weil ich nicht kongruent handeln kann: Meine Gefühle wollen meist was anderes als mein Verstand. Das wirkt nach außen nicht glaubwürdig und erzeugt nach innen Stress. Und dadurch sinken die Energie und der Status. Die Energie und der innere Status ergeben sich aus widerspruchsfreiem, authentischem Sein. Das heißt, alle Kräfte, die innerlich einander widerstreiten, reduzieren deine Führungskraft! Entscheidend ist, dass dies in Klarheit geschieht und die Widersprüche nicht nur verwischt oder unterdrückt werden!«

»Und das bedeutet«, überlegte ich, »dass ich alle Gefühle akzeptieren und wahrnehmen muss, nicht nur die schönen. In dem Maße, wie ich mir bisher die Wut und Aggression verboten habe, sank mein innerer Status.«

»Genau! Ich möchte noch etwas tiefer gehen«, fuhr Wolfgang fort.

»Die meisten Entscheidungen sind ja unbewusst und praktisch alle emotional. Der rationale Teil gleicht, wie der Neurowissenschaftler Gerhard Roth sagte, einem Regierungssprecher, der keine Ahnung hat, wie die Entscheidungen wirklich zustande kamen, sich aber Gründe zurechtfabuliert, weil er diese nach außen vertreten muss. Betrachte den heutigen Tag: Wie oft wolltest du aus emotionalen Gründen eine Entscheidung treffen und hast diese rational verbrämt? Zum Beispiel hattest du schlicht keine *Lust* auf das Operative. Das ist emotional, die Gründe kamen später. Meine Auslassungen über den Alpha gingen gegen dein Gerechtigkeits*empfinden*. Auch hier kamen die Gründe später.«

Im ersten Moment wollte ich widersprechen und argumentieren, dass ich durchaus rational und bewusst Gründe angeführt habe, aber da unterbrach mich Wolfgang sanft: »Das *schmerzt*, sich selbst einzugestehen, dass man nicht so rational ist, wie man glaubt, richtig?«

Und in diesem Moment fühlte ich den Schmerz und gab zu: »Und deshalb begann ich Gründe zu suchen. Leider hast du recht.«

Und nach einer kurzen Pause fragte ich: »Verrätst du jetzt, wie man in diesem Bereich trainiert?«

»Ja, zum Beispiel mit Achtsamkeitsmeditationen. Aber ich komme heute Nachmittag ausführlich dazu. Das wird dann eine deiner wichtigsten Hausaufgaben sein.«

»Meditationen?«, fragte ich verblüfft.

»Ja, das ist das Geheimnis der Ausstrahlung von Mönchen, die viele Jahre lang meditiert haben. Sogar ein Einsiedler, der 20 Jahre lang in seiner Höhle meditiert und mit keinem Menschen gesprochen hat, der also keinerlei Training in zwischenmenschlichen Statusspielen hat, strahlt einen enorm hohen Status aus, weil er sich selbst in jedem Moment spürt. Und dieses Sich-selbst-bewusst-Sein erzeugt den Status.«

»Gibt es denn noch andere Möglichkeiten, den Umgang mit meinen Gefühlen zu trainieren, sodass mein Status steigt?«

»Neben der Achtsamkeit kann ich dir noch drei weitere Möglichkeiten vorschlagen. Erstens die *Selbstreflexion deiner Motive*, bei der du immer wieder ehrlich deine Motive hinterfragst oder sie von einem sehr guten Freund oder Coach hinterfragen lässt. Du kannst dafür auch ein Tagebuch nutzen. Zweitens ein *Gefühlstraining* mit unserem Selbstgesprächsnotizblock.[70] Dieser dient dazu, während des Tages immer wieder die eigenen Gefühle und ihr Entstehen zu reflektieren und gegebenenfalls gezielt zu ändern.«

Ich warf einen Blick auf die Uhr. So ganz angenehm waren mir diese Gefühlsthemen nach wie vor nicht …

Wolfgang machte weiter: »Drittens durch *Incantations*, das ist ein Konzept, das durch Tony Robbins geprägt wurde. Gefühle sind demnach schlicht und ergreifend eine Trainingssache.[71] Wir können gute Gefühle trainieren und dabei das Selbstwertgefühl und den Status gezielt erhöhen. Wie? Indem wir diese Gefühle einfach bewusst erzeugen! Wenn ich wie ein Verrückter im Zimmer auf und ab springe und aus vollem Hals mein Lieblingslied gröle, dann erlebe ich dabei andere Gefühle, als wenn ich zusammengesunken auf einem Stuhl sitze und nach unten blicke![72] Letztlich sind Incantations Selbstsuggestionen mit vollem Körpereinsatz, voller Stimme, extrem hohem Status und voller Energie. Dabei werden bestimmte Emotionen in uns trainiert und verankert. Je öfter wir das machen, desto stärker werden diese Emotionen.«

---

70 Siehe Unternehmercoach-Shop: http://www.unternehmercoach.com/unternehmer-coaching/index_a_52_shop.htm.

71 Natürlich spielen auch biochemische Bedingungen wie Hormonhaushalt oder Neurotransmitter eine Rolle. Aber diese lassen sich wieder zu einem großen Teil durch Einflussnahme auf unseren physischen Zustand verändern: Ernährung, Sport, Nahrungsergänzungsmittel usw. Sicher spielt auch die genetische Veranlagung eine Rolle, aber der Verweis darauf wird oft als Ausrede genutzt, um in durchaus beeinflussbaren Bereichen nichts zu tun. Solange ich in den beeinflussbaren Bereichen nicht alles getan habe, ist der Hinweis auf genetische Veranlagung nichts als eine Ausrede.

72 Siehe dazu auch: https://www.ted.com/talks/amy_cuddy_your_body_language_shapes_who_you_are?language=de.

»Aber das bin doch nicht ich!«, erwiderte ich. »Ich hüpfe normalerweise nicht schreiend im Raum herum. Dann bin ich jedenfalls nicht authentisch!«

»Der Punkt ist«, entgegnete Wolfgang, »dass es darum in dieser Situation überhaupt nicht geht. Es geht um Training und nicht ums Authentischsein. Wenn du im Fitnessstudio Gewichte keulst, bist du auch nicht authentisch. Dort stellst du dir aber nicht mal die Frage. Komisch würde es nur, wenn du vor jemandem, den du beeindrucken möchtest, auch Gewichte stemmen würdest. Genauso ist's mit dem Rumhüpfen im Raum: Trainieren ja, aber bitte mach's nicht während deiner Kunden- oder Mitarbeitergespräche. – Durch das Training sind wir nach einiger Zeit ganz automatisch stärker in dieser Emotion, und das, *ohne es im Alltag bewusst zu forcieren, und zugleich völlig authentisch*! Wir üben den Hochstatus also durch powervolle Incantations im Hochstatus.«

»Damit bekomme ich dann wohl ein ziemlich umfangreiches Trainingsprogramm?«, fragte ich.

»Das stimmt«, bestätigte Wolfgang. »Mark Divine, ein Ex-Navy-SEAL und Selbstführungstrainer, geht von drei bis vier Stunden Training pro Tag aus – neben dem Job, versteht sich. Bill Hybels, sicher einer der besten Führungstrainer weltweit, ich erwähnte ihn schon, geht von 50 Prozent der eigenen Zeit für Selbstmanagement und Training aus.[73] Allerdings würdest du dir vermutlich zu viel zumuten, wenn du das jetzt sofort auch noch angehen würdest. Man beginnt beim Fitnesstraining ja auch nicht mit vier Stunden am Tag. Das sind die Zahlen für die wirklichen Topleute!«

---

73 Bill Hybels: Mutig führen, S. 205.

4.3.4.5 Fokus und Klarheit

Da fiel mir ein Stein vom Herzen. »Wir haben bislang vier Einflussfaktoren beim Status. Welche zwei fehlen noch?«

»Dein innerer Status wird auch durch deinen Fokus bestimmt. Auf was achtest du? Dies ist sicher der Einflussfaktor, den du am schnellsten und unmittelbarsten verändern kannst. Du kannst dich in diesem Moment beispielsweise auf einen Beziehungsstreit von gestern konzentrieren und im nächsten Moment auf eine tolle Chance in deinem Unternehmen. Deinen Fokus hast du im Prinzip in jedem Moment zu 100 Prozent unter Kontrolle. Das kostet vielleicht Energie und ist ohne Training sicher nicht den ganzen Tag durchzuhalten. Aber es ist prinzipiell möglich. Du kannst deshalb deinen Status von einer Sekunde auf die andere verändern. Und in der Tat machen wir das auch dauernd: Hast du schon mal ein Meeting geleitet und bist dabei irgendwelchen Gedanken nachgehangen oder warst geistig abwesend? Falls ja, wirktest du auch von außen nicht wie ein Anführer! Vielleicht hat dann jemand was gesagt, was dich sofort hellwach gemacht hat? Du warst völlig im Hier und Jetzt, sahst die Chance oder das Risiko, warst im Großen, statt in den Details? Dann haben sich innerhalb einer Sekunde deine Präsenz und dein Status verändert. Du hattest ein Mindset, mit dem du in Führung gehen konntest.«

Der innere Status wird auch durch den Fokus bestimmt.

»Ja, das kenne ich. Also insbesondere das mit der geistigen Abwesenheit habe ich in letzter Zeit oft. Und dann kommt auch nichts raus.«

»Die Frage ist also: Wo bist du mit deinem Fokus?« Mit diesen Worten stand Wolfgang auf und ging zum Flipchart. Er entwarf eine Tabelle:

Hochstatus	Tiefstatus
Im Hier und Jetzt	Bei irgendwelchen Dingen, in der Zukunft oder in der Vergangenheit
Bei meinem Ziel	In Details
Bei meinem Gegenüber	Bei mir
Im Großen	Im Kleinen

»Allerdings benötigst du«, fuhr Wolfgang fort, »um mit deinem Fokus bewusst arbeiten zu können, zuerst wieder das Achtsamkeitstraining: Wenn du es in der Situation nicht mitbekommst, dass dein Status gerade tief ist, dann kannst du auch nicht bewusst gegensteuern. Schritt 1 ist also die Achtsamkeit dafür, in jedem Moment erkennen zu können, wo du mit deinem Fokus bist.«

»Okay, das klingt machbar.«

»Der Fokus hat auch etwas mit einer inneren Klarheit zu tun: Was ist mir wirklich wichtig? Kann ich das exakt kommunizieren? In jedem Moment? Unternehmer, die nicht klar sind[74] oder denen vieles egal ist[75], senken ihren Status! Klarheit betrifft hier vor allem die eigene Identität, den emotionalen Weg, die eigenen Regeln und die Ziele. Oft wird zum Beispiel behauptet, dass Leute mit Zielen erfolgreicher seien als solche ohne Ziele, aber das stimmt nicht. Ich kenne viele Unternehmer, die sich Jahresziele gesetzt haben, aber diese dann gar nicht erreichen. Warum? Weil sie sie in der Schublade verschwinden lassen, und wenn ich sie dann im Februar nach ihren Zielen frage, lautet die Antwort: ›Ja, ich hole sie mal eben.‹ Wie

74 Und das sind, wenn man hohe Kriterien anlegt, nach meinem Eindruck etwa 90 Prozent aller Unternehmer.

75 Vielleicht auch, weil sie sich bewusst von F-Aufgaben distanzieren und sich mit manchen Dingen nicht mehr beschäftigen wollen.

soll jemand erfolgreicher sein können und einen höheren Status haben, wenn er die Ziele nur hat, sich aber nicht mit absoluter Klarheit darauf fokussiert? *Der Unterschied liegt nicht in den Zielen, sondern im Status, der durch Klarheit und Fokus auf die Ziele entsteht.*«

Ich dachte einen Moment nach: »Ja, das kann ich gut nachvollziehen. Menschen, die sich zu jeder Sekunde ihrer Ziele bewusst sind, scheinen einen viel höheren Status zu haben als diejenigen, die erst in der Schublade nachschauen müssen. Und für das Training heißt das, auch hier baue ich auf der Achtsamkeitsmeditation, Incantations und der Selbstreflexion auf?«

4.3.4.6 Glaubenssätze

»So ist es«, bestätigte Wolfgang. »Aber lass uns zum letzten der sechs Einflussfaktoren kommen: zu den Glaubenssätzen. Glaubenssätze beeinflussen die Art und Weise, wie du denkst, handelst und fühlst. Und natürlich haben sie deshalb auch eine Auswirkung auf deinen Status. Wir hatten das ja schon beim Stuck State. Um deine Glaubenssätze zu verändern, musst du sie erst mal wahrnehmen. Dazu kann auch hier wieder ein Achtsamkeitstraining helfen oder ein guter Beobachter bzw. Coach.«

»Um was für Glaubenssätze geht es denn hier?«, wollte ich wissen.

»Im Prinzip gibt es zwei Kategorien von Glaubenssätzen, nämlich Glaubenssätze über die Welt und Glaubenssätze über uns selbst. Die *Glaubenssätze über die Welt* sind im Vergleich zu denen über uns selbst meist spät in unserem Leben entstanden. Ein Beispiel wäre der Glaubenssatz ›Alle Mitarbeiter sind faul‹[76]. Als ich vor vielen, vielen Jahren meine erste Firma gegründet habe, habe ich einen ersten Mitarbeiter eingestellt. Dieser brachte suboptimale Leistungen. Später hatte ich

76 Oder »Es gibt keine qualifizierten Mitarbeiter in meiner Region« oder »Die Kunden wollen immer alles, und das möglichst billig« oder, oder, oder …

noch ein oder zwei von dieser Sorte und schwupps – unser Gehirn liebt Verallgemeinerungen – ist aus drei Erlebnissen ein Glaubenssatz entstanden: ›Alle Mitarbeiter sind faul.‹ Dass es vielleicht meine suboptimale Art der Führung war, die diese Ergebnisse hervorbrachte, hatte ich gar nicht auf dem Schirm. Die Folge war, dass ich danach *alle* Mitarbeiter so behandelte, als ob sie faul wären. Ich kontrollierte und schikanierte meine Mitarbeiter zu Tode. Und einer der wichtigsten Sätze in den Sozialwissenschaften, das Thomas-Theorem, lautet: Wenn die Menschen Situationen als wirklich definieren, sind sie in ihren Konsequenzen wirklich. Meine unter extremer Kontrolle stehenden Mitarbeiter nutzten ab nun jeden Moment, wo ich nicht da war, um mal durchzuatmen. Und so wurden sie faul und ich bekam recht.«

Vom Thomas-Theorem hatte ich schon mal gehört; es erinnerte mich an Selffulfilling Prophecys.

»Dann gibt es *Glaubenssätze über uns selbst*, zum Beispiel ›Ich bin halt undiszipliniert‹ oder ›In Wirklichkeit bin ich innerlich ganz klein‹. Diese Glaubenssätze wurden meist sehr früh in unserem Leben geprägt und sind mit starken Emotionen verbunden. Auf eine verdrehte Art und Weise lieben wir diese Glaubenssätze sogar: Sie geben uns immerhin eine Identität, und die Beibehaltung des eigenen Selbstbilds ist ein ganz starker menschlicher Antrieb. Ich werde mich also unbewusst immer so verhalten, dass diese Glaubenssätze bestätigt werden. Die ersten Glaubenssätze sind viel einfacher zu bearbeiten als die zweite Art. Glaubenssätze über die Welt kann man selbst ändern, und zwar über *neuroassoziative Konditionierung*.[77] Glaubenssätze über sich selbst kann man oft nur mit einem guten Coach[78]

---

77 Download unter http://www.unternehmercoach.com/deinwillegeschehe/konditionierung.

78 Oder mit dem Dickens-Prozess. Diesen Prozess habe ich das erste Mal bei Tony Robbins erlebt, und er ist meiner Meinung nach das machtvollste Instrument, um problematische Glaubenssätze zur eigenen Identität dauerhaft zu verändern. Ich selbst biete diesen Prozess im Rahmen meiner Storytelling-

verändern. Bei manchen geht es auch selbst, das dauert dann aber in der Regel Jahre und nicht Stunden.«

»Wenn ich mal annehme, dass meine hohe Priorisierung des Wertes Harmonie auch auf einem Glaubenssatz beruht, ist das dann ein Glaubenssatz über die Welt oder einer über mich selbst? Lautet der Satz also ›In Harmonie gelingt soziales Miteinander besser‹ oder ›Ich bin ein harmoniebedürftiger Mensch‹?«, wollte ich wissen.

»Immer dann, wenn du beide Sätze formulieren kannst und sich beide für dich richtig anfühlen, dann ist der tiefer gehende, also der über deine Identität, der zentrale Glaubenssatz. Glaubenssätze bilden, wenn sie emotional stärker verankert sind, ganze Glaubenssatzsysteme. Dabei stützen die Glaubenssätze sich gegenseitig. Schafft man es nicht, den zentralen, zugrunde liegenden Glaubenssatz zu finden, dann muss man unter Umständen den Prozess mehrfach durchlaufen. Vorhin habe ich bei deinem Glaubenssatz der Harmonie eine – bislang unvollständige – neuroassoziative Konditionierung vorgenommen: Ich wollte wissen, von wem du den Glaubenssatz hast, um dann die zugrunde liegenden Emotionen und Konflikte herauszuarbeiten. Meine Fragen haben dir geholfen, den Nutzen und die Richtigkeit dieses Glaubenssatzes anzuzweifeln. Schließlich hast du erkannt, welche negativen Konsequenzen es für dich haben würde, wenn du dabei bleiben würdest. Und jetzt sind wir gerade dabei, Alternativen zu entwickeln. Diese werden sich im Alltag bewähren müssen und sicher wird es zum einen oder anderen Rückschlag kommen. Aber wirklich förderlich ist, dass du in dir schon das Bild deiner ursprünglichen Identität, des kleinen Löwen, trägst.«

Ich nickte. Wäre ja auch zu einfach gewesen, wenn ein Gespräch allein schon alles geändert hätte. »Wir haben jetzt alle sechs Einflussfaktoren durch und brauchen dazu dann ein Trainingsprogramm?«

Seminare und am Grand Canyon an. Da man den Dickens-Prozess erleben muss und ich ihn hier nicht beschreiben kann, lasse ich Wolfgang bei Marc eine andere Methode nutzen.

»Ja, aber das machen wir nach dem Mittagessen.«

»Gut, dann entwerfe ich jetzt noch eine Mindmap, um das Wichtigste zu den Einflussfaktoren festzuhalten.«

4.4 Die Aufgaben und das Commitment

Nach dem Mittagessen – angesichts der kalten Temperaturen hatten wir ein Restaurant ausgesucht, das auf Suppen spezialisiert ist – begann Wolfgang: »Wir machen jetzt aus all dem, was wir die letzten beiden Tage besprochen haben, ein Trainingsprogramm für dich. Lass uns die Punkte der Reihe nach ans Flipchart[79] schreiben. Beginnen wir bei deinem Statustraining.«

4.4.1 Erfolgsumfeld

»Gut. Aber wo?«

»Beim wirkungsvollsten Bereich!«

»Und welcher Bereich ist das?«

»Das wussten schon die alten Griechen: ›Sag mir, wer deine Freunde sind, und ich sage dir, wer du bist.‹ Mit anderen Worten: Es geht um dein Umfeld, um die Menschen, die dich umgeben und dich beeinflussen. Dieser Bereich ist so wichtig, dass man sagen kann: ›Nenne mir die fünf Menschen, die dich am meisten beeinflussen, und ich sage dir deine Zukunft voraus!‹ Deswegen beginnen wir hier. Stell dir mal vor, du würdest beginnen, in deinem jetzigen Umfeld über den Alphastatus zu sprechen. Wer würde da zuhören oder dich gar unterstützen? Ich vermute, die meisten würden mehr oder weniger subtil versuchen, dich davon abzubringen. Denk mal drüber nach.«

---

79 Vgl. die Flipchart-Abbildung im Unterkapitel 4.4.6.

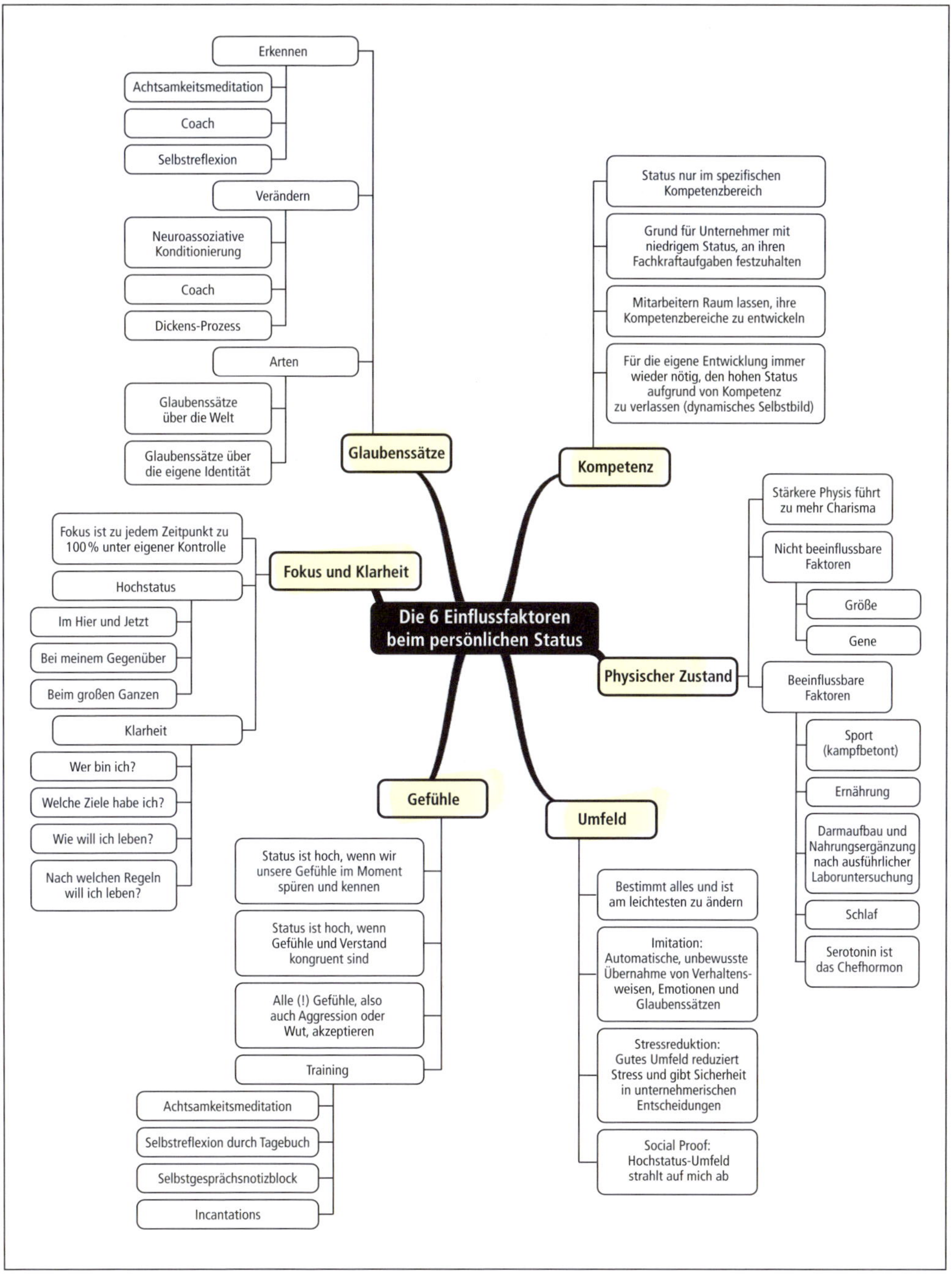
Die 6 Einflussfaktoren beim persönlichen Status
Glaubenssätze
Erkennen
Achtsamkeitsmeditation
Coach
Selbstreflexion
Verändern
Neuroassoziative Konditionierung
Coach
Dickens-Prozess
Arten
Glaubenssätze über die Welt
Glaubenssätze über die eigene Identität
Kompetenz
Status nur im spezifischen Kompetenzbereich
Grund für Unternehmer mit niedrigem Status, an ihren Fachkraftaufgaben festzuhalten
Mitarbeitern Raum lassen, ihre Kompetenzbereiche zu entwickeln
Für die eigene Entwicklung immer wieder nötig, den hohen Status aufgrund von Kompetenz zu verlassen (dynamisches Selbstbild)
Fokus und Klarheit
Fokus ist zu jedem Zeitpunkt zu 100 % unter eigener Kontrolle
Hochstatus
Im Hier und Jetzt
Bei meinem Gegenüber
Beim großen Ganzen
Klarheit
Wer bin ich?
Welche Ziele habe ich?
Wie will ich leben?
Nach welchen Regeln will ich leben?
Physischer Zustand
Stärkere Physis führt zu mehr Charisma
Nicht beeinflussbare Faktoren
Größe
Gene
Beeinflussbare Faktoren
Sport (kampfbetont)
Ernährung
Darmaufbau und Nahrungsergänzung nach ausführlicher Laboruntersuchung
Schlaf
Serotonin ist das Chefhormon
Gefühle
Status ist hoch, wenn wir unsere Gefühle im Moment spüren und kennen
Status ist hoch, wenn Gefühle und Verstand kongruent sind
Alle (!) Gefühle, also auch Aggression oder Wut, akzeptieren
Training
Achtsamkeitsmeditation
Selbstreflexion durch Tagebuch
Selbstgesprächsnotizblock
Incantations
Umfeld
Bestimmt alles und ist am leichtesten zu ändern
Imitation: Automatische, unbewusste Übernahme von Verhaltens-weisen, Emotionen und Glaubenssätzen
Stressreduktion: Gutes Umfeld reduziert Stress und gibt Sicherheit in unternehmerischen Entscheidungen
Social Proof: Hochstatus-Umfeld strahlt auf mich ab

Mir gingen einige Namen durch den Kopf. Anton? Der würde sofort zumachen. Dieter? Der würde es achselzuckend zur Kenntnis nehmen und dann über was anderes reden. Meine Mutter? Die würde mich einen Egoisten nennen. Beate? Auch da war ich mir nicht sicher. Der Gedanke, dass mich vielleicht nicht mal Beate unterstützen würde, machte mich traurig. Plötzlich kam mir Jens in den Kopf. Jens wäre neugierig. Krass!

»Einer«, antwortete ich.

»Fakt ist: Du wirst keine dauerhaften Veränderungen erzielen, wenn du dir nicht ein zusätzliches anderes Umfeld schaffst.«

»Und wie soll ich das machen? Soll ich auf Netzwerktreffen der IHK oder des BNI oder von wem auch immer gehen?«

»Das kann hilfreich sein, um neue Geschäfte anzubahnen«, antwortete Wolfgang. »Aber es ist nicht wirklich förderlich, um dich weiterzuentwickeln. Dort wollen alle Geschäfte machen. Und um Geschäfte zu machen, musst du dich so toll wie möglich darstellen. Und alle anderen tun das auch. Schaulaufen eben. Was du aber brauchst, ist ein offenes Umfeld, ein Umfeld, in dem du auch die Dinge ansprechen kannst, die nicht funktionieren. Das kannst du nicht, wenn es allen um Selbstdarstellung geht. Du brauchst ein Umfeld, dessen einziger Zweck es ist, dass sich die Menschen darin gegenseitig unterstützen. Einen Unternehmer-Braintrust.«

»Einen was?«

»Ein Braintrust ist ein Netzwerk von Unternehmern, die sich regelmäßig treffen, um sich gemeinsam weiterzuentwickeln. Ich leite solch einen Intensiv-Braintrust. Durch meine Leitung kommt die Erfahrung rein, und zudem sorge ich dafür, dass das Ganze nicht zum reinen Laberklub verkommt. Vor allem agieren die Teilnehmer auf der Grundlage derselben Philosophie und daraus ergibt sich gleich von vornherein ein dramatisch höheres Niveau und ein intensiverer Austausch.«

Ein Braintrust ist ein Netzwerk von Unternehmern, die sich regelmäßig treffen, um sich gemeinsam weiterzuentwickeln.

»Du versuchst mir jetzt einen solchen Braintrust zu verkaufen?«, fragte ich grinsend.

»Klar.« Wolfgang grinste ebenfalls. »Mike Dierssen hat einmal sinngemäß gesagt: Wenn du was Tolles anzubieten hast und es nicht verkaufst, dann ist das unterlassene Hilfeleistung. Ist zwar ein blöder Verkäuferspruch, aber irgendwie trotzdem richtig. Meine Mission ist es, Unternehmern zu helfen. Und dafür auch Geld zu nehmen. Das hat was mit der Verantwortung für meine zukünftigen Kunden und für die Zukunft meines Unternehmens zu tun, aber auch mit meinem Selbstwert. Menschen mit einem niedrigen Selbstwertgefühl verkaufen nicht. Natürlich sollte man sein Unternehmen so positionieren, dass man nicht verkaufen *muss.* Das Ziel ist, dass die Menschen automatisch kaufen. Besser für den Kunden, das Unternehmen und das Selbstwertgefühl ist es jedoch, wenn man es trotzdem macht. Und«, ergänzte Wolfgang, »ich verkaufe zwar, aber ich arbeite nur mit Menschen, die wirklich was verändern wollen. Mit Menschen, die meine Arbeit nicht wertschätzen, also auch den Preis – und damit meine ich, wie du ja weißt, nicht nur das Geld – nicht bezahlen wollen, arbeite ich nicht.«

Wie er das sagte, klang es ungeheuer selbstbewusst, ruhig und überhaupt nicht arrogant. Er wusste eben, was seine Tätigkeit wert war. Und in genau so ein Umfeld wollte ich. Dennoch sträubte sich etwas in mir und im ersten Moment wollte ich wieder beginnen zu argumentieren. Doch dann wurde mir plötzlich klar, dass diesem Impuls eine Emotion zugrunde lag. Ich spürte dieser nach und sagte schließlich: »Aber da sind sicher lauter tolle Unternehmer drin, die alle viel weiter sind als ich. Ich bin ja eigentlich noch ein Selbstständiger. Ich passe da bestimmt gar nicht rein.«

»Ehrliche Antwort«, nickte Wolfgang. »Bei dieser Gruppe ist mir nicht wichtig, wie weit jemand ist. Einzig und allein interessant ist, mit welchem Willen und Commitment jemand an sich arbeiten will. Wenn ich dir zusichere, dass du da reinpasst, vertraust du mir?«

Ohne zu zögern, nickte ich: »Ja, ich bin dabei! Mein Ziel ist, mir ein gutes Umfeld zu schaffen und mich regelmäßig mit solchen Menschen zu treffen.«

»Gut«, erwiderte Wolfgang, »der nächste Termin ist vom 29. bis 31. Januar. Ich lasse dich dort einbuchen.«

4.4.2 Körperliche Energie

»Das war der erste und wichtigste Punkt für deinen Status. Kommen wir zum zweiten Punkt, deiner körperlichen Energie. Unternehmersein ist, davon sprachen wir gestern Morgen schon, Hochleistungssport. Zumindest wenn man es einigermaßen ernsthaft und nicht nur als Hobby betreibt. Dazu muss man mental und körperlich voll auf der Höhe sein. Du hast ja bereits entschieden, dass du deine Ernährung umstellst und mit Seniorenfußball beginnst. Vielleicht ist dir aufgefallen, dass ich beim Fußball eine sofortige Handlung eingefordert habe, bei der Umstellung der Ernährung hingegen nicht.«

»Nein, ist mir nicht aufgefallen«, schüttelte ich den Kopf. »Warum?«

»Weil es so viele Ernährungskonzepte und Diäten gibt, die nichts bringen oder nur bei bestimmten Menschen funktionieren. Hast du denn schon mal versucht abzunehmen?«

»Ja, schon mehrfach, auch mit Eiweißernährung usw. Hat nicht geklappt.«

»Gar nicht?«

»Na ja, ich habe eine Woche lang nur Eiweißpulver und ein Glas Gemüsesaft pro Tag zu mir genommen und hatte hinterher ein Kilo weniger.«

»Das ist nicht viel«, stellte Wolfgang fest. »Normalerweise hättest du auf diese Weise drei bis fünf Kilo abnehmen sollen. – Wie hättest du die Ernährungsumstellung jetzt in den nächsten Wochen von dir aus gehandhabt?«

»Na ja, genauso«, erwiderte ich.

Wolfgang schüttelte lächelnd den Kopf: »Einstein sagte mal, dass es ein Zeichen von Wahnsinn sei, dasselbe zu tun und andere Ergebnisse zu erwarten. Meine Vermutung – aber ich bin kein Arzt – ist, dass du eine Nahrungsmittelunverträglichkeit hast. Wenn das Eiweißpulver aus Molke war und du eine Milcheiweißunverträglichkeit hast, funktioniert das mit dem Abnehmen nicht. Bei Sojaunverträglichkeit und Sojaeiweiß ist es entsprechend. Dein Körper lagert stattdessen Giftstoffe ein und du nimmst trotz Eiweißfasten nicht ab.«

»Und wie finde ich das raus?«

»Indem du einen Nahrungsmittelunverträglichkeitstest machst.«

»Aber ich bin doch nicht krank!«

»Sagen die meisten. Und fast bei jedem, der einen solchen Test gemacht hat, kam mindestens eine Unverträglichkeit ans Tageslicht. Bei diesen Menschen funktionieren die ganzen Standarddiäten nicht. Und außerdem, meinst du, ein Bundesligafußballer geht nur alle drei Jahre mal zu seinem Arzt nebenan, lässt ein großes Blutbild machen und ist zufrieden, wenn der sagt: ›Alles in Ordnung‹? *Deine Assoziation zwischen Arzt und Krankheit ist das Problem.* Noch mal: Unternehmer sind Hochleistungssportler! Ich meine das wirklich ernst! Es gibt einige wenige Ärzte, die einen grundlegenden Check[80] machen und dir wirklich sagen, wie du Höchstleistung bringen kannst[81]. Solche

---

80 Also meiner Meinung nach mindestens Nahrungsmittelunverträglichkeiten, Histaminunverträglichkeit, Hormonprofil, großes Blutbild, Differentialblutbild, Elektrolyte, Fettstoffwechsel, Schilddrüse, Laktat-Pyruvat-Ratio, Vollblutmineralanalyse, Vitamine im Blut, Neurotransmitter + Katecholamine, kompletter Darm-Check (Darmflora usw.). Nach eigener Erfahrung und der leidvollen Erfahrung vieler meiner Kunden sind die meisten Ärzte nur auf die Heilung von Krankheit fokussiert. Dazu sind die genannten Daten nicht wirklich notwendig. Aber hier geht es um Höchstleistung und diesen Fokus haben die meisten Ärzte nicht; sie behaupten, dass das unnötig sei. Das ist gut, weil sie sich damit selbst disqualifizieren. Schmeiß diesen Arzt raus! Auch wichtig: Die meisten Ärzte sind nicht in der Lage, die Ergebnisse der genannten Tests vernünftig zu interpretieren. Vorher überprüfen!

81 Vorsicht ist immer dann geboten, wenn der Leistungsmediziner zugleich noch ein zweites Standbein hat und dort irgendwelche Produkte wie Nahrungs-

Untersuchungen kosten etwas, aber wenn du ein herausragender Unternehmer werden willst, dann mach das. Und nimm ab! Du bist zu fett!«

Puuh, das saß! Wollte ich das wirklich? Aber als ich an den gestrigen Morgen dachte, an mein Gefühl der Hilflosigkeit und den Stuck State, wurde mir klar: Es ging nicht darum, ob ich wollte, sondern ich musste!

Und so nickte ich wieder: »Okay, mache ich bis zum 1.3. Und der nächste Punkt im Bereich Status und Persönlichkeit?«

»Stopp!«, rief Wolfgang. »Was ist dein konkretes Ziel in Bezug auf deinen Körper?«

Mann, war der hartnäckig! »Gut, ich werde eine solche Untersuchung machen lassen und ich werde bis zum Sommer 20 Kilo abnehmen, sodass ich dann noch 75 Kilo wiege. In Ordnung?«

»Sommer ist zum Beispiel der 31.7.?«, insistierte Wolfgang.

»Ja«, nickte ich und musste grinsen.

4.4.3 Meditation

»Gut, ich vertraue darauf, dass du das schaffst«, nickte Wolfgang. »Kleine Frage am Rande: Du merkst, was ich gerade mache?«

»Nein«, erwiderte ich.

»Ich führe dich mit Zielen«, lächelte er. »Ich sage nicht ›Mach dieses und jenes Programm‹, sondern ich erwarte von dir ein Ergebnis zu einer bestimmten Deadline, und ich gebe dir ein Mittel an die Hand, wie du es in dieser Zeit schaffen kannst. Erst wenn du dich selbst mit Zielen führen und diese Ziele auch sicher erreichen kannst,

---

ergänzungsmittel verkauft. Nicht, dass Nahrungsergänzungsmittel schlecht wären, aber es besteht eine gewisse Wahrscheinlichkeit, dass bei der Untersuchung herauskommt, dass man genau die Mittel braucht, die der Arzt verkauft …

kannst du andere auf diese Weise glaubwürdig führen. Am Anfang helfe ich dir noch ein bisschen dabei.«

»Moment mal«, hakte ich ein. »Du glaubst also, dass ich nicht das Standing habe, von anderen die Erreichung ihrer Ziele wirklich einzufordern, wenn ich selbst meine Ziele nicht erreiche?«

»Genau«, antwortete Wolfgang. »Die anderen Menschen spüren das. Letztlich ist auch das Erreichen deiner Ziele ein Statustraining, wenngleich ich es nicht so nenne. Aber lass uns nun wirklich zum nächsten Punkt kommen. Da warst du schon vorhin verblüfft. Der nächste Punkt ist eine tägliche Achtsamkeitsmeditation.«

»Ja, das hat mich schon gewundert«, bestätigte ich. »Ich hätte dich nicht unter den Esoterikern vermutet. Und das Ziel, mehr innerliche Ruhe zu bekommen, ist mir eigentlich auch nicht so wichtig.«

»Das Problem ist«, sagte Wolfgang, »dass du Achtsamkeitsmeditation mit Esoterik, Ruhe, Verweichlichung assoziierst. Ich assoziiere sie mit Selbstentwicklung, innerer Stärke, Selbstdisziplin und Freiheit. Und das mache nicht nur ich. Schon Laotse sagte: ›Stille ist die Quelle großer *Stärke.*‹ Jetzt interessiert?«

Ganz offensichtlich hatte Wolfgang zu vielen Dingen andere Ansichten und Glaubenssätze. Ich merkte, wie allein der Umgang mit ihm nach und nach viele meiner bisherigen Ansichten und Einschätzungen veränderte oder zumindest ins Wanken brachte. Ich freute mich darauf, ihn in Zukunft auch im Braintrust öfter um mich zu haben. Und so nickte ich.

Wolfgang begann: »Seit gestern haben wir mehrfach Glaubenssätze offengelegt und geändert. Zum Beispiel haben wir deinen Glaubenssatz, alles selbst machen zu müssen, durch das F-M-U-Modell geändert. Solange du mit einem Coach arbeitest, der ein geschultes Auge hat[82], ist das okay: Er identifiziert deine Glaubenssätze und hilft dir, sie dir bewusst zu machen. Aber du willst das ja irgendwann mal

82 Was voraussetzt, dass der Coach selbst andere (nützlichere) Glaubenssätze hat, sonst erscheinen ihm dieselben Glaubenssätze ja selbstverständlich und

selbst können. Dazu musst du sie entdecken und dabei hilft dir die Achtsamkeitsmeditation. Dann hatten wir gestern und heute einige Situationen, in denen du etwas rational begründen wolltest, wo eigentlich deine Emotionen die Entscheidung getroffen hatten. Später hast du das an ein oder zwei Punkten selbst entdeckt, zum Beispiel vorhin, als du beim Thema Intensiv-Braintrust Angst hattest, dass du dafür viel zu klein und unbedeutend sein könntest. Die Achtsamkeitsmeditation hilft dir, dies zu durchschauen. Natürlich musst du das eine Weile trainieren. Der Vorteil: Du argumentierst nicht blind drauf los, sondern erkennst zuerst deine Emotionen und kannst sie hinterfragen. Meist findest du dann selbst eine bessere Lösung.«

Wolfgang sah mich aufmunternd an: »Und schließlich ist Freiheit ein subjektives Erleben. Wenn von außen ein Reiz kommt, beispielsweise eine Anforderung eines Kunden, und du eigentlich keine Lust dazu hast, es aber trotzdem tust, fühlst du dich nicht frei, sondern fremdbestimmt. Um dich frei zu fühlen, musst du lernen, zwischen dem Reiz, hier also dem Anruf, einerseits und der automatischen Reaktion, Ja zu sagen, andererseits einen Spalt zu schaffen, in dem du bewusst entscheiden und dann anders reagieren kannst. Also festzustellen, dass dich der Kundenwunsch jetzt nervt, und dann beispielsweise ganz bewusst zu sagen: ›Lieber Kunde, ich schätze Sie sehr, aber im Moment ist es etwas unpassend. Können wir eine andere Lösung finden?‹ *In diesen Momenten fühlst du deine Freiheit.* Und auch das lässt sich über Achtsamkeitsmeditation trainieren.«

»Okay«, sagte ich. »*Jetzt* bin ich interessiert!«

»In Ordnung«, nickte Wolfgang, »ist ganz einfach. Es gibt eine grundsätzliche Unterscheidung zwischen Konzentrations- und Achtsamkeitsmeditation. Bei der Konzentrationsmeditation konzentrierst du dich auf deinen Atem, auf den Sprecher einer Meditations-CD, auf deine Arme, Beine usw. Das machen wir nicht. Bei der Achtsam-

---

würden ihm gar nicht auffallen. Nur ein erfahrener Unternehmer als Coach hat letztlich all diese Glaubenssatzänderungen schon hinter sich.

keitsmeditation machst du in gewisser Weise das Gegenteil: Du lässt dem Strom an Gedanken, Gefühlen, Empfindungen und Wahrnehmungen freien Lauf und versuchst, sie achtsam zu beobachten und dann zu unterbrechen.«

»Und wie mache ich das?«

»Nun, der frühere Unternehmer Han Shan[83] erklärt das in etwa so: Du setzt dich hin, schließt deine Augen und richtest deinen Blick nach innen. Plötzlich hörst du ein Geräusch. Du nimmst dieses wahr und sagst bewusst in Gedanken ›Hören, hören, hören‹. Dann lässt du die Wahrnehmung los. Plötzlich zwickt es irgendwo und du nimmst es wahr und sagst dir ›Spüren, spüren, spüren‹ und lässt es los. Dann fällt dir ein, dass du noch einkaufen musst, und du sagst ›Denken, denken, denken‹ und lässt los. Bei den Dingen, die du noch tun musst, fällt dir ein, dass du noch deine Mutter anrufen musst, du hast aber keine Lust dazu und fühlst einen Widerwillen. Dann sagst du ›Fühlen, fühlen, fühlen‹ und lässt los. Kurz darauf denkst du: ›Mist, wenn ich Jana mit ihrem Verhalten konfrontiere, kündigt sie.‹ Du beobachtest diesen Satz, stellst fest, es ist ein Gedanke, dann merkst du, da liegt ein Gefühl drunter, die Angst, aber bevor du ›Fühlen, fühlen, fühlen‹ sagst, gehst du – das ist eine Erweiterung von mir – noch tiefer und bemerkst, dass das Gefühl nur aufgrund eines Glaubenssatzes entstanden ist, und du sagst dir ›Glaubenssatz, Glaubenssatz, Glaubenssatz‹ und lässt dann wieder los. Das machst du jeden Abend 30 Minuten.«

»Und das soll was ändern?«, fragte ich skeptisch, obwohl mir die Erklärung eingeleuchtet hatte.

»Das ist natürlich ein Training. Am Anfang merkst du gar nichts. Nach ein bis zwei Wochen wirst du feststellen, dass es dir während der Achtsamkeitsmeditation leichter fällt, deine Glaubenssätze zu durchschauen. Und nach sechs bis acht Wochen wirst du es auch

---

83 In seinem Buch *Achtsamkeit.*

im Alltag immer häufiger feststellen, wenn du einem Glaubenssatz[84] aufsitzt oder du aus einem Gefühl heraus auf Autopilot handelst. Und dann hast du eine Grundlage, um deinen inneren Status nach und nach zu verändern.«

»Gut«, nickte ich. »Ich werde das jeden Abend machen, bis – es soll ja ein Ziel sein – ich im normalen Alltag meine Gefühle und Glaubenssätze erkenne und mich dadurch innerlich stark und frei fühle. Aber das ist ja jetzt nicht wirklich messbar.«

»Leider kann man nicht alles, was wichtig ist, auch messen. Liebe lässt sich zum Beispiel auch schlecht messen. Was hilft, ist ein internes Referenzbild. Ein ›messbares‹ Kriterium für Liebe wäre zum Beispiel, wenn ich mich so fühle wie damals mit meiner Freundin Ute im Urlaub. Das Referenzbild gibt das Kriterium vor.«

Ich dachte einen Moment nach: »Okay, ich werde diese Meditation so lange üben, bis ich mich in solchen Situationen wie mit Jana innerlich frei fühle und wirklich selbstbewusst eine Entscheidung treffen kann. In Ordnung?«

»Klingt gut«, antwortete Wolfgang. »Eine Ergänzung noch: Durch die Achtsamkeitsmeditation wirst du, wenn du es richtig machst, auch verstärkt deine Wut und Aggression wahrnehmen – Meditation ist eben nicht heile Welt!«

»Und dann?«

»Dann ist es deine Aufgabe, so schnell wie möglich zu handeln. Wenn du also merkst, dass Aggressionen in dir hochsteigen, dann mach irgendwas. Für den Anfang ist es am leichtesten, einfach Botschaften zu senden, in denen du sagst, was mit dir passiert. Damit trittst du niemandem auf die Füße, nimmst aber trotzdem das Signal deiner Aggression ernst.«

---

84 Wenn man geübt ist, erkennt man in manchen Gesprächen teilweise mehrere Glaubenssätze pro Minute. Glaubenssätze, die ohne diese Übung einfach ungefiltert aufgenommen und sogar übernommen werden. So betrachtet ist die Achtsamkeitsmeditation auch ein Selbstschutz.

»Und wie geht das?«

»Nun, wenn Jana mal wieder wegen der Kaffeemaschine rumschreit, dann grollst du nicht einfach in dich rein, sondern sagst etwas wie: Ich kann mich bei dieser Lautstärke nicht konzentrieren. Mit der Stimmlage kannst du variieren. Du teilst deinen Unmut mit, ohne jemand anderen zu brüskieren, das heißt, du schreist nicht: Jana, du bist die blödeste Zicke, die mir je untergekommen bist! Botschaften darüber, was eine Situation mit dir macht, gehen immer. Oft ist das allerdings zu wenig. Aber von dort kannst du ja dann beliebig steigern und beginnen, damit zu spielen.«

»Und wenn ich es erst hinterher merke, dass ich da eigentlich wütend war?«

»Dann reagierst du eben, sobald es dir auffällt!«

»Ich könnte also von zu Hause eine E-Mail schreiben, dass mir dies oder das nicht gefallen hat?«

»Keinesfalls«, erwiderte Wolfgang. »Du solltest diese Botschaften immer direkt und unmittelbar ausdrücken. Sag Jana oder wem auch immer also am nächsten Morgen sofort und persönlich, dass dich das *unheimlich wütend* gemacht hat. Mach es nicht weicher, als es ist!«

»Das wird mir schwerfallen«, überlegte ich. »Aber seit ich das Bild vom Schafslöwen im Kopf habe, möchte ich hier wirklich weiterkommen. Kann ich das messen?«

»Ich denke, jeder Mensch ist mindestens dreimal pro Woche wütend[85] oder verärgert, vielleicht nur über den Drängler in der Warteschlange. Setz dir das Ziel, drei solche Situationen pro Woche zu erleben und damit bewusst umzugehen. Natürlich kannst du die Zahl auch erhöhen – dann lernst du schneller.«

---

85 In den USA gab es Mitte 2016 eine Untersuchung, bei der herauskam, dass 79 Prozent der weißen Männer mindestens einmal am Tag wütend waren, bei schwarzen Männern waren es 55 Prozent, Hispanics lagen dazwischen.

Wolfgang schrieb das Ziel ans Flipchart[86] und ich ergänzte die Zahl 7.

4.4.4 Tagebuch

»Kommen wir zum nächsten Punkt. Deine Weiterentwicklung erfordert auch eine Menge Selbstreflexion. Genau genommen wird beim Führungsstil 5 die Reflexion die Haupttätigkeit. Neben dem richtigen Umfeld und der Achtsamkeitsmeditation ist ein Tagebuch ein geeignetes Mittel.«

»Ja, das habe ich früher hin und wieder schon gemacht«, berichtete ich. »Mein Tagebuch hat mir immer geholfen, meine Gedanken zu klären.«

»In welchen Situationen hast du denn Tagebuch geschrieben?«, fragte Wolfgang.

Ich dachte einen Moment nach. »Meist, wenn es mir schlecht ging. Zum Beispiel, wenn ich Liebeskummer hatte.«

»Wenig hilfreich«, befand Wolfgang. »Erstens lässt sich Liebeskummer nicht durch Reflektieren auflösen. Verausgabe dich besser beim Sport, wenn du Liebeskummer hast, oder such dir neue Freunde! Zweitens verstärkst du so deine negativen Emotionen, weil du sie wiederholst und auch noch aufschreibst. Dein Unterbewusstsein denkt sich: Wenn der Kerl das aufschreibt, dann muss es wichtig sein, also mache ich ihm diese Emotionen öfter.«

»Du meinst, ich habe meinen Liebeskummer dadurch verlängert?«, warf ich fassungslos ein.

Wolfgang nickte: »Du musst dich beim Tagebuchschreiben ganz gezielt und bewusst auf produktives Denken konditionieren. Das machst du, indem du dir jeden Abend dieselben Leitfragen stellst. Leitfragen leiten dein Denken in die richtige Richtung. Auf der ein-

86 Vgl. die Flipchart-Abbildung im Kapitel 4.4.6.

fachsten Ebene können das Fragen sein wie: Was waren heute meine fünf wichtigsten Erfolge? Für welche fünf Dinge bin ich wirklich dankbar? Welche fünf Dinge habe ich heute gelernt oder könnte ich heute noch lernen? Du kannst es bei den Antworten belassen oder diese noch tiefer reflektieren: Warum erscheint mir gerade dieser Erfolg als Erfolg? Durch welche meiner Ressourcen[87] kam dieser Erfolg zustande? Wie fühlt sich dieser Erfolg für mich an? Was kann ich tun, um dieses Gefühl morgen wieder zu erleben?[88]«

Beim Tagebuchschreiben gilt: ganz gezielt und bewusst auf produktives Denken konditionieren, zum Beispiel durch Leitfragen.

»Du fragst nicht, was falsch gelaufen ist?«, fragte ich verwundert.

»Nein«, erklärte Wolfgang entschieden. »Niemals! Unser Gehirn findet zu jeder Frage Antworten. Wenn du dich fragst: ›Warum gehen meine Beziehungen immer schief?‹, dann wird dein Gehirn eine Antwort finden. Zum Beispiel sagt dir dein Gehirn: ›Weil du halt kein Frauentyp bist.‹ Jetzt hast du schon ein zweites Problem, das du vorher noch nicht hattest: Du hast nicht nur Liebeskummer, sondern auch noch ein Defizit in deiner Persönlichkeit.«

So hatte ich das noch gar nicht gesehen … »Aber du kannst dich doch nicht nur auf die positiven Dinge konzentrieren und die anderen ignorieren?«

»Wenn etwas falsch gelaufen ist, dann wird auch das zum Erfolg, indem ich etwas daraus lerne. Deshalb die Frage danach, was ich heute gelernt habe *oder noch lernen könnte*. Diese Fragen dienen der Selbstführung. Je regelmäßiger ich sie mir stelle, desto mehr gehen sie mir in Fleisch und Blut über. Und wenn sie mir in Fleisch und

---

87 Ich verwende hier bewusst nicht den Begriff »Stärken«, weil dieser zu einem zu engen Denken führt. Ressourcen können auch hilfsbereite Freunde o.Ä. sein, während ich mit dem Begriff »Stärken« nur nach den Ursachen im eigenen Ich suche.

88 Das Unternehmercoach-Tagebuch enthält eine Seite mit Leitfragen; vgl. http://www.unternehmercoach.com/shop/unternehmercoach-tagebuch.htm.

Blut übergegangen sind, dann nutze ich sie automatisch auch in der Führung anderer Menschen. Tagebuchschreiben ist hartes Training! Übrigens solltest du neben den Basisleitfragen, die ich eben genannt habe, in deinem Fall noch zwei weitere Leitfragen aufnehmen: Was habe ich heute getan oder gelernt, um morgen die Messwerte der drei Kriterien herausragender Führung zu verbessern? Und: Wo habe ich heute meine Wut und Aggression wahrgenommen und wo hätte ich sie noch wahrnehmen können? Später kannst du diese Fragen dann austauschen, aber bis zu unserem nächsten Treffen arbeite bitte mit diesen Fragen.«

4.4.5 Operative Aufgaben

Nachdenklich sagte ich: »Gut, ich habe die Trainingsaufgaben für meinen Status. Was mache ich jetzt rein praktisch? Also in den Handlungsfeldern Operatives und Systeme?«

»Die wichtigste Aufgabe für dich in den nächsten Wochen wird sein, die Übergabe des Storywritings an Petra durchzuführen und sie dafür zu qualifizieren. Fachlich brauchst du mich dazu nicht. Ein wichtiger Hinweis aber noch: Indem du ihr deine Aufgaben gibst und dich viel mit ihr beschäftigst, wertest du sie im Status auf.«

»Aber das soll ich doch auch, oder?«, vergewisserte ich mich.

»Natürlich! Dir sollte nur klar sein, dass dies auch das Statusgefüge im Team verschiebt. Das wird nicht allen gefallen, dass Petra so herausgehoben wird. Deshalb kündige die Veränderung im Team an. Sag, dass du dir für alle mehr Zeit nehmen willst – so erhöhst du potenziell den Status von allen – und dass du jetzt mit Petra beginnst, weil du dir damit die Zeit freischaufelst, die du für alle anderen brauchst. Das hält dir vermutlich eine Zeit lang den Rücken frei. Aber sei gewappnet: Irgendwann wird es diese Statusangriffe gegen Petra geben – natürlich verkleidet als irgendwelche Sachthemen.«

»Danke für den Hinweis! Da hätte ich überhaupt nicht dran gedacht. Aber wenn man einmal anfängt, in Statuskategorien zu denken, dann ist das sofort einsichtig! Was mache ich noch?«

»Fast nichts mehr. Mach nicht zu viel am Anfang! Nur eine Bestandsaufnahme noch. Du machst ja bereits die Umfrage zu den drei Kriterien unter deinen Mitarbeitern, also zu Energie, gemeinsamem Beitrag und Zukunft. Da sollten morgen die Ergebnisse vorliegen. Daneben solltest du mit jedem Mitarbeiter ein Einzelgespräch führen. Bei diesem Einzelgespräch geht es um folgende Punkte: Was geht dem Mitarbeiter auf den Zeiger? Was nervt ihn? Es geht dabei nicht darum, das abzubügeln oder schnell zu lösen. Es geht darum, jeden einzelnen Mitarbeiter mit seinen Sorgen und Nöten ernst zu nehmen. Du musst die Haltung des Mitarbeiters dabei nicht mögen oder akzeptieren, aber du musst mögen und akzeptieren, *dass* da jemand vor dir sitzt und seine subjektive Sicht schildert.«

»Wenn ich die Probleme nicht lösen soll, was soll ich denn dann damit machen?«

»Im ersten Schritt einfach nur aufnehmen und erfassen. Du wirst auch später nicht alles lösen, was deine Mitarbeiter an dich herantragen, da ihre Probleme durch ihre Glaubenssätze und Einstellungen entstehen. Die müssen ja so wenig richtig sein wie deine. In einer ganzen Reihe von Fällen handelt es sich einfach um ein Wahrnehmungsproblem deiner Mitarbeiter. Oft sind es verkleidete Statusspiele, die dich in eine bestimmte Richtung bewegen sollen. Und würdest du tatsächlich alle Probleme deiner Mitarbeiter lösen wollen, wärst du wieder komplett fremdbestimmt: Ein Reiz tritt auf, nämlich das subjektiv wahrgenommene Problem deiner Mitarbeiter, und du reagierst, indem du versuchst, es zu lösen. Einige Mitarbeiter werden dies – oft unbewusst und ohne böse Absicht, in einigen Fällen aber auch voll bewusst – nutzen, um dir genau die Probleme zu servieren, die dich zu den Handlungen bringen, die sie gerne hätten.«

»Das kann ich nachvollziehen«, nickte ich. »Aber ist das nicht wieder ein sehr negatives Menschenbild?«

Wolfgang schüttelte den Kopf: »Nein. Aber das würde jetzt zu weit führen. Sprich mal Carlos Anconia Sanchez beim Braintrust drauf an. Er hat zwar eine ziemlich radikale Perspektive, aber ich denke, da kannst du einiges rausziehen.«

»Okay, ich nehme also auf, wo die Probleme des Mitarbeiters liegen, und lobe ihn dafür, *dass* er offen drüber redet. Mache ich noch mehr damit?«

»Ja«, fuhr Wolfgang fort. »Du bekommst durch diese Gespräche wichtige Hebel für die nachfolgende Veränderung in die Hand. Auf einer kollektiven Ebene bekommst du Einblick in das informelle Statusgefüge unter deinen Mitarbeitern. Und du erfährst, wo dieses Statusgefüge unklar ist und es deshalb zu Reibereien kommt. Dies zu kennen und zu verstehen, ist Gold wert. Im persönlichen Gespräch erfährst du von jedem, was ihm wirklich auf den Zeiger geht. Auch bei deinen Mitarbeitern geht es um den Schmerzpunkt. Genau wie gestern Morgen für dich der Schmerzpunkt der Schlüssel war, dich wirklich zu bewegen und die Veränderung unumkehrbar zu machen, ist der Schmerzpunkt der Mitarbeiter auch der Punkt, wo sie beginnen, sich zu verändern. Wichtig ist: Das, was du später in deinem Unternehmen verändern möchtest, muss für deine Mitarbeiter eine für sie wahrnehmbare Verbindung zu ihrem persönlichen Schmerzpunkt haben. Sonst wird sich nichts ändern. Je besser du ihre Schmerzpunkte kennst, desto besser wird es dir gelingen, die Veränderung in deinem Unternehmen mit *ihren* Bedürfnissen zu verbinden. Natürlich wird das nicht in jedem Einzelfall gelingen; aber je mehr solcher Verbindungen du schaffen kannst, desto einfacher wird es.«

»Gut«, nickte ich, »aber wann und wie lösen wir denn jetzt die Probleme?«

»Du bist mit der Übergabe an Petra schon mitten drin! Mit dem Rest sind wir noch in der Vorbereitung«, erklärte Wolfgang.

Und so fragte ich: »Und an den Problemen, die ich da herausfinde, arbeiten wir das nächste Mal weiter?«

»Ja und nein«, erwiderte Wolfgang. »*Wir* beide arbeiten später an deinem inneren, emotionalen Referenzbild, an der Teamentwicklung und noch später an deiner Vision weiter. Die Handlungsbereiche Operative Führung und Systeme / Prozesse wirst du mit einem anderen Unternehmer weiterentwickeln, der in diesen Fragen viel besser ist als ich.«

»Das machen nicht wir zwei?«, fragte ich enttäuscht.

»Bei jeder Fußballmannschaft arbeitet im Hintergrund ein ganzes Team von Experten. Der Trainer macht keine medizinischen Untersuchungen, auch das Torwarttraining gibt er vielleicht an einen Kotrainer ab, der in diesem Teilbereich besser ist als er. Und so mache ich es auch: Ich stelle dir einen Unternehmer zur Seite, der vor zehn Jahren in einer ähnlichen Situation war wie du. Er hatte eine Software-Firma, war völlig überarbeitet und die Firma flog ihm um die Ohren. Ich coachte ihn damals, und innerhalb eines halben Jahrs schaffte er es, seine Firma komplett umzubauen und sie gut zu verkaufen. Seither hat er drei neue Firmen aufgebaut und jede war ein Erfolg. Und da er nebenbei noch Zeit hat und etwas von seinen eigenen Erfahrungen weitergeben will, ist er für mich noch als Unternehmercoach tätig. Du wirst ihn als Teilnehmer beim Braintrust kennenlernen. Sein Name ist Thomas Willmann.«

Ich dachte einen Moment nach. Jemanden, der genau dasselbe schon hinter sich hat, konnte ich gebrauchen. Aber etwas störte mich noch: »Er ist für dich als Unternehmercoach tätig und zugleich ist er *Teilnehmer* beim Braintrust?«

Wolfgang nickte langsam: »Ja, das hat etwas mit unserem Selbstverständnis zu tun. Die meisten Trainer oder Speaker da draußen am Markt präsentieren sich als Gurus. Sie stehen oben und haben das Wissen und ihre Anhänger stehen unten und saugen das Wissen auf. Da ist nichts Falsches dabei, aber das ist nicht mein Verständnis. Ich bin nicht perfekt, meine Unternehmen sind nicht perfekt. Ich bin Lernender. Oft lerne ich mehr von meinen Kunden als umgekehrt.[89]

89 Die Grundidee der Neurostrategie® zum Beispiel ist im Jahr 2008 während eines Coachings mit einem Kunden entstanden.

Und das färbt auf die Community ab. Wir sind alle zugleich Lehrende und Lernende, auch die, die als Coach für mich tätig sind. Ich bin nur derjenige, der dies initiiert hat[90] und zusammenhält. Mehr nicht.«

Ich schaute Wolfgang einige Zeit an. Er meinte das ehrlich so.

4.4.6 Commitment

»Dann sind wir für heute fertig?«, fragte ich.

»Ja«, nickte Wolfgang. Und dann ergänzte er grinsend: »Fast!«

Das Grinsen verhieß nichts Gutes.

Er fuhr fort: »Du hast für dich herausgefunden, warum es so wie jetzt definitiv nicht mehr weitergehen kann. Du hast für dich einige Ziele definiert. Und ich bin mir sicher, du *willst* diese Ziele auch erreichen. Aber ich bin mir genauso sicher, dass morgen wieder irgendwelche nervigen Probleme auftauchen, um die du dich kümmern musst. Vielleicht fällt Jana auf, dass auch das Waschbecken schmutzig ist, und du würdest sie am liebsten an die Wand klatschen. Kurz: Es werden Ereignisse eintreten, die ein hohes Potenzial haben, dich von deinem Training und deinen Zielen abzubringen. Ich bin mir daher ziemlich sicher, dass du deine Ziele jetzt noch nicht erreichen *wirst*. Meinen Job verstehe ich nicht so, dass ich mit dir einen zweitägigen Workshop abhalte und dafür den Betrag X verlange. *Mein Job ist es, dich zu befähigen, Ergebnisse zu erzielen.*«

»Du meinst, ich brauche Disziplin?«, erkundigte ich mich.

»Disziplin schadet sicher nicht, wird aber bei langfristigen Zielen stark überschätzt. Du brauchst jemanden, der dich kontrolliert.«

»Das mag ich aber nun gar nicht«, warf ich ein. »Deswegen bin ich doch auch Unternehmer! Damit mich eben niemand mit seiner Kontrolle nervt!«

---

90 Und dabei lernte ich auch von vielen, die ich immer wieder in den Fußnoten erwähne.

Wolfgang schaute mich ernst an: »Kontrolle stellt sicher, dass du dich immer wieder neu auf deine Ziele fokussierst – auch und gerade dann, wenn ablenkende Ereignisse auf dich zukommen. Warum, denkst du, haben alle Spitzensportler Trainer? An 29 von 30 Tagen würden sie auch allein pünktlich auf dem Trainingsplatz stehen. Am 30. Tag tun sie es wegen der Kontrolle. Dieser eine Tag macht den Unterschied! Und das sind nur die Spitzensportler! Die Anfänger schaffen es vielleicht an vier von 30 Tagen. Im ersten Monat. Und im zweiten gar nicht mehr. Sie brauchen die Kontrolle, und du brauchst sie, wenn du wirklich Profi werden willst, auch. Alles andere ist nicht mehr als ein Hobby.«

Das leuchtete mir ein und so fragte ich nur noch mit geringem Widerstreben: »Und wie soll das funktionieren?«

Wolfgang hielt mir sein Handy hin: »Hier kommt Herr Bertram ins Spiel. Du wirst ihn anrufen und dich ihm gegenüber verpflichten. Das heißt, du schickst ihm deine Ziele und deine wöchentlichen Zwischenziele. Er wird dich jede Woche anrufen und kontrollieren. Außerdem schickst du ihm einen ausgefüllten Überweisungsträger mit einer Spende von 1000 Euro für die Partei, die du am meisten hasst.«

»Was?«, rief ich entgeistert.

»Nicht aufregen«, lächelte Wolfgang unschuldig. »Du hast es zu 100 Prozent unter Kontrolle. Erreichst du deine Ziele, dann wirft er den Überweisungsträger in den Papierkorb.«

»Das ist doch Wahnsinn!«, wandte ich ein.

»Nein.« Wolfgang lachte. »Das ist angewandte Motivation. Es geht darum, dass du dir den Rückweg versperrst. Ein bisschen so wie Agathokles in den Sizilischen Kriegen: Er verbrannte seine Schiffe, nachdem sie in Afrika gelandet waren. So mussten seine Männer gegen die Karthager kämpfen; eine andere Wahl gab es nicht mehr. – Du kannst diese Vorgehensweise aber auch noch verschärfen, wenn du möchtest. Schick Herrn Bertram für jede Woche einen solchen Überweisungsträger und lass all deine Zwischenziele kontrollieren.«

Bei dem Gedanken wurde ich bleich.

»Marc«, sagte Wolfgang etwas eindringlicher, »du bist gestern Morgen hierhergekommen, weil du wolltest, dass deine Leute das machen, was du willst. Du hast mittlerweile gemerkt, dass es um viel mehr geht. Es geht um Führung, ja. Aber es geht nicht nur darum, ein paar neue Fähigkeiten zu lernen, um besser führen zu können. Es geht darum, dein eigenes Lebensgefühl von Hilflosigkeit hin zu Freiheit, Selbstbestimmung und Selbstwirksamkeit zu verändern. Es geht letztlich darum, zu wem du selbst in diesem Prozess wirst. Es geht darum, wie du dein Leben lebst und wer du wirklich bist. Auf dem Weg zur besseren Führung wirst du dich kennenlernen, deine tiefsten innersten Potenziale freilegen, herausfinden, was dich wirklich antreibt. Und je mehr du weißt, desto besser kannst du dich entwickeln und für andere einen Beitrag leisten, der einen wirklichen Unterschied macht. Auf diesem Weg wirst du Verbindung mit dir, mit deinem tiefsten innersten Selbst, aufnehmen. Und zugleich wirst du deine Fußspuren hinterlassen. Du wirst vom Schaf zu dem großen Löwen, der in dir schlummert. Verstehst du?«

Bei diesen Worten von Wolfgang fühlte ich in mir eine Größe und Bedeutsamkeit wie lange nicht mehr. Ja, es ging um viel mehr als um ein paar Ziele! Es ging darum, dass ich der Marc wurde, der ich schon immer sein wollte und der 30 Jahre lang – seit der Zeit mit meinem Opa – geschlummert hatte. Dass ich erfüllt *mein* Leben lebte und einen Beitrag zum großen Ganzen leistete.

Und plötzlich, ohne dass ich genau wusste, wie es dazu kam, nickte ich und sagte: »Ja, ich werde die harte Variante nehmen.«

Wolfgang nickte und lächelte: »Gut gebrüllt, Löwe!«

Ich machte ein Foto des Flipcharts.

- Teilnahme am Braintrust in zwei Wochen
- Senioren-Fußball: spätestens morgen anmelden
- Fundierter Leistungscheck und Erstellung eines individuellen Ernährungsplans unter Einbeziehung eventueller Nahrungsmittelunverträglichkeiten; Ergebnisse bis 1.3.
- Gewicht: 75 kg bis 31.7.
- Täglich 30 Minuten Achtsamkeitsmeditation
- Beim Aufkommen von Wut und Aggression schnellstmöglich und direkt handeln (mindestens sieben Fälle pro Woche dokumentieren)
- Tägliches Tagebuchschreiben mit Leitfragen
- Übergabe Storywriting an Petra
- Umfrage zu drei Kriterien unter Mitarbeitern
- Einzelgespräche zur Bestandsaufnahme mit jedem Mitarbeiter

Dann rief ich Herrn Bertram an, erläuterte ihm meine Ziele und vereinbarte mit ihm Kontrollanrufe. Außerdem schickte ich ihm das Foto des Flipcharts.

Wolfgang stand auf, schaute mich freundlich an und sagte: »Du hast einen spannenden Weg vor dir, Marc, mein Freund. Ich bin gespannt, wie es dir in den nächsten Tagen bis zu unserem Braintrust ergehen wird. Danach wirst du dich mit Thomas Willmann treffen und wir beide machen in sechs Wochen weiter.«

Und zum Abschied umarmte er mich.

5. Neue Freunde

(FREITAG, 29. JANUAR – SONNTAG, 31. JANUAR)

Heute war zum ersten Mal mein Braintrust. Fast wäre ich nicht hingegangen. Als ich nämlich am Mittwoch vor einer Woche, direkt nach dem Coaching mit Wolfgang, ins Büro gekommen war, hatte mich Beate freudig begrüßt, mich in den Arm genommen und von ihrem Urlaub erzählt. Und ich hatte mich auch gefreut, sie wiederzusehen. Dann erzählte ich ihr, dass ich zwei Tage bei Wolfgang Radies gewesen sei. Sie war sehr enttäuscht, dass sie vorher nichts von Wolfgang erfahren hatte. Und meinen Hinweis auf ihren Urlaub wischte sie mit dem Kommentar, dass es seit über 100 Jahren Telefon gebe, einfach beiseite.

Damit hatte sie natürlich recht. Was ich auch zugab. Aber irgendwie schien ihr das nicht zu reichen: Ob mir ihre Freundschaft denn nichts mehr bedeuten würde? Ich versuchte ihr zu versichern, dass mir die Freundschaft sehr wichtig sei. Aber erst nachdem ich ihr haarklein erzählt hatte, was ich mit Wolfgang besprochen hatte, schien sie etwas besänftigt.

Sie nahm mich in den Arm und sagte: »Aber, Marc, das bist doch nicht du! Da hast du dich von so einem Tschakka-Erfolgstypen einwickeln lassen und versuchst jetzt so zu werden wie er. Marc, du bist ein wertvoller Mensch, wie du bist, und deshalb liebe ich dich.«

5.1 Der Wert der Verpflichtung

Seit diesem Gespräch hatte ich ein schlechtes Gewissen und mir sogar überlegt, meine Ziele zu ändern und den Braintrust zu stornieren. Aber Herr Bertram hat einfach mit dem Hinweis auf die Parteispende abgelehnt. Ich war richtig sauer am Telefon und wollte sogar die Vereinbarung mit ihm lösen.

Er aber erwiderte seelenruhig: »Das wichtigste Konzept für Unternehmer ist das Konzept der Selbstverantwortung. Das bedeutet: Du selbst kannst jederzeit frei deine Entscheidung treffen. Jede Entscheidung hat Konsequenzen. Und die musst du auch tragen! Wir haben eine verbindliche Vereinbarung, die du jederzeit lösen kannst. Nur musst du dann bereit sein, die Konsequenzen zu tragen! Ich mag diese Versuche, sich herauszuwinden, nicht.« Und irgendeine leise Stimme in mir, die ich nicht identifizieren konnte, sagte mir, dass er vielleicht recht hatte. Und das schmerzte.

> **Das wichtigste Konzept für Unternehmer ist das Konzept der Selbstverantwortung.**

Und wegen dieser Verpflichtung war ich jetzt doch hier. Als ich in den Raum mit etwa 20 Unternehmern[91] kam, fühlte ich mich etwas unsicher. Als Erstes bekam ich, ebenso wie ein weiterer Neuling, einen Paten für diese drei Tage zugewiesen. Bei mir war es Carlos Anconia Sanchez. Er war Mitte dreißig und wirkte auf mich wie ein stolzer, etwas gockelhafter Finca-Besitzer, der ein bisschen zu viel redete. Ich war mir nicht ganz sicher, ob ich mit dieser Zuteilung glücklich sein sollte.

Obwohl mich Wolfgang vor eineinhalb Wochen diesbezüglich beruhigt hatte, hatte ich Angst, dass die anderen bestimmt schon viel

91 Bei unseren normalen Braintrusts, die viermal im Jahr für einen Tag stattfinden, sind es zehn Unternehmer, bei dem von Andreas Müller und mir persönlich geleiteten Intensiv-Braintrust viermal im Jahr drei Tage mit aktuell 20 Unternehmern.

weiter waren als ich. Zu Beginn schilderten alle ihre aktuelle Herausforderung. Für mich war das ganz unglaublich! Einer war kurz vor der Pleite und sprach ganz offen drüber. Ein anderer, ein unglaublich erfolgreicher Unternehmer, hatte Schwierigkeiten, sich gegenüber seinem Manager durchzusetzen, und ein dritter schilderte die Situation, dass er nur noch im Zombiemodus in sein Unternehmen gehe. Einen so offenen Umgang untereinander hatte ich außerhalb von vertrauten Zweiergesprächen zuletzt mit meinen Freunden während der Studienzeit erlebt.

Und als wäre das noch nicht genug, hinterfragten die anderen, ob das genannte Problem wirklich das Problem war oder ob noch was Tieferes dahinterlag. Das war so direkt, dass sich keiner verstecken konnte. Was meine Angst natürlich noch steigerte. Was sie bei mir wohl rausfinden würden?

Als ich dann dran war, schilderte ich meine Situation und beschrieb, was ich die letzten zehn Tage gemacht hatte, also zumindest den angenehmeren Teil davon: »Ich war vor zehn Tagen bei Wolfgang zum Coaching. Dort haben wir Ziele für mich definiert, und zwar möchte ich meine Fachkraftaufgaben loswerden, meinen Status trainieren und meine Mitarbeiter nach den drei Kriterien herausragender Führung befragen.«

Die anderen sahen mich aufmunternd an, sagten aber nichts. So fuhr ich fort: »Ich habe es tatsächlich geschafft, meine Fachkraftaufgaben an eine Mitarbeiterin, Petra, zu übergeben. Dazu nahm ich mir jeden Tag ein bis zwei Stunden Zeit, um mit ihr ihre Storys durchzugehen und ihr mein Wissen zum Storywriting weiterzugeben. Fast 80 Prozent kann sie mittlerweile selbst. Erst gestern hat sie gesagt, wie sehr sie diese Unterstützung durch mich wertschätzt und dass ihr diese neue Aufgabe total viel gibt. Dadurch habe ich zwar nicht ganz, aber fast die geplante Zeit gewonnen. Ja, und dank der guten Vorarbeit von Werner – Werner und Ria sind bei mir für die Akquise zuständig – haben wir außerdem neue Aufträge bekommen, sodass wir finanziell einigermaßen sicher dastehen. Werner ist deutlich effektiver als Ria. Außerdem bin ich dabei, mit dem Achtsamkeitstraining eine neue Gewohnheit zu schaffen. Die Meditation gibt mir zwar nicht wirklich was, aber ich habe mich ja verpflichtet und mich dann auch daran gehalten. Dann habe ich ein Check-up bei einem Leistungsmediziner gemacht. Die Ergebnisse sollten in zwei Wochen vorliegen. Zudem habe ich begonnen, abzunehmen. Ich esse gesünder und war schon zweimal beim Seniorenfußball. Klingt für mich etwas merkwürdig – ich fühle mich mit 42 noch keinesfalls als Senior. Das mit dem Essen ist ätzend; Fußball hat hingegen echt Spaß gemacht, auch wenn ich eher über den Platz gekrochen bin. Immerhin habe ich schon zwei Kilo geschafft.«

»Nicht schlecht«, sagte einer aus der Runde.

»Dann habe ich die Ergebnisse meiner Mitarbeiterbefragung ausgewertet und die waren ziemlich verheerend. Die drei Werte waren Energie 0,3, Beitrag / Kundennutzen 0,5 und Zukunft / Wachstum minus 7. Ich habe diese Ergebnisse im Unternehmen bekannt gemacht und erklärt, dass ich mit allen Mitarbeitern Einzelgespräche führen möchte, um die Ursachen herauszufinden. Bislang habe ich erst drei Einzelgespräche geschafft, habe aber noch bis nächsten Freitag – da ist das Coaching bei Thomas – Zeit. Bis dahin schaffe ich das.«

Als ich das geschildert hatte, herrschte einen Moment Ruhe. Dann kam Lob von Thomas: »Ich finde es super, dass du mit Herrn Bertram ein so hartes Commitment eingegangen bist. Gerade bei Dingen wie Meditation und Abnehmen, die weder schnelle Ergebnisse bringen noch sonderlich lustbesetzt sind, ist der Bertram unabdingbar. Nur so kannst du Ergebnisse erzielen.«

Daraufhin herrschte einen Moment Schweigen und dann meldete sich Olli Steinbach: »Ich finde super, dass du dich auf den Weg machst und hier dabei bist, aber, wirklich ein großes ABER, ich glaube, du hast uns nur einen Teil der Geschichte erzählt.«

»Wie meinst du das?«, fragte ich – wohl wissend, dass ich die Geschichte mit Beate und dass ich fast nicht gekommen wäre, nicht erzählt hatte.

»Jeder hier war mal in einer ähnlichen Situation wie du! Während der Arbeit an den Zielen passieren immer Dinge, mit denen man überhaupt nicht gerechnet hat, die völlig ungeplant stattfinden, das sind bisweilen echte Tiefschläge, die dem Ganzen eine neue Richtung geben. Das passiert bei uns allen und davon hast du nichts erzählt. Was fehlt noch?«

Sch..., waren die hart und offensiv. Irgendwie wollte ich das mit Beate nicht erzählen, und so suchte ich verzweifelt nach einem Ausweg, bis mir plötzlich, gerade im richtigen Moment, Jana einfiel.

»Ja, du hast recht, Olli! Zwei Tage nachdem ich das Coaching bei Wolfgang hatte, saß ich morgens an einer E-Mail, als Jana, meine Assistentin, sich draußen auf dem Flur mit Ria zoffte. Ich spürte Aggression und Wut in mir hochkommen. Ich nahm sie bewusst wahr, wie Wolfgang mir das nahegelegt hatte, und durch die Wahrnehmung wurde sie stärker. So stark, bis ich an dem Punkt war, dass ich ohne nachzudenken rausrannte und beide anschrie: ›Mir reicht's hier! Dieses Gezoffe geht mir so dermaßen auf die Nüsse, ich ertrage es nicht mehr. Wenn ich das noch einmal erleben muss, dann fliegt ihr beide! Ist das klar?‹ Die beiden schauten mich ziemlich geschockt an und wollten in ihre Büros gehen, aber das wollte ich nicht zulassen, und so sagte ich mit lauter, schneidender Stimme: ›Stopp! Ist das klar? Ich will eine Antwort!‹ Beide nickten und wollten weitergehen, aber ich hatte noch genug Power, dass ich sagte: ›Ich will die Antwort hören! Laut!‹ Und ich bekam völlig überraschend von beiden ein Ja. Als ich wieder in mein Büro ging, fühlte ich mich völlig ausgepowert. Das Adrenalin pumpte noch durch den Körper. Kurz darauf kam Jens, mein Kameramann, herein und sagte: ›Mensch, Chef, das hätte ich gar nicht von dir erwartet. Gut, dass du den beiden Zicken endlich mal gesagt hast, wo der Hase langläuft!‹ Einige Zeit später kam jedoch Beate zu mir und erzählte, wie schlecht die Stimmung bei den beiden sei und dass sie überlegten zu kündigen. Und dass sie das wieder in Ordnung bringen und die beiden überzeugen könne, zu bleiben. So ein Verhalten – das sei doch nicht ich und sie wäre für mich da.

Schließlich war ich ihr dankbar, dass sie es schaffte, die Wogen wieder einigermaßen zu glätten.«

»Schon viel offener«, lächelte Olli. »Dein Umgang mit deiner Aggression war zwar noch etwas grobschlächtig, aber immerhin! Ich glaube, diese Erfahrung von Gegenwind und schlechtem Gewissen haben wir alle gemacht, als wir das erste Mal eine solche Ansage gemacht haben, oder?«

Alle nickten und da war meine Zeit zum Glück auch schon um und der Nächste war an der Reihe.

Beim Mittagessen kam jedoch Carlos zu mir: »Marc, Wolfgang hat mich als dein Pate eingeteilt. Mira[92]! Mein Job ist, dich hier zu integrieren, sodass sowohl du als auch die Gruppe möglichst viel davon haben. Das mache ich ausgesprochen gerne. Wir spielen hier untereinander mit absoluter, harter Offenheit – ich glaube, eine solche Runde findest du nirgends sonst –, das erfordert aber auch, dass du mit völliger Offenheit und Klarheit mitspielst. Wir unterstützen uns hier gegenseitig, intellektuell, mental und emotional, und jeder hier bringt Zeit, Geld und Energie ein. Ich will ehrlich zu dir sein: Es hat keiner Lust, dir zu helfen, wenn du uns Bullshit erzählst. Wozu auch? Wir würden uns dann über nicht existierende Probleme die Köpfe heiß reden. Du verstehst? Das hier ist sehr offen und sehr emotional, aber auch sehr, sehr hart.«

»Wieso Bullshit? Ich habe doch, nachdem Olli nachgehakt hat, die andere Sache erzählt.«

»Das war schon besser, compadre«, gestand Carlos zu. »Aber das war erstens immer noch nicht alles und zum eigentlichen Problem bist du überhaupt nicht vorgedrungen.«

»Und was soll das sein?«

»Siehst du das nicht, Marc? Mira! Wer ist Beate, und warum erlaubst du ihr, dich vom Weg abzubringen?«

Bums, das saß! »Aber sie ist meine beste Freundin«, wehrte ich

---

92 Spanisch: »Schau her!«

mich. »Ich tausche mich mit ihr über alles aus. Sie ist meine Vertraute!«

»Erzähl mir mehr«, forderte mich Carlos etwas ruhiger auf.

Ich versuchte, mich zu winden, aber nach einigen Minuten lag offen auf dem Tisch, dass ich früher gern was mit Beate gehabt hätte, aber daraus nichts geworden war. Und dass ich irgendwie noch immer die Hoffnung hatte, dass da vielleicht doch noch was draus würde. Obwohl sie ja verheiratet war. Aber nicht sehr glücklich.

Da das Mittagessen zu Ende war, schloss Carlos: »Marc, compadre, ich mag dich. Lass uns heute Abend noch in die Hotelbar gehen und ein paar Überstunden machen. In Ordnung?«

Ich wollte gerade vorschlagen, dass wir uns zusammen im Fernsehen das Fußballspiel anschauen könnten, als mir gerade noch rechtzeitig in den Sinn kam, dass das vielleicht doch keine gute Idee wäre. Wie anders diese Leute hier waren als Anton und Dieter!

Beim Abendessen hatte ich endlich das Gefühl, Austausch mit Gleichgesinnten zu haben. Sie hatten dasselbe durchgemacht wie ich jetzt und jeder war offen und hilfsbereit. Und ich hatte nach dem Gespräch mit Carlos beschlossen, genauso offen zu sein. Fast hatte ich das Gefühl, nach nur einem Tag 20 neue Freunde gefunden zu haben.

Besonders das Gespräch mit Uwe beim Abendessen ging mir noch lange nach. Er hatte ein Unternehmen im Maschinenbau mit 150 Mitarbeitern. Als er hörte, dass ich mit meinem Unternehmen Storytelling machte, wollte er mehr wissen. Er brauche Storytelling für die Entwicklung seiner Unternehmenskultur und überlegte, mit Storys die Werte in seinem Unternehmen zu verankern. Ich unterstützte ihn darin, letztlich haben Menschen seit 100 000 Jahren mit den Geschichten am Lagerfeuer ihre Kultur weitergegeben. Ich könnte ihm dabei helfen.

Uwe wurde immer neugieriger, bis er erfuhr, dass ich aktuell noch der Einzige in meinem Unternehmen war, der richtig gut im Storytelling war. Seine Antwort war: »Pass auf, Marc, solange du der Einzige bist, könnte ich auch mit einem Freelancer zusammenarbeiten. Der hat denselben Nachteil wie du: Wenn er krank ist, dann gibt's keine Storys. Allerdings hat er auch einen Vorteil: Er ist preiswerter.« Auf meinen Einwand, dass er bei mir aber Chefbehandlung hätte, erwiderte er nur: »Chefbehandlung heißt für mich, dass du noch Fachkrafttätigkeiten machst und demzufolge deinen Laden noch nicht im Griff haben kannst. Ich will keine Chefbehandlung, sondern ein zuverlässig gutes Ergebnis. Wir kommen ins Geschäft, wenn du das geregelt hast.«

Die Unternehmer hier tickten echt anders! Jeder andere wäre begeistert gewesen. Diese Leute hier sahen den Mangel in der Chefbehandlung und wussten sofort, dass dann meine Firma nicht richtig geführt sein konnte. Wahnsinn!

Dieses Umfeld war etwas Besonderes! Und mit Olli und Thomas habe ich mich gleich angefreundet. Die Leute gaben mir auch das Gefühl, nicht nur das Nesthäkchen mit den Problemen zu sein. Nein, ich hatte auch was beizutragen. Und meine Erfahrungen wurden genauso angehört wie die aller anderen. Ich fühlte mich in diesem Umfeld selbst besonders.

Diese Leute hatten zusammen etwa 800 Mitarbeiter und vielleicht 10 000 Kunden. Und daran hingen die Mitarbeiter der Kunden und die Familien der Mitarbeiter. Diese Unternehmer hatten eine Art kollektives Selbstbewusstsein: Wir können gemeinsam das Leben von Zigtausend Menschen zum Besseren wenden. *Jeder einzelne Unternehmer kann etwas dazu beitragen. Und wenn wir alle zusammenwirken, dann verändern wir die Welt.* Der eine, indem er stromsparende Server installiert, der Nächste, indem er als bester Arbeitgeber Deutschlands Vorbild wird, und der Dritte, indem er CO_2-neutral produziert und seine Erfahrungen bei der Umstellung kostenlos ins Netz stellt. Zusammen strahlten sie aus, dass sie als Unternehmer was Sinnvolles machten und die Welt veränderten.

So musste sich bei Artus die Tafelrunde angefühlt haben. Das wollte ich für mich auch spüren! Immer!

5.2 Die Statusspiele

Am Abend trafen wir uns in der Hotelbar. Als ich ein Bier bestellen wollte, schüttelte Carlos nur den Kopf und bestellte für mich einen alkoholfreien Cocktail: »Wir arbeiten hier noch!«

Ich schaute etwas verdutzt, nickte dann aber.

»Marc, compadre, wir waren heute Mittag stehen geblieben bei deiner Freundin Beate. Erzähl mir noch mehr von ihr!«

Den ganzen Tag über hatte ich Carlos als jemanden wahrgenommen, der gern erzählte, außerdem riss er einen Witz nach dem anderen, und so war ich nun ein bisschen erstaunt, wie gut er zuhören konnte. Er unterbrach nur hin und wieder mit einer Frage und nach etwa einer Viertelstunde hatte er sich offenbar ein gutes Bild von meiner Situation gemacht. Vor allem hatte ich ihm auch verraten, dass ich wegen Beate fast nicht gekommen wäre. Und dass es mich sehr traurig stimmte, dass sie mich nicht unterstützte.

»Marc, du verstehst nicht im Geringsten, warum sie sich so verhält, richtig?«

»Nein«, gab ich zu und wunderte mich, wie er darauf gekommen war.

»Der Alte, also Wolfgang, hat dir doch bestimmt die Sache mit dem Status erklärt, oder?«

»Ja, schon, aber was hat das mit Beate zu tun?«

»Alles, amigo, alles! Wer hat Einfluss auf dich? Welche Freunde hast du, die auf dich Einfluss haben?«

»Außer Beate keine«, gab ich zu.

»Aber Wolfgang hatte vor zehn Tagen Einfluss auf dich, oder?«

»Ja, einen sehr großen sogar! Aber du glaubst doch nicht etwa, dass Beate eifersüchtig ist? So ist sie nicht!«

»Nun, ich bin kein feinfühliger Coach, Marc. *Ich bin der Löwentrainer.* Deshalb sage ich dir meine Meinung *direkt*. Keine Ahnung, ob du was damit anfangen kannst. So, wie du mir Beate schilderst, bist du zwar formal ihr Chef, aber sie hat den höheren inneren Status. Du bist ihr hörig, und damit du das nicht bemerkst, legt sie die Patina ihrer ewigen Liebe und eurer Gleichheit drüber. Vermutlich glaubt sie das sogar selbst, aber es ist nur Geschwätz, damit du nicht merkst, was eigentlich abgeht. Und du willst ihr Geschwätz glauben, weil du mit ihr ins Bett willst. Das wird aber niemals passieren – wieso sollte sie mit einem Waschlappen ins Bett gehen, den sie nach Belieben beherrschen kann? Und plötzlich, compadre, kommt der Alte und du beginnst in eine andere Richtung zu laufen. Du spürst das erste Mal seit Langem den kleinen Löwen in dir. Und das merkt sie natürlich sofort – Frauen sind da extrem feinfühlig. In ihr schrillen sämtliche Alarmglocken. Statt sich jetzt inhaltlich mit Wolfgang auseinanderzusetzen, wie das viele Männer machen würden, spielt sie sehr geschickt das ›Du bist schuld‹-Nähe-Entzugsspiel. Und am Ende hast du ein schlechtes Gewissen und glaubst, du hättest was Falsches gemacht. Nur hat ihr das dieses Mal dank Herrn Bertram nichts geholfen.«

»Genau«, erwiderte ich bockig. »Ich lasse mich nicht von ihr beeinflussen!«

»Oh, Marc, hättest du aber ohne den Bertram! Hättest du! Und du merkst auch nicht, dass sie keinesfalls aufgegeben hat. Schau, als du deinen Aggressionen bei Jana und Ria freien Lauf gelassen hast, merkte sie, dass sich gerade etwas bei dir ändert. Das würde auf Dauer deinen Status erhöhen und ihren damit relativ senken. Und es würde das ganze Statusgefüge im Unternehmen durcheinanderbringen. Mit einem hohen Risiko, dass sie hinterher nicht mehr die heimliche Königin ist.«

»Aber ich kann einfach nicht glauben, dass sie so ein Biest ist, wie du sie jetzt zeichnest.«

»Ich habe *nicht* gesagt, dass Beate ein Biest wäre und das alles voll bewusst und mit Absicht machen würde – ihr Verhalten dürfte im Moment eher aus ihrem Gefühl heraus entstehen. Ich schildere lediglich die Prozesse dahinter. Jedenfalls schrillten bei ihr wieder die Alarmglocken und sie musste dich ausbremsen. Und da kommt sie zu dir und erzählt dir eine Geschichte, dass die beiden kündigen wollen, und du bekommst Angst. Woher weißt du, dass die beiden wirklich kündigen wollen? Sie wird Jana und Ria erzählt haben, dass sie einen großen Einfluss auf dich hat und das schon wieder in Ordnung bringt. Dass sie beide keine Angst haben müssen, du würdest sie wirklich rauswerfen. Damit verschafft sie sich einen hohen Status bei den beiden und bei dir. Echt clever!«

Im ersten Moment wollte ich das weit von mir weisen und ihn auffordern, nicht mehr in dieser Form von Beate zu sprechen. Aber in genau diesem Moment fiel mir noch ein Detail ein, dem ich bislang keine Aufmerksamkeit geschenkt hatte: »Ich habe Beate auch erzählt, dass Jens es super fand, dass ich den beiden mal die Meinung gegeigt habe.«

»Und da hat sie irgendetwas gemacht, um ihn in deinen Augen im Status zu senken, richtig?«

»Ja«, gab ich zu. »Sie nannte ihn einen blöden, frauenverachtenden Macho, der mit Frauen am liebsten immer so umspringen würde. Und da musste ich ihr recht geben.«

»Marc, compadre«, schüttelte Carlos den Kopf, »du verstehst das Statusspiel und dass alles Status ist, wirklich noch nicht. Pass auf, ich zeig dir was. Spiel einfach mit und wir reden morgen Abend weiter, okay?«

Etwas verwirrt schaute ich ihn an, aber er stand einfach auf und ging an mir vorbei. Hinter mir war eine Gruppe aus einem Mann und zwei Frauen, eine davon blond und ausgesprochen hübsch und eine so mittelprächtig, fast schwarzhaarig und etwas kleiner. Die Blonde sprach mit dem gut aussehenden Mann, der immer mal wieder auf sein Handy schaute. Die kleinere Frau hielt sich an ihrem Rotwein fest. Alle wirkten etwas gelangweilt. Carlos stellte sich nun direkt neben die Kleine. Seine Ausstrahlung schien viel intensiver geworden zu sein. Er stand also neben der kleineren, schwarzhaarigen Frau, aber dem Barkeeper zugewandt und bestellte auch einen Rotwein. Was machte der da? Er hatte hier doch noch was zu trinken! Wollte er die jetzt anbaggern?

Der Barkeeper fragte zurück, welchen, und Carlos fragte über seine Schulter hinweg offenbar die Schwarzhaarige, so genau konnte ich das nicht verstehen, ob ihrer denn gut sei, und während der Barkeeper die Bestellung ausführte, unterhielt er sich weiter über seine Schulter hinweg mit ihr, bis sie plötzlich lachte und Carlos direkt anschaute. Da drehte er sich auch zu ihr um und war plötzlich mitten im Gespräch mit ihr.

Nach einiger Zeit begannen die anderen beiden, Carlos und die Schwarzhaarige zu beäugen. Carlos, der das merkte, bezog sie auch ins Gespräch ein: »Keine Angst, amigos, ich werd schon keinen Stierkampf mit eurer Freundin machen!« Und nach kurzer Zeit unterhielt er die ganze Gruppe und sie lachten bei jedem zweiten Satz von ihm. Gerade als ich begann, wütend zu werden, und gehen wollte, drehte sich Carlos zu mir um, winkte mich her und stellte mich der Gruppe vor: »Was für einen Wein würdest du denn meinem Freund Marc empfehlen, Anita?« Und ohne dass ich noch richtig wusste, was mit mir geschah, war ich im Gespräch mit der schwarzhaarigen Frau, Carlos hielt sich an die umwerfende Schöne, während der dritte Mann noch mehr an seinem Handy rumfingerte und schließlich ging.

Der Abend dauerte bis um zwei Uhr nachts und war sicher einer der lustigsten Abende, die ich seit Langem erlebt hatte. Für Carlos dauerte der Abend vermutlich noch deutlich länger, weil er mit Liz, der Schönen, im Arm die Bar verließ.

Den ganzen nächsten Tag über versuchte ich zu verstehen, was mir Carlos damit hatte zeigen wollen. Immerhin nagte seine Interpretation von Beates Verhalten an mir. Auch wenn ich das definitiv nicht glauben wollte oder konnte. Aber ich wollte mehr wissen. Und so fieberte ich dem Abend entgegen und hoffte, dass Carlos mir noch mehr erzählen würde.

Er begann: »Was hast du gestern Abend gesehen?«

Ohne zu zögern, antwortete ich: »Dass du ein Macho bist, aber immerhin ein netter.«

Carlos lachte laut: »Du hättest dein Gesicht sehen sollen, als ich die dunkelhaarige Frau angequatscht habe. Okay, du hast das Wesentliche verpasst.«

»Und was war das? Wir haben uns über Wein, über Musik und über Freunde unterhalten. Was war daran so wesentlich?«

Kopfschüttelnd erwiderte Carlos: »Du siehst die Statusseite nicht, compadre! Der Typ wollte Liz, hatte aber keine Ahnung, wie er an sie rankommen könnte. Deswegen fingerte er lieber an seinem Handy rum als an ihr. Liz hatte den höchsten Status von allen dreien. Das war ihr bewusst, deswegen ließ sie den Typ am ausgestreckten Arm verhungern. Aber eigentlich wollte sie den eigenen hohen Status gar nicht; denn hätte sie ihn gewollt, hätte sie die ganze Gruppe unterhalten und Spaß gehabt. Das machen Alphas nämlich meist. Anita hingegen fühlte sich ausgeschlossen und gelangweilt. Ich wählte einen hohen Status, als ich mich neben sie stellte. Ich sprach sie zwar an, aber nur über die Schulter. Sie wusste in den ersten Sekunden noch nicht, welchen Status sie mir geben sollte. Als sie lachte, war das ein Zeichen, dass sie meinen höheren Status vorerst akzeptiert hatte – ich konnte mich ihr zuwenden. Dadurch, dass ich mit Anita sprach, stieg ihr Status in der Gruppe. Liz spürte, dass da jemand, nämlich ich, in ihr Reich eindrang, und war überaus verwirrt, weil sie doch die Schönere war. Wieso sprach der Typ Anita zuerst an? Das machte sie neugierig, sie wandte sich mir zu und ich war im Gespräch. Der Typ hatte keine andere Wahl, als gute Miene zum bösen Spiel zu machen, und sank im Status noch weiter. Ich beschäftigte mich so lange mit Liz, bis ihr klar war, dass ich den höchsten Status hatte. Dann konnte ich dich reinholen – obwohl du am liebsten gegangen wärst. Von meinem Status färbte etwas auf dich ab – du warst ja mein Freund. Damit warst du für Anita attraktiv genug. Und der Typ war völlig abgemeldet und konnte nur noch gehen.«

Je länger er sprach, desto verblüffter war ich. Tatsächlich war mir dieser Aspekt völlig entgangen. Ich hatte nicht mal geahnt, dass da unterschwellig etwas abläuft. Obwohl Status neulich ein großes Thema im Gespräch mit Wolfgang war. Langsam ahnte ich, warum

Carlos in meiner Erzählung über Beate was völlig anderes sah. Er hatte eine andere Wahrnehmung als ich. Da war es wieder: Wolfgang sprach am Anfang von Wahrnehmungsmodellen statt von Handlungsmodellen. Wenn ich mein Unternehmen als Netz von Statusverhältnissen sehen könnte, dann hätte ich einen völlig anderen Zugang zur Führung.

Und so fragte ich Carlos schließlich: »Wie machst du das? Kann man das lernen?«

»Klar, amigo! Setz dich abends in eine Bar und beobachte andere Gruppen. Das Gute daran ist, dass du nichts hörst und nicht durch den Inhalt abgelenkt wirst. Versuch einfach zu verstehen, was da statusmäßig passiert. Schau auf Körperbewegungen, auf Blicke. Nach einiger Zeit erkennst du die Signale ziemlich leicht. Aber der wichtigere Teil ist dann der: Was machst du damit? Fang an, Statusexperimente zu machen. Geh im Tiefstatus auf den Wortführer zu, im Hochstatus auf den Rebellen usw. Probiere aus, was passiert.«[93]

»Das würde ich mich nicht trauen, das bin nicht ich«, erwiderte ich.

»Marc, streich diesen ›Das bin nicht ich‹-Scheiß von Beate aus deinem Wortschatz! Ein für alle Mal! Das limitiert dich nur!«

»Aber ich bin doch nun mal so, wie ich bin! Was willst du eigentlich von mir?«

5.3 Betaisierung

Carlos dachte einen Moment nach, dann bestellte er uns beiden noch was. »Als Kinder hatten wir diese Haltung nicht. Wir waren im einen Moment der Fußballspieler und im nächsten der Superheld. Das war cool! Es interessierte uns nicht, ob das wir waren oder nicht. Wir

93 Oder mach bei einer Impro-Theatergruppe mit, da ist alles Status.

waren es einfach in dem Moment! Nur, was haben unsere Eltern dann gesagt?«

»Sei doch mal nicht so! Sei mal der liebe Junge, der seiner Mutter hilft!«, erwiderte ich.

»Genau«, nickte Carlos. »*Die anderen brauchen unsere Identität viel mehr als wir selbst.* Und warum? Um uns kontrollieren zu können! Die Kontrollversuche laufen dann oft so ab: ›Marc, du bist ein wirklich großartiger Freund.‹ Dir wird eine positive Identität zugeschrieben, und dein Inneres schreit: ›Ja, ja!‹ Und dann geht der Satz weiter: ›Und weswegen hast du mir das mit diesem Wolfgang Radies nicht gesagt? Das machen doch großartige Freunde so!‹ Bingo, schon hängst du am Haken und kommst nicht mehr los. *Wenn du es erlaubst, dass andere dir eine Identität zuschreiben, oder noch schlimmer, wenn du dir selbst nur eine einzige Identität zuschreibst, dann bist du kontrollierbar. Und wer kontrollierbar ist, sinkt im Status.*«

Wer kontrollierbar ist, sinkt im Status.

»Und warum sollten das die anderen wollen?« Dieses Menschenbild gefiel mir nicht.

»Compadre, der Alte hat dir doch bestimmt von den Primatengruppen und den drei Kriterien der herausragenden Führung erzählt, oder?«

»Ja, hat er!«

»Er hat dann auch erzählt, dass Gruppen einen starken Alpha brauchen, einen, der in der Lage ist, die Gruppe in die Schlacht gegen das Mammut zu führen und sie in Krisensituationen zusammenzuhalten. Richtig?«

»Ja, richtig.«

»Dummerweise hat so ein richtig starker Alpha auch ein paar Nachteile für die Gruppe. Er könnte alle Weibchen für sich allein beanspruchen und alle Nahrung nur noch für sich und die Weibchen. Er könnte unberechenbar und zum Despoten werden. Und je länger das geht, desto allmächtiger würde er. Das wäre dann ab einem bestimmten Punkt genauso lebensgefährlich wie ohne Alpha.«

»Ja, sehe ich auch so. Aber was hat das mit dem ›Das bin nicht ich‹ zu tun?«

»Aus diesem Grund *müssen* die anderen den Alpha kontrollieren, ihn wieder zum Beta machen. Betaisieren nennt sich das. Und sobald ihnen das gelungen ist, wird er von einem neuen Alpha zur Seite geräumt, der auch noch innerlich Alpha ist. Ist dasselbe bei Weibchen. Sie wollen das Männchen mit den besten Genen, also den Alpha. Ist das Kind geboren, brauchen sie zumindest ein paar Jahre Schutz. Der Alpha würde sich aber lieber mit anderen Weibchen vergnügen. Also *muss* das Weibchen ihn betaisieren. Gelingt ihr das, dann ist er ein guter Beschützer. Aber die sexuelle Anziehungskraft sinkt – er ist ja nicht mehr der Alpha, sondern nur ein langweiliger Beta. Das zweite Kind kommt dann oft von einem anderen, der noch Alpha ist. Nur weiß das der ursprüngliche Alpha meist nicht. Der kümmert sich weiter um die Kinder. Was meinst du denn, warum Chefs und Männer so auf ihre Freiheit pochen? Oft können sie gar nicht benennen, was sie damit eigentlich meinen. Es ist nur so ein diffuses Gefühl, sich gegen diese Betaisierungsversuche, die sie oft nicht erkennen können, zu wehren. Und jetzt zurück: Die Festlegung des Alpha auf eine Identität durch die Betas ist einer der Schlüsselmechanismen der Betaisierung. Beate betaisiert dich, indem sie über ›Das bist doch nicht du‹ deine Identität definiert. Und du lässt dich darauf ein!«

»Das klingt für mich zwar alles sehr überzeugend, aber dieses Menschenbild gefällt mir nicht«, erklärte ich.

»Marc, amigo, ich sagte nicht, dass dies aus Bösartigkeit geschieht. Sondern dass es einen evolutionären Nutzen hat und deshalb in unsere unterbewussten Verhaltensprogramme eingeprägt ist. Und es gibt eine Vielzahl solcher Muster, um andere zu betaisieren. Zum Beispiel die sogenannten Double Binds, also widersprüchliche Botschaften: Deine Mitarbeiter fordern, dass du ihren Problemen gegenüber aufmerksamer sein sollst, und zwei Minuten später sagen sie dir, dass du klare Ansagen machen sollst. Das aber mit einem solch unterwürfigen Blick, dass du Beißhemmungen bekommst. Sobald du dich darauf einlässt, hast du ein Problem, amigo. Das ist meist keine Bösartigkeit – sie sind ja Betas und Betas sind eben gerade nicht klar. Ein anderes Beispiel sind Glaubenssätze: Wir leben heute ja in einer demokratischen Gesellschaft und da führt man so und so. Wieder ein Kontrollversuch. Gehst du darauf ein, hast du ein Problem! Auch das ist nicht bösartig, die glauben das wirklich! Und daneben gibt es eine Vielzahl weiterer Mechanismen, um einen Alpha zu betaisieren und zu kontrollieren.«

»Wenn das stimmt, dann wäre das ja furchtbar! Du wärst als Alpha in jedem Moment in einem aussichtslosen Kampf gefangen und müsstest dich permanent verteidigen.«

»Wirke ich so, als ob mein Leben furchtbar wäre?«, grinste Carlos.

»Nein«, überlegte ich. »Eigentlich habe ich selten Menschen erlebt, die so relaxed, frei und respektlos wirken.«

»Das Ganze ist ein Spiel für mich. Das Geheimnis sind die inneren Bilder. *Ich* entscheide in jedem Moment, wer ich bin und welche Regeln für mich gelten. Mal bin ich der Haciendero, mal der Dalai Lama, mal der Torero, mal Nelson Mandela. Und ich lebe in diesem Moment nur nach diesen Regeln. Es kann sein, dass ich dabei mit wehenden Fahnen untergehe, weil ich zum Beispiel als Torero in eine Feministinnenversammlung reinplatze, aber diesen Preis bezahle ich gerne. Das wäre vermutlich noch lustig. Jedenfalls lasse ich nicht zu, dass jemand anderes definiert, wer ich sein soll oder nach welchen Regeln ich spielen soll. Niemals! *Da* entstehen Aggressionen bei mir.«

In diesem Moment erinnerte ich mich plötzlich an die Geschichte vom Schafslöwen. Das Betaisierungsinstrument war, dass die anderen Schafe dem kleinen Löwen eine Identität einredeten, die Identität eines Schafs. Und in diesem Moment wurde ich wirklich wütend auf Beate. Ich erzählte dies Carlos.

»Marc, amigo. Du hast das Herz eines Löwen! Du brüllst schon hin und wieder, das ist gut! Aber meist verhältst du dich noch wie ein Schaf. Nun, immerhin hast du dein Löwenrudel jetzt gefunden!«

Und mit diesen Worten nahm er mich in den Arm.

6. Der Umbau der Firma beginnt

(FREITAG, 5. FEBRUAR)

Bereits eine Woche später hatte ich eine Verabredung mit Thomas Willmann, dem Unternehmercoach, mit dem ich mich schon beim Braintrust angefreundet hatte. Wir trafen uns in einem Besprechungsraum in der Firma von Thomas. Der Raum war großzügig und modern eingerichtet. Auf dem Tisch standen nicht Kaffee, Cola und die obligatorischen Kekse, sondern Wasser, Nüsse und frisches Obst. Diese Ernährung spiegelte sich auch im Äußeren von Thomas wider. Er war Mitte 40, durchtrainiert und etwa 1,90 Meter groß. Sein Äußeres wirkte eher wie das eines Bergsteigers als das eines Software-Unternehmers oder gar Programmierers.

Thomas begann: »Du hast ja bereits zwei Tage mit Wolfgang gearbeitet. Von ihm weiß ich, dass du – neben deiner Arbeit am Status – erst mal bei der operativen Führung und vor allem deinen Prozessen und Systemen ansetzen willst. Von den sieben Handlungsfeldern der Führung werden wir uns heute also vor allem mit diesen beiden beschäftigen. Ihr hattet festgestellt, dass du im Wesentlichen über Aufgaben und nicht über Ziele führst. Und das noch nicht mal richtig systematisch. Und du hattest die Hausaufgabe, mit jedem deiner Mitarbeiter ein Einzelgespräch zu führen und die Schmerzpunkte zu identifizieren. Ich möchte folgenden Vorschlag für den Tag machen: Zuerst schilderst du mir deine Erkenntnisse aus diesen Gesprächen. Dann werde ich noch ein paar Grundlagen für den Führungsstil 5, also für die emotionale Führung mit Sinn, legen. Und auf dieser Basis schauen wir uns dann konkret an, wie du bei dir zu sauberen Führungsstilen 2 und 3, also zum Führen mit Aufgaben, Prozessen und Zielen, kommst. Die Grundlagen für Führungsstil 5 sind nötig, damit du später nicht wieder alles umbauen musst. Und sie sind nötig, weil es mit diesen Grundlagen dramatisch besser funktioniert. Falls sich im Verlauf des Tages noch irgendwelche unvorhergesehenen Punkte ergeben, weichen wir davon natürlich ab. In Ordnung?«

Ich nickte. Thomas wirkte sehr klar und strukturiert auf mich.

6.1 Die Ergebnisse der Mitarbeitergespräche

6.1.1 Was Marc nervt

»Gib mir bitte zuerst mal eine Übersicht, was bei den Gesprächen mit deinen Mitarbeitern herausgekommen ist.«

Ich holte meine Notizen hervor und begann: »Ich fand die Gespräche enorm anstrengend. Meine wichtigsten Erkenntnisse waren folgende: Erstens gab es im Unternehmen massenhaft irgendwelche Gerüchte, die keinerlei Grundlage hatten, aber das Verhalten meiner Mitarbeiter beeinflusst haben. Ich wusste zuvor überhaupt nicht, dass es auch nur ein einziges dieser Gerüchte gab! Einige glaubten zum Beispiel, dass Beate und ich ein Verhältnis hätten, und gingen deshalb sehr oft zu ihr, wenn sie was von mir wollten. Sie glaubten, dass sie das über den Umweg Beate viel leichter bekommen könnten. Andere nahmen an, dass die Tage von Jana gezählt seien – insbesondere nachdem ich sie letzte Woche auf dem Flur angebrüllt hatte –, und schnitten sie, um nicht von ihr mit in den Abwärtsstrudel gezogen zu werden. Zwei Mitarbeiter vermuteten, dass ich mich nur deshalb von Wolfgang beraten lassen würde, weil ich die Firma an einen Wettbewerber verkaufen wollte. Und einer nahm tatsächlich an, dass ich steinreich wäre und sie für einen Hungerlohn schuften lassen würde.«

»Und, was hast du da gemacht?«, fragte Thomas.

»Natürlich habe ich versucht, diese Gerüchte zu entkräften«, erwiderte ich. »Aber meine Leute haben mir nicht geglaubt. Und, schlimmer noch, nach den Einzelgesprächen entstanden neue Gerüchte.«

»Was für Gerüchte?«

»Nun, zum Beispiel, dass ich eine Zeiterfassung einführen wolle.«

»Und wie kamen sie darauf?«

»Keine Ahnung«, schüttelte ich den Kopf. »Ich kann's mir nur so erklären, dass da jemand was überinterpretiert hat. Ich hatte in zwei oder drei Gesprächen gesagt, dass ich gar nicht genau wüsste, ob wirklich effektiv gearbeitet wird.«

»Und das hast du auch versucht zu entkräften?«

»Natürlich! Aber ich bekomme zunehmend den Eindruck, dass ich für alle Mitarbeiter nur der Buhmann bin. Und dass mir kein Schwein glaubt. Ich weiß echt nicht mehr, was ich noch tun soll.«

»Erst mal gar nichts«, sagte Thomas. »Wenn dir sowieso keiner vertraut, dann brauchst du auch deine Zeit und Energie nicht mit Richtigstellungen zu verplempern. Mittelfristig geht's natürlich darum, dass du deine Unternehmenskultur veränderst. Herrscht Vertrauen, entstehen keine Gerüchte. Herrscht kein Vertrauen, kannst du machen, was du willst – es bringt eh nichts.«

»Du meinst, ich soll das einfach stehen lassen? Aber es ärgert mich!«

»Auf der Ebene der einzelnen Gerüchte kannst du definitiv nichts tun, wenn dir deine Leute nicht vertrauen«, bekräftigte Thomas noch mal. »Auf der Ebene der gesamten Firma kümmern wir uns drum. Ob heute oder an einem anderen Tag, kann ich noch nicht sagen. Was hast du denn noch bei den Gesprächen herausgefunden?«

»Mir ist etwas Bestürzendes klar geworden«, fuhr ich fort. »Ich habe festgestellt, dass ich *gar nicht wirklich weiß, was meine Leute eigentlich tun.*«

»Erklär mal genauer!«, forderte mich Thomas interessiert auf.

»Zum Beispiel fand ich in dem Gespräch mit Ria raus, mit welcher Technik Werner verkauft. Beide machen die ersten Akquisegespräche und arbeiten mir zu, sodass ich die aussichtsreichsten Kandidaten zum Vertrag bringen kann. Wir konzentrieren uns ja auf Unternehmen, die in der öffentlichen Meinung abgestürzt sind. Im Vorfeld recherchieren wir genau, inwiefern das Unternehmen früher schon positiv in der Öffentlichkeit aufgefallen ist. Beim ersten Telefonat wird dann gelobhudelt, was das Zeug hält. Der Zweck ist, eine positive Beziehung aufzubauen. Steht die Beziehung, schicken Ria und Werner dem Kunden immer mal wieder Fundstellen aus Facebook oder diversen Foren oder Blogs, wo das Unternehmen negativ erwähnt wird. Und ergänzen das durch aufmunternde, positive Kommentare.«

»Okay, Bindungsaufbau einerseits und die Schmerzwahrnehmung hoch halten andererseits, verstehe ich«, nickte Thomas. »Und wo ist das Problem?«

»Das Problem ist, dass Werner irgendwann rausgefunden hat, dass man diese Schmerzwahrnehmung aktiv erhöhen kann, indem man dafür sorgt, dass richtig drastisch negative Kommentare im Web erscheinen. Er postete diese unter Pseudonym also selbst. Er erhöhte so die Schmerzwahrnehmung und reduzierte seinen eigenen Rechercheaufwand. Damit stieg seine Conversion-Rate dramatisch. Ich hatte immer gedacht, dass er einfach besser ist als Ria, aber mit der Methode wäre jeder besser!«

»Autsch«, nickte Thomas. »Wenn das an die Öffentlichkeit kommt, brauchst du selbst jemanden, der deinen Firmenruf wiederherstellt: den Kunden helfen wollen und ihnen zuvor zielgerichtet schaden. Geht gar nicht!«

»Besonders krass daran ist, dass mir meine Kunden wirklich wichtig sind und ich ihnen was Gutes tun will. Und dann schadet einer meiner Mitarbeiter meinen Kunden noch bewusst! Das ist übrigens noch nicht alles, Werner redet auch absolut geringschätzig über unsere Kunden. Er nannte sie sogar mit mir im Einzelgespräch ›Deppen‹, die es nicht besser verdient hätten.«

»Und, was hast du da gemacht?«, fragte Thomas.

»Ich war wirklich wütend – da hat die Achtsamkeitsmeditation schon etwas gebracht –, ich nahm meine Wut also bewusst wahr und wusste, dass ich handeln musste. Vermutlich war ich dann aber immer noch zu weich. Ich sagte, dass ich richtig sauer sei, und erklärte, dass wir unseren Kunden helfen wollen. Und ich sprach noch mal über den eigentlichen Sinn unserer Arbeit. Hat aber auch nichts gebracht: zum einen Ohr rein, zum anderen wieder raus. Was hätte ich tun sollen?«

»Das ist letztlich nach innen Sabotage und nach außen Betrug! Da musst du eine klare Grenze ziehen und auch danach handeln! Wolfgang hat dir die fünf Führungsstile erklärt. In diesem Fall wirst du auf die erste Stufe mit Zwang zurückmüssen. Mindestens eine klare Abmahnung, vermutlich mehr! Wir werden heute Abend sowieso eine Liste mit No-Gos und Strafen erstellen. Und sehr wahrscheinlich wirst du das Fehlverhalten von Werner bewusst und offensiv aufarbeiten müssen – das Risiko ist hoch, dass dieses Vorgehen an die Öffentlichkeit gerät. Zumal bei der geringen Mitarbeiterloyalität in deiner Firma. Lass uns das aber auf heute Abend verschieben.«

Thomas machte sich kurz Notizen. Ziemlich konsterniert nickte ich. Dass das so drastische Konsequenzen haben könnte, hatte ich selbst nicht gesehen. Mit einem Mal wurde mir so richtig bewusst, welch hohen Preis ich dafür zu zahlen hatte, dass ich alles einfach laufen ließ. Diese eine Geschichte konnte den Ruf meines Unternehmens ruinieren und damit mein Unternehmen insgesamt. Zugleich wollte ich mich in diesem Moment gar nicht mit diesem Problem auseinandersetzen, und so war ich mit seinem Vorschlag, das Thema auf heute Abend zu verschieben, einverstanden.

Thomas fuhr fort: »Ein Aspekt noch: Ria hat also ihre Arbeit nach bestem Wissen und Gewissen gemacht, während Werner für bessere Ergebnisse, die er durch Betrug erzielte, gelobt worden ist? Ist nicht

Ria die Frau, die sich immer wieder mit Jana streitet? Sie wird also im Status ungerechtfertigt erniedrigt, und da wunderst du dich, dass sie einen Stellvertreter-Statuskrieg vom Zaun bricht oder sich daran zumindest beteiligt? Für diese unfaire Behandlung wirst du dich bei ihr entschuldigen müssen!«

Immer wieder diese Statusgeschichten! Natürlich hatte Thomas recht, aber ich hatte es einfach nicht gesehen. Ich würde wohl Geduld mit mir haben müssen, bis sich meine Wahrnehmung wirklich änderte. Schließlich nickte ich: »Ja, werde ich sofort morgen machen.«

»Was ist dir in den Gesprächen mit deinen Mitarbeitern noch aufgefallen?«, fragte Thomas weiter.

»Viele kleine Punkte. Ich habe herausgefunden, warum Jana nie Zeit hat. Jens hat sie für sich als Assistentin benutzt und sie arbeitet viel lieber für ihn als für mich. Außerdem gibt es ein ziemlich planloses Vorgehen beim Platzieren unserer Storys und Informationen im Internet und in den Medien: Beate hat sie völlig wahllos überall reingestellt, wo sie Zugang hatte. Ob das sinnvoll war oder nicht, war ihr ziemlich egal; sie wurde ja für jede Platzierung wie eine Heldin gefeiert. Und dann gab es noch unglaublich viel Hin und Her und *Chaos.*«

»Wo genau?«

»Zum Beispiel in der Akquise. Zwischen Werner und Ria einerseits und mir andererseits gingen fünf- oder zehnmal Informationen hin und her, bis ich wirklich ein Bild hatte. Und gegenüber dem Kunden erscheint das natürlich komplett unprofessionell, weil ich teilweise von Dingen nichts wusste, die schon besprochen waren. Oder extrem viele falsche Rechnungen, die drei-, viermal korrigiert werden müssen, weil sie weder mit den Angeboten und den dortigen Sondervereinbarungen noch mit dem realen Stundeneinsatz übereinstimmten. Ich könnte dir leicht zwei Dutzend Problemfelder auflisten«, beendete ich meine Ausführungen resigniert.

6.1.2 Marcs mangelnde eigene Motivation

»Und das waren dann alle Erkenntnisse?«

»Nein«, sagte ich. »Je mehr Gespräche ich führte, desto deutlicher wurde mir, dass fast alle Mitarbeiter, vielleicht mit Ausnahme von Beate, Petra und Jens, völlig demotiviert sind. *Und je länger diese Gespräche gingen, desto demotivierter wurde ich.* Mir war das mit der Demotivation vorher gar nicht richtig klar. Und ich hab jetzt keine Ahnung, was ich genau tun und womit ich anfangen soll. Und ganz ehrlich: Ich habe auch gar keine richtige Lust dazu. Am liebsten würde ich die operative Führung so schnell wie möglich abgeben. Das nervt! Muss ich denn dieses ganze Prozess- und operative Führungszeug wirklich selbst machen? Wolfgang hat mir zwar gesagt, dass ich das können müsse, damit ich später meine Manager führen kann, aber ich habe trotzdem keine Lust dazu!«

»Das schauen wir uns sofort an«, nickte Thomas. »Alles, was ich dir zeigen könnte, hat nur dann einen Zweck, wenn du Lust dazu hast.«

»Ja, aber ich habe keine Lust dazu!«, entgegnete ich. »Wie soll man Lust haben, wenn man keine Lust hat?«

»Ob wir zu etwas Lust haben oder nicht, hängt letztlich von unserer Wahrnehmung ab. Ich habe einen Freund, der ist begeisterter Koch, fand aber in seiner Jugend nichts schlimmer als Kochen. Seine Mutter arbeitete als Buchhalterin und so kochte sie auch. Jede Zutat musste aufs Milligramm abgewogen sein und alles musste sich bis zum letzten i-Tüpfelchen am Rezept orientieren.«

Ob wir zu etwas Lust haben oder nicht, hängt letztlich von unserer Wahrnehmung ab.

»Gruselig«, warf ich ein.

»Stimmt«, fuhr Thomas fort, »da hätte ich auch keine Lust zum Kochen. Aber dann lernte mein Freund einen Koch kennen, der anders war. Völlig durchgeknallt. Plötzlich erkannte mein Freund, dass Kochen was mit Inspiration und Kreativität zu tun haben kann, und ab da war er nicht mehr zu halten. Seine

Wahrnehmung hat sich geändert. Und damit auch seine Motivation. So was passiert dauernd! Menschen nehmen Tätigkeiten auf einmal anders wahr und plötzlich sind sie mit anderen Emotionen verbunden und dann führen sie auch zu anderen Handlungen. Die Macht der Wahrnehmungsmodelle eben. Aber verdeutlichen wir uns deine Abneigung gegen Systeme mit einem Bild«, fuhr Thomas fort. »Bilder bleiben haften, erzeugen Emotionen und erklären die Dinge deshalb wirksam. Wolfgang hat dir sicher schon die Unterscheidung zwischen Fachkraft, Manager und Unternehmer erläutert, richtig?«

»Ja«, nickte ich. »Das war eine der wichtigsten Unterscheidungen, die ich in letzter Zeit kennengelernt habe.«

»Ja, war bei mir damals vor zehn Jahren nicht anders«, bestätigte Thomas. »Ohne diese Unterscheidung wäre ich mit meinem ersten Unternehmen pleitegegangen. Aber ich habe erst Jahre später in der Tiefe verstanden, was damit wirklich gemeint ist. Deshalb schildere ich dir diese Unterscheidung nochmals von einer anderen Warte aus: Stell dir mal vor, im Amerika des 18. oder 19. Jahrhunderts hatte einer die Idee, mit einem Wagenzug in den Westen aufzubrechen. Er ist die treibende Kraft hinter dem Ganzen, also sozusagen der Unternehmer. Er sammelt die Menschen, die mitkommen wollen, um sich. Wenn genügend Menschen bereit sind, gibt er das Signal zum Aufbruch. Und wenn jemand so eine Idee hat, dann ist er meist auch so etwas wie ein Pionier. Er wird vorausreiten, den Weg und die Richtung suchen.«

»Du meinst, Unternehmer sind eine Art Abenteurer?«, überlegte ich und erinnerte mich an meinen Marsch Richtung München in Kindertagen. »Ja, das könnte passen.«

»Nur sind die meisten Unternehmer *so sehr Abenteurer*, dass sie sich vor allem auf ihren Weg und das Auskundschaften konzentrieren. Der Job eines Pioniers ist aber nicht getan, wenn er mit seinem Pferd einen Weg *gefunden* hat, sondern erst, wenn alle Planwagen, alle Leute und das ganze Vieh sicher und in einer Gruppe am Ziel *angekommen* sind. Und leider kommen die Planwagen und das Vieh nicht überall durch, wo der schnelle Pionier mit seinem Pferd ganz locker durchkommt.«

Ja, das leuchtete mir ein. Thomas setzte seine Metapher fort: »Genau genommen ist der Pionier sogar erst dann mit seiner Arbeit fertig, wenn die neue Stadt steht, funktioniert und auch die Straße von der bisher bekannten Welt zur neuen Stadt samt Brücken und Tunnel gebaut wurde. Der Unternehmer muss also nicht nur dafür sorgen, dass ein Weg für sein eigenes Pferd gefunden wird, sondern er ist erst fertig, wenn alle den Weg gegangen sind und die Stadt aufgebaut wurde. Versteht der Unternehmer seine Rolle falsch und macht nur seine Pionieraufgabe exzellent, aber alles andere nicht, dann wird es zu einer Menge Probleme kommen. Falls der Wagenzug überhaupt jemals am Ziel ankommt, handelt es sich eher um Glück als um Können.«

Langsam dämmerte es mir: »Bis vor Kurzem habe ich gedacht, mein Job wäre es, gute Storys zu machen und die richtigen Kunden zu finden. Wolfgang hat mir die Storys weggenommen und mir neue Aufgaben gegeben, nämlich mich mit mir und meinem Status zu beschäftigen. Du weitest dies jetzt nochmals aus und sagst, mein Job ist erst dann getan, wenn alle Mitarbeiter mitgekommen sind, also alle nicht nur wissen, was zu tun ist, sondern es auch tun. Wenn ein System geschaffen wurde, in dem die Mitarbeiter ihre Aufgaben erledigen und ein Manager dieses System am Leben erhalten und gegebenenfalls schrittweise verbessern kann.«

»Genau«, lobte Thomas. »Wenn du deine Tätigkeit anders begreifst, dann fühlst du dich auch für andere Dinge verantwortlich. Und wichtiger noch: Du nimmst auf einmal Dinge wahr, die du vorher für irrelevant gehalten hast. Vorher waren die Mitarbeiter Störfaktoren, die dich in deiner »eigentlichen« Tätigkeit, also zuerst Storyschreiben und danach an deinem Status arbeiten oder sonstige Unternehmeraufgaben ausführen, behindern. Sie waren die mit den Planwagen und dem Vieh, die zu blöd waren, dir auf deinem Weg zu folgen, den du als Pioniergenie mit deinem Pferd gefunden hast und geritten bist.«

Thomas nahm einen Schluck Wasser und machte dann weiter: »Mit der neuen Sichtweise sind sie hingegen Teil deiner Tätigkeit. Deine Wahrnehmung ändert sich! Du fragst dich bereits beim Vorausreiten, wie die anderen mit dem Planwagen mitkommen können. Du sorgst schon auf der Reise dafür, dass alle gute Beziehungen aufbauen, sonst wird nachher das Zusammenleben in der neuen Stadt sehr schwer. Du findest und entwickelst unter deinen Leuten die Fähigsten, damit sie später die Stadt führen können. *Der Schlüssel ist, was du als deine Tätigkeit und dein Ziel begreifst! Dadurch ändern sich deine Wahrnehmung und deine Emotionen.*«

»Im Prinzip«, überlegte ich, »könnte das wirklich spannend sein, diese Aufgaben auch auszuführen – aber ich habe keine Ahnung, wie man das macht.«

»Hast du gemerkt, dass du die Aufgabe plötzlich spannend findest?«, fragte Thomas lächelnd. »Andere Wahrnehmung, andere Emotion! Und zum Wie kommen wir gleich! Es heißt übrigens auch nicht, dass du alles selbst machen musst. Ein Teil davon sind reine Managementaufgaben – aber es heißt, dass du wie ein Manager denken können musst. Und dazu musst du, wie Wolfgang dir schon sagte, eine Zeit lang Managementaufgaben ausführen. Als ich das selbst vor sieben, acht Jahren in seiner ganzen Tiefe begriffen hatte, bin ich System- und Mitarbeiterfreak geworden. Ich habe mich eine lange Zeit ausschließlich damit beschäftigt. Vermutlich hat Wolfgang mich deshalb für den heutigen Tag ausgewählt.«

Er sah mich eindringlich an: »*Managementaufgaben ausführen heißt auch, dein Unternehmen wirklich in Besitz zu nehmen*. Die Möglichkeit, die Identität des Besitzers anzunehmen, ist entscheidend! Du veränderst dadurch deinen Status gegenüber deinen Mitarbeitern. Vorher warst du – entschuldige meine Direktheit – der merkwürdige Vogel, der in seinem Büro immer irgendwelche Storys geschrieben und Ideen ausgebrütet hat. Wenn du jetzt in deiner falsch verstandenen Unternehmerrolle stattdessen zum merkwürdigen Vogel würdest, der Strategien und Visionen ausbrütet und an seinem Status arbeitet, ist nichts gewonnen. Erst wenn du wirklich der bist, der seinen Leuten die Richtung zeigt und ihnen Sicherheit gibt, ändern sich die Dinge. Und ohne diese Sichtweise und diesen Status könntest du später niemals einen Manager führen. Zumindest keinen, der diesen Namen verdient. Diesen Fehler habe ich zu Beginn auch gemacht. Ich habe geglaubt, ich müsste nur noch Unternehmeraufgaben wahrnehmen, aber du wirst immer, egal, wie groß dein Unternehmen ist, deine Manager managen müssen.«

Da ich mittlerweile wirklich neugierig geworden war, forderte ich Thomas auf: »Dann lass uns mal zusammen beginnen, die Stadt zu bauen!«

6.1.3 Die Schmerzpunkte der Mitarbeiter

»Das dauert noch etwas«, bremste mich Thomas. »Wenn du eine Stadt bauen willst, beginnst du nicht damit, Bretter durch die Gegend zu schleppen! Mir fehlt noch ein Punkt zur Situation in deinem Unternehmen. Und danach kommen die Grundlagen. Und erst dann bauen wir die Stadt. Also: In den Einzelgesprächen sollten, wenn ich Wolfgang richtig verstanden habe, nicht deine Schmerzpunkte, sondern die der Mitarbeiter herausgearbeitet werden. Bislang haben wir nur besprochen, was *dich* nervt! Was hast du bei deinen Mitarbeitern gefunden?«

Ich schaute Thomas verdutzt an. Mir wurde erst in diesem Moment klar, dass wir die ganze Zeit gar nicht über die eigentliche Aufgabe, nämlich die Schmerzen meiner Mitarbeiter, gesprochen hatten. Es war bislang nur um mich und meine Probleme gegangen.

Ich schluckte und begann: »Die Stimmung ist irgendwie komisch. Vor allem seit ich Jana und Ria auf dem Flur angebrüllt habe. Alle beäugen sich irgendwie gegenseitig und scheinen zu warten, was als Nächstes passiert. Ob sich das wieder legt und sie wieder aus der Deckung kommen können oder wie es weitergeht. Ich habe das Gefühl, dass überall getuschelt wird; nur wenn ich komme, werden die Gespräche ganz schnell abgebrochen. Es fühlt sich für viele meiner Mitarbeiter offenbar so an, als ob alles schlimmer würde und nicht besser. Und in den Einzelgesprächen kamen ziemlich viele globale Antworten. Zum Beispiel: schlechte Führung. Wenn ich dann fragte, was daran schlecht sei, kam nichts Konkretes mehr. Oder ich würde einzelne Leute bevorzugen. Wenn ich daraufhin fragte, wen und wo genau, kam auch nur noch heiße Luft. Ich hatte oft den Eindruck, dass da irgendwelche Statuskonflikte rumorten, die ich aber nicht identifizieren und die meine Mitarbeiter mangels Einsicht nicht benennen konnten.«

Ich musste grinsen: »Das beste dieser Gespräche war wider Erwarten das mit Jens. Er sagte glasklar, was sein Problem war: Er habe den Eindruck, dass ich mental gar nicht anwesend sei, und ihm fehlen die klaren Ansagen. Mein Durchgreifen bei Jana und Ria fand er überfällig und es machte ihm Hoffnung – es sei denn, es bliebe bei einer einmaligen Sache. Dann wäre er bald weg. Aber in den Gesprächen mit den anderen Mitarbeitern bekam ich immer mehr den Eindruck, dass die Antworten am Kern der Sache vorbeigingen. Was rüberkam, war eine schwelende, nicht genauer benennbare Unzufriedenheit. Und sobald ich es konkreter wissen wollte und nachhakte, erfanden meine Mitarbeiter spontan Gründe, so jedenfalls mein Eindruck. Ein bisschen so wie der Regierungssprecher, der die wirklichen Gründe nicht kennt, sie aber nach außen vertreten muss, von dem Wolfgang das letzte Mal sprach.«

»Das ist oft so«, nickte Thomas. »Nur den wenigsten Menschen sind ihre emotionalen Beweggründe wirklich bewusst. Wenn du es nicht *weißt*, dann frage ich anders: Was *glaubst* du nach den ganzen Gesprächen, was ihnen wirklich Schmerzen bereitet?«

Ich überlegte einen Moment. Während ich meine Eindrücke schilderte, schrieb Thomas sie in Kurzform ans Flipchart:

- Mangelnde Aufmerksamkeit durch Marc
- Fehlende Klarheit
- Fehlende Sicherheit
- Ungerechte Behandlung
- Fehlende Wertschätzung
- Fehlende Erfolgserlebnisse
- Sie fühlen sich untereinander isoliert
- Statusbeziehungen untereinander sind unklar
- Sie sehen keinen Sinn in dem, was sie tun
- Zu geringe Entwicklungsmöglichkeiten (in zwei, drei Fällen)

»Okay«, nickte Thomas. »Genau das sind die typischen Schmerzpunkte der Mitarbeiter in sehr vielen Firmen. Das hilft mir weiter, um dir den jetzt wichtigen Teil der Grundlagen des fünften, des emotionalen Führungsstils näherzubringen!«

»Ich sehe da im Moment nur nerviges Gejammer«, entgegnete ich.

»Hinterher nicht mehr«, grinste Thomas. »Erstens kannst du deine Mitarbeiter bei den Zielen und Aufgaben nur richtig mitnehmen, wenn es dir gelingt, an *ihren* Schmerzpunkten anzusetzen. Das ist Führungsstil 5. Diese Punkte kennst du jetzt und das ist super!«

Die Mitarbeiter werden nur richtig mitgenommen, wenn es gelingt, an *ihren* Schmerzpunkten anzusetzen.

»Wirklich super, dass ich das Gejammer kenne«, warf ich ein.

Aber Thomas fuhr einfach fort: »Und zweitens muss ich bei Aufgaben und Zielen immer den sachlichen Inhalt und die Bedürfnisse der Mitarbeiter berücksichtigen. Beim Inhalt geht es zum Beispiel darum, Maultaschen herzustellen. Dazu gibt es ein Rezept. Dieses Rezept, der sachliche Grund, ist oft das Einzige, was betrachtet wird. Er ist zwar wichtig, aber letztlich nachgeordnet. Zum Führungsstil 5 gehören auch die Bedürfnisse deiner Mitarbeiter. Aufgaben und Ziele müssen Sicherheit und Klarheit bieten. Sie müssen den Status klären.

Sie müssen Erfolgserlebnisse und Gemeinschaft spürbar machen. Sie müssen einen Sinn vermitteln und Wachstumsmöglichkeiten enthalten. Sonst werden sie immer abgelehnt. Noch allgemeiner: Aufgaben und Ziele müssen auf die drei Kriterien der herausragenden Führung einzahlen. Zu Beginn vor allem auf die gemeinsame Energie. Wenn du Aufgaben, Prozesse[94] und Ziele ins Unternehmen einführst, geht es nur marginal um die sachlich-inhaltlichen Fragen. Wichtig ist hier vor allem die Frage, ob deine Aufgaben und Ziele die Bedürfnisse deiner Mitarbeiter befriedigen und den Status klären – *und zwar in der Wahrnehmung deiner Mitarbeiter*. Schaffen sie das, dann ist es super. Schaffen sie es nicht, dann sind sie nur tötende Bürokratie.«

»So hab ich das noch nie gesehen«, sagte ich. »Ich habe einfach gedacht, ich definiere einen Arbeitsablauf oder einen Prozess oder ein Ziel und gebe das den Mitarbeitern. *Und ich erwartete eben, dass das auch passiert und sie ihren Job machen.* Aber meist passiert es eben nicht. Und das, was du eben geschildert hast, ist die Erklärung dafür. Jetzt verstehe ich, warum wir mit den Bedürfnissen, den Emotionen und dem Status beginnen. Er dient, wenn man es richtig macht, direkt dazu, die Stimmung und die Energie im Unternehmen dramatisch zu verbessern.«

»Genau«, nickte Thomas. »Aufgaben und Ziele funktionieren nur, wenn du diese Energieperspektive immer im Hinterkopf hast. Sonst erntest du nur Widerstand und Frust!«

»Hm«, stimmte ich zu. »Wie gehen wir jetzt weiter vor?«

»Jetzt haben wir wirkliche Klarheit für das Vorgehen«, erwiderte Thomas. »Es liegen folgende Aufgabenbereiche vor uns:

---

94 Abfolgen von Aufgaben sind Prozesse.

- Wir schauen die Bedürfnisse deiner Mitarbeiter an und warum es wichtig ist, dass du dich mit ihnen beschäftigst. Damit legen wir die Grundlage für die späteren Führungsstile, also das Führen mit flexiblen Zielen und die emotionale Führung mit Sinn. Dadurch, dass wir schon jetzt den emotionalen Hintergrund der Aufgaben und Ziele betrachten, fällt uns der Übergang später leichter.
- Wir picken die ein oder zwei Prozesse heraus, die zu den größten emotionalen Problemen bei deinen Mitarbeitern führen, und ich zeige dir einen Weg, diese zu designen. Damit sind wir immer noch auf der Ebene der Führung durch Aufgaben, nur eben professioneller als vorher.
- Wir finden die zwei bis drei Mitarbeiter, die noch die vergleichsweise höchste Motivation haben – du sprachst vorhin von Beate, Petra und Jens –, und schauen, wie du mit ihnen möglichst schnell zur Führung mit Zielen kommst.
- Wir definieren eine Liste mit Regeln und Sanktionen für deine Absicherung nach unten. In dem Zusammenhang klären wir auch, wie du weiter mit Werner verfährst.«

6.2 Die Bedürfnisse der Mitarbeiter

6.2.1 Das Unternehmercoach-Bedürfnismodell[95]

»Okay, beginnen wir also mit den Bedürfnissen meiner Mitarbeiter. Ich vermute, du meinst die unerfüllten Bedürfnisse meiner Mitarbeiter, die wir eben ans Flipchart geschrieben haben.«

»Richtig«, nickte Thomas. »Zuerst bringen wir ein wenig Ordnung in die Bedürfnisse. Letztlich musst du ja wissen, um welche Bedürfnisse du dich kümmern musst und um welche nicht. In der Wissen-

95 Beim Unternehmercoach-Bedürfnismodell geht es nicht um wissenschaftliche Korrektheit, sondern um Praktikabilität und Vollständigkeit im Einsatz im Unternehmen.

schaft und bei verschiedensten Autoren und Referenten gibt es eine Vielzahl von Modellen, mit denen die menschlichen Bedürfnisse erfasst werden können. Modelle sind immer Vereinfachungen und werden der Wirklichkeit nicht zu 100 Prozent gerecht. Allerdings sollten Modelle alle relevanten Dimensionen beinhalten. Aus diesem Grund hat Wolfgang Radies einfach mal die gebräuchlichsten Modelle zur Abbildung der menschlichen Bedürfnisse nebeneinandergelegt und daraus ein eigenes Modell entwickelt. Ich habe dir hier mal eine Aufstellung mitgebracht.«

Mit diesen Worten schob er mir ein Papier herüber. Ich schaute mir die Übersicht eine Zeit lang an. »Wirklich einig sind sich alle nur bei Sicherheit, Bedeutsamkeit und Verbindung. Dass Wolfgang diese Punkte übernommen hat, verstehe ich also. Warum hat er die anderen Punkte teils übernommen und teils nicht?«

Thomas erklärte: »Gehen wir die nicht einheitlichen Punkte der Reihe nach durch. Natürlich hat der Mensch auch *physiologische Bedürfnisse,* wie bei Maslow beschrieben. Also das Bedürfnis nach Schlaf, Essen, Trinken usw. Diese können wir in westlichen Ländern als weitestgehend erfüllt ansehen. Um Selbstverständliches zu reduzieren, hat Wolfgang diese Bedürfnisse weggelassen.[96] *Abwechslung,* Spieltrieb, Neugierde, Exploration sind ein zentrales menschliches Grundbedürfnis. Das sehen wir schon bei kleinen Kindern. Die machen nicht nur das Lebensnotwendigste, also nicht nur dasitzen und warten, bis sie gefüttert werden, und sich verstecken, wenn der Säbelzahntiger kommt. Gäbe es dieses Bedürfnis nicht als Gegengewicht zum Sicherheitsbedürfnis, wäre der Mensch nie von den Bäumen runtergestiegen. Aus diesem Grund wurde dieses Bedürfnis ins Modell aufgenommen. Das Bedürfnis nach *Fairness* ist eigentlich ein

---

96 Wenn ein Unternehmen in einem Bereich tätig ist, in dem ein größerer Teil der Mitarbeiter auf Mindestlohnniveau unterwegs ist oder sonst wie eher prekäre Arbeitsverhältnisse vorherrschen, dann müssen auch diese Bedürfnisse betrachtet werden.

Das Unternehmercoach-Bedürfnismodell

Hans-Georg Häusel	Tony Robbins	SCARF	Klaus Grawe[97]	Abraham Maslow	Unternehmercoach-Modell
				Physische Bedürfnisse	
Balance	Sicherheit	Certainty	Orientierung und Kontrolle	Sicherheit und Stabilität	Sicherheit
Stimulanz	Abwechslung				Abwechslung
Dominanz	Bedeutsamkeit	Status and Autonomy	Selbstwertschutz und Erhöhung	Individualbedürfnisse	Bedeutsamkeit und Aufrechterhaltung des Selbstbilds
Bindung und Fürsorge	Verbindung	Relatedness	Bindung	Soziale Bedürfnisse	Verbindung
		Fairness			Fairness
	Wachstum			Selbstverwirklichung	Wachstum
	Beitrag			Transzendenz	Sinn + Beitrag
			Lustgewinn und Unlustvermeidung		

Mischbedürfnis. Letztlich resultiert es aus unserem Wunsch nach Verbindung, nach Sicherheit und nach Bedeutsamkeit in der Gruppe. Streng genommen sollten wir es nicht als eigenes Bedürfnis mit aufnehmen. Da es aber gerade im Unternehmenskontext extrem deut-

97 Zitiert nach Denis Mourlane: Emotional Leading.

lich zutage tritt und bei Verletzungen des Fairness-Bedürfnisses das ganze Team in einen inneren Kriegszustand geraten kann, sollten wir es dennoch berücksichtigen.«

Ich nickte, denn über dieses Thema hatte ich mir schon viele Gedanken gemacht.

Thomas fuhr fort: »Wichtig ist vielleicht noch: Je größer das Selbstwertgefühl oder der Status und die Selbstwirksamkeitsüberzeugung eines Menschen, desto geringer das Verlangen nach Fairness oder Gerechtigkeit. Fairness ist ein Bedürfnis eines abhängigen Menschen, der sich selbst als Opfer sieht. Du musst dieses Bedürfnis also zur Kenntnis nehmen und bis zu einem bestimmten Grad darauf eingehen. Lass es aber nie zur Leitlinie werden. Je mehr das Bedürfnis nach Fairness gestärkt wird, desto mehr Opfer werden auch produziert.[98] Zum Bereich Fairness und Gerechtigkeit gehört übrigens auch der Wunsch nach Stimmigkeit des gesamten Statusgefüges, der eigene Status dagegen gehört in die Rubrik Bedeutsamkeit.«

»Der Status hängt also mit zwei verschiedenen Bedürfnissen zusammen.«

»Ja«, bestätigte Thomas. »Das nächste Bedürfnis, nämlich das Bedürfnis nach *Wachstum,* ist mehr als das Bedürfnis nach Abwechslung und mehr als das Bedürfnis nach Bedeutsamkeit. Das Bedürfnis nach Wachstum ist ein ganz fundamentales Bedürfnis, das uns lernen lässt und dafür sorgt, dass unsere mentalen Modelle immer besser unsere Umwelt und uns selbst beschreiben und dass wir immer besser in der Lage sind, unsere Bedürfnisse und die anderer Menschen adäquat zu befriedigen. Dann gibt es noch das Bedürfnis, einen *Beitrag zu leisten,* oder das Bedürfnis nach Transzendenz. Letztlich ist jedes Leben endlich. Und daher stellt sich die Frage, was bleibt. Ob das nun ein eigenes Kind und dessen Erziehung ist, eine Firma und deren Beitrag zur Verbesserung der Welt, die Befreiung eines ganzen Landes oder ein

98 Was passiert, wenn Fairness (oder Gerechtigkeit) zum dominanten Wert wird, lässt sich wunderschön in Ayn Rands Roman »Der Streik« nachlesen.

Kunstwerk, ist eigentlich egal. Wir alle haben das Bedürfnis, einen Beitrag für etwas Größeres zu leisten.«

»Die Sinndimension spielte in meinen Gesprächen mit Wolfgang auch schon eine Rolle, nämlich bei den Führungsstilen«, erinnerte ich mich.

»Stimmt. Das letzte Bedürfnis in der Übersicht, das nach *Lustgewinn und Unlustvermeidung*, hat Wolfgang nicht mit aufgenommen. Das ist eine andere Dimension, die quer zu den Bedürfnissen liegt. Letztlich führt nämlich die Befriedigung jedes einzelnen spezifischen Bedürfnisses zu Lustgewinn und die Nichtbefriedigung zu Unlust. Wenn wir das aufnehmen würden, wäre das so, als ob wir alle anderen Bedürfnisse nochmals wiederholen würden.«

Während ich Thomas zuhörte, betrachtete ich die Probleme aus Sicht meiner Mitarbeiter auf dem Flipchart: »Die Punkte, die meine Mitarbeiter genannt haben, passen alle zum Modell. Sie wollen mehr Aufmerksamkeit, mehr Klarheit, mehr Sicherheit etc. Jeder einzelne Punkt ist im Grunde ein nicht erfülltes Bedürfnis. Mal angenommen, wir würden alle Bedürfnisse in meinem Unternehmen erfüllen – und ich weiß nicht, ob ich das wirklich will –, was wäre dann?«

6.2.2 Befriedigung der Mitarbeiterbedürfnisse

»Das ist ein ehrlicher Einwand«, bestätigte Thomas. »Auch das geht vielen Unternehmern so: Sie wollen eigentlich nicht wirklich die Bedürfnisse ihrer Mitarbeiter befriedigen. Lass uns lieber einmal damit beginnen, ob du das wirklich willst«, schlug Thomas vor. »Wieso sollten wir uns damit beschäftigen, was wäre, wenn du tatsächlich gar keine Lust dazu hast? Lass mich die Frage etwas anders formulieren: Warum solltest du die Bedürfnisse deiner Mitarbeiter nicht befriedigen wollen?«

»Weil«, ich suchte nach einer Begründung, »weil eine Firma keine Einrichtung zur Befriedigung von Bedürfnissen ist.«

Thomas wiegte zweifelnd den Kopf hin und her: »Genau genommen ist ein Unternehmen eigentlich nichts anderes als ein System zur Bedürfnisbefriedigung! Einerseits definiert die Befriedigung der Bedürfnisse der Kunden den Zweck des Unternehmens. Und andererseits ist die Befriedigung der Bedürfnisse der Mitarbeiter, der Manager und des Unternehmers die Voraussetzung dafür, dass diese Menschen im System verbleiben und damit das System längere Zeit überlebt.«

Thomas schaute mich eine Weile nachdenklich an. Dann fuhr er fort: »Ich glaube, du hast dir die Begründung gerade erst überlegt. Da hat also dein Regierungssprecher gesprochen. Welches emotionale Motiv liegt darunter?«

Im ersten Moment hatte ich keine Ahnung. Dann fiel mein Blick auf das Bedürfnismodell. War vielleicht eines *meiner* Bedürfnisse verletzt? Ich ging sie der Reihe nach durch und blieb schließlich – für mich selbst überraschend – am Punkt Fairness hängen: »Wieso soll ich die Bedürfnisse meiner Mitarbeiter befriedigen, wenn sie sich einen feuchten Kehricht darum scheren, was mit meinen Bedürfnissen ist! Sie nerven mich permanent und tanzen mir auf der Nase herum.«

»Ah, Verletztheit«, nickte Thomas mitfühlend. »Mal angenommen, deine Mitarbeiter würden sich auch um deine Bedürfnisse kümmern, was wäre dann? Hättest du dann Lust, dich um ihre zu kümmern?«

Ich spürte in mich hinein. »Es würde sich anders anfühlen. Ich hätte zumindest keine Aversionen mehr. Aber wirkliche Begeisterung würde ich immer noch nicht spüren.«

»Was fehlt noch, damit du Begeisterung verspüren würdest?«

Ich blickte wieder auf das Bedürfnismodell. Langsam begann es mir zu gefallen. Nach kurzem Nachdenken erwiderte ich: »Meine Mitarbeiter sind mir eigentlich egal. Ich verspüre, mal abgesehen von Beate, keinerlei persönliche Verbindung zu ihnen. Hätte ich diese, dann wären mir ihre Bedürfnisse natürlich wichtig!«

»Bingo!«, nickte Thomas. »Also angenommen, du würdest dich nicht verletzt fühlen und du wärst mit deinen Mitarbeitern befreundet, dann hättest du auch Interesse daran, dass ihre Bedürfnisse befriedigt werden?«

»Ja, schon«, erwiderte ich. »Aber muss das wirklich sein?«

Thomas nickte. »Viele Führungskräfte glauben: Mangel und unbefriedigte Bedürfnisse spornen an. Kurzfristig ist das unter bestimmten Umständen richtig. In einer klaren, genau definierten und zeitlich begrenzten Situation, zum Beispiel in einer Unternehmenskrise oder kurz vor einem dringenden Projektabschluss. Aber manche Führungskräfte schaffen deshalb permanent und systematisch Krisen, weil dies die einzige Art ist, wie sie zu führen verstehen. Kurzfristig führt das zu enormen Leistungen, langfristig brennen die Menschen aus. Die Motivation kommt ja aus der Hoffnung auf eine zukünftige Bedürfnisbefriedigung. Und wenn diese nicht kommt, dann stirbt zuerst die Hoffnung, dann die Motivation und dann die Leistung. Vergleich das mal mit Fußball: Welches Team bringt die besseren Ergebnisse? Ein Team, zu dem sich alle zugehörig fühlen, in dem der Trainer auf die Bedürfnisse der Spieler achtet und die Spieler auf die Bedürfnisse des Trainers? Oder ein Team, das untereinander zerstritten ist und wo keiner auf die Bedürfnisse des anderen achtet? Menschen bringen ihre beste Leistung, wenn ihre Bedürfnisse weitestgehend erfüllt sind oder sie zumindest einen realistischen Weg sehen, wie sie erfüllt werden können. Letztlich ist dies wieder das erste Kriterium herausragender Führung. Ja, du musst da ran!«

Ich wehrte mich noch ein letztes Mal: »Aber die bekommen doch Geld dafür! Reicht das nicht?«

»Wie dir vielleicht noch nicht aufgefallen ist, steht Geld nicht auf der Liste der Grundbedürfnisse. Geld ist lediglich ein Mittel, um manche Bedürfnisse zu befriedigen. Aber wenn das Gefühl nach Verbundenheit im Unternehmen nicht erfüllt ist, ist es völlig egal, wie viel du am Monatsende bezahlst.«

»Okay«, erwiderte ich unwillig. »Aber wie soll das gehen? Ich kann ja nicht einfach so tun, als ob ich nicht verletzt wäre und als ob ich mit allen befreundet wäre!«

»Grundsätzlich ist der Mensch ein soziales Wesen, und es ist der natürliche Zustand, mit anderen Menschen Beziehungen einzugehen. Das nicht zu tun, hat seine Ursache, und diese Ursache ist bei dir die Verletztheit. In einem Kampf – und ich sage nicht, dass Beziehungen nur, sondern, dass sie auch Kampf sind – kommen Verletzungen wie zustande?«

»Na, indem der eine angreift.«

»Und der andere?«

»Schlecht oder gar nicht verteidigt.«

»Fällt dir dazu was ein?«

Ich dachte einen Moment nach. Und plötzlich fiel es mir wie Schuppen von den Augen und ich antwortete betroffen: »Wolfgang sprach von Aggression als Selbstschutz. In dem Moment, wo ich meine Aggressionen unterdrücke, kann ich mich, meine eigene Integrität nicht mehr schützen und verteidigen. Und dann werde ich verletzt.«

Thomas nickte mitfühlend: »Und je mehr Menschen du führst, desto häufiger wirst du verletzt. Und wenn du mehrfach verletzt wirst?«

»Dann ziehe ich mich zurück und will keine Verbindung mehr.«

Thomas schwieg und ließ diese Worte nachwirken.

»Also ist Aggression geradezu die Voraussetzung für menschliche Verbindung? Das klingt völlig verrückt.« Aber plötzlich tauchte eine Erinnerung auf: »In meiner Kindheit, bevor ich meine Aggressionen unterdrücken musste, hatte ich viele Freunde. Und danach wenige. Und in meiner Firma waren mir ganz am Anfang, als ich mich noch nicht verletzt fühlte, meine Mitarbeiter sehr nahe. Abgefahren!«

»Ja«, stimmte Thomas zu. »Die maximale Größe deiner Firma hängt also davon ab, inwieweit du in der Lage bist, deine eigene Integrität zu schützen! Und das hängt wiederum vom Zugang zu deiner Aggression ab.«

Entschlossen erwiderte ich: »Ich werde mich dann ab jetzt noch intensiver um die Wahrnehmung meiner Aggressionen kümmern. Und möglichst unmittelbar handeln!«

Die maximale Größe deiner Firma hängt davon ab, inwieweit du in der Lage bist, deine eigene Integrität zu schützen. Und damit letztlich vom Zugang zu deiner Aggression.

»Das ist gut und notwendig, um die Situation mittel- und langfristig zu drehen«, sagte Thomas. »Für heute und für die nächsten Wochen ist noch ein zusätzlicher Gedanke wichtig: Die Aufgabe des Führenden ist es, die Richtung von etwas zu ändern. Ob das die Unternehmensausrichtung oder die Richtung einer Beziehung ist, ist erst mal egal. *Du willst führen? Dann ist es* dein *Job, die Richtung der Beziehung zu deinen Mitarbeitern zu ändern.* Und dazu musst du etwas tun, was wirkliche Größe erfordert. Und ich weiß auch, dass du diese Größe hast. *Der Schlüssel dazu ist, dass du deinen Mitarbeitern aktiv verzeihst.* Sie haben nämlich nicht die geringste Ahnung davon, dass sie dich verletzt haben – vermutlich kannten sie deine Bedürfnisse noch nicht mal.«

Ich atmete tief durch. Das war echt hart. Meinen Mitarbeitern verzeihen. »Wollten wir uns eigentlich nicht um Prozesse und operative Führung kümmern?«, versuchte ich auszuweichen.

»Ja«, nickte Thomas. »Wir sind mittendrin. Stell dir mal vor, was passieren würde, wenn du jetzt einfach nur Prozesse definieren würdest, ohne dich weiter um die Bedürfnisse deiner Mitarbeiter oder um deine eigenen Bedürfnisse zu kümmern?«

»Vermutlich gar nichts«, antwortete ich resigniert. »Meine Mitarbeiter hätten weiter keine Lust dazu. Und noch schlimmer: Ich hätte auch keine Lust dazu, weil mir alle auf den Wecker gehen.«

»Und damit würde deine ganze Initiative versacken, wie ich es schon dutzendfach bei anderen Unternehmern erlebt habe«, erklärte Thomas. »Du als Führender musst zuerst bereit sein, aktiv zu verzeihen und die Beziehung aufzubauen. Das machst du nicht nur für deine Mitarbeiter, sondern zuallererst für dich selbst. Erinnerst du dich, was ich vorhin zum Grundbedürfnis Fairness und der Opferhaltung gesagt habe?«

Ich nickte. Plötzlich war es völlig klar: »Indem ich Fairness von meinen Mitarbeitern mir gegenüber erwarte, mache ich mich selbst zu ihrem Opfer! In einer Opferhaltung kann ich nicht führen. Verzichte ich bewusst auf mein Fairnessbedürfnis, indem ich verzeihe, werde ich frei und erlange die Macht, die Beziehung zu ändern. Und zwar auch für mich. Und indem ich dann mit meinen Aggressionen meine Integrität schütze, stelle ich sicher, dass ich in Zukunft nicht mehr oder zumindest nicht so häufig verletzt werde, und schaffe damit die Basis für eine Beziehung. Und damit die Grundlage dafür, dass mir die Erfüllung der Bedürfnisse meiner Mitarbeiter Spaß macht!«[99]

Indem ich Fairness von meinen Mitarbeitern mir gegenüber erwarte, mache ich mich selbst zu ihrem Opfer. In einer Opferhaltung kann ich nicht führen.

Thomas lächelte: »Ja, genau! Über die Verzeihung verzichtest du bewusst auf die Erfüllung deines Fairnessbedürfnisses in der Vergangenheit. Letztlich kannst du sowieso nichts anderes machen, als darauf zu verzichten – es liegt ja in der Vergangenheit und ist vorbei. Und für alle neuen Ereignisse in der Gegenwart hilft dir ein besserer Zugang zu deinen Aggressionen. Bist du dazu bereit?«

---

99 Man sieht hier schön, dass das Konzept praktisch aller Führungstheorien, die eigenen Emotionen rauszuhalten, geradezu die Ursache dafür ist, dass so viel Frust im Unternehmen entsteht. Unter dieser Perspektive betrachtet, ist es fast unglaublich, dass solch ein Bullshit immer noch verbreitet wird und geradezu Allgemeingut ist!

6.2.3 Verantwortung für die Bedürfniserfüllung und Motivation der Mitarbeiter

Ich spürte in mich hinein. Der Gedanke, dass ich durch Verzeihen frei würde, die Beziehungen neu zu gestalten, ermutigte mich. Ich wollte diesen Weg jetzt gehen. Aber genau in dem Moment, in dem ich nicken wollte, bremste mich etwas. Wie weit würde das gehen? Bin ich wirklich als Führender für die Erfüllung der Bedürfnisse meiner Mitarbeiter verantwortlich? Dann wäre ich wieder der Knecht. Wie anders war da doch die Identität von Carlos!

Und so sagte ich: »Je mehr ich die Bedürfnisse meiner Mitarbeiter zum obersten Maßstab machte, desto unfreier fühle ich mich wieder. Und mein Wunsch nach Freiheit, Selbstbestimmung und Wirksamkeit ist ja gerade mein Motiv, warum ich all das hier überhaupt mache. Wo ist jetzt das Konzept der Freiheit?«

»Dazu muss ich einen kleinen Exkurs machen«, antwortete Thomas. »Bist du für die Erfüllung der Bedürfnisse deiner Mitarbeiter *verantwortlich*? Die Antwort ist Nein! Du musst dir die Freiheit erhalten, zu entscheiden, auf welche Bedürfnisse du eingehen willst. Sonst wirst du tatsächlich wieder Opfer. Und im Management führt das direkt in die Überforderung, das Burn-out und zur Einsamkeit, Sinnlosigkeit und Leere. Dafür gibt es zwei Gründe: Erstens kann die Befriedigung der Bedürfnisse deiner Mitarbeiter nicht immer und überall gelingen. Beim Fußball hast du 20 bis 25 Spieler im Kader, aber nur elf dürfen auf den Platz. Die Bedürfnisse der übrigen können nicht erfüllt werden und das muss der Chef aushalten. Zweitens ist es so, dass jeder Mensch für die Erfüllung seiner Bedürfnisse selbst verantwortlich ist. Selbstverantwortung ist eines der Schlüsselkonzepte in der Führung überhaupt. Wenn du gegenüber Mitarbeitern von Selbstverantwortung sprichst, dann nicken natürlich alle. Selbstverantwortung klingt positiv und erstrebenswert. Aber sobald

Selbstverantwortung heißt in letzter Konsequenz, dass ich auch für meine eigenen Gefühle verantwortlich bin.

du das konsequent durchziehst, heißt das, dass jeder für die Erfüllung und Nichterfüllung seiner Bedürfnisse selbst verantwortlich ist. In letzter Konsequenz ist auch jeder für seine Gefühle und Emotionen verantwortlich.«

»Aber wenn mich jemand verletzt?«, fragte ich. »Dann erzeugt er doch die Emotionen in mir?«

»Nein«, schüttelte Thomas den Kopf. »Du machst dir deine Emotionen selbst. Das auslösende Ereignis, die Handlung kommt von jemand anderem. Aber du kannst das auslösende Ereignis völlig unterschiedlich interpretieren. Du kannst es als Angriff auf deine Person sehen. Dann fühlst du dich verletzt. Du kannst es als hilfreichen Tipp sehen, dich in Zukunft anders zu verhalten. Dann fühlst du Dankbarkeit. Oder dir ist das Ereignis völlig gleichgültig. Dann fühlst du Ruhe und vielleicht sogar Stärke. Bodo Schäfer erzählt von einer Jugendlichen, deren erste Beziehung in die Brüche ging. Als sie todtraurig ins Bad ging, sah sie, was ihre Mutter mit Lippenstift an den Spiegel geschrieben hatte: »Wenn die Halbgötter gehen, entsteht Platz für die Götter.« Du allein bist für deine Emotionen verantwortlich. Und du allein kannst durch die Änderung deiner Interpretation von einer Sekunde auf die andere deine Emotionen verändern.«

»Dieser Sicht würden in der Tat aber nur wenige zustimmen«, sagte ich nachdenklich.

»Da hast du recht«, nickte Thomas. »Letztlich können dem nur Menschen zustimmen, die wirklich konsequent mindestens beim Führungsstil 3, also beim Führen mit Zielen, angelangt sind – egal, ob Führende oder Geführte. Erst ab diesem Führungsstil beginne ich mich wirklich selbstverantwortlich zu fühlen. Und zwar auch verantwortlich für meine Emotionen. Das ist untrennbar verbunden. Forderst du das von Menschen ein, die eigentlich durch Aufgaben geführt werden müssen, wirst du sie überfordern. Auch aus diesem Grund finden sich in den meisten Unternehmen, in denen mit Aufgaben geführt wird, ziemlich viele unmotivierte Menschen. Sie selbst sehen die Erfüllung ihrer Bedürfnisse nicht als ihre Verantwortung an. Und der Manager wird – falls er es als seine Aufgabe annimmt – systematisch überfordert.«

Thomas ließ seine Worte einen Moment wirken und fuhr dann fort: »In diesem Zusammenhang gibt es eine ganze Reihe an Mythen, die den Manager systematisch in die Überforderung treiben. Zum Beispiel der Glaube, dass es am Führenden liege, wenn Mitarbeiter unmotiviert sind. Oder gar dass Führende ihre Leute, die alle motiviert begonnen haben, demotivieren. Indem ich dem Führenden allein die Verantwortung für die Erfüllung der Bedürfnisse und damit die Motivation aufbürde, blende ich alle anderen Faktoren aus.[100] Den vorherrschenden Führungsstil im Unternehmen, die Eigenverantwortung der Mitarbeiter usw. Aus dieser verengten Perspektive werden leider auch die jährlichen Ergebnisse des Gallup-Instituts meist interpretiert. Demnach sind rund 12 bis 15 Prozent der Mitarbeiter motiviert, 60 bis 70 Prozent machen Dienst nach Vorschrift und die restlichen haben innerlich gekündigt.«

»Ja, von Gallup hat Wolfgang erzählt«, warf ich ein. »Er schilderte mir die Ergebnisse schon.«

»Die gängige Interpretation der Ergebnisse muss man aber kritisch sehen: In der Gallup-Befragung stellen die Mitarbeiter die Führungskräfte als Verantwortliche für die schlechte Situation dar. Die meisten, also 85 bis 88 Prozent, befinden sich jedoch nicht in einer konsequenten Haltung der Selbstverantwortung, sondern in einer *inneren Opferhaltung*. Da suche ich ganz automatisch nach einem Schuldigen und wer liegt da näher als der Chef? Das ist, wie wenn alle mit dem Finger auf ihn zeigen und sagen: ›Nicht ich war's, sondern er!‹ Diese Haltung und dementsprechend auch die Ergebnisse aus dieser Haltung kann ich nicht ernst nehmen. Mit anderen Worten: Die meisten

---

100 Leonhard J. Schnorrenberg und Heinz K. Stahl schreiben in *Servant Leadership*: »So liegt es nie nur am Vorgesetzten, wenn ein schlechtes Arbeitsklima die Motivation und Leistungsbereitschaft untergräbt, wenn kein Vertrauensverhältnis mehr besteht, sondern immer auch am Untergebenen.«

laufen mit Opfer-Glaubenssätzen und Opfer-Einstellungen durch die Gegend und lehnen jede Verantwortung ab.«

»Ist das nicht eine ziemlich negative Weltsicht?«, warf ich zweifelnd ein.

Thomas schüttelte den Kopf: »Prinzipiell haben alle Menschen natürlich das Potenzial, diese Haltung wieder ins Positive zu verändern. Ich kann das als Manager anstoßen und Impulse geben. Aber ob jemand dann beginnt, Selbstverantwortung zu übernehmen – auch für seine eigenen Gefühle –, ob jemand entscheidet, motiviert zu sein, liegt allein bei ihm. Der Manager hat darauf Einfluss, aber er hat nicht die Kontrolle.«

»Das finde ich sehr spannend. Aber dennoch sind wir jetzt etwas vom Thema abgekommen. Was mache ich denn nun? Bin ich jetzt für die Befriedigung der Bedürfnisse meiner Mitarbeiter verantwortlich oder bin ich es nicht?«, lenkte ich das Gespräch zurück auf meine konkreten Fragen.

»Ja, das war ein kleiner Exkurs. Aber ich glaube, er war notwendig, um dir zu zeigen: Mitarbeiter sind für ihre Gefühle und Emotionen und die Erfüllung ihrer Bedürfnisse selbst *verantwortlich*. Und zwar durch ihre eigene innere Haltung. Diese Verantwortung darfst du niemals übernehmen, da du sonst wieder zu ihrem Knecht würdest.«

Thomas sah mich eindringlich an: »Aber wenn du eine innere Verbindung zu deinen Mitarbeitern hast, dann *liegt dir etwas* an der Erfüllung ihrer Bedürfnisse und an ihren Gefühlen. *Und dann hast du – in deinem Rahmen – Lust, einen Beitrag dazu zu leisten.* Nicht mehr und nicht weniger. Und ganz nebenbei schaffst du eine super Stimmung in deinem Unternehmen und ziehst so die Bewertung beim ersten Kriterium herausragender Führung nach oben. Damit sind wir mit dem für heute notwendigen Teil der Grundlagen des Führungsstils 5 durch und können uns den Aufgaben und Prozessen widmen. Es wird recht schnell deutlich, warum wir diese Grundlagen brauchen.«

6.3 Prozesse und Aufgaben

»Gut, dann lass uns beginnen!«

Thomas nickte: »Führung über Prozesse und Aufgaben ist vor allem Führungsstil 2. Du wirst aber auch bei späteren Führungsstilen immer wieder in Teilbereichen Prozesse und Aufgaben als Führungsinstrument einsetzen, nur eben nicht mehr dominant. Naheliegend für Prozesse sind solche Tätigkeiten, die sich häufig wiederholen. Zum Beispiel Rechnungen schreiben, Mitarbeiter einstellen usw. Führung durch Aufgaben hingegen sind Tätigkeiten, die sich eher nicht wiederholen. Zum Beispiel in deiner Firma die Vorbereitung eines Notartermins.[101] Letztlich geht es bei diesem Führungsstil in beiden Fällen immer um folgende zwei zentrale Fragen: *Was* sollen die Menschen *tun*? Und *wie* sollen sie es *tun*? Es geht nur nachgeordnet um eine Zielerreichung. Die Idee ist, dass das Ziel sozusagen automatisch erreicht wird, wenn die Menschen die Tätigkeit auf die beschriebene Art und Weise ausführen.«

»Das klingt einfach«, stellte ich fest.

»Ist es auch«, sagte Thomas. »Das wirklich Geniale daran ist: Du brauchst selbst für dich nur vier Prozesse, wovon uns jetzt nur drei interessieren.«

»Wirklich nur drei?«

»Ja, du benötigst einen Prozess, wie du neue Prozesse definierst, und einen zweiten Prozess, wie du Aufgaben delegierst. Der dritte Prozess ist der Controllingprozess zur Überprüfung.[102] Mehr brauchst du in deiner Managerrolle bei diesem Führungsstil gar nicht. Wenn

---

101 In einer Risikokapitalgesellschaft hingegen sollte die Vorbereitung eines Notartermins keine Aufgabe, sondern ein Prozess sein, da eine Risikokapitalgesellschaft viele Investments vornimmt und deshalb häufig beim Notar sein wird.

102 Der vierte Prozess beschreibt, wie man die alten und überflüssigen Prozesse wieder deinstalliert. Aber dieser ist bereits im *Weg zum erfolgreichen Unternehmer* im Bereich Aufräumen beschrieben.

du diese drei Prozesse verinnerlicht hast, kannst du dein Unternehmen nach dem Stil ›Führung durch Aufgaben und Prozesse‹ führen.«

»Das ist vermutlich vor allem deshalb attraktiv, weil ich dann später, wenn ich einen Manager habe, ihm diese drei Prozesse beibringe und dann bin ich diese Geschichten wieder los.«

6.3.1 Prozess der Prozessdefinition

»Genau! Mal abgesehen davon, dass du deinen Manager noch führen musst, und das wird in aller Regel nicht nach Stil 2 gehen und wird sicher etwas komplexer. Aber lass uns mit dem Prozess, wie ein Prozess erarbeitet und eingeführt wird[103], beginnen. Am besten machen wir das am konkreten Beispiel.«

»Okay, welches Beispiel sollen wir nehmen?«

6.3.1.1 Auswahl eines Prozesses

»Das ist schon der erste Schritt der Prozesserstellung«, grinste Thomas. »Was ist aktuell der zentrale Brennpunkt in deinem Unternehmen? Was führt zu massiven Minderleistungen gegenüber dem Kunden? Wo gibt es wahnsinnig viele Fehler? Wo gibt es einen gigantischen Abstimmungsbedarf? Was nervt dich oder die Mitarbeiter am meisten? Was könnte mindestens eines der drei Kriterien für herausragende Führung nach oben treiben? Kurz: Wo liegt der Engpass? Und wo ist die Bereitschaft der beteiligten Mitarbeiter am größten?«

»Da gibt es aber ziemlich viel! Wo fange ich da genau an?«

»Mach dir die Auswahl nicht zu schwer. Nimm einfach einen Prozess, der dir dazu einfällt. Heute Morgen hast du erwähnt, dass es im

---

103 Download unter http://www.unternehmercoach.com/deinwillegeschehe/prozessdefinition.

Bereich Akquise einen hohen Abstimmungsaufwand zwischen dir, Werner und Ria gibt. Und dann erwähntest du noch die Rechnungsstellung, die extrem fehleranfällig sei.«

»Die sind beide sehr wichtig, stimmt!«

»Dann fang mit dem Prozess an, der *einfacher und schneller* zu realisieren ist. Je schneller du dir und deinen Mitarbeitern Erfolgserlebnisse bescherst, desto größer ist die Wahrscheinlichkeit, dass ihr dabeibleibt und auch weitere Prozesse einführt. Du schaffst eine positive Dynamik! Welcher der beiden Prozesse ist also einfacher?«

Ich dachte einen Moment nach. »Die Rechnungsstellung. Bei der Akquise habe ich ja zuerst noch die andere Baustelle, dass ich Werner abmahnen muss. Dass dies die Bereitschaft, einen Prozess zu definieren, steigert, glaube ich eher nicht.«

6.3.1.2 Anknüpfung an die Bedürfnisse der Mitarbeiter

»In Ordnung«, stimmte Thomas zu. »Nachdem wir im ersten Schritt den zu definierenden Prozess ausgewählt haben, musst du im zweiten Schritt herausfinden, welche Bedürfnisse deiner Mitarbeiter durch den bisher fehlenden oder schlecht definierten Prozess am ehesten verletzt werden.«

»Damit ich später dann genau weiß, wie ich meine Mitarbeiter einbinden kann und damit jeder einen persönlichen Nutzen für sich sieht?«

»Genau! Betrachte jetzt noch mal die Ergebnisse aus den Mitarbeitergesprächen in Bezug auf die Rechnungsstellung, und zwar vor dem Hintergrund des Bedürfnismodells. Was entdeckst du da?«

Ich betrachtete das Bedürfnismodell: »Also, das Bedürfnis nach Sicherheit wird nicht erfüllt: Jana soll die Rechnungen schreiben, weiß aber oft nicht, was Ria, Werner oder ich beim Verkauf mit dem Kunden vereinbart haben. Und sie bekommt keine klaren und systematischen Informationen von den Projektleitern über das, was tatsächlich abgerechnet werden soll. Sie hängt völlig im luftleeren Raum. Und wenn die Rechnung falsch ist, bekommt sie vom Kunden die Breitseite ab.«

»Man hat mal ein Experiment mit Mäusen gemacht«, warf Thomas ein. »Die erste Gruppe von Mäusen bekam immer einen Stromschlag, wenn sie an eine bestimmte Stelle im Raum gingen. Nach kurzer Zeit gingen sie da einfach nicht mehr hin. Die zweite Gruppe bekam völlig willkürlich hin und wieder Stromschläge – ohne einen Zusammenhang mit dem eigenen Verhalten. Die Stresswerte der zweiten Gruppe gingen rapide nach oben, man konnte fast zusehen, wie die Mäuse zerfielen. Jana scheint es ziemlich ähnlich zu ergehen wie der zweiten Mäusegruppe. Manchmal bekommt sie völlig überraschend eins ins Genick, obwohl sie glaubte, alles richtig gemacht zu haben. Sicherheit und Kontrollierbarkeit fehlen hier wohl in ganz dramatischem Umfang! Aber ich glaube, auch den Projektleitern sowie Ria und Werner fehlt Sicherheit. Sie scheinen ja auch nicht zu wissen, welche Infos hinterher benötigt werden. Wüssten sie das, dann würden sie die Infos ja gleich wie gewünscht zusammenstellen. Und wenn es Probleme gibt, bekommen sie von Jana eins über die Rübe.«

»Stimmt«, bestätigte ich. »Lass uns weiter abgleichen. Das nächste Bedürfnis ist Abwechslung. Das passt für mich nicht in den Rechnungsstellungsprozess. Was machen wir damit?«

»In diesem Prozess hat Abwechslung tatsächlich eher nichts zu suchen«, sagte Thomas. »Du musst dir lediglich Gedanken darüber machen, dass die Menschen, die unter Langeweile und Eintönigkeit leiden, irgendwelche anderen Aufgaben brauchen, die ihnen Abwechslung bieten. Nach dem, was du mir bisher geschildert hast, scheint an Abwechslung bei euch eher kein Mangel zu sein.«

»Bedeutsamkeit«, fuhr ich fort. »Rechnungen schreiben ist eben ein Job, der gemacht werden muss. Wie soll ich mich da bedeutsam fühlen?«

»Ach, da würde mir eine Menge einfallen. Wenn keiner Rechnungen schreibt, dann bekommt auch niemand Gehalt. Jana sorgt dafür, dass alle ihr Gehalt bekommen. Und Kunden stellen sich oft die Frage, wenn sie eine Rechnung bekommen, ob die Leistung diesen Betrag wirklich wert war. Wenn Jana nochmals dazu beitragen könnte, dass auch der Kunde ein super Gefühl zum Abschluss hat, würde das auch ihre Bedeutsamkeit erhöhen.«

»Stimmt«, pflichtete ich Thomas bei. »Und im Gespräch mit mir hat sie sich ja auch beschwert, dass ihre Arbeit nicht gebraucht und nicht anerkannt wird. Offensichtlich scheint dieses Bedürfnis missachtet worden zu sein. Nächstes Bedürfnis: Verbindung. Alle hatten das Gefühl, irgendwie isoliert zu sein. Allerdings, das verstehe ich nicht ganz, mussten alle doch extrem viel miteinander kommunizieren, eben weil hier ein Rechnungsstellungsprozess fehlte.«

»Ja«, erwiderte Thomas, »aber du musst unnötige und destruktive Kommunikation von produktiver und Verbindung schaffender Kommunikation unterscheiden. Schuldzuweisungen und Fehler bei anderen zu suchen, ist destruktiv und zerstört menschliche Verbindungen. Solange du solche Granaten in deinen Abläufen versteckt hast, die Schuldzuweisungen provozieren, wird dein Team auf lange Sicht immer zu einem frustrierten Haufen von Einzelkämpfern werden. Mit schlechten oder fehlenden Prozessen sinkt der Wert beim ersten Kriterium herausragender Führung deutlich ab.«

Es gibt destruktive und produktive Kommunikation. Destruktive Kommunikation in Form von Schuldzuweisungen lässt die Mitarbeiter zu frustrierten Einzelkämpfern werden.

Ich nickte. »Das nächste Bedürfnis ist Fairness. Da gibt es sicher auch Handlungsbedarf, weil jeder das Gefühl hat, er bekommt eins auf den Deckel für Dinge, die ein anderer verbockt hat. Persönliche Weiterentwicklung und Beitrag für das große Ganze sehe ich jetzt in diesem Bereich nicht so.«

Ich dachte einen Moment nach. »Das bedeutet jetzt, dass ich erstens bei den fünf beteiligten Personen daran anknüpfe, dass ihre Bedürfnisse nach Sicherheit, Bedeutsamkeit und Fairness nicht erfüllt sind – das scheinen die wichtigsten Punkte zu sein. Und ich zeige zweitens auf, dass damit quasi als Nebeneffekt Verbindung und Zugehörigkeit entstehen können, weil die destruktive Kommunikation eliminiert wird. Und drittens werde ich nachher bei der Prozesserstellung auch genau auf diese Bedürfnisse achten. Richtig?«

»Absolut! Und in dem Maße, wie es dir gelingt, dein Ziel eines neuen Prozesses mit ihren Schmerzen zu verknüpfen, in einer Form, dass sie den neuen Prozess als Lösung für ihre Schmerzen empfinden, hast du eine super Motivation, dass der Prozess nicht nur geschaffen, sondern auch gelebt wird.«

»Nun verstehe ich, warum wir heute Morgen zuerst den größeren Zusammenhang mit den Bedürfnissen betrachtet haben. Ohne diesen Zusammenhang hätte ich halt den technischen Ablauf beschrieben und mich vermutlich gewundert, warum sich keiner dran hält. Das ist also die Modifikation des Führungsstils 2 durch die Erkenntnisse aus der emotionalen Führung nach Stil 5. Und diese Modifikation sorgt dafür, dass es funktioniert!«

»So ist es!«, stimmte Thomas zu. »Und außerdem spart es dir Arbeit, wenn du die Prozesse gleich nach Führungsstil 5 unter Berücksichtigung der Bedürfnisse definierst, weil du ihn später nicht wieder umschreiben musst! Insgesamt«, fuhr Thomas fort, »sind in den meisten Unternehmen die Bedürfnisse nach Sicherheit, nach Bedeutsamkeit, nach Zugehörigkeit und nach Fairness nicht erfüllt. Deshalb achten wir bei der Entwicklung von Prozessen meist zuerst darauf.[104] Wie schaffst du in deinem Unternehmen Sicherheit, Bedeutsamkeit und Zugehörigkeit? Du musst besonders auf folgende problematischen Punkte achten:

---

104 Solange diese Bedürfnisse nicht erfüllt sind, brauchen wir gar nicht mit Mitarbeiterentwicklung anzufangen. Es gibt zwar einige wenige, die dafür dennoch offen sind, aber die Mehrheit will zuerst Sicherheit. Insofern stimmt das Maslow-Modell, dass die Bedürfnisse in einer bestimmten Reihenfolge erfüllt werden müssen, zwar nicht im Einzelfall, im statistischen Durchschnitt hingegen schon.

- Unklare oder dauernd wechselnde Aufgaben
- Fehlendes Feedback (sowohl Lob als auch Kritik)
- Sich schnell verändernde Märkte und / oder starke Wettbewerber
- Ein Chef mit einem niedrigen inneren Status
- Unklare oder dauernd wechselnde Hierarchien
- Keine Klarheit in Bezug auf die eigenen Befugnisse
- Keine Ahnung, wie die eigenen Aufgaben in den Gesamtplan passen«

6.3.1.3 Grobstruktur

»Und wie geht's nun weiter?«

»Jeder Prozess hat dieselbe Grundstruktur. Es gibt einen Auslöser. Das kann entweder eine Person oder ein Ereignis sein. Ein Kunde will zum Beispiel etwas bei dir kaufen, dann ist der Anruf des Kunden der Auslöser. Oder Jana macht monatlich die Umsatzsteuervoranmeldung. Dann ist der Auslöser ein Tag im Kalender, also ein Ereignis. Und am Ende des Prozesses gibt es ein Ergebnis, das der Kunde des Prozesses erhält.«

»Also im Fall der Rechnungsstellung ist der Auslöser einer der Projektleiter, der mitteilt, dass das Projekt abgeschlossen oder eine Abschlagszahlung fällig ist. Und der Kunde des Prozesses wäre unser Auftraggeber, der die Rechnung erhält.«[105]

»Korrekt«, stimmte Thomas zu. »Dann gibt es im Idealfall eine

---

105 Damit endet dieser Prozess. Falls der Kunde nicht bezahlt, gibt es einen zweiten Prozess, den Mahnprozess. Da gibt es einen anderen Auslöser, vielleicht die wöchentliche Überprüfung der offenen Posten im Buchhaltungsprogramm. Oft werden zwei so unterschiedliche Prozesse in einen einzigen gepackt, der dann die Rechnungsstellung, das Mahnwesen, den Umgang mit Inkassobüros und viele andere Dinge regelt. Prozesse sollten aber so einfach wie möglich sein!

einzige prozessverantwortliche Person. Diese Person muss zwar nicht alle Prozessschritte selbst ausführen, aber sie sollte vom Auslöser bis zur Fertigstellung die *Prozesskontrolle* behalten. Bei komplexen Prozessen sind hier manchmal Übergaben erforderlich, aber ich würde beim Prozessdesign nach Möglichkeit immer versuchen, das zu vermeiden. Jede zusätzliche Übergabe erzeugt Kommunikations- und Abstimmungsaufwand und damit zusätzliche Fehlerquellen.«

»Prozessverantwortliche Person wäre bei unserem Beispiel Jana«, überlegte ich.

»Genau«, nickte Thomas. »Und diese Person sollte nach Möglichkeit den Prozess auf Basis einer Vorlage[106] selbst aufschreiben.«

»Aber dazu braucht sie doch eine entsprechende Ausbildung?«

»Auf Basis der Vorlage ist das ziemlich leicht. Und bei einem der bekanntesten Unternehmer Deutschlands, Klaus Kobjoll, haben in den 1990er-Jahren sogar die Auszubildenden im ersten Lehrjahr die Prozesse beschrieben. Wie du das machst, beleuchten wir nachher, wenn wir den Prozess der Aufgabenübergabe besprechen.«

6.3.1.4 Initiales Meeting

»Dann gehe ich also zu Jana und gebe ihr die Aufgabe, den Prozess zu erstellen?«

»Nein, damit würde sie scheitern. Du beginnst mit einem initialen Meeting. Da kommen alle hin, die an dem Prozess beteiligt sind. Also Jana, Ria, Werner, die beiden Projektleiter und du.«

»Moment«, meldete ich mich zu Wort. »Da habe ich zwei Probleme. Das eine ist, dass Werner nach einer Abmahnung extrem unmotiviert sein wird, das andere ist, dass sich Jana und Ria nicht grün sind und sicher nicht zusammenarbeiten wollen.«

---

106 Download unter http://www.unternehmercoach.com/deinwillegeschehe/prozessvorlage.

»Da hast du recht«, überlegte Thomas. »Aber wenn Ria gegenüber Werner einen anderen Status bekommt und für ihre Arbeit gewürdigt wird, dann dürfte sich auch mittelfristig das Statusgerangel mit Jana entschärfen. Und Werner wird sich einordnen müssen, wenn er eine Zukunft im Unternehmen haben will. Beides sind also nur kurzfristige Probleme. Können wir erst mal ohne Ria und Werner starten?«

»Ja, klar! Idealerweise haben die beiden Projektleiter sowieso schon alle Informationen und die beiden aus der Akquise haben gar nichts mehr mit der Rechnungsstellung zu tun. Das müsste gehen.«

»Gut, dann seid ihr zu viert: Tobias und Karla, Jana und du. Du schilderst, was du in den Einzelgesprächen über die Rechnungsstellung gehört hast, und sagst, dass du das verbessern willst. Jede Schuldzuweisung untereinander erstickst du dadurch, dass du die Schuld auf dich nimmst: *Du* bist derjenige, der es versäumt hat, einen Ablauf einzurichten.[107] Und das holst du jetzt nach. Wichtig ist eben, dass alle spüren, dass ein solcher Prozess allen nutzt.«

»Das ist alles?«

»Nein«, schüttelte Thomas den Kopf. »Bei diesem Meeting sammelst du am Flipchart Antworten auf drei Fragen:

1. Wie genau soll das Ergebnis aussehen, damit die Bedürfnisse des Prozesskunden und gegebenenfalls weiterer Stakeholder[108] erfüllt sind?
2. Was sind die Fehlerquellen in vergangenen Situationen? Möglichst vollständig auflisten!

---

107 Manche haben Angst, dadurch ihren Status zu senken. Aber es geschieht das genaue Gegenteil: Wer die Schuld hat, hat die Macht! Er sitzt dann nämlich am Veränderungshebel. Gibst du hingegen jemand anderem die Schuld, wirst du ohnmächtig!

108 Im konkreten Fall auch der Gesetzgeber und damit das Finanzamt, die zwar nicht Prozesskunde sind, aber auch bestimmte Anforderungen an Rechnungen stellen.

3. Was hat funktioniert? Gäbe es nur Fehler, hätte das Unternehmen nicht einen einzigen Cent einnehmen können.

Am besten nehmt ihr pro Frage ein Blatt. Die Fotos der drei Blätter sind das Protokoll.«

»Und das wird dann schließlich die Grundlage der Aufgabe für Jana?«

»Ja. Aber nicht nur das«, ergänzte Thomas. »Du wirst den Prozess in Zukunft ja immer wieder mal verändern und anpassen. Die Listen mit den Fehlern und die mit dem optimalen Ergebnis aus Kundensicht dienen dir bei allen weiteren Veränderungen als Qualitätscheck für den Prozess. Diese Idee habe ich aus der Softwareentwicklung übernommen. Da werden bei Teams, die ab Stil 4 geführt werden, zuerst die Testprogramme geschrieben und dann erst das eigentliche Programm. Jedes Mal wenn das Programm erweitert oder verändert wird, kann ich nun das Testprogramm drüberlaufen lassen und damit sicherstellen, dass meine angedachte Verbesserung nicht in Wirklichkeit zu einer Verschlimmerung führt.«

»Das heißt, dass ich die drei Listen fortführen und regelmäßig ergänzen muss?«

»Genau. Und dafür ist Jana auch verantwortlich. Das ist das Mindestergebnis, das bei diesem Meeting herauskommen muss: Jana muss das Gefühl haben, dass dieser neue Prozess ihre Situation deutlich verbessern wird. Und daraus entsteht ihre Bereitschaft, den Prozess zu entwickeln.«

6.3.1.5 Optimierungsschritte

»Und wie geht sie da vor?«

»Zuallererst beschreibt sie Schritt für Schritt, was gemacht werden muss, damit ein gutes Ergebnis herauskommt. Das gab es in der Vergangenheit ja öfter. Eigentlich ist es nicht mehr als ein Aufschreiben, was ihr in diesen Fällen gemacht habt.«

»Das klingt einfach.«

»Ist es auch. Der Haken daran ist: Es ist langweilig. Es ist ein Job für Buchhalter. Deswegen bleiben Unternehmer so selten dran und vergessen dann irgendwann die Kontrolle und dann passiert nichts mehr. Damit *du* doch dabeibleibst und selbst das Interesse nicht verlierst, musst du Prozessdefinition für dich emotional mit Wachstum und Entwicklung verbinden. Bei der ersten Entwicklung des Prozesses wirst du von Jana Vorschläge erarbeiten lassen, was am Prozess geändert werden muss, damit all die Fehler auf der Liste nicht mehr auftreten. Bei späteren Optimierungsschritten wirst du hier auch systematisch Verbesserungsvorschläge einarbeiten. Zum Beispiel, was du bei der Rechnungslegung tun kannst, um die Wertwahrnehmung des Kunden oder die Beziehung zu stärken. *Dadurch sind Prozesse keine buchhalterische Dokumentation mehr, sondern Verbesserungen deines Unternehmens.*«

»Warum mache ich das nicht gleich?«

»Weil du dann Ewigkeiten an dem Prozess rumbasteln würdest, bis er fertig ist. Ein rudimentärer Prozess, der morgen fertig ist, ist viel besser als ein super Prozess, der erst in drei Monaten steht. Die Wahrscheinlichkeit ist nämlich hoch, dass die Prozessentwicklung vor Ablauf der drei Monate abgebrochen wird.«

»Kann ich nachvollziehen«, stimmte ich zu.

»Am Ende checkst du persönlich nochmals gegen: Sind alle möglichen Fehlerquellen durch den neuen Prozess ausgeschlossen? Werden die bisher unerfüllten Bedürfnisse deiner Mitarbeiter nun besser bedient? Sind deine Bedürfnisse als Unternehmer erfüllt? Hat der neu definierte Prozess Einfluss auf das Statusgefüge im Unternehmen? Entstehen dadurch neue Konflikte und Machtkämpfe oder könnten alte verschwinden? Und natürlich: Sind die Bedürfnisse des Kunden erfüllt? Denn dazu ist der Prozess ja da.«

»Und dann sind wir fertig?«

»Auf dem Papier, ja«, nickte Thomas. »Dann musst du den Prozess irgendwo übersichtlich ablegen und die einzelnen Versionen durchnummerieren, damit jeder immer dieselbe Version nutzt. Allerdings fehlt bei komplexeren Prozessen noch ein Schritt: Manchmal müssen die Mitarbeiter, die an diesem Prozess beteiligt sind, noch zusätzlich trainiert oder weiterqualifiziert werden. Das muss ebenfalls noch abgestimmt werden.«

6.3.1.6 Commitment und Kontrolle

Thomas lehnte sich zurück. »Schließlich besprecht ihr gemeinsam, wann und wie die Umsetzung kontrolliert und der Erfolg gemessen wird und wann ihr den Prozess gegebenenfalls überarbeitet. Die Erfolgsmessung sollte möglichst automatisiert ablaufen und sie sollte natürlich nicht vom Prozessverantwortlichen, sondern von einer dritten Person gemacht werden. Die Kontrolle übernimmt der Manager. Letztlich musst du – in deiner gegenwärtigen Rolle als Manager – an dieser Stelle noch einen Eintrag in deinem Kalender machen, wann und wie du kontrollieren wirst; damit ist sichergestellt, dass der jeweilige Controllingprozess auch ausgelöst wird. Ganz am Ende lässt du dir von allen auf einem Ausdruck des Prozessdokuments *unterschreiben*, dass sie es zur Kenntnis genommen haben und sich daran orientieren. Du brauchst das Commitment von allen.«

»Das klingt alles ganz einfach«, überlegte ich. »Der Kern des Prozesses besteht sicher in einer Checkliste, was Jana alles vom Projektleiter zu bekommen hat. Eine weitere Überlegung wäre, mich dann auch ganz aus dem Prozess herauszunehmen. Eigentlich sollte der Projektleiter bereits die vollständigen Informationen haben. Aber dazu müsste ich ja gleich noch einen weiteren Prozess, nämlich einen Projektstartprozess, beschreiben. Genau genommen kann ich den Rechnungsstellungsprozess gar nicht erstellen, ohne den anderen Prozess vorher definiert zu haben.«

»Stopp!«, lachte Thomas. »Solche Abhängigkeiten gibt es natürlich immer. Aber mach's dir nicht zu schwer. Beginn mit dem Rechnungsstellungsprozess, sonst wirst du nie fertig. Teil dieses Prozesses ist die Checkliste, in der steht, welche Informationen Jana braucht. Wenn die Projektleiter nun nicht völlig verblödet sind, werden sie diese Liste auch bei der Projektinitialisierung dabeihaben und dafür sorgen, dass sie schon zu diesem Zeitpunkt alle Informationen von dir, Werner und Ria bekommen. Mit anderen Worten: Ein konsequent umgesetzter Prozess wirkt automatisch positiv in andere Prozesse hinein.«

Ich ging noch mal alles Punkt für Punkt durch und hatte nun für mich eine relativ klare Vorstellung, wie ich vorgehen würde. Die Aussicht, damit eine Reihe von Reibungspunkten in meinem Unternehmen zu beseitigen und so die Voraussetzungen für ein positives Miteinander zu schaffen, machte mir richtig gute Laune: »Am liebsten würde ich gleich alle Prozesse in Angriff nehmen.«

»Das ist allerdings keine so gute Idee«, erwiderte Thomas. »Mach immer einen nach dem anderen. Je nachdem wie viel Zeit du hast, kannst du vielleicht zwei oder drei Prozesse parallel angehen. Aber bitte für jeden Prozessverantwortlichen nur einen Prozess zur selben Zeit. Jana ist also erst mal außen vor, bis dieser Prozess steht.«

6.3.2 Prozess der Aufgabenübergabe

»Gut, lass uns zum zweiten zentralen Prozess kommen: dem Prozess der Aufgabenübergabe. Wir könnten als Beispiel Beate nehmen. Ich habe dir doch vorhin erzählt, dass sie ziemlich wild überall, wo sie konnte, unsere Beiträge und Filme platziert hat, ohne dabei auf die Wirkung zu achten. Ich fände extrem hilfreich, wenn wir eine Übersicht hätten, aus der ersichtlich wird, was in welchem Medium auf welche Weise funktioniert. Sie könnte so eine Übersicht machen.«

»Lass es uns damit versuchen«, nickte Thomas. »Die ersten beiden

Schritte sind wie eben. Wird damit ein Engpass des Unternehmens gelöst, der Kundennutzen erhöht oder bringt es bei einem der drei Kriterien für herausragende Führung eine deutliche Verbesserung?«

»Also ein wirklicher Engpass ist das jetzt nicht«, räumte ich ein. »Aber es könnte den Kundennutzen deutlich steigern und auch beim zweiten Kriterium für eine Verbesserung sorgen: Beate könnte sich noch besser von allein am Kundennutzen ausrichten.«

»Klingt für mich nach einem Nice-to-have«, sagte Thomas. »Hast du nichts anderes?«

Ich dachte einen Moment nach, aber dann schüttelte ich den Kopf: »Zumindest nichts Kleines, was jetzt als Beispiel taugen würde. Nur noch so Riesenaufgaben wie unsere komplette IT-Landschaft updaten oder so beliebige Dinge wie unsere Ordner- und Ablagestruktur entmüllen.«

»Meinetwegen«, stimmte Thomas schließlich zu. »Dann nehmen wir eben das Beispiel mit Beate. Kommen wir zum zweiten Schritt: Anknüpfung an die Bedürfnisse des Mitarbeiters. Was hat Beate davon, wenn sie diese Aufgabe ausführt?«

»Ist doch klar, sie kann dann ihre Aufgabe viel besser erfüllen.«

»Nein«, lehnte Thomas ab. »Sie versteht unter ihrer Aufgabe aktuell, Artikel und Filme zu platzieren. Und zwar so viel wie möglich. Eine Übersicht bringt ihr dabei keinerlei Nutzen. Ich meinte, welche bislang unbefriedigten Bedürfnisse von Beate dadurch befriedigt würden. Schau aufs Bedürfnismodell!«

»Aber sie unterstützt mich und will die Firma auch voranbringen!«, warf ich ein. Erst hatte Wolfgang so merkwürdige Andeutungen über Beate gemacht, dann hatte Carlos was gegen Beate und jetzt auch noch Thomas. Das ging mir echt auf den Wecker.

»Gewinnt sie dadurch Sicherheit? Abwechslung? Bedeutsamkeit? Verbindung?«

»Nein, aber Wachstum, weil sie danach ihren Job besser ausführen kann. Und, ja doch, Bedeutsamkeit, weil sie mir hilft, meine Firma zu entwickeln.« Auch wenn das Gespräch mit Carlos durchaus einige

Zweifel gesät hatte, so war ich mir in einem völlig sicher: Beate und ich zogen an einem Strang!

»Überzeugt mich nicht«, entgegnete Thomas.

»Muss ich diese Frage denn jetzt für jede kleine Aufgabe beantworten, die ich übergeben will?«, versuchte ich abzulenken.

»Wenn du nach dem Führungsstil 2 führen willst, nicht. Dann wirst du eben zufällig mal ein gutes und mal ein schlechtes Ergebnis bekommen. Aber du willst ja perspektivisch nach Stil 5 führen. Da wirst du dir die Mühe machen müssen – zumindest bei Aufgaben in der Größenordnung oberhalb von einem halben Tag oder Tag. Aber ich streite mich nicht um Nebensächlichkeiten. Wenn dir an dieser Aufgabe liegt, dann lass uns damit weitermachen. Einer von uns beiden lernt dabei bestimmt etwas dazu.«

»Gut«, nickte ich. »Wie delegiere ich jetzt weiter?«

»Ich habe hier eine Vorlage[109] für dich«, sagte Thomas und schob mir ein Papier herüber. »Letztlich ist es ganz einfach. Du schilderst die Aufgabe und verknüpfst sie dabei nach Möglichkeit mit den Bedürfnissen und Engpässen des Mitarbeiters oder lässt sie das sogar selbst tun. Wenn du fertig bist, lässt du Beate die Aufgabe aus ihrer Sicht wiederholen, wobei sie die Checkliste nutzt. Damit stellst du sicher, dass alle Punkte verstanden sind, und kannst, falls nötig, korrigierend eingreifen. Bei großen Aufgaben, die mehr als eine Woche Arbeitszeit erfordern, würde ich mir das auch unterschreiben lassen.«

»Das ist alles?«

»Fast. Am Ende sprichst du dein ehrliches Vertrauen aus, dass sie das schafft. Und du trägst das wieder in den Kalender für deinen Controllingprozess ein.«

---

109 Vorlage unter http://www.unternehmercoach.com/deinwillegeschehe/aufgabenuebergabe.

6.3.3 Controllingprozess

»Und der Controllingprozess besteht dann darin, einfach am entsprechenden Tag zu kontrollieren?«

»Das wäre zu einfach«, entgegnete Thomas. »Du musst nicht nur kontrollieren, sondern du musst auch bereits vorher wissen, was geschieht, wenn die Ergebnisse nicht erreicht sind.«

»Du meinst Kritik oder so was.«

»Ist eine Möglichkeit, aber vielleicht ist ja auch zusätzliche Unterstützung erforderlich. Aber das ist gar nicht mal das Entscheidende. Entscheidend ist, dass du konsequent handeln kannst, und deswegen musst du im Vorfeld wissen, was passieren wird, und deine Mitarbeiter sollten es am besten auch vorher wissen. Dazu kommen wir später noch ausführlicher.«

»Und das ist es dann?«

»Nein«, schüttelte Thomas den Kopf. »Du kannst doch solch eine Chance, die Menschen wieder mit ihren Bedürfnissen und dem Sinn des Prozesses in Kontakt zu bringen, nicht einfach verstreichen lassen! Du feierst das als Erfolg – und zwar, um die Bedürfnisse der Prozesskunden und der beteiligten Mitarbeiter besser zu befriedigen. Du sorgst dafür, dass sie in diesem Moment den Sinn des Prozesses *fühlen*! Während der inhaltlichen Arbeit am Prozess geraten nämlich die Bedürfnisse allzu leicht in Vergessenheit. Hol sie wieder hervor! Und am Ende legt ihr noch einen Folgetermin fest, wann ihr euch diesen Prozess wieder anschaut. Sonst verschwindet er nämlich in der Schublade!«

6.4 Ziele

Nachdem wir bis zu diesem Punkt gekommen waren, hatte ich ein sehr gutes Gefühl. Ich wusste, wie ich Prozesse in meinem Unternehmen installieren konnte, und ich wusste, wie ich Aufgaben so delegieren konnte, dass ich das Gefühl hatte, dass sie auch wirklich erfüllt wurden. Zugleich hatte ich aber auch den Eindruck, dass dies unglaublich viel Arbeit wäre, wenn ich das richtig gut machen wollte.

6.4.1 Der Übergang von Führungsstil 2 zu Führungsstil 3

Als ich Thomas meine Bedenken mitteilte, erwiderte er: »Man geht typischerweise davon aus, dass ein Manager sieben Fachkräfte führen kann. Und das nur, wenn er selbst keine Fachkraftaufgaben erledigt. Du hast elf Mitarbeiter und noch zusätzlich Unternehmeraufgaben. Es ist insofern gar nicht möglich, diese Rolle perfekt auszufüllen. Mit anderen Worten: Du kannst dich aktuell nur auf die wirklichen Brennpunkte konzentrieren.«

»Das bedeutet: Auf diese Art und Weise bekomme ich noch kein Topunternehmen? Und ich muss mir so schnell wie möglich einen Manager suchen?«

»Nein«, antwortete Thomas. »Das hatten wir schon: Du könntest einen Manager noch gar nicht führen. Du musst erst exakt wissen, was du von ihm willst. Und einen Manager wirst du mindestens über Ziele führen müssen, auch wenn du ihm sicher einige Prozesse und Aufgaben mitgibst. Aber jetzt geht's erst mal darum, einige deiner Mitarbeiter mit Zielen zu führen, also den Übergang von Stil 2 zu Stil 3 zu bewerkstelligen.«

»Einverstanden«, sagte ich.

»Die Grenzen von Prozessen zeigen sich vor allem an zwei Punkten: Sobald erstens das Handlungsfeld dynamischer und komplexer wird, läufst du mit deiner Prozessdefinition immer schneller der Wirklichkeit hinterher. Und zweitens kannst du mit Prozessen nur einen Teil der Bedürfnisse deiner Mitarbeiter befriedigen. Über Prozesse und klare Aufgabenübergabe schaffst du Sicherheit und ein klein wenig Bedeutsamkeit. Du eliminierst zugleich Probleme, die der menschlichen Verbindung im Weg stehen. Und du kannst etwas mehr Fairness schaffen. Aber das war's im Wesentlichen auch. Viele Bedürfnisse bleiben bei diesem Führungsstil unerfüllt. Bei einem Führungsstil rein über Prozesse wirst du die Hirne und Herzen deiner Mitarbeiter nicht erreichen. Jetzt werden der direkte menschliche Kontakt und die Nähe zu ihnen entscheidend. Damit kannst du die Bedürfnisse ansprechen, die über den Führungsstil 2 selbst nicht oder nur schlecht erfüllt werden können. Du musst dich wirklich für sie interessieren und so Bindung aufbauen und ihnen das Gefühl der Bedeutsamkeit geben. Diese Bindung ist deshalb entscheidend, weil sie der Schlüssel zum Übergang zum nächsten Führungsstil mit Zielen ist.«

Mit Prozessen lässt sich nur ein Teil der Mitarbeiterbedürfnisse befriedigen: insbesondere Sicherheit, in geringerem Maße auch Bedeutsamkeit und Fairness.

»Wieso ist für die Zielerreichung Bindung entscheidend?«, fragte ich. »Ich stelle mir das so vor: Ich gebe meinen Mitarbeitern ein Ziel, zum Beispiel meinen Projektmanagern das Ziel, einen Kundenauftrag mit einem maximalen Kosteneinsatz X im Zeitraum Y so abzuschließen, dass der Kunde als Schulnote[110] mindestens eine 2 gibt. Und dann gibt es ein paar Prozesse, die sie einhalten müssen, aber im Wesentlichen sind sie in der Umsetzung frei.«

»Hm, dazu muss ich etwas ausholen. Stell dir mal vor, dass du ein so definiertes Ziel Karla oder Tobias, also einem deiner Projektleiter, geben würdest. Was würde passieren?«

110 Hier wird das deutsche Notensystem von 1 für »sehr gut« bis 6 für »ungenügend« zugrunde gelegt. In der Schweiz wäre es umgekehrt.

Ich versuchte mich in die Situation hineinzuversetzen. Nach kurzer Zeit schüttelte ich den Kopf: »Zuallererst würden sie versuchen, das Ziel zu relativieren. Es könnten ja unvorhergesehene Dinge dazwischenkommen und dann sähen die Kosten plötzlich anders aus. Oder ein anderes wichtiges Projekt käme dazwischen, dann wäre es zeitlich nicht mehr zu schaffen. Und sowieso sind die Noten ja rein subjektiv – wenn der Kunde ihnen eine schlechtere Note gibt, könnten sie ja nichts dafür.«

»Mit anderen Worten: Sie werden alles tun, um die Verantwortung für die Ergebnisse von sich wegzuschieben! Solche Mitarbeiter kannst du gar nicht mit dem Führungsstil durch Ziele führen. Wolfgang hat dir sicher erzählt, dass jeder neue Führungsstil zusätzliche Kompetenzen und Einstellungen erfordert. Ein Mitarbeiter, der über Ziele geführt werden will und auch geführt werden kann, stellt sich mit breiter Brust hin und verkündet: *›Ja, ich werde dieses Ziel erreichen und übernehme die volle Verantwortung für die Ergebnisse – auch und gerade dann, wenn manche Parameter außerhalb meiner Kontrolle liegen. Weil ich weiß, dass ich auch dann einen Weg finden werde!‹* Das machen die beiden wohl eher nicht. Ich vermute, dass, selbst wenn Karla oder Tobias schließlich unter Druck zustimmen würden, das Ziel zu erreichen, sie während der Umsetzung permanent Gründe finden würden, warum das Ziel verändert werden muss oder so gar nicht erreicht werden kann. Du wärst permanent in der Situation, sie wieder und wieder auf dieses Ziel zu verpflichten. Das gelingt dir an guten Tagen gut, an schlechten Tagen nicht so gut. Da du auch schlechte Tage hast – wie jeder Mensch –, werden sie früher oder später immer eine Aufweichung der Ziele durchsetzen.«

Thomas hatte recht, genau das würde passieren. Und dann hätte ich hinterher das Gefühl, dass alles sowieso nicht klappt, und würde wieder aufgeben. »Aber dann ist die entscheidende Frage doch die: *Wie bekomme ich Menschen dazu, eine solche innere Einstellung anzunehmen, dass ich sie durch Ziele führen kann?*«

»Genau«, stimmte Thomas zu. »Das ist die zentrale Frage. Und die

Antwort dazu ist wieder: durch die Erfüllung ihrer Bedürfnisse. Und beim Übergang von Stil 2 zu Stil 3 speziell von zwei Bedürfnissen: Menschen beginnen die Verantwortung für Ziele zu übernehmen, wenn sie das Gefühl haben, dass sie damit erstens in ihrer Besonderheit gewürdigt werden und dass sie zweitens Teil der Gruppe sind. *Deswegen ist die direkte Bindung zwischen dir und den Menschen bei diesem Übergang so entscheidend!* Und deswegen ist nebenbei auch dein Status bei diesem Übergang so entscheidend. Ist er zu niedrig, wird deine Würdigung ihrer Besonderheit als wertlos erachtet; und mit einem niedrigen Status kannst du ihnen auch keine relevante Verbindung zur Gruppe geben. Sie müssen in der Lage sein, dich als Vorbild anzusehen, und dann erreichen sie auch die herausforderndsten Ziele *für dich.* Natürlich nicht, weil du ihnen so am Herzen liegst, sondern weil dein Status und dessen Effekt auf sie selbst ihnen am Herzen liegen. Eines der größten Märchen bei Stil 3 ist, dass Mitarbeitern das Ziel am Herzen läge. Sie machen es aufgrund der Bindung zum Boss.«

»Die Schlüssel sind also erstens Status und zweitens Nähe«, fasste ich zusammen.

»Die Nähe zuerst mit einem gewissen Vorschuss, aber dann sehr schnell nach der einfachen Regel: ›Nähe für Ergebnisse!‹ Natürlich sprechen Menschen, die vergleichsweise motivierter sind, darauf schneller an. Du hast mir gesagt, dass Beate, Petra und Jens am wenigsten demotiviert sind. Deswegen solltest du mit diesen drei Personen beginnen.«

»Und wie mache ich das genau?«

»Du würdigst sie in ihrer Besonderheit, *indem du ihnen Zeit widmest.* Sprich ihnen dein Vertrauen aus. Lobe sie, wenn sie was Besonderes erreicht haben, hilf ihnen, wenn sie irgendwo nicht vorankommen. Und du schaffst damit zugleich eine menschliche Verbindung zwischen dir und ihnen. Dauerhaft noch wichtiger aber sind menschliche Verbindungen dieser drei Mitarbeiter untereinander – sonst hängt letztlich alles an dir. Kurz: Den Übergang zur Führung mit

Zielen markieren menschliche Bindungen zu dir![111] Der Übergang zur Führung mit flexiblen Zielen erfolgt über menschliche Bindungen untereinander.«

»Sollte ich dann nicht die menschlichen Bindungen unter allen Mitarbeitern fördern?«

»Nein«, entgegnete Thomas. »Du hast nur eine beschränkte Arbeitskraft. Aus diesem Grund fokussierst du dich immer auf das, was die schnellsten Ergebnisse bringt. Also auf diejenigen, die am ehesten zum nächsten Führungsstil wechseln wollen. Konzentrierst du dich auf die schwierigen Fälle, werden das diejenigen, die am weitesten sind, als unfair empfinden. Deine Aufmerksamkeit ist eine der wertvollsten Ressourcen im Unternehmen. Vergib sie ganz gezielt nur für Ergebnisse. Alles andere führt zu einem Angleich der Besten nach unten oder zu deren deutlichem Protest! Und du musst außerdem bedenken: Falls es dir gelingen würde, dass auch die Demotivierten untereinander Beziehungen aufbauen, werden sie dadurch nicht motivierter, sondern sie werden sich in ihrer Demotivation verstärken. Damit schaffst du in deinem Unternehmen einen starken Block von demotivierten Menschen. Je stärker deren Verbindungen untereinander sind, desto schneller näherst du dich dem Punkt, wo du dieses Problem nur noch dadurch lösen kannst, dass du alle gleichzeitig rauswirfst. Also: Schaff einen Kern der motiviertesten Mitarbeiter, stärke die Beziehungen dieser Mitarbeiter untereinander, gib ihnen Wertschätzung und binde dann nach und nach weitere Mitarbeiter an diesen Kern an.«

»Okay«, stimmte ich zu. »Das kann ich nachvollziehen. Wenn ich nun mit Beate, Petra und Jens beginne, wie gehe ich da konkret vor?«

---

111 Vergleiche dazu auch Dave Logan u. a.: Tribal Leadership, S. 64. In späteren Phasen, wenn es schon einige Mitarbeiter gibt, die durch Ziele geführt werden, können diese zu Mentoren für die anderen werden. Der Schlüssel ist auch hier wieder, dass die Mentoren zwischenmenschliche Bindungen aufbauen.

6.4.2 Beschreibung der Ergebnisse

»Du sprichst zuerst mit den dreien einzeln darüber, dass du mit ihnen Führen über Ziele einführen möchtest, und holst ihre Zustimmung ein. Deine Argumentation orientiert sich wieder an ihren unerfüllten Bedürfnissen, die du aus den vorherigen Einzelgesprächen kennst. Zusätzlich zeigst du die höheren Freiheitsgrade, die damit einhergehen, auf. Natürlich sprichst du auch die damit verbundene höhere Verantwortung an. Hast du das Okay von allen, dann teilst du deinem gesamten Team mit, dass du mit den dreien einen neuen Führungsstil ausprobieren möchtest.«

»Und wenn die Rückfrage kommt, warum genau mit den dreien?«, erkundigte ich mich.

»Dann stellst du dem Fragenden die Gegenfrage, ob er auch dabei sein möchte.«

»Und falls er Ja sagt?«, fragte ich zweifelnd. »Dann habe ich schon vier Leute und schaffe das zeitlich vielleicht gar nicht mehr.«

»Dann heißt du das explizit willkommen, sprichst von den höheren Freiheitsgraden und dann von der höheren Verantwortung. Stell klar, dass du gerne mit jedem so arbeitest, der dir voller Überzeugung den schon erwähnten Satz sagt: *›Ja, ich werde dieses Ziel erreichen und übernehme die volle Verantwortung für die Ergebnisse – auch und gerade dann, wenn manche Parameter außerhalb meiner Kontrolle liegen. Weil ich weiß, dass ich auch dann einen Weg finden werde!‹* Indem du diese Hürde offen kommunizierst, sorgst du dafür, dass dein selektives Vorgehen als fair empfunden werden kann: Es ist eine klare und nachvollziehbare Regel. Anders formuliert: Stell eine klar definierte Hürde auf. Sobald jemand über diese Hürde springt, wirst du beginnen, ihn über Ziele zu führen.«

»Das wird aber keiner tun«, warf ich ein.

»Anfangs vermutlich nicht«, nickte Thomas. »Und das ist aufgrund deiner beschränkten Zeit auch gut so. In dem Maße, wie Beate, Jens und Petra Erfolge erzielen und zufriedener werden, wird sich das ändern. Sie erzeugen nämlich Anziehungskraft. Aber dann hast du ja auch wieder mehr Zeit. Wichtig ist, dass du verstehst: *Du willst zu Beginn überhaupt nicht, dass alle mitkommen!*«

Obwohl mir dieser Gedankengang fremd war – ich wollte eigentlich immer schnelle Änderungen –, konnte ich die Idee dahinter verstehen und akzeptierte sie: »Einverstanden, ich habe also diese drei oder vielleicht, falls einer von ihnen auch nicht über die Hürde springt, nur zwei, mit denen ich beginne, über Ziele zu arbeiten. Wie gehe ich das dann konkret an?«

»Boris Grundl schildert in seinem *Leading Simple* die Idee einer ergebnisorientierten Aufgabenbeschreibung, einer EOA. Der Begriff ist meiner Meinung nach verwirrend: Beschreibe ich jetzt Ergebnisse, also Stil 3, oder beschreibe ich Aufgaben, also Stil 2? Aber die grundlegende Idee dahinter ist für den Führungsstil durch Ziele sehr hilfreich. Jeder Mitarbeiter beschreibt für seinen Bereich, was die Ergebnisse sein sollen.«

»Das klingt einfach«, sagte ich.

»Ist es aber nicht«, entgegnete Thomas. »Das Erste, was du von deinen Mitarbeitern zurückbekommst, ist eine Liste von Tätigkeiten oder von Aufgabenbereichen. Nehmen wir Petra als Beispiel. Sie wird dir aufschreiben: ›Ich schreibe Texte und Storys.‹ Das sind Tätigkeiten. Du willst aber Ergebnisse. Wenn du diese einforderst, wird sie dir stattdessen aufschreiben: ›Die Ergebnisse meiner Tätigkeit sind Texte und Storys.‹«

»Das ist doch dasselbe. Das bringt mich nicht weiter und sie auch nicht«, stellte ich fest. »Was mache ich dann?«

Thomas lachte: »Natürlich ist das dasselbe, nur in anderer Verkleidung! *Ein Ergebnis im Unternehmenskontext ist immer etwas, was irgendjemand anderem einen Nutzen* bringt. In letzter Konsequenz muss es dem Kunden oder dem zukünftigen Kunden einen Nutzen bringen. *Der eigentlich Führende im Unternehmen ist in gewisser Weise immer der*

Der eigentlich Führende im Unternehmen ist immer der Kunde. Er führt durch seine Nutzenerwartung.

Kunde. Er führt durch seine Nutzenerwartung. Deine Frage an Petra ist also: Welchen Nutzen bringen deine Texte und Storys dem Kunden?«

»Das wird aber jetzt schon komplizierter«, warf ich ein.

»Ja, das Ziel ist, dass Petra beginnt, über den Beitrag, den sie mit ihrer Tätigkeit leistet, zu reflektieren. Erst wenn sie weiß, was der Nutzen ihrer Tätigkeit ist, kann sie doch gezielt beginnen, die Vorgehensweise selbst zu bestimmen. Vorher ist sie gar nicht in der Lage dazu. Und erst recht ist sie nicht in der Lage, ihre Tätigkeit zu optimieren. ›Schreibe ich jetzt einen normalen Text? Entwickle ich eine Story? Wann ist die Story gut? Wo muss ich ansetzen, um sie zu verbessern? Gibt es vielleicht noch was Besseres als Texte und Storys, um den anvisierten Kundennutzen zu erreichen? Wie setze ich meine Zeit am besten ein?‹ – Das sind alles Fragen, die sich Petra, wenn sie mit Zielen geführt werden will, selbst beantworten können muss. Und diese Fragen kann sie sich nur beantworten, wenn ihr völlig klar ist, was der letztendliche Nutzen ihrer Tätigkeit ist.«

»Sie muss also beginnen, anders zu denken. In gewissem Sinne muss ich ihr neue Wahrnehmungsmuster mitgeben. Und das fördere ich durch Fragen, die sie sich vorher nicht gestellt hat?«

»Exakt«, nickte Thomas. »*Fragen sind mit Abstand das beste Instrument, um jemanden zu neuen Gedanken zu führen.* Du musst als Führender halt nur wissen, welche Fragen du mit welchem Ziel stellst. Die Frage nach dem Nutzen schafft Bindung zum Kunden und sie schafft das Gefühl der Bedeutsamkeit bei Petra. Zudem führt die Frage nach dem Nutzen zur Befriedigung eines weiteren Bedürfnisses: Petra gibt ihrer Tätigkeit selbst einen Sinn. Sie muss sich ja Gedanken darüber machen, was eigentlich das übergeordnete Ziel des Unternehmens ist. Und sie muss sich Gedanken darüber machen, wie sie konkret mit ihrer Tätigkeit zu genau diesem Ziel beiträgt. Sobald sie hier für sich eine Antwort hat, beginnt sie, einen Sinn in ihrer Tätigkeit wahrzunehmen, und sie erfüllt damit ihr Bedürfnis nach Beitrag oder Transzendenz.«

»Ganz ehrlich, Thomas«, meldete ich mich zu Wort, »ich wüsste jetzt aber auch nicht genau, wie ich den Nutzen ihrer Arbeit allgemein beschreiben sollte.«

»Sicher, das ist oft so. Ihr findet diese Ergebnisse und diesen Nutzen ihrer Tätigkeit eher gemeinsam im Gespräch. Und es wird viele Stellen geben, wo sie vom Weg abkommen kann. Zum Beispiel, wenn ihr vordergründig keinen gemeinsamen Nutzen der Storys über viele unterschiedliche Kunden hinweg findet. Dein Job ist da weniger, die richtigen Antworten zu liefern, sondern vielmehr die richtigen Fragen zu stellen und dafür zu sorgen, dass sie diesen Fragen nicht ausweicht. Das braucht bei dir Konsequenz und eben auch wieder Aggressivität: Ihr jagt gemeinsam eine scharfe Ergebnisdefinition. Das ist euer Mammut!«

»Ja, gut. Wir haben dann also irgendwann eine klare Ergebnisdefinition und damit kann sie anfangen?«

6.4.3 Sicherheit geben

»Nicht ganz«, erwiderte Thomas. »Wir müssen uns noch mal die Veränderung in der Bedürfnisbefriedigung anschauen, sobald du beginnst, über Ziele zu führen. Mitarbeiter gehen nur darauf ein, wenn ihre zentralen Bedürfnisse befriedigt werden. Eines davon ist mal wieder Sicherheit.«

»Wieso das?«, fragte ich. »Darauf haben wir uns doch bei den Prozessen schon stark konzentriert.«

»Nun, die Führung durch Ziele zeichnet sich dadurch aus, dass Prozesse in den Hintergrund rücken. Natürlich gibt es den einen oder anderen Prozess, an dem sich die Mitarbeiter zu orientieren haben. Wenn du später anfängst, deine Projektleiter mit Zielen zu führen, dann werden sie sich immer noch am Prozess für die Rechnungsstellung orientieren müssen. Aber das Handeln insgesamt wird wesentlich freier. Und sobald die Prozesse in den Hintergrund rücken, wird natürlich auch die Sicherheit, die die Prozesse erzeugen, geringer. Zudem schafft die Führung durch Ziele eine neue Unsicherheit: Die Mitarbeiter müssen die Ziele ja auch erreichen, wenn sie eben nicht alle Einflussfaktoren zu 100 Prozent kontrollieren können. Beim Wechsel vom Führungsstil 2 zum Stil 3 kommt also wieder Unsicherheit ins System. Diese Unsicherheit musst du durch neue Mechanismen ausgleichen, sonst erlebst du einen Rückschritt statt einen Fortschritt.«[112]

»Und welche Mechanismen wären das?«

»Einer ist es erst mal definitiv nicht: Du darfst niemals die Sicherheit dadurch geben, dass du signalisierst, auch ein Nichterreichen des Ziels zu akzeptieren!«

»Also auch da brauche ich wieder meine Aggressivität«, stellte ich fest.

»Genau. Und du kannst mit vier Möglichkeiten wieder Sicherheit schaffen: erstens indem du zusätzlich zu den erwarteten Ergebnissen die verfügbaren *Ressourcen* klärst. Welche Unternehmensressourcen darf der Mitarbeiter einsetzen, um seine Ziele zu erreichen?«

»Du meinst ein Budget?«

»Nein«, schüttelte Thomas den Kopf. »Budgets beziehen sich normalerweise nur auf Finanzen. Ressourcen sind auch andere Mitarbeiter, Zeit, Kontakte usw. Natürlich könnte man das alles in Geld umrechnen, aber das machen die meisten Mitarbeiter in kleinen Unternehmen nicht. Du hattest mir zum Beispiel erzählt, dass Jens Jana als Assistentin für sich ›missbraucht‹ hat. Ich glaube nicht, dass er dabei an die anteiligen Gehaltskosten gedacht hat. Wenn du willst, dass er auf sie zurückgreifen kann, dann wirst du beispielsweise definieren, dass er auf die Ressource Jana einen halben Tag pro Woche zugreifen kann. Dann kennen Jens, Jana und du die Grenze.«

---

112 Das ist wieder die Stil-5-Betrachtungsweise auf den Übergang zwischen Stil 2 und 3. Ein reiner Stil-3-Manager wird mit Kampf, Druck und Forderungen darüber hinwegbügeln, weswegen es bei einem reinen Stil-3-Übergang auch so viele menschliche Verluste gibt.

»Aber das ist doch alles ziemlich unflexibel«, warf ich ein. »Ich weiß doch vorher nicht, welche Ressourcen nötig sind.«

»Bei der Führung durch Ziele wirst du dir diese Gedanken vorher machen müssen. Und ja, es ist unflexibel. *Es ist aber ein notwendiger Zwischenschritt, da er Verbindlichkeit und andere Eigenschaften trainiert.* Ab der Führung durch flexible Ziele verändert sich das wieder. Ein Beispiel fürs Marketing: Bei der Führung durch Ziele wirst du definieren, dass in diesem Jahr eine bestimmte Anzahl von Neukunden oder eine definierte Größe an Neukundenumsatz durch die Marketingaktivitäten erreicht werden soll. Dafür stellst du ein Budget X zur Verfügung. Bei der Führung durch flexible Ziele wirst du hingegen definieren, dass dir ein Neukunde Y Euro wert ist. Du legst nicht oder nur nachgeordnet fest, wie viele Neukunden du willst, und es gibt auch kein fixes Budget. Stattdessen wird es zur Aufgabe des Marketings, zuerst die Kanäle zu identifizieren, die für jeden Neukunden die geringsten Kosten verursachen – zumindest aber Kosten unterhalb von Y Euro. Und dann wird je nach Bedarf und Kapazität des Unternehmens flexibel hochskaliert. Das kannst du mit deinen Mitarbeitern auf diesem Level allerdings noch nicht machen. Sind Eigenschaften wie Verbindlichkeit oder Verantwortlichkeit noch nicht gelernt, wird Führung durch flexible Ziele Führung durch Beliebigkeit. Du kannst nicht zu Stil 4 wechseln, wenn nicht alle Fähigkeiten von Stil 3 gelernt sind! Mir ist wichtig, dass du hier schon den Unterschied verstehst.«

»Okay, was muss ich noch definieren, um Sicherheit zu schaffen?«

»Zweitens musst du die *Rahmenbedingungen* festlegen, innerhalb derer gehandelt werden kann.«

»Was meinst du genau mit ›Rahmenbedingungen‹?«

»Rahmenbedingungen sind zum Beispiel deine – noch festzulegenden – Unternehmenswerte. Damit könntest du Ria und Werner zum Beispiel Vertriebsziele vorgeben, aber als Rahmenbedingung festlegen, dass die Unternehmenswerte eingehalten werden müssen.

Eine Rahmenbedingung könnte auch sein, dass der Vertrieb das Marketing regelmäßig mit Informationen unterstützen muss.«

»Und das gibt Sicherheit?«

»Ja, weil Menschen sonst dazu tendieren, ausschließlich ihre eigenen Ziele im Blick zu haben und alle anderen Dinge, die für das Unternehmen ebenso wichtig sind, zu ignorieren. Diese Dinge werden aber irgendwann mal zu Störereignissen, wenn man sie nicht beachtet. Und das würde zu Unsicherheit führen. Je weiter also der Blick für die Rahmenbedingungen, desto mehr Sicherheit entsteht!«

»Kann ich nachvollziehen«, nickte ich. »Und vermutlich geht's da auch wieder vorrangig darum, dass ich Fragen stelle. Und die Antworten auf diese Fragen führen dazu, dass der Mitarbeiter sich stärker ins Ganze eingebettet fühlt. Das wiederum vermittelt ihm Sicherheit, richtig?«

»Stimmt«, lächelte Thomas. »Drittens musst du *Handlungsspielräume* festlegen. Innerhalb welchen Rahmens kann der Mitarbeiter selbst entscheiden? Im Hotel Schindlerhof können beispielsweise Auszubildende bis zu einem bestimmten Budget pro Monat selbst Reparaturen veranlassen, wenn sie irgendwo Schäden entdecken. Das entlastet nicht nur den Manager, sondern gibt zugleich dem jungen Mitarbeiter die notwendige Sicherheit. Was darf ich und was nicht? Jurgen Appelo definiert in *Management 3.0*[113] sieben Autoritätslevel:

- Sagen: Der Manager entscheidet und teilt seine Entscheidung mit.
- Verkaufen: Der Manager entscheidet und verkauft seine Entscheidung, um Commitment einzuholen.
- Beraten lassen: Der Manager entscheidet, lässt sich aber zuvor von einigen Mitarbeitern beraten.

---

113 Was eigentlich dem Stil »Führung durch flexible Ziele« entspricht, aber hier schon passt.

- Diskutieren: Mitarbeiter und Manager beraten und entscheiden gemeinsam. Die Stimmen zählen gleich viel.
- Beraten: Die Mitarbeiter entscheiden allein, aber der Manager berät.
- Überzeugen lassen: Die Mitarbeiter entscheiden allein, sollten aber am Ende des Prozesses den Manager von der Entscheidung überzeugen.
- Übergeben: Der Entscheidungsprozess wird komplett an die Mitarbeiter übergeben.

Letztlich kannst du nun für jeden möglichen Entscheidungsbereich den Autoritätslevel festlegen. Je qualifizierter und erfahrener der Mitarbeiter ist und je besser er sich schon durch Ziele führen lässt, desto freier kannst du die Spielräume gestalten.«

»Das gibt aber eine ziemlich komplexe Matrix«, warf ich ein.

»Nicht, wenn du die Bereiche relativ weit definierst. Petra könntest du das normale Textschreiben – da hat sie Erfahrung – komplett übergeben. Im Storywriting muss sie sich noch entwickeln, da kannst du mit einem Autoritätslevel zwischen ›Beraten lassen‹ und ›Beraten‹ beginnen und später erhöhen. Alle anderen Bereiche kannst du erst mal auf ›Beraten lassen‹ festlegen und deutlich machen, dass dein Ziel zum Beispiel das Level ›Überzeugen lassen‹ ist. Da kommst du mit zwei Entscheidungsbereichen und einem Bereich für alle übrigen Aufgaben hin. Die Matrix ist also überschaubar. Und das Ergebnis ist wieder Sicherheit für die Mitarbeiter.«

»Und wenn ich die Entscheidung komplett an die Mitarbeiter übergebe und sie Mist bauen?«

»Dann machst du dasselbe wie bei jedem Fehler, der eben im Unternehmen passiert: Du sorgst dafür, dass dies zu Lernprozessen und zu Veränderungen führt. Aber das bringt uns auch schon zum vierten und letzten Punkt: *Klarheit über Konsequenzen*. Du musst kommunizieren oder definieren, was schiefgehen kann und was dann passiert. Diese Klarheit ist letztlich erforderlich, damit ein Mitarbeiter seine Verantwortung wirklich annehmen kann. Stell dir wieder eine Zielvorgabe für den Vertrieb vor. Angenommen, deine Leute erreichen im Jahr nur die Hälfte des Umsatzes. Was wäre dann?«

»Dann wäre vermutlich jedes Unternehmen pleite.«

»Oder müsste die Hälfte der Mitarbeiter entlassen. Diese möglichen Konsequenzen musst du allen Beteiligten plastisch vor Augen führen, damit die Leute wissen, um was es eigentlich geht. Die Gefahr ist groß, dass sie sich sonst nur auf ihren Bereich konzentrieren und die Auswirkungen gar nicht im Blick haben.«

Ja, das würde ich meinen Mitarbeitern klarmachen. Thomas fuhr fort: »Nun wird natürlich kein Unternehmer so lange warten, um dann am Ende des Jahres festzustellen, dass er pleite ist oder die Hälfte der Leute entlassen muss. Er wird vorher eingreifen. Was passiert also, wenn nur 90 oder 80 Prozent des angepeilten Umsatzes erreicht werden? Wie lange wartest du, bis du eingreifst? Wie lange hat der Mitarbeiter Zeit, um das Problem selbst zu beheben? Grundsätzlich wirst du bei den Konsequenzen nach dem Prinzip vorgehen: Erfolg führt zu höheren Freiheitsgraden, Misserfolg zum Verlust derselben. Das funktioniert normalerweise ziemlich gut, weil Freiheit für Menschen, die mit Zielen geführt werden wollen, ein ziemlich hoher Wert ist. Die gemeinsame Klärung der Konsequenzen bereits im Vorfeld macht dir zudem die Führung einfacher: Du musst kein schlechtes Gewissen haben, weil du jemanden bestrafst, sondern du hältst lediglich das ein, was ihr vereinbart habt.«

Erfolg führt zu höheren Freiheitsgraden, Misserfolg zum Verlust derselben.

6.4.4 Weiterentwicklung

»Das ist alles aber ziemlich aufwendig«, stellte ich frustriert fest.

»Stimmt«, nickte Thomas. »Am Anfang ist das ziemlich aufwendig. Das ist ja auch einer der Gründe, warum du nicht mit allen Mitarbeitern zugleich anfangen solltest. Konzentriere dich auf zwei bis drei Mitarbeiter. Führe das ein, optimiere, kontrolliere und lass dir Zeit.«

Ich ließ Thomas' Input einen Moment sacken. In Gedanken verglich ich dabei alles nochmals mit dem Bedürfnismodell. »Das Bedürfnis nach Wachstum ist noch nicht erfüllt?«

»Wir kommen später – nicht heute – beim Thema Mitarbeiterentwicklung sicher ausführlich dazu. Aber du hast natürlich recht: Ab der Führung durch Ziele kann ich das Wachstumsbedürfnis sehr viel leichter befriedigen als bei der Führung durch Prozesse. Letztlich führst du Menschen zum Wachstum, indem du ihnen Fragen stellst, die auf Unmögliches zu zielen scheinen: Was müsste gegeben sein, um ein doppelt so großes Ziel zu erreichen? Was müsste gegeben sein, um ein zehnmal größeres Ziel zu erreichen?«

»Die erste Reaktion ist sicher: Das geht nicht!«, warf ich ein.

»Stimmt«, lachte Thomas. »Das sind aber nur die Mitarbeiter, die noch nicht lange mit Zielen geführt werden. Für die anderen gilt, was Bill Hybels sagte: ›Wir sehnen uns geradezu nach Zielen, die uns nach Luft schnappen lassen.‹ Große Ziele sind für Menschen, die mit Zielen geführt werden wollen, geradezu das Lebenselixier! Die anderen musst du heranführen. Dazu stellst du folgende Frage: Gibt es einen einzigen Menschen auf dieser Erde, der bei Toprahmenbedingungen das zehnfache Ergebnis erreichen könnte?«

»Da wird die Antwort zumeist Ja sein«, überlegte ich. »Irgendeinen gibt's ja immer!«

»Ja, und dann weiter: Welche Rahmenbedingungen braucht dieser Mensch und wie würde er das machen? Welche Glaubenssätze braucht er? Welche Fähigkeiten? Welche Einstellung? Welche Freunde?«

»Es geht also wieder darum, nur die richtigen Fragen zu stellen, die neue Möglichkeiten eröffnen?«

»Genau«, bestätigte Thomas. »Aber einen schnellen Tipp dazu habe ich noch. Kennst du Mindstorming?«

»Du meinst Brainstorming? Ja, kenne ich.«

»Nein, Mindstorming. Das ist fokussierter als Brainstorming. Im

Prinzip geht es ganz einfach. Du nimmst ein DIN-A4-Blatt, schreibst oben deine Frage hin, zum Beispiel: ›Wie kann ich das Ergebnis XY erreichen?‹ Dabei ist XY ein eigentlich unmögliches Ergebnis. Dann nummerierst du jede Zeile auf dem Blatt von 1 bis 50 durch. Das ist der Hinweis an dein Gehirn, dass du bitte schön 50 Ideen möchtest. Dieses Blatt ist von nun an dein ständiger Begleiter und liegt auch nachts mit einem Stift neben deinem Bett. Du bist fertig, wenn 50 Ideen drauf stehen.«

»Aber wenn ich mir vorstelle, ich sollte 50 Ideen aufschreiben, wie ich statt gut einer zehn Millionen Umsatz machen soll, würde mir nichts einfallen«, erwiderte ich.

»Meist gibt es zu Beginn eine Hürde«, nickte Thomas. »Genau genommen reicht es ja, wenn du 50 Ideen hast, die dir jeweils 200 000 Euro zusätzlichen Umsatz bringen. Das sind knapp 20 Prozent deines jetzigen Umsatzes pro Idee. Da sollten dir schon zwei, drei Gedanken kommen. Und mit diesen zwei oder drei Gedanken bist du über den Startpunkt drüber. Dann kommt meist eine ganze Reihe Ideen, bis du vielleicht bis zum Punkt 15 oder 30 gelangst, und ab da stockt es wieder. Dann gilt es dranzubleiben und nicht aufzugeben. Und ab dem Moment, wo dein Unterbewusstsein merkt, dass es dir wirklich ernst ist mit der Frage, kommen die richtig guten Ideen. Bis du bei 50 bist.«

»Und das kann ich meinen Mitarbeitern ziemlich einfach erklären«, überlegte ich.

»*Ja, aber es wirkt nur dann richtig glaubwürdig, wenn du es selbst für dich auch machst.* Du hast bei der Bewertung der drei Kriterien herausragender Führung durch deine Mitarbeiter die Werte 0,3, 0,5 und minus 7 bekommen. Deine Frage könnte sein: ›Was muss ich tun, um bis zum 31. Mai die Werte 5, 5 und 3 zu bekommen?‹«

»Das klingt fast unmöglich«, entgegnete ich. »Aber genau deshalb ist's natürlich eine spannende Herausforderung! Mache ich!«

»Eine kleine Ergänzung noch: Wolfgang hat als einen der sechs Einflussfaktoren beim Status deinen Fokus und deine Klarheit genannt. Wenn du jetzt dieses Mindstorming-Blatt nur bis zur Zeile 50 ausfüllst, ist die Wahrscheinlichkeit groß, dass es danach in der Schublade verschwindet und wenig bis nichts passiert. Es wird auch keinen Einfluss auf deinen Status haben. Aber stell dir mal jemanden vor, der auf dieses Ziel, die Werte 5, 5 und 3 bis Ende Mai zu bekommen, so fokussiert ist, dass es an Besessenheit grenzt. Wie wird so jemand auf den Hinweis reagieren: Ach, 3, 4 und 2 sind doch auch ein gutes Ergebnis?«

»Mit Aggression und Klarheit!«, erwiderte ich.

»Und was macht das mit dem Status dieses Jemands im Vergleich zu jemandem, der 3, 4 und 2 auch für ein gutes Ergebnis hält?«

»Er wird höher sein«, überlegte ich.

»Genau! Du musst also diese Besessenheit bei dir selbst erreichen. Und dann ist die Wahrscheinlichkeit hoch, dass sie auch auf diejenigen deiner Mitarbeiter, die mit Zielen geführt werden, abfärbt.«

»Das klingt super!«

6.4.5 Kontrolle vereinbaren

»Hervorragend«, nickte Thomas anerkennend. »Dann fehlt uns nur noch eins: Kontrolle der Zielerreichung!«

»Das ist einer der Punkte, die ich am wenigsten mag«, gab ich zu bedenken.

»Das ist bei den meisten Unternehmern so«, erklärte Thomas. »Der Grund dafür ist sehr einfach: Eines der wichtigsten Motive eines Unternehmers ist Freiheit bzw. Selbstbestimmung. Nicht zuletzt deshalb hat er sich ja selbstständig gemacht. Der Unternehmer geht dann meist davon aus, dass andere Kontrolle auch nicht mögen. Das muss aber überhaupt nicht so sein. Manche finden Kontrolle überaus hilfreich. Und damit sind wir bei Herrn Bertram. Wolfgang hat dich sicher mit ihm bekannt gemacht. Ich durfte ihn vor zehn Jahren auch kennenlernen und ich kann dir sagen: Ohne Herrn Bertram wäre ich schon damals gescheitert und heute garantiert nicht da, wo ich jetzt bin. Eines der wichtigsten Lernziele als Führender, egal, nach welchem Führungsstil, ist es, Kontrolle lieben zu lernen und den Geführten beizubringen, Kontrolle ebenfalls zu lieben.«

»Wie soll das gehen?«, fragte ich gespannt.

»Solange jemand das Mindset hat, dass er seine Ziele erreichen *muss*, wird das nicht funktionieren. Er wird immer versuchen, der Zielerreichung auszuweichen. Sobald aber jemand seine Ziele erreichen *will*, ich meine: *wirklich erreichen will*, wird er beginnen, Kontrolle als nützlich zu empfinden. Das ist bei jedem Sport völlig klar: Die Kontrolle durch den Trainer ist nützlich! Und das ist ein Nebeneffekt der Arbeit mit Herrn Bertram: Du wirst Kontrolle wieder lieben lernen und dadurch kannst du selbst besser kontrollieren!«

Sobald jemand seine Ziele wirklich erreichen will, wird er beginnen, Kontrolle als nützlich zu empfinden.

Ich erinnerte mich an den Braintrust letzte Woche und dass ich ohne Herrn Bertram gar nicht gekommen wäre. So richtig liebte ich die Kontrolle noch nicht, obwohl ich den Nutzen durchaus sah. »Das heißt, es wird aber bei manchen eine Zeit geben, wo sie sich gegen Kontrolle wehren, weil sie nur das Gefühl haben, ihre Ziele erreichen zu müssen, sie jedoch nicht wirklich erreichen wollen.«

»Genau«, stimmte Thomas zu. »Und diese Situation kannst du einfach entschärfen, indem du bei der Zielvereinbarung den Mitarbeiter fragst, wann und wie er kontrolliert werden möchte.«

»Also wieder wie bei den Prozessen und Aufgaben. Aber wenn er sagt, dass er gar nicht kontrolliert werden will?«

»Nun«, lachte Thomas, »zumindest am Ende wird er einmal kontrolliert, denn das Ergebnis muss ja für jemand anderen einen Nutzen haben. Und dieser andere wird sich also das Ergebnis anschauen. Wenn der Mitarbeiter nur einmal am Ende den anderen kontrollieren lässt, ist das Risiko doch recht groß, dass er Teile der Aufgabe gar nicht richtig verstanden und deshalb in die falsche Richtung gearbeitet hat. Und dann ist das negative Feedback meist ziemlich krass.

Kontrolle ist aus Mitarbeitersicht ein Instrument, das seine Bedürfnisse befriedigen kann. Das Bedürfnis nach Sicherheit, indem Fehlentwicklungen sehr früh offensichtlich werden und noch korrigiert werden können, ohne die Erreichung des Gesamtziels zu gefährden. Und zum anderen das Bedürfnis nach Bedeutsamkeit – ist es doch eine tolle Möglichkeit, sich lange vor der Erreichung des Ergebnisses Lob abzuholen. *Kontrolle nutzt dem Mitarbeiter und hilft ihm bei der Befriedigung seiner Bedürfnisse.* Zugleich gibt die Kontrolle auch dir Sicherheit und nutzt auch dir.«

»Und indem ich bei der Zielvereinbarung auch die Kontrollen vereinbare, verschwindet das Gefühl, meinem Mitarbeiter auf die Nerven zu gehen. Ich kontrolliere ja nicht unangekündigt, sondern halte nur eine Vereinbarung ein. Aber was ist, wenn sich das Ziel während der Umsetzung ändert? Also beispielsweise klar wird, dass es so nicht mehr erreichbar ist? Oder wenn ein anderer wichtiger Auftrag dazwischenkommt?«

»Das genau ist das Problem bei der Führung durch Ziele«, nickte Thomas. »Die wirkliche Welt mit ihren Rahmenbedingungen verändert sich. Du brauchst ab einem bestimmten Punkt flexible Ziele. Allerdings kannst du, wie schon gesagt, nur mit den Menschen über flexible Ziele arbeiten, die in der Lage sind, fixe Ziele zu erreichen. *Managen über fixe Ziele erfordert, während der Zielerreichung die Realität bis zu einem bestimmten Grad auszublenden.*«

»Wie meinst du das?«

»Nun, es geht ja darum, das Ziel zu erreichen, ohne die Kontrolle über alle äußeren Einflüsse zu haben. Manchmal sind diese Einflüsse sehr stark, und es scheint so, als ob das Ziel nicht mehr zu erreichen wäre. An diesem Punkt trennt sich die Spreu vom Weizen: Der Gewinner bleibt bei seinem Ziel und findet einen anderen Weg. Er erreicht es am Schluss auch. Der Verlierer findet eine Ausrede, warum es nicht geklappt hat. Verkleinere niemals ein Ziel! Und lass niemals zu, dass Mitarbeiter, die du über Ziele führst, ein Ziel verkleinern.«

»Und wenn der Mitarbeiter es nicht schafft, weil ich ihm zwischenzeitlich eine andere, wichtigere Aufgabe gegeben habe? Dann bin ja ich verantwortlich und muss ihm bei seinem Ziel doch entgegenkommen.«

»Nein«, schüttelte Thomas den Kopf. »Wenn du ihm eine andere wichtige Aufgabe übertragen willst, dann musst du ihn fragen, ob das die Erreichung seiner anderen Ziele gefährdet. Sagt er Nein, kannst du ihm die Aufgabe geben und es gibt hinterher auch keine Ausrede. Sagt er Ja, dann darfst du ihm diese Aufgabe nicht geben.«

»Aber wenn sie extrem wichtig ist«, hakte ich nochmals nach.

»Führung über Ziele zwingt auch dich als Führenden dazu, extrem genau zu planen. Solche Fälle dürfen nicht passieren. Und falls sie doch einmal passieren, dann muss das ganze Team zusammenarbeiten, damit dieser Notfall gelöst werden kann, ohne die Ziele von irgendjemandem aus dem Team zu gefährden.«

»Und wie lange muss ich dabei bleiben?«

»Bis deine Mitarbeiter Ziele immer erreichen und du sie immer einforderst. Ab dann kannst du zu flexiblen Zielen übergehen, aber nicht vorher. Und deshalb werden wir uns jetzt nicht weiter um die flexiblen Ziele kümmern. Ihr habt da einige Lernschritte vor euch.«

6.5 Sanktionen

Ich schaute auf meine Uhr und stellte fest, dass der Tag schon fast um war. Heute hatte ich Klarheit gewonnen, wie ich über Prozesse und Aufgaben führen kann. Ich hatte gelernt, wie ich die ersten Mitarbeiter dazu bringe, über Ziele geführt zu werden. Und ich hatte die emotionale Grundlage jeder Führung gelernt. Das schien mir fast so wichtig wie die drei Metamodelle der Führung, die ich bei Wolfgang gelernt hatte. Doch ein Thema ließ mir keine Ruhe: »Wie gehe ich jetzt mit Werner um?«

»Erst mal grundsätzlich: Es ist völlig normal, dass beim Umbau deiner Führung und deines Unternehmens überall Tretminen auftauchen. Wie sollte es auch anders sein, wenn du bisher alles laufen lassen hast? Aber konkret zu Werner«, fuhr Thomas fort, »wie würdest du denn damit umgehen?«

»Also, konsequent wäre es, wenn ich mit den betroffenen Kunden ein Gespräch führen und mich entschuldigen würde. Vermutlich müsste ich ihnen eine Entschädigung anbieten. Und selbst dann wäre ich noch nicht sicher, dass nicht doch etwas nach außen dringen würde. Das könnte mich mein Unternehmen kosten. Wenn ich jedoch nichts sagen würde, dann würde sich nach innen auch nie was ändern. Ja, schlimmer noch: Ich wäre für alle, die davon wüssten, erpressbar.«

Nach einer Pause fuhr ich kopfschüttelnd fort: »Beide Alternativen sind ätzend. Ich weiß nicht, was ich machen soll.«

Nachdenklich nickte Thomas: »Wenn wir jetzt nicht drüber sprechen würden, was würdest du dann tun?«

Nach kurzem Überlegen erwiderte ich: »Nichts weiter. Ich würde noch mal mit Werner sprechen und hoffen, dass Gras über die Sache wächst.«

»Fühl mal in dich hinein: Was fühlst du gegenüber Werner?«

Ohne nachzudenken, antwortete ich: »Ohnmächtige Wut! Wie kann er nur mein Unternehmen in so eine Situation bringen? Und zugleich etwas, was mich ausbremst, hilflos macht: Ich selbst habe es ja zugelassen, dass dies geschieht!«

»Wenn du jetzt nichts machen würdest, würdest du deine Hilflosigkeit zementieren und die Aggression in dich hineinfressen. Wer wirst du selbst dadurch werden? Zu welchem Menschen macht dich das? Betrachte die Situation mal aus der Perspektive von fünf Jahren später. Wenn du dann zurückblickst: Zu welchem Menschen bist du geworden? Wie hättest du dich rückblickend gern entschieden?«

Je länger ich nachdachte, desto dicker wurde zuerst der Kloß in meinem Hals und dann kippte meine Einschätzung plötzlich: »Ich will dieser Mensch nicht werden! Und es kann in beiden Fällen mein

Unternehmen kosten. Gehe ich offensiv damit um, habe ich sicher größere Chancen, das Unternehmen zu retten, als wenn es irgendwann mal rauskommt. Ich schaffe mir einfach Glaubwürdigkeit, die ich sonst komplett verlieren würde. Aber viel wichtiger noch ist, zu wem ich werde. Wenn ich es vertuschen würde, wäre ich permanent von meiner Angst getrieben. Ich könnte Werner nicht mehr führen. Ja, es würde mir die innere Kraft nehmen, überhaupt jemanden zu führen. Wolfgang sprach bei unserem Treffen vom inneren Status. Ich würde nicht mehr in den Spiegel sehen können.«

»Und wie wirst du dich jetzt entscheiden?«

Nach kurzem Nachdenken erwiderte ich: »Es gibt nur die eine Möglichkeit. Ich werde es offen angehen. Und ich werde Werner kündigen müssen. Ich habe dieses Missverhalten zwar zugelassen, aber gehandelt hat er, und dafür wird er die Verantwortung tragen müssen. Meine Aufgabe ist, daraus zu lernen und so etwas nie wieder zu erlauben. Dann habe ich allerdings noch ein Problem: Ich muss Ersatz für Werner finden.« Mir wurde fast schlecht, als ich das sagte.

Thomas nickte anerkennend: »Solche Entscheidungen zeichnen wirklich herausragende Unternehmer aus. Die meisten Menschen mogeln sich irgendwie durch. Diese Haltung, zu tun, was richtig ist, auch wenn es zuerst einmal mit einem persönlichen Schaden einhergeht, ist einer der Schlüssel, um Menschen wirklich führen zu können. Du weißt, dass du das Richtige tun wirst, unabhängig von persönlichen Vor- oder Nachteilen. Und diejenigen, die von dir geführt werden, spüren das auch. Aus solchen Handlungen entsteht innere Klarheit darüber, was dir wirklich wichtig ist. Und daraus entsteht innerer Status. Rein praktisch kann ich dir in diesem Fall nur begrenzt weiterhelfen. Aber zum einen ist es ja dein Business, Unternehmen mit Negativschlagzeilen zu helfen, wieder Vertrauen aufzubauen.«

> **Zu tun, was richtig ist, auch wenn es zuerst einmal mit einem persönlichen Schaden einhergeht, ist einer der Schlüssel, um Menschen wirklich führen zu können.**

»Ja, das kann ich nun bei mir selbst anwenden«, sagte ich.

»Zum anderen hast du beim Braintrust doch Olli kennengelernt. Er hatte auch einmal so ein Problem und hat sich frühzeitig einen Krisenmanager geholt. Der war so gut, dass sie schließlich das Problem sogar positiv nutzen konnten, um die innere Haltung aller Mitarbeiter gegenüber den Kunden ins Positive zu drehen und damit neues Vertrauen bei den Kunden zu schaffen. Mittelfristig war es für Olli sogar ein Gewinn: Sie haben da jetzt eine glasklare Haltung und alle Mitarbeiter sind hochgradig sensibilisiert. Lass dir von Olli ein paar Tipps und vor allem die Kontaktdaten dieses Krisenmanagers geben.«

»Ja, das mache ich auf jeden Fall«, stimmte ich dankbar zu. Jetzt war ich erst eine Woche in dieser Unternehmergruppe und hatte schon eine Vielzahl extrem nützlicher Tipps bekommen. Ich fragte mich erstmals, wie ich mich dafür irgendwann wohl revanchieren könnte. Und ich fragte mich, warum ich mir nicht schon früher Unterstützung geholt hatte. Aber vielleicht war es einfach noch nicht die richtige Zeit gewesen. »Okay, ich habe jetzt auch eine Vorgehensweise für Werner«, fuhr ich fort, »aber wie sorge ich dafür, dass so was nicht wieder passiert?«

»Die Antwort in die positive Richtung ist, dass du eine entsprechende Kultur und Werte etablieren musst. Du musst Prozesse, Ziele und Kontrollen einführen. Nur dauert das seine Zeit. Und es funktioniert nicht ohne Sanktionen.«

»Das ist das, was mir, obwohl ich langsam Zugang zu meinen Aggressionen finde, immer noch am wenigsten schmeckt«, warf ich ein.

»Zwei ziemlich gute Führungstheoretiker, Paschen und Dihsmaier[114], sagen Folgendes: ›Wer von vornherein die Nutzung von Macht für sich ausschließt, kann als Führender in Situationen geraten, in denen er seine Ziele nicht gegen Widerstände verteidigen und retten kann. Möglicherweise ist aber der ethische Schaden, der dadurch

114 Michael Paschen, Erich Dihsmaier: Psychologie der Menschenführung. Wie Sie Führungsstärke und Autorität entwickeln.

entsteht, dass potenziell erreichbare gute Ziele nicht erreicht werden können, wesentlich größer als die ethische Problematik, die Widerständler zu ängstigen oder mit Zwang aufzuhalten.‹ Ein interessanter Ansatz, oder?«

»Ja, so kann man das sicher auch betrachten.«

»Es gibt ein schönes ethisches Gedankenexperiment von Judith Jarvis Thomson: ›Eine Straßenbahn ist außer Kontrolle geraten und droht fünf Personen zu überrollen. Durch Herabstoßen eines unbeteiligten fetten Mannes von einer Brücke vor die Straßenbahn kann diese zum Stehen gebracht werden. Darf der Tod einer Person aktiv herbeigeführt werden, um das Leben von fünf Personen zu retten?‹ Die meisten Menschen würden den fetten Mann nicht ermorden und dafür die fünf Leute opfern. Jemand, der führen will, muss den Mann vor den Zug stoßen können. Übertragen auf deine Situation: Dadurch, dass du Werner bislang nicht in seine Schranken gewiesen hast, ist ein wesentlich größeres Risiko entstanden, das im Zweifel nicht nur die zwölf Arbeitsplätze bei euch, sondern sogar noch die Hunderter anderer bei euren Kunden gefährdet.«

»Du hast wohl recht«, nickte ich wenig begeistert.

»Um das – und diverse kleinere Probleme – in Zukunft zumindest teilweise auszuschließen: Was willst du in deinem Unternehmen in Zukunft auf keinen Fall dulden?«

Ich ging zum Flipchart und schrieb:

Auf keinen Fall

- Anderen, auch Kunden, bewusst schaden
- Hinter dem Rücken anderer schlecht über jemanden reden, ob Kollegen oder Kunden
- Lautes gegenseitiges Angezicke
- Müll und schmutziges Geschirr in der Küche rumliegen lassen
- Fehler verschweigen oder vertuschen
- Zu spät zu Meetings kommen und andere warten lassen

»Mehr fällt mir jetzt erst mal nicht ein«, sagte ich nach einiger Zeit.

»Das reicht fürs Erste auch. Du wirst die Liste nach und nach erweitern. Immer wenn dir etwas auffällt, was du auf keinen Fall in deinem Unternehmen dulden willst, dann schreibst du es dazu. Die Liste sollte aber definitiv nicht länger als eine Seite sein, besser maximal zehn Punkte. Sonst verlierst du den Überblick!«

»Und was mache ich jetzt damit?«

»Du brauchst nun nur noch ein Instrument, um Klarheit zu schaffen. Du musst Sanktionslevel definieren. Zum Beispiel folgende« – mit diesen Worten zeigte er mir ein Karteikarte:

- Körpersprache (wirkt oft emotional-unterschwellig)
- Feedback: direkt oder indirekt (Lob des Gegners) und eine (!) Chance zum Lernen
- Eigene Präsenz erhöhen
- Androhung von Sanktionen
- Sanktionen
  - Geldschein in ein Sparschwein
  - Entzug von Freiheiten, Macht, Privilegien und Verantwortung
  - Entzug von Unterstützern und Informationsquellen
  - Versetzungen
  - Öffentliches »Schlachten«
  - Abmahnungen
  - Gehaltskürzung bzw. Bonusentzug
- Kündigung
- Anzeige / Polizei

»Du wählst nun einfach aus, was du tun wirst, wenn gegen eines deiner Gebote verstoßen wird. Und zwar beim ersten Verstoß, beim zweiten Verstoß und beim dritten Verstoß. Beim bewussten Schaden wirst du sicher mit einem höheren Sanktionslevel einsteigen als beim schmutzigen Geschirr in der Küche. Dieses Instrument gibt dir völlige

Klarheit, was du in der jeweiligen Situation tun musst. Und wichtiger noch: Auch deine Mitarbeiter haben völlige Klarheit. Dieses Instrument macht es dir sehr viel leichter, dann in der entsprechenden Situation auch wirklich konsequent zu handeln.«

»Eigentlich ist das nichts anderes als beim Fußball«, überlegte ich. »Es gibt zwar gewisse Spielräume, aber das Regelwerk stellt trotzdem sicher, dass weiche Schiedsrichter nicht grundsätzlich andere Entscheidungen fällen als harte Schiedsrichter. Und die Spieler wissen, was auf sie zukommt, wenn sie mit der Hand spielen, im Abseits sind usw. Es gibt Sanktionslevel wie Strafstoß, Freistoß, Gelbe oder Rote Karte. Ich glaube, ein solches Herangehen an die Stil-1-Führung wird es auch mir sehr viel einfacher machen.«

»Damit sind wir für heute am Ende angelangt. Ich denke, du hast nun eine Menge Aufgaben und Ziele für dich. Bitte fass diese noch mal zusammen.«

Ich überflog meine Notizen und fasste zusammen:

- Ich verzeihe meinen Mitarbeitern
- Ich sorge dafür, dass Jana mit dem Rechnungsstellungsprozess beginnt
- Beate bekommt die Aufgabe, eine Übersicht über die Medien und die Wirksamkeit zu machen
- Ich beginne, Beate, Jens und Petra über Ziele zu führen
- Ich nehme Kontakt mit dem Krisenmanager von Olli auf
- Ich kündige Werner
- Ich löse die Krise und wende sie ins Positive

»Gut«, nickte Thomas, »und schick die Liste bis spätestens übermorgen an Herrn Bertram.«

»Das hätte ich mir denken können, dass du da genauso konsequent bist wie Wolfgang«, grinste ich. »Aber allein schon der Gedanke daran erhöht die Wahrscheinlichkeit, dass ich es umsetze, dramatisch. Danke!«

7. Das Team ohne Orientierung

(SAMSTAG, 27. FEBRUAR)

»Hallo, Marc«, begrüßte mich Wolfgang. »Schön, dich wiederzusehen! Was gibt es Neues, seit wir uns vor vier Wochen beim Braintrust gesehen haben?«

»Unglaublich viel!«, begann ich. »Ich war ja vor drei Wochen bei Thomas und wir haben uns sehr viel mit Management, Prozessen, Zielen und vor allem mit den zugrunde liegenden Bedürfnissen und deinem Bedürfnismodell beschäftigt. In den letzten drei Wochen habe ich dann vieles umzusetzen versucht. Manches ist ganz gut gelungen, anderes überhaupt nicht.«

7.1 Die Suche nach Leitplanken

»Und wie fühlst du dich insgesamt?«

Ich spürte in mich hinein. Durch die Meditationen in den letzten sechs Wochen hatten sich schon deutliche Änderungen ergeben. Ich konnte mich viel besser spüren: »Ich spüre, dass es absolut richtig ist, dass ich auf dem Weg bin, aber ich habe dauernd das Gefühl, mich zu verlaufen. Zum einen ist so ungeheuer viel passiert. Und das fordert mich enorm. Zum anderen habe ich das Gefühl, dass mir die Orientierung und die Leitplanken fehlen. Es fühlt sich an wie auf Treibsand.«

»Und energetisch?«

»Die Ergebnisse von meinem Leistungsarzt habe ich vor rund zwei Wochen bekommen. Das war tatsächlich ein solcher Unterschied zu dem, was mein Hausarzt macht! Das konnte ich überhaupt nicht glauben. Er hat unter anderem herausgefunden, dass ich eine Weizen- und Sojaunverträglichkeit habe und deshalb mein Körper permanent Entzündungsherde bekämpfen muss. Davon hatte ich überhaupt nichts mitbekommen. Zuerst habe ich dem Arzt auch nicht geglaubt, aber sein Vorschlag war einfach, mal vier Wochen auf diese Nahrungsmittel zu verzichten und dann zu entscheiden, ob es mir was bringen würde. Ich mache das jetzt zwei Wochen und habe deutlich mehr Energie und zudem fünf Kilo abgenommen – ohne sonst eine Diät. Ich bin jetzt bei 87 Kilo! Wahnsinn!«

»Das mit dem Weizen[115] haben fast alle, nur weiß es kaum jemand. Aber das ist schon mal super! Also körperlich absolut die richtige Richtung! Und die mentale Energie?«

»Ist auch gestiegen! Aber zugleich habe ich das Gefühl, dass mich die zusätzlichen Konflikte im Unternehmen auch ungeheuer viel Energie kosten.«

Wolfgang wiegte nachdenklich den Kopf: »Kennst du irgendeinen Menschen, der viele Konflikte hat und dabei dennoch Energie ausstrahlt?«

Ich dachte einen Moment nach: »Ja, klar. Da gibt's einige. Warum?«

»Weil du gerade versucht hast, mir und dir deinen Glaubenssatz unterzujubeln: Konflikte kosten Energie. *Ich glaube, Konflikte – auf eine bestimmte Art und Weise ausgetragen – schenken Energie.*«

»Kann ich mir nicht vorstellen!«, antwortete ich spontan.

»Würde uns jetzt vom Weg abbringen, da tiefer drauf einzugehen. Ich mache mir eine Anmerkung für heute Abend«, lenkte Wolfgang ein. »Du sagst also, du fühlst, dass du dich insgesamt auf dem richtigen Weg befindest, aber im täglichen Handeln keine Orientierung

115 William Davis: Weizenwampe: Warum Weizen dick und krank macht.

hast? Dann erzähl doch am besten einfach mal, was alles seither passiert ist, und wir schauen gemeinsam, wie wir da eine Orientierung reinbekommen. In Ordnung?«

Ich nickte und begann, während ich gleichzeitig Stichpunkte am Flipchart notierte: »Petra hat ihre Ausbildung im Bereich Storywriting gemacht. Ich setze mich alle zwei Tage mit ihr zusammen und sie kann mittlerweile meine ehemaligen Fachkraftaufgaben komplett übernehmen. Sie ist sehr viel motivierter als früher und hat auch große Lust, mit mir gemeinsam ihre Ziele zu definieren. Sie wurde zur Unterstützerin.«

»Das heißt, dass die Übergabe dieser Fachkraftaufgaben stabil funktioniert und du freie Zeit gewonnen hast?«

»Ja, absolut!«, nickte ich. »Das ist wirklich eine Revolution, die ich nie für möglich gehalten hätte.[116] Auch das Gespräch mit Jens lief richtig super. Jens war ziemlich offensiv, als ich ihm die Sache mit den Zielen erklärte. Er entgegnete: ›Pass auf, Marc, mir als Kameramann brauchst du keine Ziele zu geben – da mach ich einfach meinen Job. Aber wenn du mir die Chance gibst, Sebastians frühere Stelle als Projektleiter zu übernehmen, dann fangen wir sofort an.‹ Er hat dann noch erläutert, was seine Ziele seien: dass seine Kunden super zufrieden sind, dass sein Team ein Dream-Team wird und sich alle auch als Teil eines Dream-Teams fühlen und dementsprechende Ergebnisse bringen. Er ist bereit, dazu die Zufriedenheit der Kunden messen zu lassen und wesentlich mehr zu arbeiten. Im Gegenzug möchte er das Recht, sein Team selbst zusammenzustellen und, sofern er nach einiger Zeit mehr Profit bringt, auch mehr Gehalt. Aus der Klarheit seiner Ansage schloss ich, dass er nur darauf gewartet hatte, endlich Verantwortung übernehmen zu können. Wir haben die Ziele dann konkret fixiert, und seither hat sich die Stimmung der Leute, die in

116 Wer hier mit Nein antwortet, möge bitte im *Weg zum erfolgreichen Unternehmer* weiterlesen. Da geht's genau darum, dass diese Übergaben manchmal doch nicht so einfach sind. Oder das gleichnamige Seminar besuchen.

Jens' Projekten arbeiten – alles Freiberufler – deutlich gewandelt. Das hat mich echt völlig überrascht: ausgerechnet Jens, der vorher immer nur sein Ding durchzog.«

»Das klingt spannend!«, stimmte Wolfgang zu. »Ganz offensichtlich hat Jens einen hohen inneren Status und dieser wirkt auf sein Team. Beobachte in Zukunft mal genau, wie er das mit seinem Status macht. Lerne von ihm! Und sorge dafür, dass dein Status in spätestens drei bis sechs Monaten wieder höher ist als seiner, sonst kannst du ihn nicht führen. Aber eine Einschränkung muss ich machen: Du darfst ihn nicht ohne deine Zustimmung seine Leute aussuchen lassen. Sonst macht er's auf die eine Weise und später ein anderer Projektleiter auf eine andere Weise und damit legst du den Grundstein für völlig unterschiedliche Subkulturen. Kommen wir heute auch noch drauf.«

Auch hierzu machte sich Wolfgang eine Notiz.

Ich fuhr fort: »Eigentlich aus einem negativen Anlass heraus setzt sich auch Ria voll ein. Ich musste Werner kündigen – was zu einem ziemlich wüsten Streit mit ihm führte –, aber daraufhin kam Ria zu mir und sagte nur: Endlich! Ganz offensichtlich hat sie unter seinem Stil ziemlich gelitten. Und ich habe mich dann bei ihr dafür entschuldigt, dass ich immer nur auf Werners bessere Ergebnisse geschaut hatte, ohne zu sehen, wie diese zustande gekommen waren. Und dass ich ihren Einsatz einfach nicht gesehen hatte. Sie hat meine Entschuldigung angenommen und arbeitet nun etwa so effektiv wie vorher beide zusammen. Und zugleich lässt sie die Anwürfe von Jana einfach komplett an sich abperlen. Wahnsinn!«

»Das ist ziemlich oft so«, erklärte Wolfgang. »In vielen Unternehmen blockieren sich Mitarbeiter durch ihre unterschiedlichen Arbeitsweisen oder Werthaltungen oder Glaubenssätze gegenseitig. Dann macht 1 + 1 eben nicht 2 und erst recht nicht 11, sondern vielleicht 0,5 oder noch weniger. Das ist für Manager immer wieder verblüffend: Sie halten eine Ewigkeit an einem bestimmten Mitarbeiter fest, weil sie glauben, dass das Team ohne diesen Mitarbeiter die

Ergebnisse nicht bringen könnte. Dann trennen sie sich schließlich doch von ihm und das Team wird effektiver!«

»Ja, das stimmt«, nickte ich. »Zugleich habe ich aber durch die Trennung von Werner und vor allem durch die Offenlegung gegenüber meinen Kunden richtig Mehrarbeit, wodurch einige andere Dinge nicht wirklich vorankamen.«

»Das gehört jetzt schon zu den Punkten, wo es nicht so gut lief«, warf Wolfgang ein. »Noch weitere Erfolge?«

»Ja, als ich zwei-, dreimal nicht weiterwusste, habe ich jemanden vom Braintrust angerufen. Alle hatten sofort Zeit für mich und konnten mir entweder selbst helfen oder wussten, wer helfen könnte. Zum Beispiel Olli, der mir seinen Konfliktmanager empfahl. Ich fühle mich seit Langem mal wieder in einer Gruppe richtig aufgehoben. Völlig verrückt eigentlich: Ich habe die Leute doch erst einmal gesehen! Ach ja, und ich habe noch zwei Kunden gewonnen. Damit habe ich jetzt für vier Monate eine sichere Auslastung.«

»Super! Noch was?«

»Ja, wir hatten ja über Aggressionen gesprochen. Auch wenn sich das innerlich nicht gut anfühlt, nehme ich diese nun deutlich stärker wahr und bringe sie auch zum Ausdruck. Zum einen bei der Kündigung von Werner, zum anderen als Jana nochmals wegen der Kaffeemaschine quer durchs Büro gebrüllt hat. Dieses Mal bin ich sofort zu ihr hin und habe ihr gesagt, dass mir dieses Gebrülle tierisch auf die Nüsse gehe und dass sie beim nächsten Mal das Unternehmen verlassen müsse. Und statt zu schreien, solle sie das Problem lösen und die Kaffeemaschine auf der Stelle putzen. Sie begann mit ›Ja, aber …‹, und da sah ich wieder rot und brüllte: ›Sofort!‹ Ich hab mich hinterher richtig mies und schuldig gefühlt, aber sie putzte die Kaffeemaschine und seitdem hat auch keiner mehr rumgebrüllt.«

»Notwendig!«, nickte Wolfgang. »Wenn du gelernt hast, frühzeitig auf deinen Ärger zu hören und entsprechend zu reagieren, wird es gar nicht mehr so weit kommen. Das ist ein interessantes Paradoxon:

Je mehr und je früher du bereit bist, auf deinen Ärger und deine Wut zu hören und diese zum Ausdruck zu bringen, desto weniger musst du's tun und desto besser entwickeln sich die Beziehungen mit den Menschen. So weit erst mal. Lass uns nun zu den Sachen kommen, die nicht so gut funktioniert haben!«

»Der weitaus größere Teil meiner Mitarbeiter ist in einer abwartenden Haltung oder blockiert aktiv. Mein Versuch, Prozesse einzuführen und damit bei Jana zu beginnen, ist weitestgehend gescheitert. Ich habe nicht das Gefühl, dass das so funktioniert.«

»Das ist ziemlich allgemein formuliert. Was genau ist passiert?«

»Ich hatte ein Kick-off-Meeting mit Jana, Karla und Tobias wegen des Rechnungsstellungsprozesses. Ich hab versucht, an den Bedürfnissen und Kritikpunkten dieser drei Mitarbeiter aus den Einzelgesprächen anzuknüpfen, aber die hatten überhaupt kein Interesse daran. Sind null darauf eingegangen, was ich echt nicht verstanden habe – es sind doch ihre Bedürfnisse! Nach einer Viertelstunde wurde es mir zu bunt, und ich habe einfach angeordnet, dass Jana den Prozess erstellt. Und seither laufe ich ihr fast täglich hinterher und versuche zu kontrollieren, aber sie weicht immer aus.«

»Und du lässt sie ausweichen?«

Da hatte mich Wolfgang mal wieder ertappt, und so gab ich zu: »Ja, sie hat eben bislang noch kein Ergebnis und ich war wegen der Werner-Kunden auch ziemlich eingespannt.« Und nach einer kurzen Pause, in der Wolfgang mich einfach anschaute, korrigierte ich: »Also gut, ich bin dem Konflikt ausgewichen!«

Anerkennend nickte Wolfgang: »Super, dass du es bemerkst. So ist klar, was du als Nächstes zu tun hast?«

»Ja«, nickte ich. »Aber wie gehe ich mit dieser völligen Demotivation um?«

»Überhaupt nicht direkt«, erklärte Wolfgang. »Entweder du wirfst sie raus – aber das halte ich noch für zu früh. Es wäre rückblickend ja auch schade, wenn du vor sechs Wochen Jens rausgeworfen hättest. Oder du konzentrierst dich auf das, was funktioniert, und sorgst dafür, dass sich das ausweitet. So können mehr und mehr Mitarbeiter angesteckt werden. Was allerdings extrem wichtig ist: Sorg dafür, dass Jana, auch wenn sie völlig demotiviert ist, das mit den Prozessen zu Ende bringt. Sehen die Mitarbeiter, die jetzt Gas geben, dass Jana mit ihrer Strategie durchkäme, würde diese positive Entwicklung in sich zusammenbrechen. Fordere es ein und geh noch mal die Sanktionslevel durch. Mach auch Jana klar, was passieren wird. Und dann zieh das durch! Allgemein gesprochen: Beginne nie etwas, bei dem du dir nicht zu 100 Prozent selbst sicher bist, dass du es kontrollieren wirst!«

Beginne nie etwas, bei dem du dir nicht zu 100 Prozent sicher bist, dass du es kontrollieren wirst.

»Da gibt es noch eine Komplikation, mit der ich nicht gerechnet habe«, warf ich ein.

»Welche?«

»Nachdem ich von Jana gefordert hatte, den Rechnungslegungsprozess zu erstellen, erzählte mir Beate, dass Jana zu ihr gekommen sei, weil ich sie extrem verletzt habe. Was denn diese ganzen Prozesse sollten? Ich würde gar nicht mehr den Menschen dahinter sehen!«

Wolfgang dachte einen Moment nach, dann fragte er: »Thomas hat mir berichtet, dass du auch Beate eine Aufgabe geben wolltest: Sie sollte die Medien und die Wirksamkeit in einer Übersicht zusammentragen. Thomas erzählte mir auch, dass er Bedenken habe, ob das funktioniert, weil diese Übersicht nicht an den Bedürfnissen von Beate anknüpft. Was wurde daraus?«

»Ach ja, stimmt«, musste ich einräumen. »Daraus ist nichts geworden.«

»Und warum nicht?«, hakte Wolfgang nach.

»Beate wies darauf hin, dass wir doch immer alles gemeinsam abgestimmt haben, was ja auch in der Tat so war. Und dass sie sehr verletzt sei, weil sie das Gefühl habe, dass ich ihr nicht mehr trauen würde. Und sie ist traurig, weil sie den Eindruck hat, dass sich etwas zwischen uns gestellt habe, seit ich mit dir zusammenarbeite. Sie sagte, dass sie nie gedacht hätte, dass ich solch externen Erfolgsfuzzis erlauben würde, unsere tiefe Liebe zu zerstören. Und so eine Übersicht sei doch nur unnötige Bürokratie. Sie habe die Sachen im Kopf und ich könne ihr weiter vertrauen.«

»Und wie hast du reagiert?«

»Ich fühlte mich schuldig. Ich wollte doch nicht die Freundschaft zu Beate gefährden und deshalb beerdigte ich die Idee als Beweis für unsere Freundschaft. Und daraufhin war es auch für sie wieder einigermaßen gut. Sie schlug sogar vor, dass sie mit den Mitarbeitern reden könne, die jetzt aufgeschreckt seien, und die Wogen glätten könne. Ich glaube, das hat sie bei Jana schon ein bisschen hinbekommen. Dafür bin ich ihr wirklich dankbar!«

Wolfgang warf einen nachdenklichen Blick zum Fenster. Dann erwiderte er etwas angestrengt: »Nicht heute – wir sind noch nicht so weit. Aber frag mal Carlos bei Gelegenheit nach Alphatests und schildere ihm diese Geschichte. Das wird zwar noch kein ganz helles Licht ins Dunkel bringen, aber immerhin etwas. – Okay, was noch?«

»Ja, ich habe das Gefühl, dass die Konflikte zwischen meinen Mitarbeitern eher noch zugenommen haben. Ria und Petra werden von allen geschnitten.«

»Von Jens auch?«

»Nein, von ihm nicht, aber von allen anderen.«

»Wird Jens auch geschnitten?«

»Nein, er nicht. Nur Beate mag ihn nicht. Denkst du, dass sich die Blockierer zusammentun und die anderen isolieren wollen?«

»Nun ja, wenn es ihnen gelingt, diese Mitarbeiter, die dir Vertrauen schenken und jetzt Gas geben, zu mobben, dann wirst du auf Monate und vielleicht sogar Jahre hinaus keine Änderungen mehr in deinem Unternehmen umsetzen können. Die Mitarbeiter, die jetzt mitmachen, also Ria, Petra und Jens, musst du mit allen Mitteln schützen, die dir zur Verfügung stehen! Doch weiter mit der Bestandsaufnahme: Lief noch was nicht so gut?«

»Ja, ich habe noch zwei Punkte. Zum einen hatte ich mit Thomas darüber gesprochen, dass ich mich mehr auf die Bedürfnisse meiner Mitarbeiter konzentrieren sollte. Die ersten paar Tage lief das ganz gut, aber dann überwog wieder mein Widerwille. Ich glaube, dieser Ansatz mit dem Verzeihen funktioniert bei mir nicht. Und ein privater Punkt, der eigentlich nicht hierhin gehört, aber weil wir das letzte Mal ziemlich viel über meine Mutter gesprochen haben – sie ruft dauernd an und quatscht mir auf meinen Anrufbeantworter. Irgendwas mit meinem Vater. Und ob ich denn nie an sie denken würde – ich wäre immer so egoistisch. Und ich muss dauernd an eine blökende Schafsmutter denken, die ihr Löwenjunges zurückhaben will, und es kommt so ein Widerwille, so ein Hass in mir hoch.«

»Hast du zurückgerufen?«

»Nein, bislang nicht. Ich hab überhaupt keine Lust dazu! Und doch weiß ich, dass ich es tun muss. Ich fürchte nur, dass dann der Löwe in mir zubeißen wird.«

»Tu es!«, ermunterte mich Wolfgang. »Je länger du wartest, desto unkontrollierbarer wird das Ergebnis. Tu es!«

Ich nickte. Eigentlich hatte ich sowieso gewusst, dass es nötig ist.

»Gut«, fuhr Wolfgang fort. »Bevor wir nun den Tag strukturieren, gib mir doch mal deine Einschätzung, wo du in Bezug auf die drei Kriterien herausragender Führung jetzt stehst?«

»Bei der Energie«, begann ich, »würde ich jetzt eine 1 oder 2 sehen. Das ganze Team hängt zwar immer noch durch, aber mit Ria, Petra und Jens habe ich drei, wenn auch noch wacklige, Energieinseln geschaffen. Auch meine Energie ist höher. Beim Beitrag für den Kunden hat sich nicht viel getan«, überlegte ich. »Ich würde bei einer 1 bleiben. Und beim Wachstum haben wir zwar neue Kunden, aber der Vertrauensverlust durch Werners Fehlverhalten wiegt bislang schwerer. Ich würde, nur bezogen auf die Unternehmenszukunft, eher eine schlechtere Note geben – eine minus 8. Aber zugleich fand bei einigen Mitarbeitern und mir auch ein Wachstum statt. Wenn ich das berücksichtige, vielleicht eine minus 5?«

»Du hast dich also um drei Punkte insgesamt verbessert – aber das

Ganze ist nicht stabil und noch mit Risiken verbunden. Als Zwischenstand in Ordnung. Doch lass uns jetzt den Tag strukturieren. Aus dem, was du mir geschildert hast, habe ich Folgendes herausgehört:

- Du hast unglaublich viele Baustellen und weißt nicht genau, wo du zuerst ansetzen und wie du in den einzelnen Fällen reagieren sollst. Du fühlst dich in den einzelnen Situationen oft orientierungslos. Wie bekommst du also einen klaren Bezugsrahmen?
- Dein Team ist zersplittert und deine Leute kämpfen gegeneinander. Wie bekommst du eine einheitliche Ausrichtung hin?
- Einzelne Mitarbeiter wie Ria, Petra und Jens bedürfen deiner besonderen Aufmerksamkeit und müssen entwickelt werden. Wie machst du das?
- Du wirst einen Ersatz für Werner finden müssen.
- Du darfst Jens die Auswahl seiner neuen Mitarbeiter nicht allein überlassen. Nach welchen Kriterien wählst du aus und was gibst du Jens vor?
- Deine innere Haltung bei Konflikten kostet dich immer noch enorm Energie. Wenn wir das nicht ändern, wirst du irgendwann den Konflikten wieder verstärkt ausweichen; bei Beate und deiner Mutter tust du es eh schon.«

»Klingt nach einem vollen Tag«, erwiderte ich. Dennoch war ich überrascht, wie einfach und schnell Wolfgang es geschafft hatte, aus meinem Chaos eine Liste mit abzuarbeitenden Punkten zu entwickeln. »Lass uns anfangen!«

7.2 Das innere Referenzbild

Wolfgang lehnte sich vor. »Ja. Also, um Ordnung in den ganzen Wust zu bekommen, gibt es zwei mögliche Ansatzpunkte. Zum einen eine Engpassanalyse.[117] Wir hatten darüber ja schon kurz im Zusammenhang mit den sieben Handlungsfeldern der Führung gesprochen. Ich denke, im Augenblick geht es dir aber weniger darum, ein Feld zu identifizieren, auf das du dein Hauptaugenmerk legen solltest, als darum, innerhalb der verschiedenen Handlungsfelder eine Orientierung zu bekommen. Deswegen werden wir uns darum kümmern.«

»Das wäre doch eigentlich der Zweck von Werten«, sagte ich. »Werte sollten uns in jedem Moment eine Handlungsorientierung geben und uns das Leben vereinfachen. Aber du hattest ja bereits bei unserem ersten Treffen gesagt, dass du von Werten nicht so viel hältst. Was machen wir also?«

7.2.1 Warum Unternehmenswerte meist nicht funktionieren

»Mit Werten hast du schon ganz gut geraten«, lächelte Wolfgang. »Die Idee von Werten ist tatsächlich, in jeder Situation sehr schnell zu verlässlichen, richtigen Entscheidungen zu kommen. Wenn mir ein Wert wie Ehrlichkeit wichtig ist, dann werde ich im Supermarkt nicht stehlen und meine Partnerin nicht anlügen. Ich habe also eine einfache Grundlage für ganz unterschiedliche Situationen. Nur funktioniert das in dieser Form eher nicht. Lass uns doch, um etwas Licht ins Dunkel zu bringen, einfach zuerst mal schauen, wie du normalerweise zu Werten kommst und was damit dann passiert. Du hattest die drei Werte ›Gerechtigkeit – Harmonie – Qualität‹ für dich definiert. Wie kamst du dazu?«

---

117 Zur Methodik der Engpassanalyse siehe auch den *Weg zum erfolgreichen Unternehmer* oder *Theory of Constraints* von Eliyahu Goldratt.

Als Wolfgang diese drei Werte nannte, war ich im ersten Moment verblüfft: Sie schienen mir gar nicht mehr so wichtig zu sein. Ich hatte das Gefühl, dass die ersten beiden Werte die meiner Mutter waren. Und der letzte stammte eher von meinem Vater als von mir. Wie war ich damals nur darauf gekommen?

»Die habe ich vor drei Jahren mit einem Berater zusammen festgelegt. Ich glaube, er hatte eine Liste von rund 100 Werten dabei. Da sollte ich die wichtigsten zehn aussuchen. Und dann ließ er mich paarweise vergleichen, welcher der wichtigere war. Jedes Mal wenn einer wichtiger war als ein anderer, bekam er einen Punkt. Am Schluss hatten diese drei Werte die meisten Punkte und dies waren dann meine Unternehmenswerte in der entsprechenden Reihenfolge.«

»Und wenn du das heute noch mal machen würdest?«, fragte Wolfgang.

»Käme vermutlich was anderes raus«, überlegte ich. »Mir fehlt gerade der Bezug zu diesen drei Werten.«

»Und wenn du das mit deinem Team machen würdest?«

»Käme wieder was anderes raus.«

»Und wenn du die Methode ändern würdest?«

»Vermutlich wieder was anderes«, nickte ich.

»Ich nenne das Werteflimmern. Die einen Werte können gut sein, die anderen aber auch. Und in der einen Situation ist der eine Wert wichtiger, wenn man zum Beispiel krank ist, ist Gesundheit wichtig; plant man gerade einen Abenteuerurlaub, vielleicht der Thrill. Und alles ist derselbe Mensch. Es mag zwar Zeitpunkte geben, wo einem die eigenen Werte sehr klar erscheinen – vermutlich ging es dir damals nach der Arbeit mit dem Berater so –, aber bereits wenige Tage oder Wochen später ist die Unklarheit wieder da. Und jetzt frage ich dich: Wenn die Werte selbst instabil sind und flimmern, wie soll ich das jemals als stabile Grundlage für mein Unternehmen und meine Führung nehmen?«

Darauf gab es keine Antwort und so zuckte ich nur mit den Schultern.

»Lass uns mal ein paar Dinge genauer anschauen. Wir hatten ja vor sechs Wochen über die verschiedenen Führungsstile gesprochen. Jeder der fünf Führungsstile benötigt ein eigenes Set an Lebensgefühl, Glaubenssätzen, Selbstbildern und Werten. *Und Werten!*«

»Moment mal«, warf ich ein. »Du hast doch gesagt, dass ich erstens einen vorherrschenden Führungsstil brauche und zweitens die darunter liegenden Stile auch abrufen können muss. Und diese widersprechen sich zum Teil. Während ich beim Führungsstil 4 und 5 von einer generellen Gleichheit der Menschen ausgehen muss, muss ich beim Führungsstil 1 von Ungleichheit ausgehen, richtig?«

»Absolut«, lächelte Wolfgang. »Zu jedem Führungsstil gehören passende Werte. Gehorsam gehört zu Stil 1, Präzision zu Stil 2, Leistungsorientierung zu Stil 3, Gemeinschaft zu Stil 4 usw. Wenn du also mit Werten arbeiten wolltest – was wir nicht tun –, dann bestimme zuerst deinen Ziel-Führungsstil. Dann finde die dazu passenden Werte – die kannst du aus dem Bauch raus selbst finden – und orientiere dich dran. Wohl wissend, dass du zwischendurch, wenn du auf einen anderen Führungsstil zurückgreifen musst, gegen diese Werte verstoßen musst.«

»Klingt für mich jetzt nicht sonderlich begeisternd«, sagte ich.

»Für mich auch nicht«, feixte Wolfgang.

»Aber lass uns weiter schauen, was am Wertekonzept so unpraktisch ist«, fuhr Wolfgang fort. »Werte sind extrem abstrakte Konzepte. Und, wie der Neuromarketing-Experte Hans-Georg Häusel so schön sagt, bei allem Abstrakten kotzt unser Gehirn. Oft können wir uns das nicht mal merken! Ich habe sehr oft schon Unternehmer getroffen, die, als ich sie nach ihren Werten fragte, erst mal nachlesen mussten. Wie soll ich da in einer Situation ad hoc gemäß meinen Werten handeln, wenn ich sie erst mal nachlesen muss? Das funktioniert nicht! Was wir stattdessen brauchen, sind emotionale Anker, die unterbewusst wirken.«

»Wie meinst du das?«

»Nimm mal einen Wert wie Ehrlichkeit«, begann Wolfgang. »Jeder hat dazu ein anderes Bild. Das ist mehr oder weniger abstrakt und hat keine große Wirkung. Nun hat Richard Branson als Kind folgende Geschichte erlebt: Er nahm heimlich Geld seines Vaters und wollte damit im Laden nebenan Bonbons kaufen. Der Ladenbesitzer schöpfte Verdacht und ließ den Vater kommen: ›Ihr Sohn hat das Geld bestimmt gestohlen!‹ Der Vater sah den Sohn an und wusste genau, woher das Geld kam, und der kleine Richard wusste, dass es der Vater wusste. Daraufhin wandte sich der Vater zum Ladenbesitzer und sagte: ›Wie können Sie behaupten, dass mein Sohn stiehlt?‹ Dieses Erlebnis brannte sich ins Gehirn von Richard Branson ein und ab da stahl er nie mehr. Er muss sich dafür aber nicht bewusst an den Wert Ehrlichkeit erinnern. Er muss nicht über abstrakte Wertekonzepte nachdenken, weder um sich für Ehrlichkeit zu entscheiden noch um sich daran zu halten. Sein Verhalten *ist* ehrlich, weil die zugrunde liegende Emotion so stark war.«[118]

»Das heißt, ich muss zu jedem Wert ein emotionales Erlebnis haben und erzählen können?«

»Nein, noch radikaler! Dein Gehirn arbeitet nicht mit abstrakten Konzepten, sondern es arbeitet mit emotionalen Erfahrungen! Und das führt dazu, dass du *gar nicht mehr über einen abstrakten Wert bewusst nachdenken musst.* Wenn Richard Branson heute an einem Geldschein vorbeiläuft, der jemand anderem gehört, wird weder sein Bewusstsein noch sein Unterbewusstsein in irgendeiner Art über den *Wert Ehrlichkeit* und erst recht nicht über irgendein Ranking in einer Werteliste nachdenken.[119] Sein Unterbewusstsein wird einen emotionalen Mustervergleich vornehmen, dabei diese sehr emotionale Situa-

118 Die meisten von uns haben in der Kindheit ähnliche starke Erlebnisse in Bezug auf diesen Wert und deshalb funktioniert er in der Praxis auch ziemlich gut.

119 Allein die in der Erfolgs- und Führungsliteratur vorherrschende Vorstellung, dass es so sein könnte, erscheint absurd, wenn man einmal die Änderungen in den Neurowissenschaften in den letzten 20 Jahren zur Kenntnis genommen und verstanden hat.

tion als Kind einbeziehen, den Schmerz spüren und verhindern, dass der Impuls ›Hey, Richard, steck mal das Geld ein‹ jemals entsteht oder gar in seinem Bewusstsein ankommt.[120] Unser Gehirn weiß beim praktischen Handeln nichts von abstrakten Konzepten! Lediglich bei der *nachträglichen* Erklärung ziehen wir das Modell der Werte heran. *Aber wenn unser Gehirn beim Handeln davon nichts weiß, warum sollten wir uns dann damit belasten?*«

»Aber in Konfliktsituationen …«, begann ich.

»Du meinst Situationen wie: Mein bester Freund lädt mich zu einem Abenteuerurlaub nach Patagonien ein und zeitgleich bekommt meine Frau ihr zweites Kind? Wenn ich dann eine Werteabwägung zwischen Abenteuer und Familie mache?«

»Ja, genau solche Situationen«, erwiderte ich.

»Du erinnerst dich an die Geschichte mit dem Regierungssprecher? Er wird irgendetwas zusammenfaseln: Also Familie ist mir echt wichtiger als Abenteuer oder so. Aber wie kommt die Entscheidung *wirklich* zustande? Alle Entscheidungen sind emotional und da kommen viele widersprüchliche Emotionen zusammen – genau deshalb legt uns unser Unterbewusstsein diese Frage ja zur bewussten Bewertung vor. Es sind Emotionen wie die Erlebnisse in früheren Abenteuerurlauben. Oder der Moment, als ich mein erstes Kind in den Armen hatte. Oder der Stress zu Hause, als ich schon mal mein Ding durchgezogen habe und meine Frau mir dann monatelang Vorhaltungen gemacht hat. Viele unterschiedliche und unterschiedlich starke Emotionen. Und aus dem emotionalen Gesamtbild ergibt sich weitestgehend unbewusst die Entscheidung. *Das Wertegefasel ist nur ein Konzept unseres Regierungssprechers.*«

Entscheidungen ergeben sich aus dem emotionalen Gesamtbild; Werte erklären nicht das Zustandekommen von Handlungen.

---

120 Ein weiteres Beispiel ist der Fußballtrainer Carlo Ancelotti. Er führt nicht aus dem Grund familienorientiert, dass er lange abstrakt-philosophisch über seine Werte nachgedacht hätte, sondern weil er so aufgewachsen ist und das toll fand!

»Wir brauchen also keine Werte?«

»Doch, doch, ein Regierungssprecher hat ja auch eine Funktion: Er kommuniziert. Zur Kommunikation sind Werte manchmal hilfreich. Aber das Zustandekommen von Handlungen erklären sie nicht!«

»Das erklärt auch, warum die Werteerarbeitung manchmal zu einigermaßen funktionierenden Ergebnissen führt«, überlegte ich. »Dann nämlich, wenn ich bei der Erarbeitung der Werte zufällig starke emotionale Erinnerungen auslöse. Aber dann sind es die Emotionen, die wirken, und nicht die abstrakten Werte, richtig?«

7.2.2 Emotionales Referenzbild

»Absolut«, nickte Wolfgang. »Lass uns noch einen letzten Punkt anschauen, bevor wir dann zu einer besseren Methode kommen. Wenn du mir jetzt irgendwelche emotionalen Geschichten erzählen würdest, könnten wir da beispielsweise gemeinsam Werte wie Freiheit, Gesundheit, Reichtum, Gerechtigkeit und einige andere drüberlegen. Das wären dann deine Werte, dein Regierungssprecher ist dann glücklich und für dich sind sie richtig! Aber sind sie auch für deine Mitarbeiter richtig?«

Ich dachte einen Moment nach: »Vermutlich nicht. Aber sie sollten für sie wichtig sein!«

»Und dann beginnst du, deine Mitarbeiter zu bekehren! Das kann funktionieren. Ist aber sehr aufwendig und kostet Energie! Sehr viel Energie! Und die Frage ist schlicht, ob du das überhaupt musst.«

»Ich soll also die emotionalen Geschichten gemeinsam mit meinen Mitarbeitern erzählen? Das hätte doch vermutlich im aktuellen Zustand zusammen mit Jana und den anderen wenig Sinn. Da käme doch nur Müll raus!«

»Stimmt«, grinste Wolfgang. »Das habe ich aber auch nicht gesagt. Meine Frage ist folgende: Was hast du davon, was hat dein Unternehmen davon, wenn deine Mitarbeiter auch Werte wie Freiheit,

Reichtum usw. wertschätzen? In den meisten Fällen nichts! Deine persönlichen, privaten Werte sind nämlich irrelevant für dein Unternehmen.«

Ich war völlig verwirrt: »Jetzt verstehe ich überhaupt nichts mehr! Ich dachte, das Unternehmen sei ein Spiegel der Unternehmerpersönlichkeit. Und jetzt sollen meine Werte keine Rolle spielen?«

»Das habe ich auch nicht gesagt«, entgegnete Wolfgang. »Deine persönlichen Motive beeinflussen dein Unternehmen durchaus. Du hast an unserem ersten Tag aufgeschrieben, du wolltest dich frei, selbstbestimmt und wirksam fühlen. Das beeinflusst dein Unternehmen natürlich. Aber es geht hier um nur einen sehr eingegrenzten spezifischen Teil dieser Motive – oder für den Regierungssprecher: Werte. *Es geht um die Frage, wie du mit Menschen zusammenarbeiten willst.* Es interessiert niemanden, ob du für dich Reichtum als Motiv hast. Oder Wirksamkeit oder was auch immer. Das sind deine Motive für dich. Interessant für dein Unternehmen ist einzig und allein der Teil, wie du mit Menschen interagieren und zusammenarbeiten willst. Schildere mir doch mal eine Begebenheit aus deiner Vergangenheit, wo du mit anderen etwas gemeinsam gemacht hast. Und zwar voller Spaß und Freude, mit einem Sinn dahinter und alle waren voll dabei. Ob Arbeit oder Studium oder was auch immer, ist völlig egal!«

Bei dieser Aufforderung zündete etwas, was ich aber noch nicht genau benennen konnte. Und dann fiel mir plötzlich eine Begebenheit aus meiner Kindheit ein: »Mein Opa und ich bauten zusammen ein Vogelhaus für den Winter. Wir taten dann immer Futter rein, damit die Vögel nicht verhungerten.«

»Erzähl mal genauer«, ermunterte mich Wolfgang.

Ich tauchte in die Vergangenheit hinab: »Ich erinnere mich, wie mein Opa und ich im Jahr zuvor einen toten Vogel im Schnee gefunden hatten; ich muss da sieben Jahre gewesen sein. Und mich machte es sehr traurig, als mein Opa mir erklärte, dass er wohl verhungert war. Das beschäftigte mich Tage, und irgendwann schlug mein Opa vor: Dann lass uns für den nächsten Winter doch ein Vogelhaus bauen. Ich marschierte sofort in die Stadtbücherei – Internet gab's ja noch nicht – und fand alles raus, was man über Vogelhäuser wissen muss. Ich brachte den Plan zu meinem Opa und bat ihn, mir die Sachen, die ich dafür brauchte, zu besorgen. Er aber lachte nur und sagte: Wozu hast du denn Taschengeld? Aber wenn du die Sachen besorgt hast, dann helfe ich dir. So fand ich raus, wo ich die benötigten Materialien bekommen konnte, kaufte ein und kam stolz wie Oskar mit einer großen Tüte bei meinem Opa an. Und dann bauten wir gemeinsam das vielleicht schönste Vogelhaus der Welt. Ich ging voll darin auf und erklärte meinem Opa, was er wie tun müsse, und er gab mir zwischendurch Tipps, wie man etwas besser machen könne. Die Zeit nahmen wir gar nicht mehr wahr, wir arbeiteten Hand in Hand, in absolutem Einklang. Und dann stellten wir – mitten im Sommer noch – das Vogelhaus auf und ich tat Futter rein. Aber natürlich kam kein Vogel. Zumindest nicht, solange ich direkt neben dem Vogelhaus saß. Fortan schaute ich jedes Mal, wenn ich meinen Opa besuchte, dort nach. Als schließlich der erste Schnee fiel, kam auch der erste Vogel. Und ich weiß noch wie heute, wie ich mich zu meinem Opa umdrehte und ihm sagte: Schau, Opa, dem Vogel haben wir beide das Leben gerettet! Und da sah ich, dass seine Augen feucht waren.«

»Etwas Wichtiges und Sinnvolles tun, herausgefordert werden und dabei lernen. Sich bewusst von etwas trennen, in dem Fall Geld, weil dir die Aufgabe so wichtig war. Hand in Hand und völlig im Flow arbeiten, den Erfolg gemeinsam erleben«, nickte Wolfgang. »Geschichten in dieser Art! Hast du noch mehr davon?«

Zuerst dachte ich an die vielen Erlebnisse auf dem Fußballplatz als Kind. Aber ich wollte noch was Aktuelleres und plötzlich fiel mir eine weitere Geschichte ein: »Als ich studierte, das war Mitte der 90er-Jahre in Berlin, schlossen wir uns zu fünft zusammen, um ein Projekt, einen Film, zu machen. Es war die Zeit des Techno und der Loveparade. Wir wollten dieses Lebensgefühl zeigen, Menschen mitreißen und verbinden. Wir hatten eine gemeinsame Idee und gaben uns ganz dieser Idee hin. Jeder trug voller Begeisterung seine Ideen bei und jeder wurde mit Respekt behandelt. Ich kann mich noch gut an eine Situation erinnern: Es war mitten im Sommer 1995, die Loveparade sollte der Höhepunkt unseres Films werden und war superwichtig. Wir hatten uns zwei Monate darauf vorbereitet. Das ganze Wochenende lang Party und wir mittendrin ohne Schlaf. Und am Mittwoch darauf, also drei Tage später, mussten wir an der Hochschule ein erstes Zwischenergebnis präsentieren. Wir fingen wilde Szenen ein, aber auch ruhige, nachdenkliche Momente, in denen die Leute vor der Kamera von ihren Träumen erzählten. Wir selbst waren Teil des Ganzen und natürlich nahmen wir auch die eine oder andere Substanz zu uns. Jonas, der mit der Kamera, war stellenweise so oben drüber, dass er, sagen wir mal, eine ziemlich innovative Kameraführung hatte, die mit sämtlichen damals gültigen Regeln brach.«

In Erinnerung daran musste ich grinsen. »Natürlich handelte er sich Kritik ein, aber im Gespräch wurde uns dann allen klar, dass wir ja was Neues machen wollten, und das war was Neues. Und so feuerten wir Jonas noch an. Aus einem Problem war plötzlich Verbindung und Unterstützung entstanden. Nils und Sara, das waren unsere Aufreißer und Motivatoren für Leute, die wir filmen und mit denen wir sprechen konnten, damals meine besten Freunde, schleppten die durchgeknalltesten Leute an, von denen wir permanent wieder weitergereicht wurden. Ich glaube, ich habe noch nie an einem Wochenende so viele Leute kennengelernt wie da. Und jeder half aus. Als Sara und ich mal für eine halbe Stunde in den Büschen des Tiergartens verschwanden, machten die anderen einfach weiter. Null Vorwürfe. Das änderte sich erst am Sonntagabend. Jonas entdeckte, dass seine Tasche mit den ganzen Bändern verschwunden war. Unsere Aufzeichnungen waren weg und wir hatten nichts mehr. Unmöglich, das nochmals nachzudrehen: Die Loveparade gab es nur einmal im Jahr. Und wir mussten in drei Tagen ein Zwischenergebnis zeigen. Unmöglich! Die anderen drei, Nils, Sara und Jutta, begannen Jonas zu beschimpfen und zu verfluchen. Er wurde immer kleiner und kleiner. Ich denke, die Müdigkeit und die Drogen taten das ihre dazu. Ich saß nur frustriert und völlig übermüdet daneben. Doch in diesem Moment wurde mir klar, wie wichtig das Ergebnis war. Es musste eine Möglichkeit geben, die Bänder zu finden. Es musste! *Ich* musste eine Möglichkeit finden.«

Wolfgang sah mich gespannt an: »Und wie ging es weiter?«

»Plötzlich unterbrach ich die anderen in ihren Vorwürfen: ›Leute, was wir in den letzten zwei Tagen und Nächten erlebt haben, war großartig und außergewöhnlich. Selbst wenn alles verloren ist, haben wir immer noch unsere Erlebnisse zu fünft – mit Jonas! Schaut doch mal, um was es uns geht: um eine andere Art des Lebens. Und die Art und Weise, wie wir gerade mit Jonas umgehen, ist falsch!‹ Nils meinte dann, dass die Note für dieses Projekt für ihn superwichtig sei und er nicht wegen Jonas seine berufliche Zukunft aufs Spiel setzen will. Ich erwiderte: ›Die Note ist für *uns alle* superwichtig. Und deswegen werden wir die Tasche finden!‹«

»Wie haben die anderen reagiert?«, fragte Wolfgang.

»Jutta meinte: Selbst wenn wir die Tasche bis zum nächsten oder übernächsten Tag finden sollten – was sie nicht glaubte –, würde sie niemals bis Mittwoch den Rohschnitt schaffen. Ich habe dann noch mal alle eindringlich aufgefordert: ›Lasst uns zuerst die Tasche finden!‹ Nach weiteren zehn Minuten hatte ich alle auf meiner Seite. Jutta und Jonas suchten die Stellen im Tiergarten, an denen wir zuletzt waren, ab. Nils und Sara klapperten alle Klubs, das E-Werk, KitKat usw. ab, um dort noch Leute, mit denen wir Kontakt hatten, zu treffen. Ich ging in die nächste Telefonzelle und telefonierte alle Nummern ab, die wir im Laufe der vergangenen zwei Tage von unseren Interviewpartnern bekommen hatten. Um zwei Uhr nachts trafen wir uns bei Jonas wieder für eine Zwischenbesprechung. Aber wir hatten nichts vorzuweisen. Ich selbst hatte auch kaum jemanden erreicht. Vermutlich waren die meisten auf der Heimfahrt. Bis fünf Uhr morgens zogen wir nochmals durch die Klubs, dann schliefen wir zwei Stunden bei Jonas. Und plötzlich klingelte das Telefon, und da Jonas gerade was zu essen organisierte, ging ich ran. Es war eine ziemlich wirre Frau, die ganz offensichtlich noch unter Drogen stand und nicht realisierte, dass ich nicht Jonas war. Sie hatte noch am Sonntagnachmittag mit Jonas eine wilde Küssorgie begonnen, und als Jonas plötzlich weg war und nicht mehr zurückkam, habe sie seine Tasche durchsucht, da sein Adressbuch gefunden und dann eben die Tasche mitgenommen, damit sie ihn anrufen könne. Ob ich, also Jonas, sie jetzt in Stuttgart besuchen wolle.«

»Oha!«

»Natürlich fragte ich sofort, ob da auch Bänder in der Tasche waren. ›Irgend so ein Kamerazeug ist drin‹, sagte sie; und aus mir schoss es raus: ›Okay, ich bin in sieben Stunden da.‹ Ihre Antwort: ›Echt jetzt, Jonas? Das ist süß!‹ Mann, war die verpeilt! Sara und Jonas setzten sich sofort ins Auto und fuhren nach Stuttgart, holten die Bänder und fuhren wieder zurück. Wir anderen legten uns schlafen. Dienstagfrüh um halb eins hatten wir die Bänder! Jutta und ich fuhren umgehend in den Schneideraum und fingen an. Im Laufe des Vormittags kamen die anderen dazu und wir arbeiteten bis Mittwoch über 24 Stunden am Stück zusammen und teilten uns die Arbeit mit Sichten, Musik, Konzept, Schnitt. Jutta, unsere Schnittexpertin, zeigte uns anderen alles und steuerte. Obwohl wir alle völlig ausgelaugt waren, hatten wir alle unser gemeinsames Ziel vor Augen. Ich glaube, so schnell habe ich noch nie so viel Neues über Schnitt gelernt. Wir holten noch mal das Letzte aus uns raus, und diese 24 Stunden waren enger, intensiver, verbindender als alles, was wir am Wochenende erlebt hatten. Am Mittwochmorgen präsentierten wir unser Ergebnis und bekamen eine Eins. Das war aber irgendwie unwichtig. Was wirklich blieb, war das anschließende gemeinsame Frühstück, als ich die leuchtenden Augen der anderen vier sah und wir uns dann zu fünft in den Arm nahmen. Ich glaube, wenig in dieser Zeit hat mich so sehr geprägt wie dieses Projekt!«

Während ich diese Ereignisse aus meiner Studentenzeit schilderte, spürte ich, wie mir eine Gänsehaut über den Rücken lief. Wolfgang hatte mich aufmerksam beobachtet. Dann nickte er und fragte: »Wie wäre es, wenn deine Firma genauso funktionieren würde? Wie mit deinem Opa und dem Vogelhaus. Wie mit deinen Freunden und eurem Film.«

Und in diesem Moment begriff ich es! *Es ging nicht um das, was ich als Person für mein Leben wollte, sondern es ging um das, wie ich mit Menschen zusammenarbeiten, zusammenleben wollte.* Das hatte zwar auch mit meiner Person zu tun, aber die Frage war viel spezifischer. Und statt mir einfach die Frage nach den Werten für die Zusammenarbeit zu stellen und dann eine Reihe von Plattitüden wie Offenheit, Fairness, Teamwork und Arbeit am gemeinsamen Ziel aufgezählt zu bekommen, hatte Wolfgang mit dieser Frage nach einem Erlebnis ein hochemotionales Referenzbild aktiviert. Und in diesem Bild waren alle meine Werte enthalten.

»Wahnsinn!«, entfuhr es mir. »Ich muss jetzt nur noch die Werte aus diesen Bildern destillieren und das meinen Mitarbeitern nahebringen und dann dreht sich alles!«

Wolfgang verdrehte seine Augen: »Stopp! Genau das werden wir nicht tun!«

»Wieso nicht?«, fragte ich verblüfft.

»Weil das Ergebnis wieder ein Plakat wäre, auf dem stünde: ›Alles geben‹, ›Sich gemeinsam weiterentwickeln‹ und ähnliches völlig entemotionalisiertes Zeug. Und dieses Plakat hätte bei deinen Mitarbeitern null Wirkung!«

Das stimmte natürlich, das hatte ich in meiner ersten Begeisterung völlig übersehen: »Aber was dann?«

»Lass uns erst mal noch ein bisschen tiefer gehen«, erwiderte Wolfgang. »Wenn du diese Erlebnisse mit dem Vogelhaus- und dem Loveparade-Projekt betrachtest und dich mal zurückversetzt, wie würdest du da die drei Kriterien herausragender Führung bewerten?«

»Aber es hat niemand geführt«, widersprach ich.

»Dazu kommen wir gleich. Du kannst es trotzdem bewerten.«

Ich dachte einen Moment nach: »Beim Vogelhaus? Energie: 10, Ausrichtung auf den Kunden, also die Vögel: 10. Aber Wachstum und

Zukunft? Ich bin daran gewachsen und mein Opa und ich sind darüber zusammengewachsen. Natürlich wurde keine Vogelhausfirma draus, also eine 8. Und beim Filmprojekt? Die Energie war eine glatte 20. Der Beitrag, den wir geleistet haben, und unsere Ausrichtung auf unsere Kunden war vielleicht eine 7 bis 8. Und der Bereich Wachstum und Zukunft vielleicht eine 7.«

»Warum vergibst du bei den letzten beiden Kriterien keine 10?«

»Weil wir uns bei dem Projekt auch selbst verwirklicht haben. Die Zuschauer verloren wir dabei phasenweise etwas aus den Augen. Und weil wir zwar selbst an diesem Projekt enorm wuchsen, aber das Team als Ganzes kein weiteres Projekt mehr machte.«

Wolfgang nickte: »Kann ich nachvollziehen. Die Bewertungen sind jedenfalls dramatisch besser als die deiner eigenen Firma. Wenn du nun in der Lage wärst, dieses Referenzbild in deiner Firma zum Leben zu erwecken, wärst du um Lichtjahre weiter.«

Ich dachte einen Moment nach. Dann erwiderte ich: »Sicher, das wäre der Wahnsinn! Aber das war damals keine geführte Firma. Wir waren alle gleichberechtigt.«

»Dennoch behaupte ich«, hielt Wolfgang dagegen, »dass es jeweils ein Zentrum gab. Es gab jemanden, der den höchsten Status innehatte! Beim Vogelhaus ist dies ganz klar: Dein schlauer Opa hat dich machen lassen und gefordert. Heute würde man sagen, dass er dich gecoacht hat. Aber geführt hast du! Und auch beim Loveparade-Projekt gab es jemanden, der im Ernstfall die Gruppe zusammenhielt. Jemanden, der für gute Stimmung in der Gruppe sorgte. Jemanden, der im Konfliktfall die anderen wieder auf das gemeinsame Ziel ausrichtete. Jemanden, der eben den höchsten inneren Status hatte – auch wenn er diesen nicht nach außen ausspielte.«

»Das war ich«, fiel es mir wie Schuppen von den Augen. »Als alle auf Jonas herumhackten, habe ich das Ding gedreht. Das habe ich aber nie gesehen, weil es so einfach, unbewusst und natürlich ging.«

»Da ist er wieder, der kleine Löwe«, lächelte Wolfgang. »Dann ist das für dich vielleicht die Idealform der Führung: wenn es einfach, fließend, quasi automatisch geht und sich gar nicht anfühlt wie Führung.«

»Ja, das ist es! Und das soll in einem Unternehmen gehen?«

»Wenn du genau weißt, was du machst, ja! Wenn du dich hauptsächlich im Führungsstil 5 aufhältst, ja! Wenn du lernst, temporär auch die anderen Stile einzusetzen, ja!«, bekräftigte Wolfgang. »Lass uns aber mal schauen, warum dir das so leicht erschien.«

»Es gab keine Konflikte und alles ergab sich irgendwie natürlich«, erwiderte ich.

»Keine Konflikte?«, wiederholte Wolfgang zweifelnd. »Das glaube ich nicht! Da waren zwei Konflikte mit Jonas, einmal über die Kameraführung, einmal über die Bänder. Dann ein Konflikt zwischen dir und den anderen dreien, bis du sie überzeugt hast. Ich vermute sogar, ihr hattet außerdem Konflikte darüber, wie die Story aufgebaut sein soll, wann, wie und mit wem gedreht werden soll etc.«

»Das stimmt«, räumte ich verblüfft ein. »Aber genauso wie die Führung sich nicht wie Führung anfühlte, fühlten sich die Konflikte nicht wie Konflikte an. Was machte es so leicht?«

»Nimm mal mein Bedürfnismodell und überprüf damit die damalige Situation«, schlug Wolfgang vor.

»Okay. Ich fühlte mich völlig sicher, weil ich in der Gruppe aufgehoben war und mich zu 100 Prozent auf die anderen verlassen konnte. Ich …«

»Stopp«, unterbrach Wolfgang. »Wenn nur du dich sicher gefühlt hättest, hätte es nicht funktioniert und sich nicht leicht angefühlt. Was war mit den anderen?«

»Für die war es genauso! Wir erlebten aber auch jeden Tag was Neues, damit war das Bedürfnis nach Abwechslung befriedigt. Jeder war etwas Besonderes, etwas Einzigartiges, und wir schufen gemeinsam etwas Größeres, als jeder von uns allein hätte hinbekommen können. Wir hatten eine extrem intensive und enge Verbindung untereinander, also war auch dieses Bedürfnis befriedigt. Der Umgang miteinander befriedigte unser Bedürfnis nach Fairness. Wir entwickelten uns enorm weiter, und wir leisteten einen Beitrag, der über uns hinauswies. Alle Bedürfnisse aller Beteiligten waren erfüllt. Und es kippte übrigens, als Nils und Sara ein bezahltes Folgeprojekt bekamen und die anderen nicht. Da wurde das Bedürfnis nach Fairness verletzt. Aber wie kann mir dies jetzt für mein Unternehmen dienen?«

»Ganz einfach«, sagte Wolfgang leise. »Du hältst jeden Tag diese Bilder wach und fragst dich, was du tun kannst, um dasselbe wieder zu spüren und zu erleben. Und was du tun kannst, damit die anderen um dich herum dasselbe großartige Erlebnis haben. Das Vogelhaus-Feeling, das Loveparade-Feeling!« Und dann fragte er: »Kennst du zum Beispiel die Werte von Apple?«

Ich dachte einen Moment nach, dann schlug ich vor: »Think different!«

»Ja, und was heißt das jetzt? Du musst nachdenken! Wie genau arbeiten wir anders zusammen, wenn wir anders denken? Das wird ziemlich schnell so kompliziert, dass keiner mehr Lust hat, darüber nachzudenken. Kennst du auch die Story, wie Steve Jobs mit einem kleinen Team den Macintosh geschaffen hat?«

»Ja, so ungefähr! Ein Team aus super Leuten, die alles gaben, und Steve Jobs trieb sie noch über ihre Grenzen hinaus, um etwas zu schaffen, was die Welt so noch nicht gesehen hatte.«

»Das ist ein emotionales Referenzbild, das die Firma jetzt schon über 30 Jahre lang prägt![121] Die Geschichten, die emotionalen Referenzbilder, prägen die Kultur, nicht abstrakte Werte. Diese emotionalen Referenzbilder sind so stark, dass sie wie Magnete wirken. Das, was dazu passt, wird angezogen, und das, was nicht passt, löst Aggressionen aus und wird abgesto-

Die Geschichten, die emotionalen Referenzbilder, prägen die Kultur, nicht abstrakte Werte.

121 Natürlich kann und sollte so ein emotionales Referenzbild nicht jeden Tag zu 100 Prozent gelebt werden. Die Menschen würden zumindest bei dem Macintosh- und dem Loveparade-Referenzbild in kürzester Zeit ausbrennen. Hast du solch ein Extrem-Referenzbild, solltest du noch weitere, ruhigere Referenzbilder dazu suchen. In Marcs Fall ist dies das Vogelhausprojekt.

ßen. Das ist was völlig anderes, als jeden Tag auf eine Liste mit Werten zu starren, wo unser Unterbewusstsein schon von Weitem ruft: Langweilig!«

»Das ist der Hammer«, entfuhr es mir. »Genau so wollte ich mein ganzes Leben arbeiten. Ich konnte es nur nicht ausdrücken und hatte deshalb keine Ahnung, was ich tun sollte. Jetzt weiß ich, was ich will! Aber wie vermittele ich das meinen Mitarbeitern?«

»Die Idee ist nicht, diese Werte oder emotionalen Referenzbilder von oben irgendwie im Unternehmen zu implementieren. Zum gegenwärtigen Zeitpunkt wirst du sogar mit deinen Mitarbeitern gar nicht darüber diskutieren können. Wenn sich die meisten im Bereich des Führungsstils 2 mit Aufgaben und Abläufen eingerichtet haben, stellt sich keiner die Frage nach den Werten oder Referenzbildern. Und selbst wenn, sie wären nicht in der Lage, das adäquat umzusetzen. Stell dir mal vor, du würdest im jetzigen Zustand deiner Firma postulieren, dass jeder alles gibt und sich voll und ganz der gemeinsamen Idee hingibt und ihr fünf Tage und Nächte am Stück arbeitet. Fast alle würden nach ein paar Stunden auf die Uhr schauen, um zu sehen, wann Feierabend ist. Das funktioniert also nicht! Zuerst einmal hast *du* ein emotionales Referenzbild. Und wenn dieses in dir stark genug ist, beginnst du, dich gegenüber einzelnen Mitarbeitern zu öffnen, zum Beispiel gegenüber Jens oder Petra. Du kannst diese Geschichten erzählen. Und vielleicht erzählen sie von sich eine ähnliche Geschichte. Da fast jeder so was schon mal erlebt hat, wirst du die eine oder andere Geschichte hören. Und dann hörst du genau zu. Du versuchst das Gefühl, das dieser Mitarbeiter da gespürt hat, zu spüren und zu verstehen. Du gleichst im Kopf seine Geschichte mit deiner Geschichte ab. Drückt sie dieselben Emotionen aus? Fehlt was? Kommt noch was dazu?«

Ich nickte: »Ich gehe also bei meinen Mitarbeitern genauso vor wie du bei mir: Ich frage nach einer Geschichte einer super Zusammenarbeit. Damit gebe ich ihnen die Möglichkeit, sich selbst mit ihrer Erfahrung an dem auszurichten, was ich durch meine Geschichte vorgegeben habe. Daher muss ich niemanden zu meinen Werten bekehren. Und dann drücke ich irgendwann meine Sehnsucht danach aus und öffne mich dabei. Richtig?«[122]

»Genau!«, bestätigte Wolfgang. »Und wenn die Geschichte deines Mitarbeiters einem deiner Werte widerspricht, wirst du dich durchsetzen und gegebenenfalls Konsequenzen ziehen. Wenn er jedoch weitere Werte auf den Tisch bringt, dann hast du normalerweise ein gutes Gefühl dafür, ob das eine Ergänzung ist. Oder ob er es vielleicht sogar schafft, eines deiner Gefühle noch klarer auszudrücken. Mit anderen Worten: Du hast ein Gerüst, hinter das du nicht zurückgehst. Dieses Gerüst kann aber durch Erfahrungen und Emotionen deiner Mitarbeiter bereichert werden. Und je mehr sie das tun, desto stärker wird die Energie hinter dem Referenzbild. Das ist auch kein fauler Kompromiss, da du ja hinter dein Referenzbild keinen Millimeter zurückgehst. Es ist Integration auf höherem Niveau.«

Das klang wirklich super. Aber irgendwie konnte ich noch nicht so recht daran glauben: »Wolfgang, unsere Zusammenarbeit damals beim Filmprojekt war endlich. Es ging wieder auseinander. Wie soll das in einem Unternehmen funktionieren? Und selbst wenn, dann sind es immer nur Phasen. Wie soll das länger andauern?«

»Als es damals auseinanderging und sich deine beiden Kommilitonen verabschiedeten, um Geld zu verdienen, wäre es doch prinzipiell möglich gewesen, dass du und die anderen beiden noch näher zusammenrückt und neue Menschen anzieht. Das geschah offensichtlich nicht. Warum?«

---

122 Aus diesem Grund funktionieren alle wertebasierten Führungskonzepte wie Vertrauenskultur oder wie sie sonst heißen mögen, nur in scheinbar zufälligen Situationen. Die Erklärung ist schlicht: Sobald der Unternehmer ein starkes emotionales Referenzbild hat und er in der Lage ist, die emotionalen Referenzbilder der Mitarbeiter zu integrieren, dann funktioniert es. Ansonsten nicht. Völlig egal, ob der Unternehmer glaubt, werteorientiert zu handeln oder nicht. Die Werte sind das Erklärungsmodell des Regierungssprechers, aber nicht der reale Prozess.

Ich dachte einen Moment nach: »Weiß ich auch nicht. Es geschah jedenfalls das Gegenteil. Jonas und Jutta rückten nicht näher an mich heran, sondern machten mir im Gegenteil Vorwürfe aller Art. Ich konnte beim besten Willen nicht nachvollziehen, was sie für ein Problem hatten.«

»Betrachte das mal aus der Perspektive, dass du der heimliche Alpha warst und es aus Sicht der Geführten die Aufgabe des Alpha ist, das Team zu stärken.«

»Du meinst, sie warfen mir in Wirklichkeit vor, dass ich es nicht geschafft habe, das Team zusammen- und die Energie hoch zu halten?« Ich dachte einen Moment nach. »Das könnte sein, aber das haben sie überhaupt nicht gesagt.«

»Konnten sie auch nicht sagen, weil sie es nicht wussten. Dies sind unbewusste Prozesse. Aus ihnen entstand ein ablehnendes Gefühl dir gegenüber und dafür findet unser Verstand nachträglich Gründe. Und die haben sie dir an den Kopf geworfen! Ob sie inhaltlich richtig waren oder nicht, entzieht sich dem Zugang ihres Verstandes in den meisten Fällen. Aber was wir an deinem Beispiel sehen, ist Folgendes: Es kommt immer der Punkt, an dem der Alpha Grenzen setzen und bewusst führen muss. Tut er dies nicht, fällt alles in sich zusammen. Mit anderen Worten: Das, was als Widerspruch erscheint – die eigenen Aggressionen spüren und Grenzen setzen einerseits und die Leichtigkeit in dem von dir geschilderten Führungsbild andererseits –, ist nur ein scheinbarer Widerspruch: Du kannst die Leichtigkeit nur dauerhaft erhalten, wenn du fähig bist, Grenzen zu setzen und durchzusetzen, und deine Macht annimmst.«

»Aber in dem Fall hatte ich gar nicht die Macht. Ich konnte die beiden ja nicht daran hindern, das bezahlte Folgeprojekt anzunehmen.«

»Das nicht«, stimmte Wolfgang zu. »Aber du hast vermutlich auch nie dafür gesorgt, dass sich die Gruppe über ihre grundlegende Funktionsweise ausgetauscht hat. Und so hattest du in der Situation keine innere Klarheit und keinen hohen Status. Ob das gereicht hätte, weiß ich nicht – letztlich sind solche gemeinsamen Projekte an der Uni ja sowieso nur auf Zeit angelegt.«

Ich dachte einen Moment darüber nach. Wenn ich diese Aufgabe annehmen wollte, dann brauchte ich nicht nur Klarheit, wie eine solche Gruppe funktionieren sollte, sondern auch Klarheit über die Grenzen: »Ich muss also auch Grenzen und die Konsequenzen definieren?«

»Stimmt«, grinste Wolfgang. »Wie ein Magnet: Es gibt einen anziehenden und einen abstoßenden Pol.«

»Aha, und wie funktioniert das mit dem abstoßenden Pol?«

»Ach, das ist einfach«, lächelte Wolfgang. »Schildere mir mal eine Situation aus der Vergangenheit, wo das Zusammensein oder Zusammenarbeiten mit mehreren Menschen völlig unerträglich war – für dich und für alle anderen.«

Auch hier rastete plötzlich wieder etwas ein. Und dann sprudelte es: »Als meine Mutter meine Lehrerin war. Jetzt in meinem Unternehmen. Das Ende meiner Beziehung mit Helena. Meine früheren Arbeitsstellen. Meine …«

»Stopp«, unterbrach mich Wolfgang. »Das reicht erst mal! Benenne mir bitte erst mal die Gefühle, die du in diesen Situationen hattest.«

»Wut!«, begann ich. »Hilflosigkeit. Wertlosigkeit. Trauer. Schuld.«

»Schreib diese Gefühle mal auf«, bat Wolfgang. »Und dann schau, welches dieser Gefühle herausfällt.«

Ich schrieb sie ans Flipchart und schaute lange darauf. Ich erinnerte mich an unser letztes Gespräch über Aggressionen. Und plötzlich hatte ich es: »Das einzige Gefühl, das zur Aktivität führt, ist die Wut. Alle anderen Gefühle sind passiv und sogar selbstzerstörerisch. Und wenn ich die Wut nicht zulassen kann, dann komme ich aus diesen Situationen nicht raus.«

»Mit anderen Worten«, sagte Wolfgang, »ist das erste Gefühl, das auftritt, Wut. Durch die Unterdrückung deiner Wut bleibt dir nichts anderes, als stattdessen selbstzerstörerische Gefühle nach innen zu erzeugen, etwa Hilflosigkeit oder Trauer. Du kommst in eine Situation, die gegen deine inneren Referenzbilder verstößt. Die erste emotionale Reaktion ist Aggression und Wut. Diese Gefühle dürfen für dich allerdings gar nicht entstehen und du drückst sie so schnell wie irgend möglich weg. Wenn aber das Gefühl weg ist, kann dein Gehirn seine Arbeit als emotionale Assoziationsmaschine nicht mehr verrichten. Du wirst dich also an die Referenzerfahrungen, wo du schon mal wütend warst und vielleicht eine Lösung gefunden hast, gar nicht erinnern. Der emotionale Auslöseimpuls kommt gar nicht erst an. Und wenn du nicht auf deinen Erfahrungsschatz zugreifen kannst, weil er dir im richtigen Moment nicht einfällt, dann kannst du auch nicht adäquat handeln.«

»Und wenn ich darauf zugreifen kann, dann kann ich nicht nur besser und unmittelbarer handeln, sondern auch kommunizieren, was ich definitiv nicht will.«

»Exakt«, nickte Wolfgang. »Aus diesem Grund brauchen wir Zugang zu unseren Aggressionen, um die Grenzen zu setzen. Und den schaffst du dir ja gerade, sodass du in Zukunft auch in der Lage sein wirst, dich gegen alles, was dieser emotionalen Referenzerfahrung zuwiderläuft, zu verteidigen. Und zwar wie ein Löwe, nicht wie ein Schaf!«

»Okay, Wolfgang«, schloss ich. »Diese emotionalen Referenzbilder haben eine enorme Bedeutung und geben mir viel Stabilität und Sicherheit, sodass ich in den unterschiedlichsten Situationen weiß, wie ich handeln muss, um genau dies wieder zu erleben. Und ich spüre endlich, wie meine Aggressionen in diesem Fall produktiv und nicht destruktiv wirken können!«

»Hast du Fotos, die dich an diese Referenzbilder erinnern und die du auf den Schreibtisch stellen könntest?«

»Ja, ich habe ein Foto von meinem Opa und noch das Filmplakat, das wir nach dem Projekt erstellt haben. Ich lasse diese Bilder nächste Woche rahmen und stelle sie auf meinem Schreibtisch auf.«

»Super! Lass uns eine Pause machen«, schlug Wolfgang vor.

7.3 Die vier Faktoren der Teamentwicklung

Nach der Pause fuhr Wolfgang fort: »Wir kommen jetzt zum zweiten Fragekomplex des Tages: Wie bekommst du eine einheitliche Ausrichtung des Teams hin? Wie sorgst du dafür, dass der Kampf aller gegen alle aufhört? Das ist das Thema, das praktisch unmittelbar auf das erste Kriterium herausragender Führung einzahlt. Wie hast du's bislang gemacht oder wie würdest du's machen?«

Ich dachte einen Moment nach: »Also mit klaren Ansagen an Einzelne, wie zum Beispiel an Jana. Dadurch ist die Situation schon ein Stück besser geworden.«

»Ich gebe dir recht, dass du damit bestimmte Auswüchse vermeiden kannst und musst, aber hast du dadurch eine einheitliche Ausrichtung des Teams bewirkt? So, dass Jana mit den anderen begeistert zusammenarbeiten will?«

»Nein«, räumte ich ein. »Ich müsste wahrscheinlich die Einzelgespräche, die ich angefangen habe, fortsetzen und bei jedem Einzelnen die Begeisterung wecken.«

Aber Wolfgang erwiderte: »Der Schwachpunkt nahezu aller Führungslehren, selbst mancher Team-Building-Lehren ist, dass sie von einer Eins-zu-eins-Führung ausgehen. Der Führende arbeitet immer einzeln mit den Mitarbeitern. Das ist witzigerweise auch dann der Fall, wenn der Führende eine Ansprache an die ganze Gruppe hält: Es ist egal, ob der Führende einen oder zehn Mitarbeiter vor sich sitzen hat, die Struktur ist dieselbe: Der Führende hat eine Vorstellung der einheitlichen Ausrichtung und versucht diese in die Köpfe zu bekommen – ob der Führende dabei einen Monolog hält oder diskutiert, spielt nur eine nachgeordnete Rolle. Diese Methodik ist nicht nur zu zeitaufwendig, sondern funktioniert auch nicht sonderlich gut!«

»Und was funktioniert dann?«

»Dazu möchte ich dir eine Geschichte erzählen. Der Wissenschaftler Muzafer Sherif führte in den USA ein Experiment durch. 22 Jungen, alle zwölf Jahre alt, wurden für drei Wochen in ein Ferienlager geschickt. Das Ferienlager bestand aus zwei völlig getrennten Bereichen mit je elf Jungen, die nichts voneinander wussten. Innerhalb der Gruppen gab es gemeinsame Aktivitäten, damit die Jungen Bindungen zueinander aufbauten. Sie gaben sich auch eine Fahne und einen Namen. Die einen hießen ›Rasselbande‹, die anderen ›Adler‹. Eines Tages erzählten die Forscher von der Existenz der je anderen Gruppe und dass diese das Baseballfeld auch nutzen würde. Bislang hatte jede Gruppe gedacht, dass das Baseballfeld ihr Territorium sei. Beide Gruppen fühlten sich daraufhin bedroht und forderten die andere Gruppe zu einem Wettkampf heraus. Während des Wettkampfes begannen die Jungen, sich gegenseitig zu beschimpfen, und die Adler steckten die Fahne der Rasselbande in Brand. Die Rasselbande beschloss, sich zu rächen, indem sie das Lager der Adler überfiel. Die Adler wiederum wollten noch in derselben Nacht einen Gegenangriff starten und dabei Steine als Waffen benutzen. Nachdem dies von den Wissenschaftlern verhindert worden war, überfielen sie am nächsten Morgen das Lager der Rasselbande mit Stöcken bewaffnet und plünderten es.«

Wolfgang nahm einen Schluck Wasser und erzählte dann weiter: »Und bei der Auswahl der Jungen war sogar darauf geachtet worden, dass sie im Alltag eben gerade nicht durch Gewalt auffielen! In einer späteren Phase des Experiments ging es Sherif darum, die Gewalt zwischen den beiden Gruppen abzubauen und positive Bindungen herzustellen. Zuerst ließ er den Priester vor beiden Gruppen über Versöhnlichkeit und Zusammenarbeit reden. Der Effekt war gleich null. Dann wurde gemeinsam darüber diskutiert. Der Effekt war nicht besser. Nun zwang Sherif sie quasi zur Kooperation, indem er erzählte, dass Vandalen die Wasserversorgung zerstört hätten und sie diese nur gemeinsam wieder in Gang setzen könnten. Dann ging ›plötzlich‹ ein Lastwagen kaputt, der für beide Gruppen leckeres Essen holen sollte, und sie mussten zusammenarbeiten, um ihn wieder flottzubekommen. Die Ergebnisse waren beeindruckend: Die Feindseligkeiten lösten sich durch die Zusammenarbeit in kürzester Zeit in Luft auf. Was sagt uns das? Ganz einfach: Ob Menschen mit Aggression oder Kooperation reagieren, hängt von ihrem Interessenbereich und dem äußeren Setting ab. Und nicht davon, was irgendjemand vorne quatscht! Egal, ob das ein Priester, ein Politiker oder ein Unternehmer ist. *Hast du bei dir im Unternehmen ein Setting, wo – aus der Wahrnehmung deiner Mitarbeiter – eine Kooperation für sie von Vorteil ist?*«

Aufmerksam hatte ich der Geschichte zugehört: »Das bedeutet ja, dass ich mit den Einzelnen reden kann, soviel ich will, es ändert nichts. Und dass ich mich auf das Setting konzentrieren muss.« Und fügte dann etwas ratlos grinsend hinzu: »Was auch immer das genau heißt.«

»Das bedeutet, dass du dich auf folgende vier Faktoren in genau dieser Reihenfolge konzentrieren musst.«

»Da bin ich mal neugierig!«

7.3.1 Ein als gemeinsames wahrgenommenes Problem

»Zuallererst brauchst du eine Herausforderung oder ein Problem, das als gemeinsames wahrgenommen wird.«

»Und wenn ich das nicht habe?«

»Dann erzeugst du es!«

»Du meinst, eine Vision oder so?«

»Du kannst Visionen oder Ziele nehmen, aber in deiner jetzigen Situation ist es schwer, alle dabei mitzunehmen. Zumindest dürfte es eine ganze Zeit dauern. Nein, der Königsweg, der sehr schnell funktioniert, ist, von der aktuellen Situation auszugehen und diese als Krise zu interpretieren.[123] Und in Situationen, in denen nicht alles

123 Natürlich sollte dieses Vorgehen nur temporär gewählt werden, da eine Abfolge von Dauerkrisen letztlich gegen die Bedürfnisse der Mitarbeiter (v.a. Sicherheit) gerichtet ist.

super funktioniert, entsteht Führungsbedarf.[124] Wenn hingegen alles im Team super funktioniert, dann gibt es schlicht keinen Führungsbedarf. Ein solches Team würde sogar einen Führenden ablehnen. Nur hast du zum Glück kein solches Team, wo alles super funktioniert.«

Hilfreich: von der aktuellen Situation ausgehen und diese als Krise interpretieren.

»Und was mache ich dann in dieser Situation?«

»Psychologisch gesehen gibt es gar keine Situationen. Die Situation ist das objektiv Gegebene, der faktische Tatbestand. Das objektive Äußere ist aber kein psychologischer Sachverhalt. Das objektive Äußere wird erst durch Wahrnehmung und Bewertung zu einem psychologischen Tatbestand. Die Frage ist also: *Wie muss man als Führungskraft Situationen interpretieren, um führen zu können?* Insofern ist Teamentwicklung ein kreativer Prozess: *Wie erzeugst du durch deine Interpretation eine gleichgerichtete Wahrnehmung einer Situation?*«

»Okay, die Frage verstehe ich schon, aber was heißt das denn in meiner Situation?«

»Du hast doch aktuell die eine oder andere Krise in deinem Unternehmen, zum Beispiel die ganzen Probleme mit den Werner-Kunden. Was machst du da?«

»Na, ich telefoniere wie irre, besuche die Kunden, kommuniziere, mache Angebote und bemühe mich vor allem, das Vertrauen wiederherzustellen.«

»Du handelst also wie eine Fachkraft: Du *allein* versuchst das Problem zu lösen!«

»Ja und? Irgendeiner muss es doch machen?«

»Aber nicht du! Oder zumindest nicht du allein! – Was hieße das denn für dein Unternehmen, wenn du keinen Erfolg hättest?«

---

124 Vgl. zu den folgenden Ideen auch: Michael Paschen, Erich Dihsmaier: Psychologie der Menschenführung, S. 96 ff.

»Dann würden wir vom Markt abgestraft und gingen unter Umständen pleite!«

»Und was hieße das für deine Mitarbeiter?«

»Dass sie arbeitslos wären! Da haben sie ein gemeinsames Interesse!«

Wolfgang nickte zufrieden: »Was haben deine Mitarbeiter denn zu Werners Verhalten gesagt? Fanden die das gut?«

»Das haben die gar nicht so genau mitbekommen«, entgegnete ich. »Lediglich den Zoff zwischen Werner und mir und dass er jetzt nicht mehr da ist. Da sind mittlerweile auch schon wieder einige Gerüchte drum rum entstanden.«

»Hm, jetzt stell dir mal vor, du stellst dich vor deine Leute und schilderst ihnen in aller Offenheit, was passiert ist. Du erzählst auch von deiner persönlichen Enttäuschung und deiner Betroffenheit. Und von deinen Zweifeln, ob du alles unter den Teppich kehren sollst oder offen damit umgehen. Und dass du dich schließlich entschieden hast, offen damit umzugehen. Dass dies allerdings ein Risiko ist, an dessen Ende die Firma pleitegehen und alle ihren Job verlieren könnten. Dass es aber auch eine Chance ist, euren Umgang mit Kunden grundsätzlich auf den Prüfstand zu stellen. Und vor allem, dass es die Entscheidung ist, wo ihr euch alle am Ende gegenseitig ins Gesicht sehen könnt: Ja, wir haben das Richtige gemacht. Schildere dann, dass du das nicht allein kannst und die Hilfe und Mitwirkung aller brauchst.«

»Du würdest alles offenlegen?«

»Der Führende *muss* alle relevanten Informationen offenlegen, um einen Führungsimpuls in die richtige Richtung im Sinne gerichteter Energie zu erzeugen. Wie willst du denn sonst eine gemeinsame Interpretation der Situation schaffen, wenn deine Mitarbeiter gar nicht alle Informationen bekommen, um die Lage richtig einschätzen zu können? Vor allem aber *musst* du dich in deiner jetzigen Situation, in der dir die Mitarbeiter kaum trauen, als verletzlicher Mensch zeigen. Verletzbarkeit erzeugt Vertrauen!«

Ich dachte einen Moment nach: »Das könnte funktionieren, erfordert aber Mut.«

»Und, hast du Mut?«, fragte Wolfgang lächelnd.

»Als gebürtiger Löwe? Klar! Ja, das mache ich!«

»Super«, nickte Wolfgang und machte sich eine kurze Notiz. »Für die Zukunft: Bevor du also überhaupt einen Führungsimpuls setzen kannst, der zu einem gemeinsam wahrgenommenen Problem führt, musst du in der Lage sein, eine Situation aus der Perspektive einer Krise oder Chance zu begreifen. Da bietet sich absolut alles an! Du musst nur bewusst danach suchen. Max De Pree, Ex-CEO von Herman Miller Inc., ist der Meinung: ›*Die erste Aufgabe eines Leaders ist es, Realität zu definieren.*‹ Und Steve Jobs wird ein Reality Distortion Field, ein Realitätsverzerrungsfeld, nachgesagt. Das war *der* entscheidende Führungsfaktor![125] Es geht darum, für eine Gruppe von Menschen eine gemeinsame Realität zu schaffen.«

Von dem Reality Distortion Field hatte ich schon mal gehört; das fand ich sehr faszinierend.

Wolfgang sprach weiter: »Und je früher wir das machen, desto besser. Sonst sind wir gezwungen, zu warten, bis eine Krise richtig manifest wird und erst dann der Führungsbedarf der Geführten entsteht. Je dramatischer eine Führungskraft eine Situation bewertet, umso größer ist die Krise, die man ausruft, und umso stärker wird der Führungsbedarf, den man in dieser Situation auslöst. Wichtig ist nur, zu verstehen, dass die Geführten *aus ihrer Perspektive* an deine Situationsdeutung anknüpfen können müssen. Deshalb funktionieren Aufrufe in Konzernen, einen Gewinn von x Milliarden zu erzielen, in der Regel nie. Den Mitarbeitern ist das herzlich egal, ob x gleich zwei, fünf oder zehn ist. Dadurch ergibt sich keine als gemeinsame wahrgenommene Aufgabe und also auch kein Team.«

125 Das meine ich ernst: *der entscheidende* Führungsfaktor. Bin ich dazu fähig, die Realität meines Teams zu definieren, dann wird Führung ganz leicht.

7.3.2 Der Glaube, es gemeinsam schaffen zu können

Ich nickte: »Du sprachst vorhin von vier Faktoren der Teamentwicklung. Jetzt haben wir einen.«

»Das als gemeinsames wahrgenommene Problem bringt nichts, wenn die Leute nicht glauben, es gemeinsam schaffen zu können. Wenn dein Team in einem abstürzenden Flugzeug sitzt, ein Flügel ist abgebrochen, dann bringt dir das gemeinsame Problem gar nichts. Es gibt keine Hoffnung, es gemeinsam schaffen zu können.«

»Das heißt in meinem Fall, dass ich am besten Lösungsmöglichkeiten mitbringe, wie wir gemeinsam das Problem mit den Werner-Kunden lösen können?«

»Du hast natürlich Ideen – du arbeitest ja schon daran –, aber nein, ich würde keine Lösungsmöglichkeiten mitbringen. Ich würde sogar bewusst sagen, dass du keine Ahnung hast, was alles nötig ist, um das Problem zu lösen, und dass du auch dafür ihre Hilfe brauchst. Dann musst du sofort in eine Gruppendiskussion einsteigen, die solche Lösungsideen sammelt. Aus einem Vertagen in eine Arbeitsgruppe entsteht kein gemeinsamer Glaube. Wenn dann aber Lösungsmöglichkeiten kommen, spüren die Mitarbeiter durch eigenes Tun, dass das Problem lösbar ist! Du musst lediglich am Anfang, wenn es sehr stockend ist, den einen oder anderen kleinen Impuls geben.«

»Okay, verstehe ich. Was ist der nächste Faktor?«

»Nicht so schnell«, lächelte Wolfgang. »Das, was wir gerade besprochen haben, ist eine rein situative Lösung, um solch einen Glauben zu erzeugen. Aber stell dir mal eine gute Beziehung vor, in der beide schon durch dick und dünn gegangen sind und erlebt haben, wie jede Krise die Beziehung nur noch stärker macht. Wie, denkst du, sieht ihr Glaube dann aus, es gemeinsam schaffen zu können, wenn eine neue Herausforderung auftaucht?«

»Der ist natürlich viel größer«, stimmte ich zu. »Das heißt, ich kann gezielt und dauerhaft diesen Glauben stärken und mich dann in der Krisensituation darauf berufen? Wie mache ich das?«

»Oh, da gibt es einige Möglichkeiten. Hin und wieder eine Teambuilding-Maßnahme, wo man gemeinsam schwierige Aufgaben lösen muss, und das regelmäßige Erinnern daran, wie ihr das gemeinsam geschafft habt, sind eine Möglichkeit. Zum Beispiel, indem du Fotos davon im Flur aufhängst. Das gezielte Sammeln und Verstärken von kollektiven Erfolgsgeschichten aus der Vergangenheit ist eine weitere Möglichkeit. Wenn du solche Geschichten in deinem Unternehmen hast, wo alle sich gemeinsam für etwas einsetzten und Erfolg hatten, dann erzähl diese Geschichte noch mal am Ende deines Meetings mit den Werner-Kunden. Ganz nach dem Motto: Damals haben wir diese riesige Aufgabe gemeinsam geschafft. Also schaffen wir das jetzt doch auch.«

»Da fallen mir gleich mehrere Geschichten ein«, nickte ich. »Und ist das nicht eine hervorragende Möglichkeit, an das anzuknüpfen, was wir vorhin besprochen haben? Ich muss dann nicht mehr nur vom Loveparade-Projekt *erzählen*, sondern schaffe gemeinsame emotionale Referenzbilder, mit denen sich alle verbinden können, weil alle dabei waren. Ich muss noch nicht mal mehr im Ansatz bekehren!«

»Stimmt absolut«, nickte Wolfgang. »Was kannst du noch machen? Du kannst Mitarbeiter gezielt loben. Wenn du sie lobst, sobald sie einem anderen bei seinem Projekt helfen, dann stärkst du auch dieses Verhalten und das Gefühl, es gemeinsam schaffen zu können. Und schließlich kannst du das in einer Art Training auch simulieren: Setz mal dein ganzes Team zusammen und stell die Frage: ›Was wäre, wenn Beate einen Unfall hätte und für ein halbes Jahr ausfallen würde? Wie könnten wir ohne sie die Beiträge und Storys platzieren?‹ Oder: ›Was wäre, wenn ich selbst für ein halbes Jahr ausfallen würde?‹«

»Die Antwort ist bestimmt so was wie ›Ach komm, Marc, das wird schon nicht passieren!‹«, erwiderte ich.

»Ja, aber lass diese Realitätsverweigerung nicht zu; insistiere und frag, was sie machen würden, wenn es doch passieren würde. Und langsam kommen die Ideen. Und mit den Ideen entsteht ein Gefühl, es gemeinsam schaffen zu können. Du kannst so viel machen: beispielsweise auch gemeinsame Erfolge mit einer emotionalen Party feiern, sodass die Erfolge länger verankert bleiben. Die konkrete Methode ist nicht entscheidend; entscheidend ist vielmehr, dass du dies als deine Aufgabe wahrnimmst und das Wozu verstehst!«

7.3.3 Sicherheit und Vertrauen untereinander

Bislang hatte ich dies tatsächlich nicht als Aufgabe gesehen. Weder als meine noch als die von sonst jemandem. Und so wollte ich mehr wissen: »Und der dritte Faktor?«

»Der dritte Faktor ist etwas nachgeordnet, weil er meist im Prozess sowieso entsteht: Sicherheit und Vertrauen untereinander. In dem Maße, wie deine Leute spüren, dass alle im selben Boot sitzen, entsteht dieses Gefühl. Und das ist wirklich ein zentraler Schlüssel! Du erinnerst dich an das Bedürfnismodell? Das Gefühl der Verbundenheit reduziert die Angst – Oxytocin wirkt beruhigend auf die Amygdala.[126] Zum Beispiel sind Rechtfertigungs- und Absicherungsmechanismen nur nötig, wenn Angst herrscht. Und der Verlust von Verbundenheit oder soziale Ausgrenzung sind die größten Stressfaktoren des Menschen überhaupt. Wenn Menschen hingegen glauben, gemeinschaftlich an einer Aufgabe zu arbeiten, erhöht sich ihre Motivation und sie finden die Aufgaben interessanter: im Experiment um 50 Prozent![127] Gleichzeitig sinkt der Stresspegel um 33 Prozent. Im Alltag musst du Sicherheit und Vertrauen untereinander natürlich bewusst schaffen. Durch Offenheit, durch frühzeitige Beseitigung von Konflikten und

126 Vgl. Sebastian Purps-Pardigol: Führen mit Hirn: Mitarbeiter begeistern und Unternehmenserfolg steigern, S. 51.

127 Vgl. Sebastian Purps-Pardigol: Führen mit Hirn: Mitarbeiter begeistern und Unternehmenserfolg steigern, S. 67.

vieles mehr. Und du solltest alles, was das Vertrauen untereinander zerstört, wie hinter dem Rücken anderer zu reden, frühzeitig unterbinden. Auch hier ist entscheidend, dass du dies als Aufgabe wahrnimmst. Die Methoden kommen dann fast von allein.«

7.3.4 Führung, die sich am Unterstützungsbedarf des Teams orientiert

»Und der vierte Faktor?«

»Denk mal an das Vogelhaus: Dein Opa führte dich dienend. Er beobachtete, welchen Unterstützungsbedarf du hast. Dann entschied er, was du allein kannst, also dich kundig machen, einkaufen usw. Das ließ er dich tun oder forderte dich sogar aktiv auf, das zu tun, indem er sich weigerte, dir Geld dafür zu geben. Und da wo du Hilfe benötigt hast oder es wichtig war für deine emotionale Erfahrung, also zum Beispiel das gemeinsame Basteln, da war er dabei.«

»Und ich erlebte es hinterher als umso größeren Erfolg, weil ich das meiste selbst gemacht hatte«, überlegte ich. »Es ist also umso besser, je weniger ich als Führungskraft tue. Nur da, wo es notwendig für das Team ist, muss ich da sein. Dann habe ich das mit den Werner-Kunden ja bislang völlig falsch gemacht.«

Ich schüttelte ungläubig den Kopf. »Das wäre, wie wenn mein Opa mir zuerst den toten Vogel verheimlicht, dann selbst ein Vogelhaus gebaut und mir am Ende im Garten sein neues Vogelhaus gezeigt hätte. Ich hätte nichts gelernt und nichts erlebt. Es hätte auch keinerlei Bedeutung für mich gehabt! Also, diese vier Faktoren habe ich verstanden.«

»Ein wichtiger Punkt fehlt allerdings noch bei der dienenden Führung. In jeder Gruppe bildet sich ein Statusgefüge heraus. Oft fühlen sich Manager von dem mit dem höchsten Status bedroht. Und sie beginnen, ihn zu bekämpfen. Das kostet alle verdammt viel Energie: den Manager, den Herausforderer, aber auch alle anderen Mitarbeiter, die diesem einen Mitarbeiter ja den hohen Status erst ermöglicht haben, indem sie sich darunter einordneten. Der richtige Weg ist deshalb, *das vorhandene Statusgefüge zu erkennen und auch diesem zu dienen*. Gib dem Mitarbeiter mit dem höchsten inneren Status auch die höchste Verantwortung und binde ihn so ein.«

»Dann müsste ich nicht nur die Situation mit den Werner-Kunden dazu nutzen, mein Team zu entwickeln, sondern auch Jens mit der höchsten Verantwortung betrauen. Und vielleicht noch Beate. Ja, ich glaube, das kann wirklich funktionieren! Lass uns zu Mittag essen.«

7.4 Mitarbeiterentwicklung

Nach dem Mittagessen trafen wir uns wieder. Ich begann: »Kommen wir zum nächsten Thema. Du sagtest, dass einzelne Mitarbeiter wie Petra, Ria und Jens meiner besonderen Aufmerksamkeit bedürfen. Wie meinst du das?«

»Wir hatten schon an unserem ersten Tag beim dritten Kriterium herausragender Führung, also beim Thema Zukunft, darüber gesprochen: Du musst die vorhandenen Ressourcen, die immer begrenzt sind, gezielt auf die Mitarbeiter und Arbeitsfelder verteilen, die den größten Beitrag zur Entwicklung des Unternehmens und damit auch der ganzen Gruppe leisten. Diese drei, die du gerade genannt hast, scheinen dich und deinen neuen Kurs am meisten zu unterstützen. Insofern bringen sie auch einen positiven Beitrag zur Entwicklung des Unternehmens. Und aus diesem Grund bekommen sie – solange sie das tun – am meisten von der knappsten Ressource: deiner Aufmerksamkeit.«

»Verstehe. Und ich werde sie, wie wir schon angesprochen haben, unter Einsatz meines Lebens vor Anwürfen der Blockierer schützen.«

»Genau!«, stimmte Wolfgang zu. »Nur dass du die anderen nie mehr Blockierer nennst. Sie blockieren jetzt noch, aber das kann sich ja durchaus ändern, wenn du die gemeinsame Aufgabe mit den Werner-Kunden ausrufst. Lass nicht zu, dass sich eine negative Identitätszuschreibung in deinem Kopf festsetzt. Wenn dies doch geschieht, dann ist ein guter Zeitpunkt gekommen, deine Haltung ehrlich zu reflektieren. Ändert sich dann immer noch nichts, ist der Zeitpunkt gekommen, sich von dieser Person zu trennen. Aber das soll erst nachher unser Thema sein. Jetzt geht es darum, wie du diesen drei Personen besondere Aufmerksamkeit gibst. Und die Antwort dazu ist wieder im Bedürfnismodell zu finden.«

»Ich sorge dafür, dass ihre Bedürfnisse noch besser befriedigt werden als die der anderen?«

»Genau! Lass uns für jetzt mal zwei der wichtigsten Bedürfnisse der Topleute herausgreifen. Das erste ist das Bedürfnis nach Entwicklung und Wachstum, das zweite das nach menschlicher Verbindung und Nähe. Diese zwei halte ich bei denjenigen, die beginnen, dich zu unterstützen, für besonders wichtig, was nicht heißt, dass die anderen Bedürfnisse keine Rolle spielen würden. Vor allem das Bedürfnis nach Wachstum ist bei den besten Mitarbeitern so entscheidend, dass du ihnen eine klare Antwort geben musst, wie sie wachsen können!«

»Gut, lass uns mit der Entwicklung beginnen. Ich soll also Jahresentwicklungsgespräche oder so was einführen?«

»Oh Gott, nein!«, rief Wolfgang. »Wenn du einmal im Jahr mit den Menschen über ihre Entwicklung sprichst, dann beweist das nur, dass du dich *nicht* dafür interessierst. Es ist aber ganz entscheidend, *dass* du dich für die Menschen interessierst. Das hast du ja auch schon herausgearbeitet, als du mit Thomas über deine eigene Verletztheit und die Notwendigkeit der Aggression gesprochen hast. Erst wenn du deine Integrität auch im Konflikt wahren kannst, kannst du dich wirklich dauerhaft für Menschen interessieren. Und wenn du dich für die Menschen interessierst, liegt dir ihre Entwicklung eh am Herzen. Zum Glück geht es bei den dreien für dich relativ einfach, weil sie ja einen Schritt auf dich zugemacht haben!«

»Und bei Beate geht es auch einfach«, warf ich ein.

Wolfgang ignorierte jedoch meinen Einwurf und fuhr fort: »Weiterentwicklung sieht bei den unterschiedlichen Führungsstilen jeweils anders aus. Zum Stil 2, also der Führung durch Aufgaben und Prozesse, gehört fachliche Weiterqualifikation im Rahmen von Standardprogrammen. Also für die Buchhaltung immer mal wieder ein Update der wichtigsten Punkte der Steuergesetzgebung und solche Inhalte.«

»Oder dass ich Petra zum Storywriting-Seminar geschickt habe, zum Beispiel?«

»Genau. Und du könntest Jens zum Projektmanagement-Seminar schicken – er scheint zwar den richtigen Status zu haben, aber ein paar Projektmanagement-Methoden schaden sicher nicht. Ria könnte eine Schulung zum Telefonvertrieb besuchen.«

»Das werde ich beides anbieten«, entschied ich. »Das ist eine super Idee! Und Beate könnte ein Mediationsseminar machen, da sie ja sehr oft bei Konflikten zwischen mir und anderen Mitarbeitern vermittelt.«

»Dann zum Stil 3, der Führung durch Ziele. Hier braucht der Mitarbeiter ja neue Fähigkeiten der Selbstmotivation und Selbstorganisation.[128] Er muss beginnen, an sich selbst, an seiner Persönlichkeit zu arbeiten. Auch hier gibt es entsprechende Seminare oder Coachs.«

»Das könnte ich zum Teil aber doch auch selbst machen«, schlug ich vor. »Ich habe ja beim Stil 2 Petra auch Wissen zum Storywriting weitergegeben und beim Stil 3 könnte ich mit Jens zum Beispiel am Statusthema arbeiten.«

---

128 Nach klassischer Lesart ist hier die Grenze zwischen extrinsischer Motivation (z. B. durch Geld) und intrinsischer Motivation. Angeblich ist intrinsische Motivation besser. Ich halte davon wenig: Wenn sich jemand das Ziel setzt, in sieben Jahren eine Million zu erarbeiten, dann ist das sehr wohl intrinsisch, obwohl es um Geld geht. Da bringt uns die Unterscheidung also gar nichts. Und wenn jemand anfängt, sein Unternehmen bewusst zu sabotieren, dann ist das meist auch intrinsisch und nicht, weil ihm jemand dafür Geld gibt. Aber es ist nicht wirklich gut und erstrebenswert, dass er das tut. In diesem Fall ist intrinsisch definitiv nicht besser.

»Stopp!«, sagte Wolfgang. »Erinnerst du dich noch an den emotionalen Subtext einer Stil-3-Führungskraft?«

»Ja«, nickte ich nach kurzem Nachdenken. »I'm great and you are not!«

»Mit diesem Subtext wirst du die Leute demotivieren. Er ist unglaublich arrogant! Du weißt überhaupt nicht, ob Jens für sich einen Entwicklungsbedarf beim Status sieht! Es wirkt so, als wüsstest du, was richtig ist, und müsstest ihn praktisch in Ordnung bringen. Und noch schlimmer: *Diese Haltung überfordert auch den Führenden systematisch. Sie setzt geradezu voraus, dass er in allen Bereichen besser sein muss als der Mitarbeiter.* Das geht nicht und ist zudem auch dumm. Die Initiative muss vom Mitarbeiter ausgehen. Du musst lediglich signalisieren, dass du bereit bist, ihn zu unterstützen, wenn er kommt. Natürlich«, fügte Wolfgang grinsend hinzu, »kannst du durch klares, ehrliches, häufiges und im Wesentlichen positives Feedback manchmal die Eigeninitiative ein bisschen befördern.«

»Und dann?«

»Dann führst du vor allem durch Fragen. Eine unglaublich mächtige Fragestruktur ist: ›Was müsste gegeben sein, damit …?‹ Also, wenn etwas fast unmöglich erscheint, zu fragen: ›Was müsste gegeben sein, damit das doch geht?‹ Oder wenn etwas nervig scheint, zu fragen: ›Was müsste gegeben sein, damit du dafür brennst? Oder gar ein Vogelhaus- bzw. Loveparade-Feeling dabei hast?‹«

»Und gibt es noch mehr Möglichkeiten außer Fragen?«

»Na klar, du kannst zum Beispiel selbst eine Coachausbildung machen. Und beim nächsten Braintrust zeige ich euch unseren neunphasigen Veränderungsprozess[129], den du praktisch immer und

---

129 Dieser Prozess wurde durch Tony Robbins einerseits und Storytelling andererseits inspiriert. Ich unterrichte diesen im Rahmen unserer Führungsseminare, und wir trainieren ihn drei Wochen lang, bis er in Fleisch und Blut übergegangen ist, am Grand Canyon.

überall nutzen kannst. Für Einzelpersonen, für Teams, für deine Partnerschaft, für dich selbst. Ist aber auch schon Stil 5.«

»Das klingt spannend! Können wir das nicht jetzt machen?«

Aber Wolfgang lehnte ab: »Die Entwicklung deiner Leute ist derzeit nicht deine wichtigste Baustelle. Es wäre deshalb heute zu umfangreich.«

Etwas enttäuscht bat ich: »Na gut, dann lass uns erst mal mit Stil 4 arbeiten.«

»Beim Stil 4 trittst du einen Schritt zurück. Du bist nicht mehr derjenige, der die Mitarbeiter weiterentwickelt, sondern sorgst dafür, dass sich die Mitarbeiter gegenseitig weiterentwickeln. Martin Permantier von der Firma short cuts beispielsweise hat eine Art Ausbildungsprogramm gestartet, wo sich die Mitarbeiter gegenseitig weiterbilden. Mal bietet einer einen HTML-5.0-Kurs an, mal jemand anders einen Kurs über Design-Grundlagen usw.«

»Damit tritt natürlich eine enorme Entlastung ein«, überlegte ich. »Nicht mehr ich als Chef muss die Entwicklung anstoßen und alles wissen, sondern die Mitarbeiter machen das untereinander. Genial! Allerdings brauche ich dazu wohl eine gewisse kritische Masse. Mit Jens, Petra, Ria und Beate allein wird das noch nicht funktionieren.«

»Nein, mit solch einer kleinen Gruppe interessierter Mitarbeiter wirst du anders vorgehen. Und das ist jetzt einer der Megatricks für Entwicklung und Verbindung überhaupt[130]: Du wirst nach Möglichkeit in Zukunft alle Gespräche mit diesen Mitarbeitern statt zu zweit zu dritt führen, also mit zwei Mitarbeitern.«

»Und was soll daran besonders sein, außer dass dann zwei Mitarbeiter mit mir quatschen und nicht arbeiten statt nur einer?«

»Dass du dabei darauf achtest, Beziehungen zwischen den beiden zu schaffen und zu stärken. Und du achtest darauf, etwas Gemeinsames zwischen den beiden zu finden. Am besten natürlich in Bezug auf die als gemeinsame wahrgenommene Aufgabe und dein emotio-

---

130 Vgl. Dave Logan: Tribal Leadership.

nales Referenzbild. Sehen sie das Gemeinsame, finden sie von allein Bereiche, in denen sie sich gegenseitig unterstützen können. Und sie kontrollieren sich auch gegenseitig.«

»Kannst du ein Beispiel dafür geben?«

»Klar. Ihr müsst euren Vertriebsprozess jetzt sowieso auf den Prüfstand stellen. Wie baut ihr wieder Vertrauen zu den Kunden auf? Setz dich da nicht mit Ria hin und mach mit ihr allein einen Plan, den du dann wieder kontrollieren musst, sondern hol beispielsweise Jens dazu.«

»Aber der verkauft nicht«, wandte ich ein.

»Ist vielleicht ein Fehler«, gab Wolfgang spontan zurück. »Er ist doch als Projektleiter vor Ort beim Kunden und kennt ihn persönlich. Wo sollte man besser Vertrauen aufbauen und Folgeverkäufe tätigen können?«

»Stimmt, das habe ich jetzt natürlich nicht mitberücksichtigt. Bislang habe ich das ja gemacht, weil ich durch das Storywriting sowieso Kontakt zum Kunden hatte. Da könnte man dann ja auch Petra miteinbeziehen.«

»Genau, aber es geht nicht darum, dass du die Aufgaben oder Lösungen vorgibst, du schaffst vielmehr den Rahmen, also ein Dreiermeeting, und du gibst zu Beginn das Thema vor. Später können sie das sogar selbst. Während des Gesprächs fragst du dich dauernd, was du tun kannst, um ihre Problemwahrnehmung stärker zur Deckung zu bringen. Je mehr sie spüren, dass sie dasselbe Problem haben, desto größer ist die Bereitschaft zur Zusammenarbeit. *Du beschäftigst dich also nicht als Fachkraft mit den Inhalten, sondern als Führender mit der Form!* Und am Ende sorgst du dafür, deine Leute sind ja noch beim Führungsstil 3, dass ein klares und verbindliches Ziel mit Datum rauskommt. Der Vorteil für dich: Du kannst dich immer mehr auf den Stil der Zusammenarbeit konzentrieren. Du musst immer weniger vorgeben und kontrollieren. Die Mitarbeiter werden dich hinterher viel weniger Zeit kosten, weil sie lernen, untereinander zu kommunizieren und verbindliche Ziele einzugehen. Und sie finden selbst heraus, wo sie sich am besten gegenseitig unterstützen können.«

»Und je besser das bei den vieren funktioniert, desto häufiger hole ich einen der anderen Mitarbeiter ins Boot, die dann vom System assimiliert werden. Klingt super! Aber was kommt da jetzt noch bei Stil 5?«

»Stil 5 beschäftigt sich damit, einen emotionalen Raum zu schaffen, in dem Menschen begeistert davon sind, sich weiterzuentwickeln. Du fragst dich während der eben erwähnten Dreiergespräche dauernd, wie man in das, was die beiden gerade tun, mehr Loveparade- oder Vogelhaus-Feeling reinbringen kann. Und du fragst dich dauernd, wie du die sieben Bedürfnisse aus dem Unternehmercoach-Bedürfnismodell für alle noch besser befriedigen kannst oder sogar dafür sorgen kannst, dass sie gegenseitig diese Bedürfnisse befriedigen. Stil 4 ist noch stark auf interdependente Systeme hin ausgerichtet, Stil 5 auf die zugrunde liegenden Emotionen.«

»Was mir daran wirklich gefällt«, überlegte ich, »ist, dass ich bei Stil 4 und 5 immer mehr aus der Schusslinie komme. Ich bekomme immer mehr Freiheit und damit Wirksamkeit. Das erfüllt somit auch mein Motiv. Und ich muss die Dinge nicht mehr durchsetzen und erzwingen.«

»Den Status brauchst du aber trotzdem«, ermahnte Wolfgang mich. »Nicht mehr, um Lösungswege und Ergebnisse einzufordern, sondern um einen Arbeitsstil einzufordern und wie ein Löwe zu kämpfen, wenn das Vogelhaus-Feeling bedroht ist. *Du setzt deinen Status nur auf andere Art und Weise ein und bekommst eine andere Rolle. In gewissem Sinne brauchst du bei den Stilen 4 und 5 sogar sehr viel mehr Klarheit und damit auch Status.* Bei Stil 1 reicht eigentlich eine Peitsche, aber bei Stil 4 und 5 ist ein innerer Status, eine innere Autorität unabdingbar!«

Bei den Stilen 4 und 5 brauchst du mehr Status. Bei Stil 1 reicht eigentlich eine Peitsche, aber bei Stil 4 und 5 ist eine innere Autorität unabdingbar.

»Gut«, nickte ich. »Was ich jetzt mitgenommen habe, ist Folgendes: Ich werde Petra, Jens und auch Beate vorschlagen, Seminare zu besuchen. Und dann werde ich mit meinen Unterstützern in Zukunft immer solche Dreiermeetings machen und die Menschen nach und nach verbinden. Lass uns jetzt zur Teamzusammensetzung kommen!«

7.5 Teamzusammensetzung

»Ja, das war der nächste Punkt auf unserer Liste. Es geht also um die Fragen, wie du einen Ersatz für Werner findest, was du Jens vorgibst und wie du dich gegebenenfalls noch von weiteren Mitarbeitern trennst.«

»Ich will mich von niemandem mehr trennen«, warf ich ein. »Ich habe mit dem reduzierten Team jetzt schon Probleme!«

»Das ist schon der erste Fehler«, erwiderte Wolfgang ernst. »Sobald du unter Druck handelst, schaffst du dir riesige Probleme bei der Teamzusammenstellung!«

»Wie meinst du das?«

»Ganz einfach: Wenn du das Gefühl hast, sowieso schon zu wenig Leute zu haben, dann kannst du dich nicht von Mitarbeitern trennen, von denen du dich trennen müsstest. Und es treibt dich dazu, Leute einzustellen, die du nicht einstellen solltest. Aber in beiden Fällen wird es exponentiell teurer, je länger die falschen Leute bei dir sind. Und ich meine richtig teuer! Überschlag einfach mal, was dich die Vorgehensweise von Werner gekostet hat!«

»Das wird in der Tat ein sechsstelliger Schaden sein«, überlegte ich. »Aber das war doch eine Ausnahme.«

»Nein, war es nicht«, widersprach Wolfgang. »Nimm einmal den Ärger mit Jana. Um wie viel ineffektiver wurde Ria durch diesen dauernden Zoff?«

»Vielleicht 20 bis 30 Prozent«, antwortete ich.

»Du hattest zwei Vertriebsleute, eine davon war 20 bis 30 Prozent weniger effektiv, das bedeutet 10 bis 15 Prozent weniger Umsatz. Bei etwa einer Million Jahresumsatz sind das bis zu 150 000 Euro im Jahr. Und da ist die Demotivation des restlichen Teams noch gar nicht eingerechnet. *Der Schaden, der durch falsche Mitarbeiter entsteht, wird systematisch unterschätzt.* Und zwar dramatisch! Einfach, weil dieser Schaden nirgends in der Bilanz oder sonst wo auftaucht.«

Etwas geschockt von diesen Zahlen erwiderte ich: »Aber was kann ich da tun, wenn ich unter Druck stehe? Ich habe Aufträge, die erledigt werden müssen, und ich kann nicht noch jemanden verlieren!«

»Marc, das weißt du eigentlich schon«, schüttelte Wolfgang leicht resigniert den Kopf.

Ich dachte einen Moment nach, und mir fiel auf, dass ich schon ziemlich bequem geworden war. Ich konnte Wolfgang ja alle Fragen stellen und musste deshalb nicht mehr selbst nachdenken. Und so erwiderte ich nach kurzer Zeit: »Dieser Druck entsteht durch meine Glaubenssätze, richtig?«

Wolfgang nickte, schwieg aber weiter.

»Ich möchte möglichen Konflikten mit meinen Kunden, beispielsweise weil wir etwas später liefern, ausweichen. Ich glaube, dass sie dann zu einem anderen Anbieter wechseln, sodass meine Firma früher oder später zusammenkracht. Aber in Wahrheit könnte ich jederzeit bei jedem Kunden anrufen und ihm erklären, was gerade unser Problem ist. Und dann frage ich ihn, wie schlimm das wäre. Meist dürfte es gar nicht so dramatisch sein und dann habe ich eine neue Vereinbarung. Und falls es doch dramatisch wäre, kann ich immer noch eine schnelle Lösung suchen. Und in Bezug auf die Kündigungen«, überlegte ich weiter, »fällt mir auf: Ich messe meinen Erfolg an der Anzahl der Mitarbeiter und der Größe meines Unternehmens. Wenn ich Leuten kündigen würde, fühlte sich das an wie gescheitert.«

»Das klingt schon reflektierter«, stellte Wolfgang zufrieden fest. »Das ist bei fast allen Unternehmern so: Sie messen ihren persönlichen Erfolg an der Unternehmensgröße, also an Umsatz und Mitarbeiteranzahl. Und das ist falsch! Was würde passieren, wenn du für dich deinen Erfolg an der Qualität der Kundenbeziehungen, an den drei Kriterien herausragender Führung oder am Vogelhaus- bzw. Loveparade-Feeling messen würdest?«, schlug Wolfgang vor.

»Dann«, überlegte ich überrascht, »könnte ich mich mit acht Mitarbeitern unter Umständen erfolgreicher fühlen als mit 13. Und wenn ich mich wirklich darauf konzentrieren würde, dann würde der Druck verschwinden.«

»Exakt«, lächelte Wolfgang. »Und du hast dir einen zusätzlichen Bereich erobert, in dem du dich innerlich frei fühlst. Du bist nicht mehr durch äußere Kriterien fremdbestimmt!«

»Aber ist das nicht nur eine mentale Konstruktion, damit ich mich besser fühle?«

Wolfgang wiegte den Kopf: »Das musst du entscheiden: Welchen Unternehmer hältst du für erfolgreicher? Den mit 13 Mitarbeitern, der Stress mit seinen Kunden hat und dessen interne Führungssituation so aussieht wie bei dir vor zwei Monaten? Oder den mit acht Mitarbeitern, der tolle Kundenbeziehungen hat und in dessen Firma sich die Zusammenarbeit so anfühlt wie damals bei deinem Loveparade-Projekt?«

Nachdenklich erwiderte ich: »Wenn du die Frage so stellst, dann natürlich den mit der kleineren Firma. Letztlich hat diese auch viel mehr Potenzial und dürfte nach ein oder zwei Jahren deshalb auch größer sein als die aktuell größere Firma. So betrachtet, brauche ich eigentlich gar keinen Ersatz für Werner. Ria arbeitet viel besser als vorher!«

»Du *brauchst* den Ersatz nicht mehr. Aber vielleicht *möchtest* du ihn? Sonst bist du wieder von Ria abhängig. Nur, und das ist wirklich wichtig: Jetzt hast du Zeit, diesen Ersatz für Werner zu suchen. Diese Reduktion des inneren Drucks ist das Wichtigste bei der Teamzusammensetzung überhaupt.«

Das Wichtigste bei der Teamzusammensetzung ist die Reduktion des eigenen inneren Drucks.

»Dann müsste ich eigentlich bei der Annahme eines jeden Auftrags auch darauf achten, dass mich dieser nicht allzu sehr unter Druck setzt?«

»Genau!«, stimmte Wolfgang zu. »Falsche Handlungen an der einen Stelle im Unternehmen führen zu Problemen an der anderen Stelle. Aber lass uns nun mal konkret überlegen, wie du den richtigen Mitarbeiter findest[131], wenn du nicht unter Druck stehst! Wie hast du bislang Mitarbeiter gefunden?«

7.5.1 Neue Teammitglieder finden

»Wie soll ich das schon gemacht haben? Ich hab eine Stellenanzeige aufgegeben und dann unter den Bewerbern den besten rausgesucht.«

»Zwei Fragen: Wie viele Bewerber hattest du da? Und wie hast du den besten gefunden?«

Ich überlegte einen Moment: »Ich hatte meist so zwischen fünf und 15 Bewerber, davon fiel fast die Hälfte wegen schlechter Bewerbungsunterlagen raus und mit drei bis fünf Leuten habe ich dann gesprochen. Den, der den besten Eindruck machte, habe ich genommen. Was soll daran falsch sein?«

»Ihr macht Filme«, entgegnete Wolfgang. »Was kostet da so ein Kamera-Equipment?«

»Vielleicht 5000 bis 8000 Euro«, erwiderte ich irritiert.

»Wie viele verschiedene Kameras, Mikrofone und Beleuchtungen hattet ihr da in der Auswahl? Und wie lange hat die Auswahl gedauert?«

»Oh, wir haben uns bestimmt ein paar Dutzend verschiedene Produkte angeschaut. Und diese ausgiebig samt Preisvergleich geprüft.

131 Hierzu gibt es gute Literatur z.B. von Klaus Kobjoll oder Jörg Knoblauch. Oder für agile Unternehmen auch Boris Gloger, André Häusling: Scrum und Personalmanagement.

Wir haben bestimmt zwei, drei Monate gebraucht. Das ist echt wichtig, dass wir da mit gutem Material arbeiten!«

»Könnte es sein, dass es auch echt wichtig ist, mit welchen Menschen du arbeitest? Zumal wir uns da – vor allem bei falschen Mitarbeitern – in einer völlig anderen Kostenkategorie bewegen?«

»Du meinst, ich müsste bei Mitarbeitern denselben Aufwand treiben?«

»Mindestens! Das SAP-Beratungsunternehmen mindsquare sieht sich 250 Leute an, um einen Mitarbeiter einzustellen! Und sie stellen im Jahr mehrere Dutzend Leute ein.«

»Das könnte ich nie! Bei mir gibt's gar nicht so viele Bewerber, und selbst wenn, hätte ich die Zeit nicht!«, schüttelte ich den Kopf.

»Glaubst du, dass 6000 oder mehr potenzielle SAP-Berater pro Jahr einfach so auf der Straße rumlaufen? Dafür muss man was tun! Und ob du diesen Aufwand treiben willst oder nicht, hängt ausschließlich von deiner Sichtweise ab. Gehen wir mal davon aus, dass die nur zwei Dutzend Leute pro Jahr einstellen – und mit einer schlechteren Auswahlmethode wäre die Hälfte der Leute fehl am Platz. Dann kostet sie die falsche Einstellungspolitik dieses Jahres mindestens 1,2 Millionen Euro.[132] Und bei dieser Rechnung ist nicht berücksichtigt, dass die Hälfte der derzeit 150 Mitarbeiter ja auch schon die falschen wären. Meinst du jetzt, dass sich das lohnen könnte?«

Ich überschlug kurz und kam auf einen Schaden von 7,5 Millionen, und zwar pro Jahr.[133] »Ja, ich verstehe, wie wichtig das ist! Aber wie soll ich jemals zu so vielen Bewerbern kommen?«

»Wieso stehen bei der einen Frau Bewerber Schlange und die andere guckt blöd? Ganz einfach: weil die eine attraktiv ist und die

---

132 Zwölf falsche Mitarbeiter, die jeweils einen sechsstelligen Schaden verursachen.

133 Das heißt im Umkehrschluss, dass eine effizientere Suche von Mitarbeitern auch so viel wert ist!

andere nicht! Und weil die eine aus dem Haus geht und gesehen wird und die andere nicht! Bist du attraktiv für Mitarbeiter? Und sehen das potenzielle Mitarbeiter?«

»Aber ich kann nicht so viel bezahlen wie ein Konzern«, warf ich ein. »Und so viel Werbung schalten kann ich auch nicht.«

»Das heißt nur, dass du es dann anders machen musst«, grinste Wolfgang. »Da hast du 1000 Möglichkeiten.[134] Letztlich geht's auch nicht ums Geld, sondern einfach um folgende Frage: Wie werden bei euch die sieben Bedürfnisse der Mitarbeiter erfüllt? Bei der Mitarbeitersuche musst du die Perspektive ändern. Es geht nicht um die Frage, wie du zu den richtigen Mitarbeitern kommst, sondern um die Frage, was die richtigen Mitarbeiter suchen! Und das musst du bieten! Das wichtigste Bedürfnis der besten Leute ist, wie wir vorhin bei der Mitarbeiterentwicklung schon angesprochen hatten, die Weiterentwicklung: Wie hilfst du deinen Mitarbeitern also bei ihrer Weiterentwicklung? Was ist eure Vision? Und wie kannst du guerillamäßig vorgehen, damit dich genügend Leute kennenlernen?«

Bei der Mitarbeitersuche geht es nicht um die Frage, wie du zu den richtigen Mitarbeitern kommst, sondern darum, was die richtigen Mitarbeiter suchen.

»Ich könnte«, überlegte ich, »einen viralen Film für YouTube produzieren, wie geil es ist, bei uns zu arbeiten! Da müsste das Vogelhaus- oder Loveparade-Feeling rüberkommen.«

»Klingt nach einer guten Idee«, nickte Wolfgang. »Zuerst sorgst du dafür, dass sich die Leute bei dir tatsächlich weiterentwickeln kön-

134 Die Zahl ist durchaus ernst gemeint. Alle Unternehmer, die jammern, dass es in ihrem Bereich keine Mitarbeiter gäbe, haben nur nicht genug nachgedacht (und schleppen den falschen Glaubenssatz, dass es keine Mitarbeiter gäbe, mit sich herum). Die Frage ist einfach folgende: Hat *irgendeiner* deiner Wettbewerber in den letzten zwölf Monaten einen neuen, tollen Mitarbeiter angestellt? Die Antwort dürfte immer Ja sein. Also gibt es Mitarbeiter! Die Folgefrage ist: Was hat dieser Wettbewerber anders gemacht? Und ich will jetzt nicht »Das geht bei mir nicht, weil …« hören. ;-)

nen. Du machst dich attraktiv. Und dann gehst du mit dem viralen Film vor die Tür. Du hast alle Ressourcen, die du brauchst, bereits in deiner Firma.«

Ich vergegenwärtigte mir nochmals das Bedürfnismodell: »Die richtigen Mitarbeiter wollen doch auch einen Beitrag leisten, sie suchen nach einer Aufgabe! Und diese Aufgabe könnte ich mit einer Vision vorgeben. Aber ich habe noch gar keine Vision. Die müsste ich also zuerst entwickeln, bevor ich anfangen könnte.«

»Keinesfalls«, lehnte Wolfgang meine Idee ab. »Natürlich findest du leichter die richtigen Leute, wenn du eine tolle Vision hast. Aber solange du noch eine erstellst, solltest du mit dem, was du hast, beginnen und dann schrittweise optimieren! Reduziere die Vorstellungen, dass erst das eine da sein muss, um das andere zu tun. Diese Abhängigkeiten blockieren nur. Dasselbe gilt für die Weiterentwicklung. Wenn du kein internes Schulungsprogramm auf die Beine stellen kannst, wie short cuts, dann biete eben das an, was du machst: also Seminare für die fähigsten Mitarbeiter!«

»Mal angenommen«, erwärmte ich mich langsam für die Idee, »mein Unternehmen würde dadurch so attraktiv, dass sich auch mal mehr als 15 Bewerber melden, wie finde ich dann den richtigen raus?«

»Du solltest pro Stelle mindestens 50 Bewerber haben – alles andere ist Lotterie![135] Um das abarbeiten zu können, brauchst du dann einen mehrstufigen Prozessablauf. Ziel ist es, mit möglichst wenig Zeitaufwand möglichst schnell die vielen falschen Leute auszusortieren, deine Benefits, die du den besten Mitarbeitern bietest, zu präsentieren und dann auf die wenigen tendenziell passenden Leute sehr viel Aufmerksamkeit zu verwenden. Ob du jetzt drei, sieben oder neun

---

135 Wer von sich selbst sagt, dass er nicht die Zeit hat, so viele Leute anzuschauen, muss eben den Preis bezahlen: Er hat dann überproportional viele Pfeifen in seinem Unternehmen und das Unternehmen wird bestenfalls Mittelmaß! Wie immer handelt es sich auch hier nur um einen Glaubenssatz: Wir haben alle 24 Stunden am Tag.

Stufen machst, hängt vor allem von deiner Unternehmensgröße und den Ressourcen ab, die dir zur Mitarbeiterauswahl zur Verfügung stehen. Du kannst zum Beispiel nach den Bewerbungsunterlagen vorentscheiden, dann ein 20-minütiges Skype-Gespräch führen, dann einen schriftlichen Einstellungstest, dann zwei voneinander unabhängige Gespräche mit unterschiedlichen Interviewern vor Ort, dann ein paar versteckte Tests und schließlich zwei Tage Probearbeit und die Tests in den Vertragsverhandlungen. Entscheidend bei all diesen Tests ist, dass du bei jedem einzelnen Schritt Klarheit darüber hast, nach was du eigentlich Ausschau hältst und woran du erkennen willst, ob du die Person gefunden hast, nach der du suchst.«

»Also beim Ersatz von Werner beispielsweise, dass er ehrlich und kundenorientiert ist, dass er am Telefon verkaufen kann, dass er teamfähig ist und so weiter?«

»Ja, alles wichtig«, antwortete Wolfgang, »aber entscheidend ist was anderes. Entscheidend ist, ob der neue Mitarbeiter zu deinem Unternehmen passt und ob er die richtige Einstellung mitbringt, also motiviert ist.«

»Stimmt, über die Gallup-Untersuchungen hatten wir schon gesprochen.«

»Ja, nur etwa ein Achtel aller Bewerber ist wirklich motiviert. Der Rest tut nur so oder oft noch nicht mal das. Motivation ist immer konkret bezogen auf deine Firma und die Aufgabe, die du zu bieten hast. Der allererste Test ist also, wie intensiv sich der Bewerber mit der Website oder euren Videos beschäftigt hat. Und das erkennst du, indem du zuerst ihn fragen lässt und auf die Qualität der Fragen achtest.[136] Später im Verlauf lässt du ihn einen bis fünf Tage zur Probe arbeiten, und zwar ohne Entgelt. Damit testest du, ob er bereit ist,

---

136 Es gibt natürlich viele weitere Möglichkeiten. Bei meiner eigenen Firma ist es zum Beispiel so, dass von 100 Bewerbern vielleicht 30 in der Lage sind, beim Bewerbungsgespräch qualifizierte Fragen zu meiner Firma zu stellen, die darauf schließen lassen, dass sie sich damit beschäftigt haben. Und nur zwei bis drei Bewerber haben in eines meiner Bücher wenigstens reingelesen. Was soll

etwas zu investieren. Wer die Stelle eigentlich gar nicht will, wird das nicht tun. Letztlich geht es darum, dass du dir einfach ein paar Tests überlegst, die man nicht sofort als Tests erkennt, worin sich die Motivierten vom Rest unterscheiden. Und dann zieh das ernsthaft durch.«

»Diese Tests sollte ich so früh wie möglich machen, weil ich damit die Leute, mit denen ich mich ernsthaft beschäftigen muss, auf ein Achtel reduziere«, überlegte ich.

Wolfgang nickte: »Genau. Dann bleiben von den 50 Kandidaten noch sechs übrig. Die nächste entscheidende Frage ist, ob jemand in dein Unternehmen passt.«

»Und wie finde ich das raus?«

»Klassisch wird dies über Tests und Werte gemacht. Das heißt, wenn du weißt, welche Werte dir wichtig sind, dann kannst du über Tests rausfinden, ob ein Kandidat diese Werte teilt.«

»Aber du hast doch vorhin vom Werteflimmern gesprochen«, wandte ich ein.

»Genau aus diesem Grund funktioniert das nur begrenzt. Ich favorisiere mittlerweile ein modifiziertes Bauchgefühl, das sich auf das emotionale Referenzbild bezieht. Einfach nur das Bauchgefühl zu nehmen, führt dazu, dass man sich zu oft von Zufälligkeiten ablenken lässt. Und es hängt stark davon ab, wie man an diesem Tag selbst drauf ist. Ich stelle mir eine einfache Frage und höre dann auf meinen Bauch. Diese Frage fokussiert auf den richtigen Aspekt und bringt mit hoher Wahrscheinlichkeit die richtige Antwort! Auf dich übertragen, lautet die Frage: ›Kann ich es mir vorstellen, mit diesem Menschen ein Vogelhäuschen zu bauen oder ein Loveparade-Projekt zu machen? Und zwar die nächsten zehn Jahre lang!‹ Dein Bauch wird ein klares Ja oder Nein zur Antwort geben. Und dann weißt du, ob der Mitarbeiter passt.«

»So einfach?«

---

ich mit den anderen, die sich ganz offensichtlich nicht dafür interessieren, was wir machen? Wieso sollte ich mich für sie interessieren?

»Ja«, sagte Wolfgang. »So einfach! Unser bewusster Verstand schafft, wie auch immer das gemessen wurde, etwa 40 Bit pro Sekunde, unser Unbewusstes etwa 11 Mbit. Nicht auf das Bauchgefühl zu hören, ignoriert den größten Teil der Information. Nach diesem Test bleiben von den sechs Kandidaten noch zwei oder drei übrig. Und die testest du dann fachlich.«

»Moment«, warf ich ein. »Das mit dem Bauchgefühl will ich mal ausprobieren!« Ich schloss meine Augen und stellte mir nacheinander alle meine Mitarbeiter vor:

- Ria: Ja
- Jana: Nein
- Petra: Ja
- Hartmut: Ja
- Tobias: Ja
- Karla: Nein
- Jens: Ja
- Torsten: Ja
- Maria: Nein
- Beate: Nein

Ziemlich verblüfft öffnete ich meine Augen wieder: »Es bleiben nur sechs Mitarbeiter übrig! Und bei Beate kam ein Nein. Das verstehe ich überhaupt nicht! Ich vertraue ihr mehr als jedem anderen Menschen!«

»Keines dieser Verfahren ist hundertprozentig.[137] Auch unser Unterbewusstsein macht Fehler. Aus diesem Grund würde ich die Mitarbeiter, die ein Nein bekommen haben, nicht sofort kündigen. Ja, ich

137 Daniel Kahneman hat in seinem Buch *Schnelles Denken, langsames Denken* viele Fallen, in die unser Unterbewusstsein reinstolpert, dargestellt. Er beschränkt sich allerdings auf die Fallen unseres Unterbewusstseins – die Fallen unseres Bewusstseins sind in der Regel jedoch dramatisch größer!

würde ihnen sogar eine ganz bewusste, aber zeitlich klar befristete Chance geben, noch an Bord zu kommen. Allerdings würde ich mich an deiner Stelle durchaus fragen, was dein Unterbewusstsein sieht, was dein Bewusstsein nicht wahrnimmt. Vor allem bei Beate.«

»Und wie mache ich das mit dem Bauchgefühl bei Jens, wenn er die Leute selbst einstellen will?«, lenkte ich ab. »Er hat doch ein ganz anderes Bauchgefühl?«

»Solange deine Firma noch so klein ist, behältst du dir ein Vetorecht vor. Sobald dein Unternehmen wächst und je länger du mit einem solchen emotionalen Referenzbild arbeitest, desto mehr gemeinsame neue emotionale Referenzbilder werden in deinem Unternehmen entstehen. Dann heißt das eben nicht mehr das Vogelhaus-Feeling, sondern das ›Nach-Werners-Abgang-gemeinsam-um-die-Kunden-kämpfen-Feeling‹. Und da hast du dann mehr Leute im Unternehmen, die sich genau damit verbinden können. Und diese Leute sind dann in der Lage, genauso nach ihrem Bauchgefühl zu entscheiden.«

»Verstanden«, nickte ich. »Aber wie fange ich jetzt Jens überhaupt wieder ein? Ich hab ihm doch schon zugesagt, dass er seine Leute selbst auswählen darf.«

»Ärgert es dich, dass du es ihm schon zugesagt hast?«

»Ja, klar! Aber warum willst du das wissen?«

»Weil dieser Ärger die Energie ist, die dich zur Neuverhandlung führt. Dieser Ärger ist super! Du gehst auf ihn zu und sagst ihm, dass dich deine Zusage ärgert, und erklärst ihm, warum. Du willst einen mehrstufigen definierten Prozessablauf – an der Erstellung des Prozesses kann er ja mitarbeiten. Und du willst ein Vetorecht, um die Einheitlichkeit sicherzustellen. Alles andere kann er ja behalten.«

»Meinst du nicht, dass ihn das demotiviert, wenn ich ihm seine Freiheit wieder nehme?«

»So, wie du mir Jens bislang geschildert hast, glaube ich das tatsächlich nicht. Ihn würde viel mehr demotivieren, wenn du ihn einfach laufen ließest. Er will führen, aber ich glaube, *er braucht auch jemanden, der ihn führt*. Je klarer und unmissverständlicher und begründeter du auf ihn zugehst, desto eher wird er mitmachen. Wenn du allerdings mit schlechtem Gewissen vor ihm rumeierst, wirst du verlieren!«

»Okay, dann weiß ich jetzt, wie ich vorgehe. Gibt es noch etwas, worauf ich auf jeden Fall achten sollte?«

»Klar, jede Menge«, grinste Wolfgang. »Aber zwei Tipps sind wirklich wichtig. Erstens lass niemals mittelmäßige Mitarbeiter neue Mitarbeiter auswählen. Sie entscheiden sich oft aus Angst nicht für die besten Leuten. Bessere Mitarbeiter bedrohen das eigene Selbstbild und die eigene Position. Deshalb finden diese Leute nur Leute, die schlechter sind als sie selbst. Der zweite Tipp ist ein Hinweis, den Bill Hybels einmal von Peter Drucker bekommen hat: Wenn du jemanden findest, der qualifiziert zu sein scheint, aber unglücklich oder ohne Arbeit ist, dann sei vorsichtig. Denn die Leute, nach denen du suchst, leisten wahrscheinlich irgendwo einen unschätzbaren Dienst und setzen in ihrem Bereich Maßstäbe. Sie sind vermutlich überaus glücklich und werden von den Leuten heiß geliebt, mit denen sie zusammenarbeiten. Halte nach solchen Leuten Ausschau. Halte nach erwiesener Fähigkeit Ausschau! Kurz und knapp: Wenn jemand über seinen vorigen Arbeitsplatz jammert – egal, wie nachvollziehbar seine Story ist –, dann lauf! Er wird nämlich eine Jammermentalität mitbringen.«

Wenn jemand über seinen vorigen Arbeitsplatz jammert – egal, wie nachvollziehbar seine Story ist –, dann lauf!

7.5.2 Trennung von Mitarbeitern

Während ich mir das alles anhörte, ging mir nochmals mein Bauchexperiment von eben durch den Kopf. Plötzlich erschien es mir nicht mehr so unwahrscheinlich, dass ich mich von weiteren Leuten trennen müsste. Wie würde sich das anfühlen, im Extremfall nur noch sechs Mitarbeiter zu haben, aber dafür die richtigen? Eben die, mit denen ich mir vorstellen konnte, auf eine Art und Weise wie damals beim Loveparade-Projekt zu arbeiten. Und je länger ich darüber nachdachte, desto attraktiver erschien mir das. Zugleich entstand aber auch ein innerer Konflikt: »Wolfgang, es kann ja sein, dass ich noch weiteren Mitarbeitern kündigen muss. Aber ich habe als Arbeitgeber ja auch eine Verantwortung gegenüber den Leuten. Und wenn ich ehrlich bin, dann scheue ich auch die Kündigungsgespräche und den Konflikt: Ich kann mir kaum was Schlimmeres vorstellen![138]«

»In früheren Zeiten, bei den Primaten, war der Ausschluss eines Mitglieds aus der Gruppe in aller Regel das Todesurteil. Damit ein Alpha nicht leichtfertig Mitglieder aus der Gruppe ausstößt, ist es sinnvoll, dass er da eine Hemmung hat. Das ist der emotionale Background. Heute sind die Umstände aber anders! *Menschen sind für sich selbst verantwortlich, und wenn ihnen gekündigt wird, dann sterben sie nicht.* Nahezu alle Mitarbeiter, denen ich in fast 40 Jahren kündigen musste, hatten nach drei Monaten wieder einen Job. Und während dieser drei Monate bekommen sie Arbeitslosengeld. Mit anderen Worten: Du bist *nicht* für das wirtschaftliche Wohlergehen der Leute verantwortlich!«

Ich dachte einen Moment nach, dann erwiderte ich: »Das kann ich zwar nachvollziehen, aber es fühlt sich für mich nicht wirklich stimmig an.«

»Ist es auch noch nicht«, lächelte Wolfgang. »Kündigungen sind nicht aus wirtschaftlichen Gründen problematisch, sondern aufgrund der sozialen Ausgrenzung. Der Gekündigte fühlt sich gescheitert und ausgegrenzt und man spürt natürlich als Unternehmer seinen Schmerz mit. Trotzdem muss man eine Entscheidung im Sinne

---

138 Ein Unternehmer wartet oft länger als ein angestellter Manager mit der Trennung. Das hat seine Ursache meist darin, dass ein angestellter Manager unter viel höherem kurzfristigen Erfolgsdruck steht – die durchschnittliche Verweildauer eines Managers beträgt je nach Bereich zwei bis fünf Jahre und in dieser Zeit muss er Ergebnisse liefern. Er kann also gar nicht so lange mit seiner Entscheidung warten und in diesem Fall ist das gut!

des Unternehmens treffen. Nun kann man entweder den Schmerz ignorieren, aber dann fragst du dich vermutlich zu Recht, warum wir davor das ganze Training mit der Achtsamkeit gemacht haben. Oder du kannst mitfühlen und versuchen, aus deiner Machtposition den Mitarbeiter zu unterstützen. Wann immer es dir möglich ist, dem Gekündigten eine neue soziale Gruppe zu verschaffen, tu es! Deine Kunden sind meist Unternehmer und viele davon suchen Mitarbeiter. Hilf ihnen und hilf deinen zukünftigen Exmitarbeitern und hilf dir, indem du sie zusammenbringst.«

»Ja, aber wenn das schlechte Mitarbeiter sind?«, wandte ich ein.

»Das weißt du in den meisten Fällen nicht. Die Mitarbeiter, die in deiner Liste ein Nein von dir bekommen haben, haben das Nein nicht bekommen, weil sie unqualifiziert wären, sondern weil sie nicht passen. Überleg mal, welche von den Nein-Leuten du guten Gewissens weiterempfehlen könntest?«

»Vermutlich Karla, Maria und Beate. Aber Beate will ich ja nicht kündigen. Und Jana könnte ich nicht guten Gewissens weiterempfehlen.«

»Dann wäre nur eine einzige Kündigung, nämlich die von Jana, schwierig. Vorausgesetzt, die bisherige Vermutung, dass du ihr kündigen musst, erhärtet sich.«

Ich dachte nochmals nach und fasste schließlich zusammen: »Sich von Mitarbeitern zu trennen oder darauf hinzuwirken, dass sie selbst gehen, ist aus dieser Perspektive also ein Erfolg! Ich unterstütze die Leute sogar, indem ich ihnen eine neue soziale Gruppe organisiere. Die Alternative wäre, sich monatelang gegenseitig weiter Energie zu rauben – bis dahin, dass die Firma stirbt. So aber bleiben nur diejenigen da, die wirklich dahinterstehen. Es entsteht mehr Energie, nicht weniger!«

»Exakt«, lächelte Wolfgang. »Und die Botschaft für die bleibenden Mitarbeiter ist, dass dir das Wohlergehen der Menschen wirklich am Herzen liegt, weil du dich selbst dann noch kümmerst, wenn du dich von ihnen trennen musst.«

7.6 Konflikte und Energie

»Dann sind wir ja schon fast durch für heute.« Ich schaute auf meine Aufzeichnungen und den Plan von heute Morgen: »Wir hatten als offenen Punkt noch meine innere Haltung in Bezug auf Konflikte. Ich sagte, dass Konflikte Energie kosten, und du hieltest dagegen, dass Konflikte Energie geben. Wenn ich richtig darüber nachdenke, dann haben wir das bereits nebenbei geklärt, als wir über mein Loveparade-Projekt sprachen. Da fühlten sich Konflikte ja auch nicht wie Konflikte an. Offensichtlich können Konflikte sowohl Energie rauben als auch Energie schenken. Beides ist möglich.«

»Ja«, bestätigte Wolfgang. »Könntest du denn benennen, wann Konflikte Energie schenken und wann sie diese rauben?«

Nach einiger Zeit des Nachdenkens nickte ich: »Ja, ich glaube schon. Konflikte schenken Energie, wenn dabei die sieben Bedürfnisse aus dem Bedürfnismodell erfüllt sind, und sie rauben Energie, wenn sie nicht erfüllt sind.«

Wolfgang wiegte den Kopf hin und her: »Du bist auf der richtigen Spur. Stell dir mal vor, du machst mit jemandem ein Meeting und einmal sind die sieben Bedürfnisse erfüllt und einmal nicht. Was passiert mit der Energie?«

»Na, im einen Fall gibt es Energie und im anderen raubt es diese.«

»Und jetzt geh mit jemandem zu Abend essen und einmal sind eure Bedürfnisse erfüllt und einmal nicht.«

»Im einen Fall gibt es Energie und im anderen Fall kostet es diese. Aber ich verstehe noch nicht ganz, worauf du hinauswillst?«

»Ach, das ist ganz einfach. Egal, welche Tätigkeit ich dir vorschlage, gibt sie Energie, wenn eure Bedürfnisse erfüllt sind, und kostet sie Energie, wenn das nicht der Fall ist. Mit anderen Worten: *Die konkrete Tätigkeit hat rein gar nichts mit der Energie zu tun.* Es ist irrelevant, ob du gerade in einem Konflikt mit jemandem stehst, jemanden kritisierst, ob du streitest, lobst, feierst oder sonst was machst, solange deine sieben Bedürfnisse erfüllt sind. Nicht die Konflikte kosten Energie, sondern die Art, sie auszutragen, die Art, wie dabei deine Bedürfnisse erfüllt werden oder auch nicht!«

Plötzlich wurde mir etwas klar: »Ich habe immer Angst, durch Konflikte meine Verbindung zu den Menschen zu verlieren.«

»Falsch«, widersprach Wolfgang. »Bei deinem Loveparade-Projekt hattest du keine Angst! Du hast nicht *immer* Angst, sondern nur *manchmal*.«

»Ja«, erwiderte ich nachdenklich. »Du hast recht! Ich hatte als Kind Angst, die Bindung zu meiner Mutter zu verlieren. Und natürlich hatte ich Angst, meine Freunde damals zu verlieren, als sie mich mehr und mehr ausschlossen. Ich fühlte mich ohnmächtig. Und immer wenn ich in vergleichbare Situationen komme, dann habe ich wieder Angst, dass eines meiner sieben Bedürfnisse verletzt werden könnte, und das kostet Energie. Was mache ich da jetzt?«

»Die meisten Coachs würden hier wohl eine Gelegenheit sehen, auch noch ein paar Therapiestunden zu verkaufen. Aber davon halte ich in den meisten Fällen überhaupt nichts. Nimm die Fälle wahr, wenn die Angst nicht da ist, und genieß den Konflikt. Und nimm wahr, wenn die Angst da ist, und geh trotzdem in den Konflikt. Akzeptiere im Voraus den Worst Case. Der Schlüssel ist einfach die Achtsamkeit. Je häufiger du das machst, desto häufiger machst du die Erfahrung, dass deine heutigen Ängste keinerlei Grundlage haben. Und allmählich lernst du um. Ziemlich einfach. Erst wenn das über längere Zeit nicht funktioniert, würde ich mir das noch mal genauer anschauen und dir ein paar extra Therapiestunden verkaufen wollen.«

Grinsend nickte ich. »Dann lass uns einfach zusammenfassen, was jetzt ansteht, okay?«

Ich ging ans Flipchart und schrieb auf:

- Mindstorming: Was muss ich tun, um bei einer Mitarbeiterbefragung am 31.5. die Werte 5, 5 und 3 zu bekommen?
- Mein eigenes emotionales Referenzbild stärken, indem ich die entsprechenden Emotionen und Erlebnisse immer wieder wachrufe, zum Beispiel in einer Incantation
- Fotos von meinem Opa und vom Filmplakat auf meinen Schreibtisch stellen, um mich permanent an mein emotionales Referenzbild zu erinnern
- Mit Jens, Beate, Ria und Petra über mein emotionales Referenzbild sprechen
- Einheitliche Interpretation und Problemwahrnehmung schaffen, um das Team zu formen; Thema: Krise durch Werner!
- Täglich Leitfragen zu den vier Faktoren der Teambildung formulieren, damit ich wirklich jeden Tag meinen Fokus darauf lege und meinen Blick schule
- Mit Mitarbeitern über Seminare sprechen: Projektmanagement für Jens, Telefonvertrieb für Ria, Mediation für Beate
- Häufige Nutzung der Frageform »Was müsste gegeben sein, damit …?« gegenüber Mitarbeitern
- Dreiermeetings statt Zweiermeetings
- Über Beate nachdenken und verstehen, warum mein Bauch zu ihr Nein gesagt hat
- Einstellungsprozess mit Jens definieren
- Weiter Achtsamkeitstraining – vor allem auch bei Konflikten und drohenden Konflikten

»Das müsste es sein.«

Wolfgang glich das mit seinen Aufzeichnungen ab und nickte: »Erscheint mir vollständig.«

»Nachdem wir für heute fertig sind, habe ich noch eine Frage.«

»Ja?«

»Carlos und zwei, drei andere aus dem Braintrust haben mir erzählt, dass sie mit dir zwei Wochen in Madeira waren und dass dies ihr Leben radikal verändert habe. Magst du mir davon erzählen? Ich würde das gerne auch erleben!«

Wolfgang dachte einen Moment nach. Dann schüttelte er jedoch den Kopf: »Wir sind noch nicht so weit. Ich komme auf dich zu, wenn der richtige Zeitpunkt da ist, in Ordnung?«

Enttäuscht nickte ich. Aber dann wurde mir mit einem Blick auf das Flipchart klar, dass ich gerade auch wirklich genug zu tun hatte.

8. Die Lage spitzt sich zu

(MONTAG, 29. FEBRUAR – SONNTAG, 8. MAI)

Gleich am Montag nach dem Treffen mit Wolfgang stellte ich die beiden Fotos auf meinen Schreibtisch. Ich war voller Energie und Hoffnung. Danach setzte ich mich hin, um ein Konzept für das Meeting zu machen, bei dem ich dem Team mitteilen wollte, was Werner sich geleistet hatte. Dort wollte ich dann eine einheitliche Team-Wahrnehmung schaffen.

8.1 Die gemeinsame Aufgabe

Nach kurzer Zeit entschied ich mich für eine PowerPoint-Präsentation mit folgender Struktur:

- Unsere Vision: Wir sorgen dafür, dass Unternehmen, die ungerechtfertigterweise Imageprobleme haben, ihr Ansehen zurückbekommen – und machen die Welt dadurch gerechter
- Werners betrügerische Vertriebsmethodik
- Meine bisherigen Aktionen
- Warum ich Unterstützung brauche
- Die notwendigen Aktionen des Teams
- Handlungsplan und Verantwortlichkeiten

Sicherheitshalber schickte ich die PowerPoint-Datei abends noch an Thomas, um mir seine Meinung dazu einzuholen. Dieser rief mich kurz darauf an: »Das ist grottenschlecht! Das wird nicht funktionieren!«

»Aber wieso?«, wollte ich wissen. »Es ist alles Wichtige drin! Ich baue auf unsere gemeinsame Vision und die Verletzung durch Werner. Dann sage ich, was schon passiert ist und was ich vom Team noch brauche. Und dann geht es in die Aktion. Was soll daran schlecht sein?«

»Menschen funktionieren so nicht! Zuerst einmal ist deinen Mitarbeitern deine Vision völlig egal. Zumal sie auch noch ziemlich konstruiert wirkt. Aber selbst, wenn sie das nicht wäre, wäre sie deinen Leuten egal. Wie soll da eine Gemeinsamkeit entstehen? Das Einzige, was du damit bei ihnen erzeugst, ist eine Abwehrhaltung: Was will er jetzt wieder von uns? Dann greifst du einen, der bis vor Kurzem zu ihnen gehörte, also Werner, an. Seine Verfehlung ist zwar wirklich heftig, aber allein durch die Vorgehensweise des Angriffs wirst du weniger überzeugen, als du es mit einer anderen Vorgehensweise könntest. Danach sagst du, was du bisher gemacht hast und dass du's nicht hinbekommen hast. Das zieht deinen Status erst mal nach unten. Und mit diesem niedrigen Status sagst du ihnen anschließend, was sie tun sollen? Wieso sollten sie auf dich hören? Dein Status ist zu niedrig! Und am Ende schaffst du dir selbst einen riesigen Aufgabenbereich, nämlich permanent den Verantwortlichen hinterherzulaufen. Da du das vermutlich schon zeitlich nicht schaffen kannst und deine Mitarbeiter das auch ahnen, sendest du indirekt die Botschaft aus, dass es dir egal ist, und dann wird auch nichts passieren. Diese Vorgehensweise ist zwar in praktisch allen Unternehmen üblich, aber eben auch die Garantie, zu scheitern.«

Uff, das war eine geballte Ladung Kritik. Mit Leuten wie Wolfgang, Thomas oder Carlos zu arbeiten, konnte echt anstrengend sein! Heute Morgen war ich motiviert; als ich die PowerPoint-Präsentation fertig hatte, war ich richtig begeistert. Und jetzt nach wenigen Sätzen von Thomas frustriert. So fragte ich: »Und wie soll ich es dann machen?«

»Du willst, dass sich deine Mitarbeiter ändern, zumindest sollen sie hinterher die Dinge anders wahrnehmen als jetzt. Das Allererste, was dazu erforderlich ist, ist, dass du die Menschen würdigst. Das Zweite, dass sie dich als denjenigen akzeptieren, der jetzt eine Änderung bewirken wird, und das Dritte, dass sie selbst den Schmerz fühlen, der zu einer Änderung führen muss. Und dann brauchen sie eine positive Perspektive, die sie aber am besten selbst gestalten müssen.«[139]

»Ja, aber wie mache ich das inhaltlich?«

»Der Inhalt ist völlig nachgeordnet! Marc, es geht ausschließlich darum, wie sich deine Mitarbeiter fühlen, welche Emotionen sie während des Meetings durchleben! Führungsstil 5 ist emotionale Führung. Wenn du mehr Erfahrung hast, schreibst du dir sogar nur noch den emotionalen Ablauf als Meeting-Vorbereitung auf. Die Inhalte und Vorgehensweisen nutzt du dann flexibel, um diesen emotionalen Ablauf zu erreichen. Am Anfang wirst du natürlich noch deine inhaltliche Vorgehensweise aufschreiben – aber das sind flexible Unterpunkte. Es ist nicht das Eigentliche, um das es geht! Lass uns das mal planen. Hast du zwei oder drei Projekte aus eurer Vergangenheit, wo ihr unter dem gemeinsamen Einsatz eurer Kräfte wirklich was Außergewöhnliches für eure Kunden erreicht habt? Vielleicht etwas, wo einige Mitarbeiter wirklich was Großartiges geleistet haben? Und vielleicht einen Kunden, den deine Mitarbeiter wirklich mögen?«

Ich dachte einen Moment nach, dann erwiderte ich: »Ja, da fallen mir ein paar Beispiele ein.«

»Gut«, fuhr Thomas fort, »du bist doch Storyteller. Dann beginne mit zwei oder drei solcher Geschichten. Und zwar sollen *deine Mitar-*

139 Unvollständige Kurzfassung des bereits erwähnten Neun-Schritte-Veränderungsprozesses.

beiter dabei die Helden sein. Diese Geschichten müssen superemotional sein, und deine Leute müssen das Gefühl bekommen, dass sie echt was erreicht haben. Haben sie in diesen Situationen ja auch, aber du musst das Gefühl wachrufen!«

»Das bekomme ich hin!«

»Gut, damit schaffst du schon mal eine erste Gemeinsamkeit und vor allem eine explizite Wertschätzung deiner Leute. Zugleich erhöhst du deinen Status: Du bist nämlich derjenige, der lobt. Lob findet in aller Regel vom höheren zum tieferen Status statt. Lob ist so gesehen eines der besten Hilfsmittel überhaupt, seinen Status gegenüber einem anderen Menschen zu erhöhen.[140] Dann schilderst du als Nächstes, wie du erfahren hast, auf welche Weise Werner seine Umsätze gemacht hat. Du kritisierst erst mal noch nicht! Du unterstellst ihm sogar eine positive Absicht, nämlich dass er an das Wohl und den Umsatz des Gesamtunternehmens gedacht hat. Bei einigen wird jedoch eine innere Distanzierung einsetzen nach dem Motto: Er hat wohl eher an seine höhere Provision gedacht … Wichtig ist: Deine Mitarbeiter distanzieren sich selbst – du forderst es nicht!«

»Ja, das ist bestimmt viel effektiver!«

»Dann gehst du zu deinen Gewissensbissen über und sagst, dass du doch den Kunden helfen wolltest. Und wenn du jetzt einen konkreten Fall hast, wie er einem Kunden geschadet hat, den alle mögen – vielleicht einem der drei Kunden, von denen du am Anfang erzählt hast –, dann ist plötzlich die Bindung zum Kunden stärker als die zu Werner. Mach das so emotional, betroffen und persönlich wie möglich und vermeide direkte Angriffe auf Werner. Lass sie aber zu, wenn sie von einem Mitarbeiter kommen. Es geht um *ihre* Emotionen!«

---

140 Dies ist nicht als weiterer, siebter Einflussfaktor zu verstehen (vgl. Kap. 4.3.4: Die sechs Einflussfaktoren des inneren Status). Wer einen hohen Status hat, lobt meist automatisch. Lob als bewusst ausgeführte Handlung hingegen erhöht den Status in der Beziehung, aber nicht zwingend den inneren Status. Genauso wie beispielsweise langer und direkter Blickkontakt, eine entsprechende Körperhaltung usw.

»Du bist ein wirklich taktischer Fuchs«, stellte ich fest. »Solche Ideen hätte ich nicht!«

»Ach, das hat nichts mit Taktik zu tun«, erwiderte Thomas. »Das ist einzig und allein die emotionale Perspektive und das Neun-Schritte-Veränderungsmodell. Wenn du dann die Verurteilung von Werners Verhalten durch das Team hast, kannst du zum entscheidenden Schlag ausholen. Dann schilderst du mit drastischen Worten die möglichen Konsequenzen dieses Verhaltens bis zum Untergang der Firma und der Arbeitsplätze von allen Mitarbeitern. So, dass alle fühlen: Wir sitzen hier gemeinsam in einem Boot. Und das hat, weil da einer mit der Axt reingehauen hat, ein riesiges Loch!«

»Besteht dann nicht die Gefahr, dass einige davonlaufen?«

»Die Gefahr besteht immer und das ist *gut* so. Hannibal, einer der besten Strategen, die die Welt hervorgebracht hat, hat auf dem Weg zu den Alpen die Nachhut seiner Armee bewusst weggelassen. Der Sinn der Nachhut war damals unter anderem, Deserteure und sonst wie ›verloren gegangene‹ Soldaten wieder einzusammeln. Aber Hannibal wusste, dass er mit diesen unmotivierten Soldaten nicht über die Alpen kommen und ihn das zusätzlich belasten würde. Deshalb ließ er sie mit Absicht laufen. Wenn also einige davonlaufen, ist das gut!«

»Und dann als Nächstes?«

»Tritt der Held auf«, sagte Thomas, wobei ich sein Grinsen durchs Telefon spüren konnte. »Du schilderst, wie du konsequent gehandelt und dich von Werner getrennt hast. Du schilderst, wie du bereits erste schwierige Telefonate mit betrogenen Kunden gemacht und erfolgreich bestanden hast.«

»Ja, aber warum sollten sie dann helfen, wenn ich schon der Held bin?«

»Weil du, und jetzt kommst du auf die Eingangsgeschichten und die Helden dieser Geschichten zurück, erkannt hast, wie wichtig auch ihnen eure Kunden sind. Und weil du zwar glaubst, dass du allein das Problem irgendwie lösen könntest, dass ihr alle zusammen aber sogar die Firma so umgestalten könnt, dass ihr wirklich einen Beitrag für die Kunden leisten könnt. Und dass alle zusammen nicht nur die Arbeitsplätze retten, sondern vielleicht auch neue schaffen können. Dass ihr die Firma zusammen noch stärker und besser machen könnt. Zeig ihnen einen Weg, wie sie jetzt gemeinsam eine wirkliche Heldengeschichte erleben können, gegen die die drei Eingangsgeschichten echt fad wirken! Du trittst in diesem Moment als Held ab. Deine Rolle wird nun die des Mentors – deine Mitarbeiter bekommen jetzt den Raum für Heldentaten und können ihre eigene Heldengeschichte erleben.«

Ich schwieg einen Moment und vergegenwärtigte mir das Gesagte. »Das, was du da schilderst, ist so grundsätzlich anders als das, was ich bislang gemacht habe. Es geht nicht um die sachlichen Ergebnisse, sondern um die Herzen der Menschen. Und ich verstehe, warum es funktioniert. Ich danke dir für diesen Tipp!«

In der Nacht von Montag auf Dienstag konzipierte ich das Meeting neu, fand meine Storys und gestaltete sie emotional. Dabei wurde mir auch klar, wie wichtig Storytelling für Unternehmer[141] ist und dass ich insofern als Unternehmer mein geliebtes Storytelling durchaus fortsetzen könnte. Mit der Energie dieser Erkenntnis begann ich dann am Dienstagvormittag mein Meeting.

Am Anfang wackelte das Vorgehen durchaus. Jens warf zwischendurch ein: »Ist doch logisch, dass Werner solche Methoden probierte. Dir war ja alles scheißegal und du hast nichts kontrolliert.« Aber da ging Beate dazwischen: »Jens, also du kannst Marc jetzt nicht vorwerfen, wie sich Werner verhalten hat. Ich finde das unmöglich!« Und dann schlossen sich zwei, drei andere Mitarbeiter an und ver-

---

141 Deswegen halte ich auch Storytelling für die wichtigste Einzelkompetenz eines Unternehmers. Alle großen Führungskräfte waren auch großartige Storyteller. Und deswegen biete ich – vor allem als Aufbaukurs für die Teilnehmer meiner anderen Seminare – auch ein Storytelling-Seminar an. Aufgrund der Begrenzung auf zehn Teilnehmer sind diese Seminare meist sechs bis zwölf Monate im Voraus ausgebucht.

urteilten Werner ebenfalls. Ich hatte sie! Und vor allem fiel mir ein Stein vom Herzen: Beate war doch nicht gegen mich!

Plötzlich fragte Jana: »Was heißt das denn für unsere Jobs, wenn das rauskommt?« Und alle schwiegen betroffen. In dem Moment wurde mir klar, dass es besser gar nicht laufen konnte. Ich bohrte noch einen Moment in der Wunde und kostete die Situation aus. Und dann war die Zeit für meinen Auftritt als Held. Was ich schon gemacht hatte. Was schon zum Erfolg geführt hatte, was noch auf dem Weg war.

Mittendrin fragte Petra: »Marc, können wir dabei irgendwie helfen?« Und etwa die Hälfte der anwesenden Mitarbeiter nickte. Mann, war das cool! Und so entgegnete ich nur: »Ja, genau deswegen machen wir dieses Meeting! Ich glaube, gemeinsam können wir nicht nur diese Krise schneller bereinigen, sondern wir haben die Chance, grundsätzlich zusammen besser zu werden. Ich will das gemeinsam mit euch angehen. Was schlagt ihr vor?«

Nach einem kurzen Schweigen kamen erste Vorschläge, die ich an ein Flipchart schrieb, und plötzlich kamen immer mehr. Nur Karla, Maria, Jana und Torsten blieben die ganze Zeit stumm. Am Ende priorisierten wir die Vorschläge, und jeder – außer diesen vier Mitarbeitern – pickte sich einen Vorschlag heraus, den er verantwortlich umsetzen wollte. Gut die Hälfte der Leute hatte eine fantastische Energie!

Dieses Energieniveau hielt sich auch in den nächsten Tagen. Ich nutzte diese Zeit auch für mich, um jeden Morgen eine halbe Stunde meine emotionalen Referenzbilder zu stärken. Dazu versetzte ich mich in die Situation damals mit meinem Opa und unserem Vogelhausprojekt und in die mit meinen Kommilitonen und unserem Loveparade-Projekt. Ich beschrieb, was das Besondere daran war, und spürte diese Emotionen. Nach dem dritten Tag fielen mir noch weitere Erlebnisse ein, die ähnliche Emotionen bei mir ausgelöst hatten, und so nahm ich diese mit dazu.

Ich entwickelte sogar eine Incantation dazu. Es fühlte sich zwar merkwürdig an, jeden Morgen laut grölend wie ein Verrückter durch meine Wohnung zu springen, aber ich wollte alle Chancen nutzen und erst hinterher urteilen.

Je länger ich dies machte, desto deutlicher spürte ich, wie sich mein Unternehmen anfühlen sollte. Zeitgleich wurde ich aber auch immer wütender: Wieso machten Karla, Maria, Jana und Torsten nicht mit? Hatten sie die Bedeutung dessen, was hier vorging, nicht verstanden? Ich spürte förmlich, wie meine Aggressionen hochkochten, wenn ich einen von ihnen sah. Je stärker also meine positiven emotionalen Referenzbilder wurden, desto stärker wurden zugleich auch meine Aggressionen gegenüber den Mitarbeitern, bei denen es nicht so lief, wie ich mir das vorstellte.

Nach einer Woche hielt ich es nicht mehr aus und ich bestellte alle vier zum Einzelgespräch zu mir. Ich probierte es mit Vorwürfen, mit Schmeicheleien, mit Fragen und schließlich mit Drohungen. Nichts funktionierte. Ich war völlig frustriert! Zu allem Überfluss kam irgendwann wieder Beate und machte mir Vorwürfe, dass ich diese Menschen verletzen würde und so doch nicht mit ihnen umgehen könne. Wenn ich wolle, würde sie mit ihnen sprechen. Da ich nicht weiterwusste, ließ ich sie einfach machen.

Was mich nach einiger Zeit noch mehr ärgerte, war, dass in mir Schuldgefühle entstanden, weil ich die vier Mitarbeiter so hart angegangen war. Vielleicht hatte ich ja einen Fehler gemacht? Andererseits wollte ich aber, dass sich mein Unternehmen toll anfühlte. Und ich spürte genau, dass es richtig war, Aggressionen zu haben, wenn sich mein Unternehmen nicht toll anfühlte.

Noch eine andere Entwicklung beunruhigte mich: Nach dieser ersten Woche spürte ich, wie die Energie bei den anderen nachließ. Ich fühlte mich schließlich völlig hin und her gerissen und hilflos. Deshalb rief ich nochmals Thomas an.

Der hörte lange zu, bis er schließlich antwortete: »Wir haben hier zwei Fragen. Erstens: Was ist dein Fokus und damit verbunden dein innerer Status? Zweitens: Wie gehst du mit deinen Aggressionen um?

Lass uns mit deinem Fokus beginnen. Du bekommst immer das, worauf du dich konzentrierst. Menschen wollen Aufmerksamkeit. Wenn du denen deine Aufmerksamkeit schenkst, die sich *nicht* bewegen, werden die anderen aufhören, sich zu bewegen. Deswegen sinkt ihre Energie. Je mehr du dich auf die Schwachen oder Verweigerer konzentrierst, desto mehr Schwache und Verweigerer bekommst du!«

Menschen wollen Aufmerksamkeit. Wer sich auf die Schwachen und Verweigerer konzentriert, bekommt mehr Schwache und Verweigerer.

»Aber ich kann die vier doch nicht einfach ignorieren und nichts tun lassen?«

»Warum nicht?«, warf Thomas ein. »Beschäftige dich mit denen, die was tun! Im Vergleich zu deinem ersten aktiven Kreis hast du nun zusätzlich Hartmut, Tobias und Beate dabei. Du hast, nachdem vor zwei Monaten jeder nur vor sich hin vegetierte und jeder mit jedem stritt, mittlerweile mehr als die halbe Firma hinter dir! Die Situation hat sich dramatisch verbessert! *Diese* Leute brauchen deine Stärke und Aufmerksamkeit! Der entscheidende Punkt ist: Du kannst noch so viel mit den verbleibenden vier Mitarbeitern quasseln, letztlich entscheiden sie selbst über ihre Motivation und ihr Commitment. Solange du *glaubst*, du hättest darauf Einfluss, manövrierst du dich permanent in eine Situation der Machtlosigkeit und des niedrigen Status. Carlos hat dir ja sicher vom Konzept der Betaisierung erzählt.«

Nachdenklich stimmte ich zu. »Die positive Entwicklung von Hartmut und Tobias habe ich gar nicht gesehen. Beate war ja schon vorher dabei. Aber wieso fokussiere ich mich automatisch auf das, was nicht funktioniert? Das machen vermutlich die meisten Unternehmer?«

»Ja, absolut!«, stimmte Thomas zu. »Und dafür gibt es einen Grund: Du bist wütend und hast Aggressionen gegen diese Leute. Das führt uns zur zweiten Frage: Wie gehst du mit deinen Aggressionen um? Dass die Aggressionen entstehen, ist ja positiv. Das Problem ist, dass sie dich auf die negativen Punkte fokussieren, solange du damit nicht gezielt und bewusst und machtvoll umgehst.«

»Wie meinst du das?«

»Schau, Marc, wenn du Aggressionen gegen die vier Mitarbeiter hast und mit dir rumträgst, dann fühlst du dich machtlos. Du hast das Gefühl, nichts tun zu können. Deine Schmeicheleien oder Vorwürfe haben ja nichts gebracht. Und je stärker dieses Gefühl der Machtlosigkeit ist, desto stärker werden wieder die Aggressionen. Du musst nur die Stimme von einem hören und sofort kommen deine Aggressionen an die Oberfläche. Und weil du dann wieder nichts tun kannst, fühlst du dich machtloser und dein Status sinkt weiter. Ein Teufelskreis!«

»Ja, genau so fühlt es sich an.«

»Das Folgende ist sehr wichtig«, fuhr Thomas fort. »Akzeptiere, dass du keine Macht über das Commitment deiner Mitarbeiter hast. Aber du hast die Macht über die Konsequenzen, die du ziehst. Setz ein klar messbares Kriterium, zum Beispiel die Mitarbeit an einem der Projekte bis zum Zeitpunkt X, und kommuniziere fürs Nichterreichen öffentlich eine klare Konsequenz aus deiner Liste mit den Sanktionsleveln. Das kann eine Gehaltskürzung sein, ein Schreibtisch im Keller oder die Kündigung. Jedenfalls eine Konsequenz, die du erstens bereit bist zu ziehen und in die du zweitens deine Aggression reinlegen kannst.«

Akzeptiere, dass du keine Macht über das Commitment deiner Mitarbeiter hast. Aber du hast die Macht über die Konsequenzen.

»Und dann?«

»Dann hat deine Aggression eine Schublade, in die du sie bis zum Zeitpunkt X ablegst. Bis zum Zeitpunkt X bist du innerlich plötzlich ruhig und kannst dich auf die Mitarbeiter konzentrieren, die sich beteiligen. Du hast dir damit deine Macht und deinen Status zurückgeholt. Die rotierenden Gedanken verschwinden. Du musst dann nur bereit sein, die Konsequenz auch zu ziehen.«

Als Thomas aufgelegt hatte, nahm ich nochmals sein Kärtchen mit den Sanktionsleveln raus. Nach einiger Zeit des Nachdenkens war mir klar, dass ich, um meine Aggressionen loszuwerden, auf jeden

Fall sofort etwas tun musste, und sei es noch so klein. Und so definierte ich folgende Maßnahmen:

- Sofort: Kein kostenloser Kaffee mehr für diejenigen, die nicht mitmachen.
- 24. März: Ungeachtet der Arbeitsverträge mit fixen Arbeitszeiten haben wir dies je nach Bedarf der Mitarbeiter sehr flexibel gehandhabt. Ich werde bei denen, die nicht mitmachen, die Flexibilität einkassieren, und sie abmahnen, wenn sie sich nicht an die fixen Arbeitszeiten halten.
- 13. April: Umsetzen im Büro. Wir haben einige nicht so schöne Büroräume, in denen aktuell die sitzen, die mitmachen, während die anderen in den schönen Räumen sitzen. Das würde ich dann ändern.
- 6. Mai: Kündigung.

Ich beschloss, aktuell nur die ersten beiden Maßnahmen zu kommunizieren und dann, wenn ich am 24. März die nächste Maßnahme traf, die weitere Sanktion für den 13. April anzudrohen. Und am 13. April dann die vom 6. Mai. Damit dies auch alles passieren würde, trug ich die Termine der Maßnahmen in meinen Kalender ein. So hatte ich wirklich das Gefühl, meine Aggressionen untergebracht zu haben und mich auf die anderen, die mitzogen, konzentrieren zu können. Ich war wieder guter Dinge. Jetzt konnte es wieder vorangehen!

8.2 Widerstand und Macht

Am nächsten Tag, den 10. März, machte ich in einem kurzen Teammeeting meine Entscheidung bekannt. Zur Untermauerung hatte ich bereits ein Sparschwein mitgebracht, das ich neben die Kaffeemaschine stellte. Ich bat alle darum, darauf zu achten, dass die vier, wenn sie einen Kaffee holten, auch bezahlten. Das gab ein paar lange Gesichter. Aber ich bemerkte auch das leichte Grinsen bei Ria, Jens und Petra und das tat gut.

Dann machte ich einen längeren Rundgang durch das Unternehmen und versuchte überall herauszufinden, ob bei den Werner-Projekten irgendwo meine Unterstützung gebraucht wurde. Meist kamen meine Mitarbeiter selbst schon super zurecht, aber ich spürte, dass ihnen dieses Interesse und meine Aufmerksamkeit guttaten. Die Energie im Team schien wieder zu steigen. Ich trug mir deshalb für jeden Donnerstag einen Rundgang bei denen ein, die mitzogen. Und zwar nur bei denen. Dienende Führung war gar nicht so schwer! Ich musste es nur tun. Und zwar mit der richtigen inneren Einstellung: Ich lief ja nicht rum, um zu kontrollieren, sondern um zu helfen. Und das wurde dann auch von meinen Mitarbeitern angenommen.

Am Freitag, den 11. März, nahm ich mir einen Unternehmertag[142] und begann damit, mir Leitfragen zu den vier Faktoren der Teamentwicklung aufzuschreiben, die ich jeden Morgen beantworten wollte. Zudem begann ich mit meinem Mindstorming: Was muss ich tun, um bei einer Mitarbeiterbefragung am 31.5. bei den drei

142 Ein Unternehmertag ist ein Tag, den man nicht im Büro verbringt und der ausschließlich Unternehmeraufgaben gewidmet ist. An diesem Tag, der mindestens einmal pro Woche stattfinden sollte, beschäftigt man sich zu null Komma null Prozent mit Fachkraft- und Managementaufgaben und ist am besten auch für niemanden erreichbar. Das kann im Büro oder zu Hause sein, im Wellnesshotel oder bei einem spezialisierten Angebot wie Unternehmerauszeit von Eva Maletic.

Kriterien herausragender Führung die Werte 5, 5 und 3 zu bekommen?

Zuerst fielen mir nur die Dinge ein, die ich sowieso schon machte:

- Jeden Tag an meinem inneren Status arbeiten
- Sanktionsandrohungen konsequent einhalten und umsetzen
- Einmal pro Woche die aktiven Mitarbeiter nach Unterstützungsbedarf fragen
- Täglich Incantation zu meinem emotionalen Referenzbild und mich fragen, was ich heute tun kann, damit mein Unternehmen sich genauso anfühlt

Dann kamen ein paar Punkte, die ich eigentlich machen wollte, aber schlicht vergessen hatte:

- Jens, Beate und Ria ein Seminar anbieten
- Prozesse weiter ausarbeiten und verankern, zum Beispiel den Einstellungsprozess mit Jens
- Dreiermeetings mit den Motivierten einführen

Und schließlich kamen mir noch ein paar neue Ideen:

- Ich könnte mit meinem Team ein Teamevent machen oder einen Klettergarten besuchen, um sie Gemeinschaft erfahren zu lassen
- Ich sollte eine Vision entwickeln, für die ich wirklich brenne, und meine Mitarbeiter mitreißen
- Neue Leute suchen, um auch mir selbst den Druck zu nehmen, falls ich am 6. Mai die Sanktionskarte ziehen würde
- Ich könnte es mit meinem Team feiern, wenn wir erste wichtige Zwischenergebnisse erreicht hatten, um die Werner-Hinterlassenschaft auszubügeln
- Wir sollten in der Firma mal aufräumen und putzen, damit wie-

der alles ordentlich aussieht und sich alle wohlfühlen können (wird zusätzliches Sanktionslevel für die vier: Sie erfahren am 24. März, dass sie am 7. April zum Putzdienst eingeteilt werden, wenn sie noch nicht dabei sind; und den Bürowechsel verschiebe ich auf den 21. April)
- Ich könnte einige der wichtigsten Kunden, die von Werner geschädigt wurden, einladen und das Treffen von meinen Mitarbeitern gestalten lassen: Die Bindung meiner Mitarbeiter an die Kunden würde steigen, die Kunden würden sich ernst genommen fühlen – das zweite Kriterium herausragender Führung würde steigen

Am Abend dieses Freitags hatte ich tatsächlich 52 Ideen auf meiner Mindstorming-Liste. Ich war stolz und freute mich auf den kommenden Montag, den 14. März. Da wollte ich die Punkte angehen, die ich fast schon wieder vergessen hatte, also vor allem die Prozesse und die Seminare für Jens, Beate und Ria.

Dieser Montag begann dann aber so ganz anders, als ich es mir vorgestellt hatte. Als Erstes kam morgens Beate zu mir ins Zimmer und schilderte mir, dass sie mit Karla, Maria, Jana und Torsten gesprochen habe und wie verletzt alle angesichts meiner kleinlichen Aktion mit der Kaffeekasse und der Androhung mit den Arbeitszeiten wären. Sie hätten jedes Vertrauen in mich verloren. Ich könne doch nicht einfach mit der Brechstange vorgehen. Das seien doch Menschen.

Und je länger Beates Standpauke dauerte, desto leiser und unsicherer wurde ich. War ich vielleicht wirklich zu weit gegangen? Ich wollte gerade den Mund aufmachen und alles abschwächen, als mir das Bild meines Opas, das ich vor einer Woche auf meinen Schreibtisch gestellt hatte, ins Auge fiel. Und so entgegnete ich: »Nein, Beate, das ist völlig in Ordnung so! Jeder kann frei entscheiden, ob er motiviert sein will oder nicht und ob er mit uns an einem Strang zieht oder nicht. Und ich kann frei entscheiden, dass ich dann Konsequenzen ziehen werde. Du hast dich doch auch entschieden, mich zu unterstützen.«

Nach einer kurzen Pause, in der ich deutlich ihre Irritation spürte, entgegnete Beate: »Ja, sicher, Marc! Ich würde dich doch nie hängen lassen. Aber ich habe wirklich Angst, dass alle vier gleichzeitig kündigen, und dann haben wir wirklich ein Problem. Ich kann es nicht mit ansehen, wie du unsere Firma zerstörst. Kannst du nicht einfach – als Kompromiss – die Sanktionen nur androhen und so tun, als wäre dir das wichtig? Und sie werfen einfach weiter nichts in die Kaffeekasse? Und die Arbeitszeiten kontrollierst du auch weiter nicht? Du könntest ihnen sogar signalisieren, dass du es gar nicht so ernst meinst. Ich glaube, einen Kampf gegen deine Mitarbeiter kannst du nicht gewinnen. Ich würde auch die Vermittlung übernehmen. Du weißt doch, wie wichtig du mir bist!«

Ich dachte einen Moment nach. Ich spürte eine tiefe Dankbarkeit und Verbindung zu Beate, dass sie mir diese undankbare Aufgabe abnehmen wollte. Aber zugleich wusste ich auch, dass es falsch wäre. Das war überraschend und neu für mich: Vor zwei Monaten hätte ich das noch nicht gespürt! Gleichzeitig wollte ich Beate aber auch nicht vor den Kopf stoßen. Ich brauchte sie doch! Während mir diese Gedanken durch den Kopf schwirrten, fühlte ich mich wie gelähmt. Bis plötzlich der Begriff »Stuck State« durch meinen Kopf schwirrte. Jetzt war ich schon wieder drin und wollte mich doch eigentlich selbstbestimmt und frei fühlen.

Da ich aber in diesem Moment nicht in der Lage war, meine Situation zu analysieren, entgegnete ich: »Ich denke drüber nach. Lass uns morgen darüber sprechen.«

Beate, die die ganze Zeit vor meinem Schreibtisch gestanden hatte, schaute mich kurz an, und für einen Moment glaubte ich, etwas wie Geringschätzung in ihrem Blick zu spüren. Aber da hatte ich mich vermutlich getäuscht – sie mochte und schätzte mich ja. »Aber denk bitte an die Gefühle der Menschen, ja? Ich weiß, du wirst dich richtig entscheiden!«

Als sie mein Büro verließ, war alle Energie vom Wochenende wie verflogen. War ich wirklich auf dem richtigen Weg? Ich schaute noch mal auf das Foto meines Opas, aber er konnte mir da auch keine Antwort geben. Schließlich fiel mein Blick auf die To-do-Listen, die ich am Wochenende erstellt hatte, und ich suchte mir was Einfaches. Nach Kurzem fand ich es: die Seminare!

Und so ging ich zuerst zu Jens und sprach mit ihm über seine Rolle als Projektleiter und lobte ihn für die geänderte Stimmung in seinen Projekten. Dann fragte ich ihn, ob ich ihn unterstützen könne, er sei ja bislang noch nie Projektleiter gewesen. Schon nach ein paar Sätzen schilderte er, dass er jetzt viel mehr Details berücksichtigen müsse, die sich andauernd ändern würden. Und dass ihn das sehr viel Arbeitszeit und Energie kosten würde, die ihm mit den Menschen fehlen würden.

»Das ist sicher ein Problem von allen Projektleitern. Da gibt's doch bestimmt Methoden, das in den Griff zu bekommen«, ermunterte ich ihn.

»Vermutlich schon«, überlegte Jens. »Ich werde mich da mal im Internet kundig machen.«

»Vielleicht findest du ja sogar ein Seminar, in dem du diese Projektmanagement-Methoden kennenlernen kannst. Du weißt ja, Petra war vor Kurzem auch beim Storytelling-Seminar.«

»Echt, Marc? Ich könnte auf so ein Seminar gehen? Das ist ja krass! Ich schaue, was ich finde! Es ist mir echt wichtig, hier eine Hammerleistung abzuliefern, und wenn mir so ein Seminar hilft, dann super!«

Zufrieden verließ ich sein Büro und ging weiter zu Ria. Kaum hatte ich den Raum betreten, begrüßte sie mich lächelnd und erzählte, dass sie heute Morgen schon einem der von Werner geschädigten Unternehmen ein neues Projekt verkauft habe. Zwar mit einem kleinen Nachlass, aber dafür habe sie das Vertrauen wiederhergestellt.

Das war richtig cool, und so lobte ich: »Mit so einem Einsatz schaffen wir es! Weiter so!«

»Klappt leider nicht überall«, entgegnete Ria. »Ich kann zwar viele begeistern, weil ich gerade selbst begeistert bin. Aber in der Gesprächsführung fühle ich mich manchmal etwas unsicher.«

Das schien mir eine Steilvorlage zu sein, und so erwiderte ich: »Du weißt ja, Petra war vor Kurzem bei einem Storytelling-Seminar, und vielleicht könntest du einfach ein Telefonvertriebsseminar machen und dabei deine Gesprächsführung verbessern?«

»Nein«, lehnte Ria meinen Vorschlag entschieden ab, »bei solchen Vertriebsseminaren sind bestimmt nur so Leute wie Werner. Verkäufer, die genau drei Prioritäten haben: ich, ich und noch mal ich. Und die Referenten lehren, wie man Leute über den Tisch zieht. Ich dachte, das wollten wir nicht mehr?«

In der ersten Sekunde war ich etwas perplex, aber in der zweiten tauchte das Wort »Glaubenssatz« in meinem Bewusstsein auf. Und so entgegnete ich: »Natürlich wollen wir niemanden mit unsauberen Methoden über den Tisch ziehen. Aber wir sind bestimmt nicht die Einzigen, die das nicht wollen.«

»Vermutlich nicht«, räumte Ria ein.

»Dann muss es doch auch einen Bedarf an Seminaren zu authentischem Telefonverkauf geben?«

»Das könnte sein«, erwiderte Ria nachdenklich. »Und wenn es einen Bedarf gibt, dann gibt es vermutlich auch Anbieter. Soll ich mal suchen, ob's so was gibt?«

»Klasse Idee«, sagte ich. »Wenn du was finden würdest, würde das bestimmt dich und auch uns als Gesamtunternehmen weiterbringen!«

»Ja, ich setz mich in der Mittagspause dran – da erreiche ich unsere Kunden eh nicht.«

Lächelnd verließ ich den Raum und steuerte Beates Zimmer an. Als ich die Tür öffnete, war sie gerade mit Jana im Gespräch, und beide zuckten zusammen, als wenn sie ertappt worden wären. Bestimmt versuchte Beate Jana umzustimmen, und so wollte ich nicht stören: »Kommst du nachher noch mal zu mir, Beate?«

Sie nickte und ich ging wieder in mein Büro. Auf dem Weg kam ich bei Maria und Torsten vorbei, die eine demonstrative Kälte ausstrahlten. Sofort kochten wieder Aggressionen hoch, aber aufgrund der klaren Sanktionsdrohung weniger stark als vorher. Und da sie mir keinen konkreten Anlass boten, ging ich weiter in mein Büro. Kurze Zeit später kam auch Beate. Ich begann: »Finde ich super, dass du mit Jana gesprochen hast. Vielleicht kannst du auch noch mit Maria und Torsten sprechen – die strahlen vielleicht eine Kälte aus!«

»Da wunderst du dich noch?«

»Das wollten wir doch morgen besprechen«, bog ich ab. »Ich war gerade bei Jens und Ria und beide werden ein Seminar besuchen, einmal Projektverkauf und einmal authentischer Telefonvertrieb. Und da dachte ich mir, du könntest vielleicht auch zu einem Seminar gehen?«

»Wieso?«, blaffte Beate zurück. »Bist du etwa nicht zufrieden mit mir? Vergleichst du mich jetzt mit Petra und Ria, die erst noch was lernen müssen, damit sie ihren Job richtig machen können?«

»Nein, so war das doch gar nicht gemeint!«, wehrte ich mich. »Ich wollte dir was Gutes tun. Du schlichtest hier doch permanent Konflikte, und damit du das noch besser kannst, dachte ich an ein Konfliktmanagement-Seminar oder so.«

»Jetzt tickst du völlig aus«, schüttelte Beate den Kopf. »Ich versteh dich einfach nicht mehr. Von wem lässt du dich so dermaßen einwickeln? Das sind bestimmt dein komischer Berater und seine Freunde.«

»Dann lass es halt«, erwiderte ich entnervt. »War doch nur ein Angebot.«

»Du hast wirklich ein Talent, alles Vertrauen, das zwischen uns war, kaputt zu machen«, erwiderte Beate eingeschnappt und verließ türenschlagend mein Büro. Manchmal verstand ich Beate nicht mehr.

Die nächsten Tage vergingen wechselhaft. Es gab Tage voller Energie und solche, an denen mir alles über den Kopf zu wachsen schien.

Immerhin hatte ich den Eindruck, dass sich durch meine Meditation und meine Ernährungsumstellung Energie und innerer Status positiv veränderten. Ein Highlight war jedes Mal – zumindest wenn ich da sein konnte – mein Fußballtraining. Ich war zwar weit davon entfernt, auch nur annähernd guten Fußball zu spielen, aber ich fühlte mich dabei frei: einfach weil ich dabei nicht kontrolliert sein musste und meinen Emotionen freien Raum lassen konnte.

Ich könnte sicher mit all diesen Änderungen noch disziplinierter sein. Aber vielleicht ging das angesichts des dauernden Auf und Abs auch gar nicht? Immerhin war ich in der Lage, aus meinen Tiefs immer schneller herauszukommen. Allerdings geriet ich auch immer wieder in neue Tiefs hinein. Am 23. März beispielsweise sah ich bei Jana und Maria eine Kaffeetasse auf dem Tisch stehen. Als ich aber in der Küche das Schwein schüttelte, war es leer. Ich rief an diesem Tag alle zusammen und fragte Jana und Maria, wieso sie denn kein Geld in die Kaffeekasse getan hätten. Das sei ihre Pflicht. Und ich bat alle anderen, die das sehen würden, darauf zu achten. Jens stimmte zu und unterstützte mich sofort: »Wer sich hier nicht für die Firma einsetzen will, sollte von der Firma auch keinen kostenlosen Kaffee erwarten.« Einige nickten.

Aus dem Augenwinkel sah ich, wie sich Beates Gesicht verfinsterte. Und in diesem Moment spürte ich, wie Wut in mir hochstieg. Ich fühlte genau, was ich eigentlich nicht wahrhaben wollte: Beate stand auf der anderen Seite. Was sollte ich jetzt tun? Ich war wütend, aber ich konnte sie doch nicht wegen eines finsteren Gesichts anmeckern? Und wenn sie auch noch gehen würde, hätten wir niemanden mehr, der unsere Beiträge in den Medien platzieren würde. Ich war völlig von ihr abhängig. Und diese Erkenntnis machte mich noch wütender.

Und so stellte ich ganz bewusst als eine Ersatzhandlung die Kaffeekasse auf den Tisch und fragte Jana, Maria, Torsten und Karla, wie viel Kaffee sie seither getrunken hätten. Ich musste zwei-, dreimal fragen, bis ich eine aussagekräftige und einigermaßen realistische

Antwort hatte. Und dann forderte ich alle vier auf, jetzt sofort den offenen Betrag einzuzahlen.

Jana erwiderte: »Ich hab's nicht klein.«

Bevor ich explodieren konnte, sprang mir jedoch Ria bei und erwiderte zuckersüß: »Ich kann dir helfen und wechseln.« Und sie holte ihre Geldbörse raus. Als ich Janas stinksaures Gesicht sah, fiel ich fast vor Lachen vom Stuhl. Ich musste mir echt auf die Zunge beißen, als ich ruhig erwiderte: »Gut, klärt das mit dem Geldwechseln untereinander. Ich erwarte, dass bis heute Abend der fehlende Betrag in der Kasse ist. Damit sind wir mit dem Meeting fertig!«

Kaum war ich jedoch wieder in meinem Büro angelangt, gingen die Zweifel wieder los. War ich zu harsch vorgegangen? Es ging doch nur um die paar Euro für die Kaffeekasse ...

In diesem Auf und Ab beschloss ich, nochmals Thomas anzurufen. Vielleicht konnte er mir einen Rat geben. Nachdem ich ihm die Entwicklung geschildert hatte, erwiderte Thomas: »Deinen Status permanent hoch zu halten, ist ungeheuer schwer, vor allem wenn du allein in deinem Unternehmen sitzt, dein Umfeld aus Mitarbeitern besteht, die zumindest zum Teil deinen Status wieder deutlich absenken wollen und dir merkwürdige Glaubenssätze ins Ohr blasen – oder alte Glaubenssätze, die du in dir trägst, wieder an die Oberfläche bringen.«

»Was für Glaubenssätze?«

»Glaubenssätze wie: Es geht doch nur um die paar Euro für die Kaffeekasse. Die paar Euro sind tatsächlich egal. Dein Status vor deinen Mitarbeitern ist hingegen nicht egal. Es geht um deinen Status und nicht um ein paar Euro! Du kannst nicht zurückweichen. Das würde alles, was gerade mit Jens, Ria und den anderen am Entstehen ist, wieder zerstören. Aber was ich eigentlich sagen wollte: In diesem Umfeld deiner Mitarbeiter ist es nahezu unmöglich, deinen niedrigen Status dauerhaft zu erhöhen. Du brauchst gerade in dieser Situation dein neues Umfeld!«

»Ich hab doch euch vom Braintrust!«

»Ja, aber schau mal, wie oft du uns im Umfeld brauchen könntest und wie oft du uns tatsächlich in deinem Umfeld hast.«

»Aber ich kann dich doch nicht jeden Tag anrufen!«

»Das nicht, aber jeden Tag einen anderen! Du brauchst diese Energie und Stärke.«

»Dann falle ich euch bestimmt zur Last!«, protestierte ich.

»Das schon«, stimmte Thomas zu. »Aber wir sind auch alle mal jemandem zur Last gefallen. Und wir alle geben das nun weiter und helfen anderen Unternehmern. Wenn du dir jetzt innerlich versprichst, das auch weiterzugeben, wenn du durch bist, dann bin ich zufrieden. Und du bist dein schlechtes Gewissen los und ein anderer Unternehmer kann in Zukunft auf deine Hilfe bauen.«

»Danke, Thomas! Das ist echt super von euch! Was mache ich denn jetzt konkret?«

»Stopp!«, rief Thomas. »Das Erste, was du machst, ist Folgendes: Du rufst alle zwei Tage einen von uns an. Wir sind 20 Leute, da gehst du jedem gerade mal alle eineinhalb Monate auf die Nerven. Das sollte auszuhalten sein. Okay?«

»Okay«, stimmte ich zu. »Das würde mir wirklich helfen. Ich trage die Anrufe gleich nach unserem Gespräch in meinen Kalender ein.«

»Gut«, erwiderte Thomas. »Dann lass uns heute über Macht sprechen. Indirekt ging es die ganze Zeit schon darum, aber wir sollten es mal explizit angehen.«

»Ich mag Macht nicht«, wandte ich ein. »Bei meinen vorherigen Arbeitsstellen bin ich immer an der Dummheit der Macht gescheitert. Und einer der Gründe, mich selbstständig zu machen, war gerade, diese Macht nicht auszuüben.«

»Das ist der Hintergrund bei den meisten Unternehmern. Sie haben die negativen Aspekte der Macht am eigenen Leib erlebt und lehnen deshalb die *Macht anderer über sich selbst* ab. Meist haben sie ihr Unternehmen gegründet, weil sie vorher als Angestellter oder sogar schon in der Schule an den Autoritäten gescheitert sind. Ihre Einstellung ist deshalb die von Cäsar: ›Lieber der Erste im Dorf als der Zweite in der Stadt‹. Aber viele gehen dann noch weiter und lehnen Macht *generell* ab. Und das ist falsch! *Macht ist, auch gegen Widerstände Dinge zum Ergebnis bringen zu können.* Und das ist – vorausgesetzt, das anvisierte Ergebnis ist gut und die Methoden stehen dazu in annehmbarer Relation – auch gut. Das heißt, ob Macht gut oder schlecht ist, hängt davon ab, ob das anvisierte Ergebnis gut oder schlecht ist und ob die eingesetzten Methoden einigermaßen in Relation zum Ergebnis stehen.«

»Aber wenn ich eine positive Vision hätte, der alle von allein folgen, dann brauche ich doch keine Macht mehr?«

»Doch«, entgegnete Thomas. »Gerade dann! Weil nicht jeder dasselbe unter deiner Vision versteht, weil es Leute gibt, die dieser Vision nicht folgen werden, und weil du in der Lage sein musst, darauf zu reagieren. Und je anziehender deine Vision ist, desto mehr Trittbrettfahrer und Leute, die ihre ganz eigene Agenda mit deiner Vision verbinden wollen, werden auftauchen. Michael Paschen sagt: ›Führung benötigt Macht. Sie können als Führungsperson nur damit rechnen, dass man Ihnen verlässlich und regelmäßig folgt, wenn Sie irgendetwas tun können, um auf ein Ausscheren aus der Gefolgschaft zu reagieren. Sie müssen die Möglichkeit haben, denjenigen Personen, die sich ihrer Führung widersetzen, ›Kosten‹ zu verursachen.‹[143] Das gilt völlig unabhängig vom Führungsstil.«

»Und wenn ich das nicht möchte?«

»Dann wirst du den Preis bezahlen. Wie du für jede Entscheidung immer einen Preis zu bezahlen hast. Im konkreten Fall sind es zwei Preise: Dein Unternehmen wird erstens nicht über einen bestimmten Punkt hinaus wachsen. Zweitens wirst du unglücklich sein und vielleicht sogar im Burn-out enden. Zum ersten Punkt: Wolfgang hat mit vielen Tausend Unternehmern zu tun gehabt, mit klugen und weniger klugen, willensstarken und weniger willensstarken usw. Und er hat sich immer gefragt, warum manche Unternehmen permanent

143 Michael Paschen, Erich Dihsmaier: Psychologie der Menschenführung, S. 7.

wachsen, während andere an eine vermeintliche Decke stoßen. Natürlich gibt es viele verschiedene Einflussfaktoren wie die Strategie und andere Faktoren, aber der mit Abstand wichtigste Einflussfaktor sind die Glaubenssätze des Unternehmers zu Macht. Sind diese Glaubenssätze negativ, so wird das Unternehmen niemals dauerhaft über eine bestimmte Größe hinaus wachsen. Sind sie positiv, dann steht dem Wachstum nichts im Wege. Einen ähnlichen Mechanismus gibt es beim Geld[144]: Frag einen Menschen nach seinen Glaubenssätzen zu Geld und du kannst eine ziemlich zuverlässige Aussage über seinen Kontostand machen. Glaube ich, dass Geld den Charakter verdirbt, wird mich mein Unterbewusstsein vor einem verdorbenen Charakter beschützen, indem es dafür sorgt, dass mein Geld verschwindet. Glaube ich, dass Macht unethisch ist oder alle Mächtigen böse sind, wird mich mein Unterbewusstsein davor beschützen, unethisch und böse zu sein, indem es verhindert, dass ich die Macht bekomme.«

»Das leuchtet mir ein.«

»Und darüber hinaus ist Macht ein Ausdruck von Status. Betrachten wir die Statusseite, dann ist Unternehmersein ein Alphajob. Die Macht nicht anzunehmen, ist eine innere Betahaltung. Einen Alphajob in einer Betahaltung ausfüllen zu wollen, ist so ziemlich die beste Anleitung für Burn-out und Unglück. Wenn du Macht nicht annehmen willst, sind die Kosten für dich also die folgenden: ab einem bestimmten Punkt kein weiteres Wachstum und persönlich eine sehr unbefriedigende Situation bis zum Burn-out. Das ist Gesetz!«

Einen Alphajob in einer Betahaltung ausfüllen zu wollen, führt zu Burn-out und Unglück.

»Das verstehe ich«, entgegnete ich nachdenklich, »aber ich fühle mich bei solchen Aktionen wie mit der Kaffeekasse trotzdem schlecht!«

»Weil du den falschen Fokus hast! Paschen und Dihsmaier sagen:

---

144 Beschrieben zum Beispiel bei Bodo Schäfer in seinem Buch *Der Weg zur finanziellen Freiheit*.

›Eine sozial akzeptable Durchsetzung zeichnet sich dadurch aus, dass die Zielrettung den klaren Kompass darstellt und nicht die Beschädigung der anderen Personen.‹[145] Dein Fokus während dieser Auseinandersetzung lag auf der Kaffeekasse. Dein Ziel ist aber nicht die Kaffeekasse. Dein Ziel ist das Vogelhaus- bzw. Loveparade-Feeling und die Umwandlung deines Unternehmens in ein wirklich kundenorientiertes Unternehmen, in dem solche Aktionen wie von Werner nicht mehr vorkommen. Und weiter heißt es bei Paschen und Dihsmaier: ›Wer von vornherein die Nutzung von Macht für sich ausschließt, kann als Führender in Situationen geraten, in denen er seine Ziele nicht gegen Widerstände verteidigen und retten kann. ... Wer also aus einem falsch verstandenen ›Gutmenschentum‹ heraus Durchsetzung und Zwang für sich ausschließt, macht sich unter Umständen ethisch angreifbar, weil er der Welt einen Nutzen nicht bringt, den er ihr vielleicht hätte stiften können.‹[146] Konzentriere dich also in diesen Momenten auf deine guten Ziele! Dann weißt du, warum du es machst. Und dann fällt es dir auch nicht mehr so schwer, Macht anzuwenden.«

»Das könnte funktionieren, aber wohl fühle ich mich dabei immer noch nicht.«

»Das ging den meisten von uns so«, stimmte Thomas zu. »Zwei Punkte: Schreib erstens mal alle Glaubenssätze, die du über Macht hast, auf. Da sind ein paar dabei, die du mit etwas Nachdenken selbst ändern kannst. Die anderen, hartnäckigeren bearbeiten wir einfach bei einem zukünftigen Coaching. Zweitens: Das mit der Macht ist nur zu Beginn schwer. So ähnlich wie wenn du ins Meer willst und so richtige Brecher reinkommen. Echt schwer! Aber sobald du mal hinter den Brechern bist, wird es ganz leicht. Paschen und Dihsmaier erklären das: ›Wer selbstbewusst seine Macht demonstriert oder symbolisiert, kommt seltener in die Notwendigkeit, sie auch exeku-

145 Michael Paschen, Erich Dihsmaier: Psychologie der Menschenführung, S. 80.

146 Michael Paschen, Erich Dihsmaier: Psychologie der Menschenführung, S. 83.

tieren zu müssen. Insofern kann die gestrenge Demonstration von Macht durchaus ein Frieden schaffendes Mittel sein und ein Disziplinierungswerkzeug, das Konflikte und Gewalt verhindern hilft.‹[147] Das ist ja letztlich das, was Wolfgang schon als Aufgabe der Konfliktreduktion des Alpha beschrieben hat. Die Aufgabe des Alpha ist es also gerade, diese Macht zu zeigen und im Zweifel anzuwenden! Weswegen der Alpha selbst paradoxerweise ein positives Verhältnis zu Konflikten und Macht braucht, um Konflikte zu reduzieren.«

»Gut, und was genau bedeutet das für mich?«

»Du hast es schlicht in den vergangenen Jahren versäumt, deine Macht einzusetzen. Und deshalb musst du das jetzt gegen bestehende schlechte Gewohnheiten einmal nachholen. Da musst du zwingend eine Zeit lang härter durchgreifen. Hast du einen neuen Standard etabliert, wird alles einfacher. Und, vergegenwärtige dir noch mal, dass du auch jetzt nur teilweise über Macht führst: Bei über der Hälfte deiner Mitarbeiter führst du mit Zielen, also nach Stil 3. Um das zu schützen und dann darauf aufzubauen, musst du bei den anderen Macht einsetzen. Du kannst alle anderen Stile nicht aufrechterhalten, wenn dir nicht Stil 1 als Option zur Verfügung steht.«

»Verrückt«, schüttelte ich den Kopf. »Es geht also gar nicht um die vier, sondern ich muss für die anderen hart sein. Das alles hat mir schon mal Wolfgang gesagt, aber ich hab's offensichtlich nicht in der Tiefe verstanden. Eine Frage noch: Je härter ich da Macht ausübe, desto mehr scheint die Beziehung darunter zu leiden. Vor allem auch zu Beate. Wie gehe ich damit um?«

»Zuerst einmal musst du dir klar werden, dass Machtausübung und hohe Beziehungsqualität oft nicht gleichzeitig optimierbar sind. Und Mitarbeiter spüren sehr genau, wann ein Beziehungsrückzug für sie zum Machtmittel wird. Das gilt vor allem für Beate, die dich so gut kennt. *Du hast nämlich kaum Freunde und sonstige Beziehungen, sodass du emotional auf gute Beziehungen im Unternehmen fast angewiesen*

---

147 Michael Paschen, Erich Dihsmaier: Psychologie der Menschenführung, S. 83.

bist. Deshalb fällt dir alles, was diese wenigen emotionalen Beziehungen bedroht, so unglaublich schwer. Die Antwort ist wieder dein Umfeld. Ruf alle zwei Tage einen von uns an und baue Beziehungen auf. Beziehungen, die dich in deiner Rolle und deinem Status unterstützen und nicht permanent runterziehen!«

»Letztlich führen alle diese Probleme immer wieder zu denselben Grundantworten: Umfeld und Status!«, überlegte ich. »Danke, Thomas! Kann ich eigentlich auch umgekehrt was für dich tun?«

»Im Moment nicht«, verneinte Thomas, »aber danke für das Angebot. Ich komme sicher irgendwann drauf zurück.«

Am nächsten Morgen rief ich mein Team zusammen. Ich wusste, dass es nicht einfach würde, war aber voll motiviert. Und so nahm ich mir zuerst Zeit, um die Erfolge der Werner-Projekte zu besprechen, und widmete den größten Teil meiner Aufmerksamkeit denjenigen, die daran wirklich mitgewirkt hatten. Merkwürdig kam mir vor, dass Beate, obwohl sie ja auch Projekte übernommen hatte, noch gar keine Ergebnisse vorzuweisen hatte. Aber vielleicht dauerte es bei ihr einfach etwas länger. Wie erwartet war die »Viererbande« ruhig. Sie guckten an die Decke oder auf die leeren Blöcke vor sich und sagten nichts.

Und als ich am Ende fragte, wer bei den Projekten weitermachen wolle, schossen alle Hände bis auf vier nach oben. Und so schloss ich: »Heute ist der 24. März. Ich hatte angekündigt, bei allen, die nicht mitmachen, die Sanktionen zu verschärfen. Bei euch vieren geht es ab jetzt nicht mehr nur um die Kaffeekasse, sondern auch darum, dass ihr ab jetzt eure Arbeitszeiten gemäß eurem Arbeitsvertrag ableistet. Ich werde das entsprechend kontrollieren. Außerdem« – ich schaute mich um – »sieht es in diesem Büro leider aus wie Sau und wir haben keinerlei Ordnung. Wer bis zum 7. April nicht bei den Projekten dabei ist, wird zur Putz- und Ordnungskolonne eingeteilt und sorgt dafür, dass wir hier alle wieder in einer schöneren Umgebung arbeiten können.«

Als ich in die Gesichter sah, waren vier wie versteinert und schauten Beate an. Wieso das denn? Beate wurde fast schon rot vor Zorn. Da konnte ich mir nachher sicher was anhören. Aber ich wollte dazu stehen. Einfacher machte es mir aber die Tatsache, dass sich einige der anderen ein Grinsen kaum verkneifen konnten.

Ich beschloss, die Reaktion der Viererbande komplett zu ignorieren: »Ich weiß, dass wir es mit gemeinsamem Einsatz schaffen, diese Probleme nicht nur zu lösen, sondern daraus was Großes entstehen zu lassen. Ich danke euch, dass ihr dabei so engagiert mitmacht! Und wer Unterstützung braucht, kommt einfach zu mir. Ich werde helfen!«

8.3 Alphatests

In den folgenden Tagen und Wochen erlebte ich weiter extreme emotionale Wechselbäder. Mal gab es einzelne Fortschritte, die ich nach Möglichkeit lobte, aber oft gab es auch Situationen, die mich nur noch nervten. Ohne die Kontakte alle zwei Tage mit jemandem aus dem Braintrust wäre ich unter Garantie ziemlich schnell vom Weg abgekommen.

Um für mich selbst den Überblick zu bekommen, beschloss ich Ende April, eine Übersicht anzulegen.

- Jana war, wie sie es früher gemacht hatte, innerhalb der festgelegten Kernarbeitszeit einfach gegangen. Ich ermahnte sie zwar vor allen anderen, aber ich hatte das Gefühl, außer einer Ermahnung kein weiteres Druckmittel zu haben, und fühlte mich machtlos.
- Beate begann, aus eher nichtigen Gründen über Petra herzuziehen – es ging um irgendwelche unwichtigen Informationen, die sie angeblich nicht weitergeleitet hätte –, und ich war gefangen in einem inneren Dilemma zwischen meiner Freundschaft zu Beate und meinem Wunsch, Petra zu verteidigen. In diesem Dilemma machte ich nichts und seither sank die Motivation von Petra.

- Meine Mutter quatschte mir immer noch auf den Anrufbeantworter, und die Vorwürfe, dass ich mich nicht zurückmelden würde, wurden immer heftiger. Aber ich hatte einfach keine Lust dazu.
- Ich besprach mit Jens den Einstellungsprozess, doch er wehrte sich dagegen, weil ich ihm ja ursprünglich völlige Freiheit zugesichert hatte. Ich setzte mich durch. Merkwürdigerweise kam er am nächsten Tag und dankte mir lächelnd dafür, weil es mit einem solchen Prozess bestimmt noch besser laufen würde.
- Nach jeder Aktion gegen die »Viererbande«, wann immer ich etwas gegen deren Wünsche durchsetzte, aktivierte Beate meine Schuldgefühle und erklärte mir, dass ich zu hart mit ihnen umspringen würde. Das schwächte mich, begann aber auch zunehmend zu einer Entfremdung von Beate zu führen.
- …

Nach etwa 20 solcher Einträge hörte ich auf. Ich hatte das Gefühl, dass diesen Bestandsaufnahmen ein gemeinsames Muster zugrunde lag, sah es aber nicht. Dann fragte ich mich, wer mir dabei am ehesten helfen könnte, und spontan fiel mir Carlos ein. So schickte ich ihm meine Liste und sprach auf seine Mailbox.

Am Abend rief Carlos zurück: »Marc, amigo! Schön, dass du anrufst! Deiner Mail nach zu urteilen, machst du wirklich Fortschritte!«

»Fortschritte?«, fragte ich irritiert. »Machst du Witze?«

»Nein, compadre, du bist gerade dabei, einem der wichtigsten Geheimnisse der Alphatiere auf die Spur zu kommen. Du beginnst, die Probleme wahrzunehmen und dich ihnen zu stellen. Du verdrängst sie nicht mehr durch noch mehr To-dos! Und du ahnst, dass es eine Gemeinsamkeit gibt.«

»Ja, aber was für eine?«

»Lass uns noch mal zu den Primaten zurückgehen«, schlug Carlos vor. »Wir hatten beim Braintrust darüber gesprochen, dass die anderen Primaten aus der Gruppe latent schizophren sind. Sie wollen ein starkes Alphatier. Aber das soll auch nicht zu stark sein, und deshalb versuchen sie, das Alphatier zu betaisieren.«

»Ja, ich erinnere mich, aber das scheint hier auf meine Liste nicht hundertprozentig zu passen.«

»Stimmt, compadre! Es gibt neben der Betaisierung noch einen parallelen Prozess. Ein starkes Alphatier ist für die Gruppe überlebensnotwendig. Wenn der Säbelzahntiger kommt, dann darf das Alphatier nicht anfangen zu weinen. Wenn eine Trockenheit im Revier ausbricht, muss das Alphatier die beste Entscheidung für die Gruppe treffen und dafür sorgen, dass die Gruppe gemeinsam der Entscheidung folgt. Und wenn es starke Konflikte in der Gruppe gibt, hat das Alphatier dafür zu sorgen, dass die Konflikte bereinigt werden. Ein schwaches Alphatier ist für die Gruppe lebensgefährlich! Und weil dem so ist, *müssen* die Gruppenmitglieder permanent wissen, ob ihr Alphatier auch wirklich stark ist. Wissen sie nicht wirklich, ob das Alphatier mental und körperlich stark ist, so leben sie in beständiger Unsicherheit.«

»Das heißt«, dachte ich nach, »dass ein schwacher Chef durch seine Schwäche dafür verantwortlich ist, dass das Gefühl der Sicherheit nach Wolfgangs Bedürfnismodell bei seinen Mitarbeitern nicht erfüllt ist. *Schwache Chefs machen so gesehen unzufrieden, unglücklich und ängstlich*?«

»Marc, absolut richtig!«, stimmte Carlos zu. »Und weil das Wissen, ob das Alphatier wirklich stark ist, so essenziell für das Wohlbefinden und in letzter Konsequenz das Überleben eines jeden Tieres ist, müssen alle aus der Gruppe *herausfinden*, ob das Alphatier auch wirklich ein Alpha ist. Sie testen es also. Und zwar häufig! Das nennt man Alphatests. Das Interessante dabei ist: Dieser Mechanismus läuft bei den Gruppenmitgliedern völlig unbewusst und automatisch ab. Ähnlich ist es übrigens bei Kindern: ›Aus Versehen‹ fällt beim Essen eine Nudel unter den Tisch. Die Uhr geht beim Nachhausekommen immer fünf Minuten nach. Plötzlich kommt doch noch eine gute Sendung im Fernsehen usw. Das sind Tests!«

Ich grinste – und Carlos fuhr fort: »Du erlebst dasselbe auch beim Flirten und in der Partnerschaft. Deine Süße kommt 20 Minuten zu spät zum Date, weil sie sich noch völlig unerwartet die Haare richten musste. Oder sie fragt plötzlich, während du super gelaunt bist, scheinbar beiläufig genau nach deinem Schwachpunkt: ›Schatz, wie viel Geld haben wir noch?‹ Oder sie fragt aus heiterem Himmel: ›Liebling, musst du eigentlich immer eine so alte Hose anziehen?‹ Und du erlebst es auch im Unternehmen. Projekte werden nicht genau auf den Punkt fertig. Deine Mitarbeiter werfen nichts in die Kaffeekasse. Sie entziehen dir Zuwendung. All das sind Tests. Jedes Mal wenn du einen solchen Test als Alpha bestehst, steigt dein Status ihnen gegenüber. Und wenn du ihn nicht bestehst, dann sinkt er. Kinder sind auf Eltern, die Regeln durchsetzen, auch wenn es im Einzelfall nicht angenehm ist, nach einigen Jahren meist sehr stolz. Und Kinder beginnen Eltern, die alles durchgehen lassen, irgendwann zu verachten. Dasselbe gilt für Partnerschaften und für Mitarbeiter.«

»Aber das wird doch ein ungeheuer stressiges Leben! Wenn das, was du gerade sagst, stimmt, dann hört das doch nie auf?«

»Willkommen im richtigen Leben, Marc!«, lachte Carlos. »Genau! Es hört nie auf und das ist doch toll!«

»Toll? Bist du verrückt? Je mehr Leute du um dich hast und führen musst, desto stressiger wird alles!«

»Amigo, der Stress entsteht nicht aus den Alphatests, sondern daraus, dass du als Beta die Alphatests bestehen willst. Das haben dir bestimmt Thomas oder Wolfgang schon mal gesagt, aber noch einmal, weil's so wichtig ist: Als Beta einen Alphajob machen zu wollen, ist der sichere Weg ins Burn-out! Der entscheidende Unterschied ist dabei die innere Einstellung zu diesen Alphatests.«

»Aber ich verstehe nicht, warum meine Mitarbeiter mich nicht einfach unterstützen und in meiner Alpharolle stärken können? Warum müssen sie permanent an mir herumzerren?«

»Diese Frage, Marc, ist sinnlos! Warum kann die Sonne nicht im Westen aufgehen? Und warum kann ich nach einem leckeren Essen nicht gleich wieder hungrig sein? Und warum muss ich schlafen, wenn ich müde bin? Weil die Welt eben so ist. Und der Alpha wird eben mit Alphatests konfrontiert. Wenn du das nicht willst, dann musst du abtreten und die Betarolle einnehmen – die hat dafür ein paar andere Nachteile.«

»Okay«, erwiderte ich resigniert. »Und wie würde die richtige innere Einstellung zu den Alphatests aussehen?«

»Als Erstes musst du sie überhaupt mal wahrnehmen. Und da bist du über dein Achtsamkeitstraining und die Änderungen der letzten drei Monate schon ein ganzes Stück weitergekommen. Vor drei Monaten wären dir viele Punkte auf deiner Liste noch gar nicht aufgefallen. Dann als Nächstes: Dass jemand überhaupt einen Alphatest mit dir macht, heißt schon mal, dass er Interesse an dir hat. Er will dich als Alphatier. Hätte deine Süße kein Interesse an dir, wäre sie nicht 20 Minuten zu spät, sondern gar nicht gekommen. Wäre dein Mitarbeiter nicht mehr an dir als Chef interessiert, würde er sein Projekt nicht ein paar Tage überziehen, sondern kündigen.«

Dass jemand überhaupt einen Alphatest mit dir macht, heißt schon mal, dass er Interesse an dir hat. Er will dich als Alphatier.

»Aber der Mitarbeiter will doch nicht seinen Job verlieren?«, warf ich ein.

»Ja, Marc, das ist das Problem, wenn jemand glaubt, von einem Alpha abhängig zu sein, der seine Rolle nicht ausfüllt und jeden einzelnen Alphatest versemmelt. Die Person bleibt im System und beginnt mit jedem weiteren versiebten Alphatest den formalen Alpha zu verachten. Im Extremfall kann sich dies bis zum Hass steigern. Das ist bei Kindern zu beobachten, die jeden Respekt vor den Eltern verloren haben. Aber auch in Partnerschaften und in Unternehmen. Ist der formale Alpha durch so viele Alphatests gefallen, dass die Haltung beim Beta in Verachtung gekippt ist, ist es vorbei! Was auch immer der Alpha dann macht und wie viele Tests er auch immer dann bestehen wird, er wird von dieser Person niemals wieder als Alpha anerkannt werden. Paul Ekman hat zum Beispiel herausgefunden, dass es eine sogenannte Mikromimik gibt, nur Sekundenbruchteile präsente Gesichtsausdrücke, die auf ein verborgenes Gefühl hinweisen. Und er hat außerdem herausgefunden, dass es ein hervorragender Indikator für die Zukunft einer Paarbeziehung ist, ob sich in der Mikromimik einer Person Verachtung findet. Mit anderen Worten: Wenn du bei deiner Partnerin oder bei einem Mitarbeiter Verachtung spürst, dann solltest du dich sofort trennen – du wirst es nicht mehr ändern können. Bei Kindern geht das natürlich nicht, da brauchst du externe Unterstützung.«

Während ich Carlos zuhörte, erinnerte ich mich daran, dass ich kürzlich für einen Moment Verachtung bei Beate gespürt hatte. Aber das konnte doch nicht sein. Sie liebte mich doch! Ich schob den Gedanken wieder beiseite und fragte Carlos: »Okay, also ich kann den Alphatest positiv als Interesse an mir sehen, sofern die Haltung mir gegenüber noch nicht in Verachtung umgeschlagen ist. Aber deswegen erscheint mir das immer noch als Stressfaktor ersten Ranges.«

»Marc, machst du Sport?«

»Ja, seit Kurzem spiele ich wieder Fußball!«

»Sehr gut, amigo! Was machst du, wenn du einen Zweikampf gegen einen Gegner verlierst?«

»Was soll ich da schon groß machen? Ich spiele weiter!«

»Und wenn du einen Gegenspieler hast, gegen den du 80 Prozent deiner Zweikämpfe verlierst?«

»Bin ich erst mal frustriert, aber dann trainiere ich mehr!«

»Und machst du das verbissen oder eher mit Spaß?«

Ich dachte einen Moment nach: »Eher mit Spaß. Es geht mir mehr darum, mit meinem Team zu spielen und Spaß zu haben.«

»Dann, amigo, kannst du auch mit Alphatests umgehen. Es ist kein Kampf auf Leben und Tod. Und die ›Gegner‹ kommen auch nicht, um dich zu vernichten, sondern um gegen dich, aber zugleich auch mit dir zu spielen. Wäret du und dein Team nicht da, könnten die anderen auch keinen Spaß haben. *Alphatests sind ein Spiel,* compadre. Mal gewinnst du, mal verlierst du. Und dann spielst du weiter und hast deinen Spaß dran. Und verlierst du gegen eine Person richtig häufig, dann musst du eben mehr trainieren und besser werden. So einfach!«

»So einfach?«

»Hey, Marc, du hast das Ding mit der Kaffeekasse durchgezogen. Gewonnen. Du hast bei Jens die Änderung bei den vereinbarten Einstellungsprozessen durchgesetzt. Gewonnen. Bei deiner Mutter hast du bislang allerdings verloren: Sie geht dir permanent auf die Nerven, und du hast kein Mittel, um das einzudämmen. Beate erzeugt in dir Schuldgefühle oder nutzt vorhandene Schuldgefühle aus, und du hast es nicht geschafft, das zu beenden. Verloren. Mal gewinnst du, mal verlierst du. Das ist das Spiel.«

»Aber das ist doch ungeheuer nervig!«

»Nein, Marc, was passiert denn, wenn du verlierst? Okay, dein Status sinkt ein Stück, aber das ist nichts für die Ewigkeit. Das nächste Mal gewinnst du, dann steigt er wieder. Es entstehen negative Gefühle der Schuld oder der Ohnmacht in dir. Manchmal ist es dir auch peinlich, wenn du einen Alphatest versiebt hast. Aber letzten Endes sind das alles nur Gefühle: Nimm sie achtsam wahr, nutz sie als Motiv, um besser zu werden, und dann lass sie los. Es ist ein Spiel, und Achtsamkeit ist der Schlüssel!«

Ich spürte in mich hinein, und plötzlich wurde mir klar, dass ich noch viel zu lernen hatte. Tatsächlich nahm ich diese Tests ja schon viel häufiger wahr. Hin und wieder gewann ich dabei, aber noch zu selten. Und ich hatte noch nicht gelernt, mit meinen Gefühlen anders umzugehen. In dem Moment beschloss ich, mein Achtsamkeitstraining weiter zu intensivieren.

Aber einen Punkt hatte ich noch. Eine letzte Hoffnung sozusagen: »Aber warum macht Jens das auch? Warum hat er mich durch die anfängliche Ablehnung des Einstellungsprozesses auch getestet? Er unterstützt mich doch?«

»Marc, compadre, das ist ganz einfach: weil alle, die du führen willst, das machen! Selbst deine größten Fans brauchen hin und wieder die Sicherheit, dass du der Alpha bist, für den sie dich halten.

Auch das hört nie auf! Erst wenn du der Vollblutalpha bist und jeden Alphatest bestehst – was noch sehr, sehr lange dauern wird –, lässt du hin und wieder dein Gegenüber mit Absicht gewinnen. Dann haben deine Leute bei ihren Betaisierungsbemühungen hin und wieder auch Erfolgserlebnisse und sind glücklich. Und du kannst für einen Moment loslassen. Aber nur für einen Moment. Und dann geht das Spiel – nicht der verbissene Krieg – weiter. Hab Spaß daran! Und freu dich vielleicht sogar, wenn einer deiner Mitarbeiter bei einem besonders ausgetüftelten Alphatest gewonnen hat und du erst hinterher bemerkst, dass es überhaupt ein Alphatest war. Nimm's mit Humor!«

»Aber wenn Beate zum Beispiel über Petra herzieht und ich Petra nicht beschütze, verliere ich doch nicht nur Beates Alphatest, sondern diese Niederlage führt auch noch zur Demotivation von Petra.«

»Das, compadre, ist wirklich was anderes. Wenn ein verlorener Alphatest Konsequenzen für andere hat, dann musst du hinterher reagieren. Das Schöne ist ja: Ein Alphatest ist nie zu Ende. Es gibt keinen Schiedsrichter, der das Spiel abpfeift. Du kannst das Spiel am nächsten Tag wieder aufnehmen: Hol dir Beate und Petra in dein Büro und schildere, wie du das erlebt hast und wie sehr dieses Erlebnis deinem emotionalen Referenzbild widerspricht. Und dass du dieses Verhalten deshalb nicht noch mal erleben willst.«

»Oh Gott«, warf ich ein. »Beate wird mich auseinandernehmen!«

»Alphatest mit Aggression«, erwiderte Carlos. »Ist doch schön, wenn das Gegenüber so berechenbar ist. Wie willst du damit umgehen?«

»Ich will damit überhaupt nicht umgehen! Ich will ein harmonisches Verhältnis mit Beate.«

»Alphatest verloren!«, erwiderte Carlos knapp.

»Ist mir doch egal«, warf ich frustriert ein.

»Und Petra sieht, wie du verlierst. Immer noch egal?«

»Aber ich weiß nicht, wie ich damit umgehen soll!«

»Nimm ihr den Wind aus den Segeln: Beate, du wirkst in letzter Zeit immer so angespannt und aggressiv. Früher haben wir doch immer über alles offen geredet. Kann ich dir irgendwie helfen?«

»Sie wird explodieren!«

»Tut mir leid, Beate, dass dich das so aggressiv macht. Vielleicht nimmst du dir ein paar Minuten, um dich abzuregen. Ich möchte diesen Umgangsstil jedenfalls nicht in meinem Unternehmen.«

»Sie wird mir Schuldgefühle machen!«

»Beate, das ist ein netter Versuch mit den Schuldgefühlen, aber ich möchte auch dieses Verhalten nicht mehr in meinem Unternehmen. Ich habe gesagt, was ich zu sagen habe, und jetzt gehen wir wieder arbeiten.«

»Boah, ob ich das durchstehe?« Ich bekam allein bei dem Gedanken daran Schweißausbrüche.

»Marc, ein Alpha sollte jeden Tag an den Grenzen seiner Angst leben. Dadurch wächst er! Das ist eine tolle Gelegenheit dazu! Und du kannst in Alphatests alles machen: Nimm's mit Humor, lenk ab, wiederhol deinen Standpunkt, hau auf den Tisch, mach sonst was. Du kannst sogar sagen: ›Ja, in Ordnung‹ und scheinbar klein beigeben. Entscheidend ist allein, dass du dich gemäß deinem innerlich als richtig erkannten Standpunkt *verhältst*. Und dein Standpunkt ist dein emotionales Referenzbild und der Schutz der Mitarbeiter, die dir motiviert folgen, zum Beispiel Petra! Wirst du das also morgen mit Beate und Petra machen?«

Ein Alpha sollte jeden Tag gezielt an den Grenzen seiner Angst leben. Dadurch wächst er!

Diese Härte war echt Wahnsinn! Beim Gedanken daran wurde mir schlecht. Aber ich wusste auch, dass ich keine Wahl hatte. Und so versprach ich es Carlos.

»Eines noch, amigo! Wenn du Alphatests ausweichst, dann kostet dich das permanent Energie und schwächt dich. Du musst auch gegenüber deiner Mutter zu deinen Gefühlen stehen. Das scheint mir ein gigantischer Energiefresser bei dir zu sein. Ausweichen ist falsch!«

»Du meinst, ich soll eine Analyse machen und mein Mutterproblem klären?«, erwiderte ich sarkastisch.

»Nein, Marc«, lachte Carlos. »Davon halte ich rein gar nichts. Was in der Kindheit war, war so. Das hat Bahnungen in deinem Gehirn geschaffen und diese sind da. Da kannst du analysieren, so viel du willst, sie sind trotzdem da. Durch die Analyse werden sie sogar eher nochmals aktiviert und dadurch weiter gestärkt. Ganz schlechte Idee! Nimm stattdessen die Emotionen, die durch die alten Bahnungen ausgelöst werden, achtsam wahr. Dann lass sie los. Und dann handle anders! Schaff neue Bahnungen! Handle wiederholt anders und stärke diese neuen Bahnungen. Und am Ende fällst du nur ganz selten unter Stress ins alte Verhalten zurück. Dann nimm es mit Humor. Du hast halt wieder einmal verloren. Was soll's!«

»Carlos, deine Haltung hätte ich auch gerne«, warf ich bewundernd ein.

»Trainiere, amigo! Trainiere! Und lebe jeden Tag an den Grenzen deiner Angst. Was meinst du, wie ich so geworden bin? Glaubst du etwa, ich bin als Kind in einen Zaubertrank gefallen? Ich denke, ich habe dir nun einiges mitgegeben und du kannst die nächsten Schritte gehen. Ich wünsche dir viel Erfolg!«

»Danke, Carlos! Ich werde dir berichten!«

8.4 Schuld

Die ganze Nacht über wälzte ich mich von einer Seite auf die andere. Ich stellte mir in einer Endlosschleife den Konflikt mit Beate am nächsten Morgen vor. Musste ich das wirklich tun? Aber egal, aus welcher Perspektive ich es auch betrachtete: Die Antwort war immer Ja. Warum versuchte Beate Petra überhaupt runterzumachen? Wie könnte ich am besten auf Beates Gegenangriffe reagieren? Was wären meine besten Antworten?

Gegen zwei morgens wurde mir Folgendes klar: Beate griff Petra an, weil sie ihren eigenen Status gefährdet sah. Bislang war Beate immer die Königin an meiner Seite gewesen. Sie hatte mich unterstützt und dementsprechend Einfluss gehabt. Beate saß zudem an einer strategischen Schaltstelle der Macht, da wir ohne sie keine Beiträge in den Medien platzieren konnten. Und jetzt übernahm Petra meine zentrale Aufgabe des Storytellings, und ich verbrachte viel Zeit mit ihr, um ihr meine Erfahrungen weiterzugeben. Damit stieg der Status von Petra. Petra war also eine Bedrohung für Beates Status geworden. Es ging gar nicht um die Informationen! Nur mit dem Statusblick konnte ich das Problem überhaupt erkennen. Aber nach dieser Erkenntnis gingen die Fragen weiter: Was mache ich jetzt mit dieser Erkenntnis? Soll ich das mit dem Status offen ansprechen? Und so weiter ...

Morgens gegen vier gelang es mir schließlich, hinter dem Schleier der rotierenden Gedanken, der Vorwürfe und meiner Reaktionen darauf meine Emotion zu spüren: Ich hatte pure Angst davor, allein zu sein, nicht mehr geliebt zu werden. Ich hatte sonst keine engen Freunde, die mich so gut verstanden wie Beate. *Die rotierenden Gedanken waren keine Lösung, sondern nur ein Symptom meiner Angst. So gesehen, waren sie sinnlose Energieverschwendung. Ich musste mich meiner Angst stellen.*

Ich begann die Angst wahrzunehmen und versuchte sie zu betrachten. Wie stark war sie? Auf einer Skala von 0 bis 10? Eher eine 11. Wie fühlte sich diese Angst an? Wo in meinem Körper spürte ich sie? Wie veränderte diese Angst meine Atmung? Wie meinen Herzschlag? Und von Minute zu Minute wurde ich ruhiger. Kurz bevor ich einschlief, huschte mir noch Carlos' Aufforderung »Lebe jeden Tag an den Grenzen deiner Angst« durch den Kopf.

Am nächsten Morgen fühlte ich mich, obwohl ich nur noch drei Stunden geschlafen hatte, völlig ausgeruht und tiefenentspannt.

Aber leider hielt das nicht lange vor, und die Gedanken rotierten von Neuem. Ich versuchte wieder, meine Angst wahrzunehmen und zu spüren, aber dieses Mal klappte es nicht so gut wie in der Nacht. Hätte ich in letzter Zeit doch noch mehr Meditation trainiert! Aber egal, es musste auch so gehen.

Als ich in der Firma war, bat ich Beate und Petra in mein Büro. Mein Herz schlug rasend schnell, als beide da waren. Und ich beobachtete noch, wie dabei meine Gehirnkapazität und Flexibilität abnahmen. Mein Hirn fühlte sich an wie ein großes schwarzes Loch. Es half nichts. Rein!

»Wie ihr wisst, möchte ich mein Unternehmen umgestalten«, begann ich. Ich bemerkte, dass beide innerlich auf Distanz zu mir gingen, weil sie keine Ahnung hatten, was jetzt kommen würde. Aber das würde ich ihnen ja gleich sagen.

»Als Richtschnur gilt dabei für mich ein Erlebnis, das ich während meines Studiums hatte.« Und ich erzählte ihnen von meinem Loveparade-Projekt und wie sich das für mich angefühlt hatte. »Und ich möchte mein Unternehmen so umgestalten, dass es sich genauso anfühlt!«

»Mensch, Marc, das wäre großartig«, warf Petra vorsichtig ein. Sie wusste ja immer noch nicht, was jetzt kommen würde.

Da schien Beate der Kragen zu platzen, und sie fuhr mich wütend an: »Marc, merkst du denn nicht, dass sich die da«, dabei zeigte sie auf Petra, »bei dir einschleimen und dich fernsteuern will? Weise sie jetzt endlich in ihre Schranken!«

Petras Gesicht wurde rot, aber bevor sie etwas entgegnen konnte, ging ich dazwischen: »Genau deshalb sind wir hier, Beate! Du hast erst kürzlich versucht, Petra vor mir schlechtzumachen. Und jetzt kommst du wieder mit haltlosen Unterstellungen. Dieser Umgangston entspricht so gar nicht dem Feeling, das ich bei dem Loveparade-Projekt hatte und das ich hier in meiner Firma haben will. Ich werde es nicht mehr dulden, dass hier einer den anderen schlechtmacht.« Mein Herz schlug bis zum Hals, aber ich wusste, dass ich noch nicht fertig war: »Beate, ich möchte, dass du dich sofort bei Petra entschuldigst!«

Beide wirkten wie vom Donner gerührt. Petra, weil sie nicht wirklich verstand, was da gerade passierte. Ich zerlegte die bisherige Königin. Beate, weil sie nicht damit gerechnet hatte. Doch es dauerte nur zwei Sekunden, dann entgegnete Beate kalt: »Marc, ich kenne dich besser als jeder andere Mensch. Sicher hast du gestern wieder mit deinem Berater telefoniert und er hat dir wieder irgendeinen Müll ins Ohr geflüstert. Ich verstehe nicht, was dich dazu bringt, unsere Beziehung so leichtfertig aufs Spiel zu setzen! Du sollst wissen, ich werde mich immer für *deine* Firma einsetzen! Wir haben uns geliebt, Marc! Ist dir das nichts mehr wert? Denk mal über unsere Liebe und über alles, was wir gemeinsam erlebt haben, nach!« Und nach einer kurzen Pause fuhr sie fort: »Solange du so bist, macht es keinen Sinn, weiter mit dir zu reden.« Und mit diesem Satz stand sie auf und verließ mein Büro.

Im ersten Moment war ich konsterniert. Ich hatte mit allem gerechnet, aber nicht damit, dass sie die Situation einfach verlassen würde. Ich blickte Petra an. Sie blickte völlig verwirrt noch immer zur Tür und schließlich zu mir. Dabei wurde ihr Gesichtsausdruck zuerst nachdenklich und dann weich. Sie begann: »Danke, Marc! Ich weiß von eurer engen Freundschaft. Und ich weiß, dass du gerade diese Freundschaft für mich aufs Spiel gesetzt hast. Ich weiß zwar nicht, warum du das getan hast, aber dafür hast du bei mir was gut!«

Ich erwiderte: »Ich will dieses Übereinanderherziehen hier nicht mehr. *Egal, was mich das kosten wird.* Deshalb!«

Petra nickte: »Ich lass dich jetzt allein. Du brauchst vermutlich einen Moment für dich!«

Als sie die Tür schloss, dachte ich über das Geschehene nach. Eines hatte ich erreicht: Die negativen Konsequenzen des zuletzt verlorenen Alphatests von Beate im Hinblick auf Petra hatte ich neutralisiert. Vermutlich mehr als das. Petra würde mich mehr unterstützen als zuvor.

Aber den Alphatest von Beate, als sie einfach ging und ich sie gehen ließ, hatte ich verloren. Und ich hatte vermutlich auch ihre Zuneigung und Freundschaft für immer verloren. Plötzlich fühlte ich mich sehr einsam. Viele gemeinsame Erlebnisse aus der Vergangenheit mit Beate tauchten auf und mir liefen ein paar Tränen übers Gesicht. Als mir klar wurde, dass ich diese Erlebnisse mit ihr in der Zukunft wahrscheinlich nie wieder haben würde, kam ein neues Gefühl hoch.

Ich fühlte mich schuldig! Ich hatte diese Freundschaft, diese Liebe zerstört, nur um meinen Status zu erhöhen. Ich spürte meinen Egoismus. Und zugleich kam der Trotz in mir hoch: Ja, aber mein innerer Status ist mir wichtig! Wie soll ich denn sonst meine Firma führen? Wie soll ich denn sonst die Freiheit und Selbstbestimmung fühlen, die ich so schmerzlich vermisse? Und je stärker der Trotz wurde, desto stärker fühlte ich gleichzeitig meine Schuld. Es war ein Gefühl, das ich in dieser Stärke seit vielen Jahren nicht mehr gehabt hatte. Bei Helena schwächer. Und richtig stark zuletzt bei meiner Mutter.

Die nächsten Tage fühlte ich mich völlig zerschlagen und nahm alles im Unternehmen wie durch einen Schleier wahr. Schon erstaunlich, dass ein Erlebnis, das gerade mal fünf Minuten gedauert hatte, so viel Energie saugen konnte.

Was ich aber hin und wieder wahrnahm, waren Alphatests seitens meiner Mitarbeiter, etwas, was ich bislang nicht gesehen hatte, weil ich gar nicht gewusst hatte, dass es das überhaupt gibt. Und mit einer großen inneren Kälte bestand ich auch alle diese Tests. Zumindest die, die ich als solche identifizierte. Als ich abends beim Tagebuchschreiben reflektierte, war ich aber nur kurz stolz auf mich. Dann begann ich, mich selbst wie ein Arschloch zu fühlen. Ich ging ohne Emotion einfach über meine Leute hinweg – nur meines Status und eines zusätzlich gewonnenen Alphatests wegen. Und dann begann mich wieder mein Schuldgefühl zu zerfressen.

Als ich nach einer Woche langsam wieder einigermaßen klar wurde, erinnerte ich mich, dass Carlos mir gegenüber von zwei Aufgaben gesprochen hatte. Da waren noch die Schuldgefühle meiner Mutter gegenüber. Ich konnte auch dieser Aufgabe nicht länger ausweichen.

Abends saß ich zu Hause vor meinem Telefon. Meine Gedanken

drehten sich – schneller als zuletzt vor dem Treffen mit Beate und Petra. Ich fühlte mich gleichzeitig wie gelähmt. Was sollte ich meiner Mutter auch sagen? Hilflos wollte ich gerade aufstehen und das Gespräch auf den nächsten Abend verschieben, als plötzlich das Telefon klingelte. Auf dem Display stand der Name meiner Mutter.

Mein Herz setzte gefühlt für drei Sekunden aus. Dann tauchte wieder Carlos' Satz in meinem Kopf auf: Lebe jeden Tag an den Grenzen deiner Angst! Und ich nahm ab.

»Marc, endlich erreiche ich dich! Wo warst du denn die ganze Zeit?«

»Ich hatte so viel in der Firma zu tun. Da ergaben sich so viele …«

»Denkst du denn nie an mich«, schnitt sie mir den Satz ab. »Ich habe mir die letzten zweieinhalb Monate so viele Sorgen um dich gemacht. Und dein Vater war im Krankenhaus und hat nach dir gefragt. Du warst schon immer so egoistisch. Das hast du bestimmt von Großvater!«

»Was ist denn mit Vater?«, fragte ich kleinlaut.

»*Jetzt* fragst du, nachdem schon fast alles vorbei ist. Du hast dich doch die ganze Zeit nicht für uns interessiert.«

»Mama! Natürlich interessiert mich, was mit Vater ist.«

»Er hatte einen Herzinfarkt und musste operiert werden.«

»Oh Gott«, entfuhr es mir. »Wie geht es ihm?«

»Er ist wieder zu Hause und muss sich schonen. Aber er ist sehr enttäuscht von dir und hat sich die ganze Zeit gefragt, was er da für einen Sohn aufgezogen hat, der sich nicht um ihn sorgt.«

»Ich komme euch besuchen. Am Wochenende.«

»Ja, ja, am Wochenende. Warum nicht erst nächstes Jahr?«

»Weil ich arbeiten muss«, wurde ich langsam wütend. Und in genau dem Moment, als die Wut hochkam, fiel mir ein, dass wir am Wochenende Braintrust hatten. Ich konnte das nicht ausfallen lassen. Herr Bertram würde mich lynchen. Aber vielleicht würde er – bei einem Krankheitsfall in der Familie – eine Ausnahme machen? Doch im selben Moment wurde mir klar, dass er das nicht tun würde. Jetzt hatte ich die Wahl zwischen Pest und Cholera: meiner Mutter und Herrn Bertram. Ich wollte mich schon für meine Mutter entscheiden, als mir klar wurde, dass auch Carlos, Thomas und Wolfgang sehr enttäuscht wären. Und dann spürte ich: Wenn ich mich jetzt für meine Mutter entscheiden würde, hätte ich verloren. Lebe jeden Tag an den Grenzen deiner Angst!

Und so entgegnete ich: »Ich sehe gerade in meinem Terminkalender, dass es am Wochenende nicht geht. Ich könnte am Montag früh bei euch sein.«

»Dein Vater ist todkrank und du verschiebst deinen Besuch immer weiter nach hinten? Was haben wir nur für einen Sohn aufgezogen!«

Ich hatte genug und so erwiderte ich: »Ich bin Montagmorgen bei euch« und legte auf.

Im ersten Moment war ich stolz auf mich. Ich hatte mich für meine Weiterentwicklung, für meine Freunde entschieden! Aber die letzten zweieinhalb Monate war ich dem Anruf ausgewichen und hatte nicht mitbekommen, dass mein Vater fast gestorben wäre. In diesem Moment überkam mich wieder ein Schuldgefühl. Vielleicht war ich wirklich zu egoistisch. Ich hatte mich tatsächlich nur um mich und meine Firma gekümmert. Was mit anderen Menschen und meinen Eltern in dieser Zeit geschah, war mir offensichtlich egal.

Je mehr ich darüber nachdachte und je deutlicher ich die Parallelen zu meinem Umgang mit Beate und meinem egoistischen, kalten Statusverhalten im Unternehmen sah, desto stärker überkamen mich die Schuldgefühle, und ich begann, mich vor mir selbst zu ekeln. Sollte das meine Zukunft sein? Egoistischer Hochstatus und über alle drüberwalzen? Das war nicht das Leben, das ich mir vorstellte. *Das wollte ich nicht mehr!* Und so beschloss ich am 5. Mai abends, als ich zum Braintrust nach München fuhr, dass ich mich von Wolfgang, Thomas, Uwe, Olli und Carlos verabschieden würde und das letzte Mal dabei wäre. Bertram hin oder her.

Mit dieser Kälte und den Schuldgefühlen wollte ich nicht leben. Am Montag würde ich mich bei meinen Eltern entschuldigen und am

Mittwoch oder Donnerstag, wenn ich wieder in Mainz wäre, auch bei Beate, Jana, Karla, Maria und Torsten. Und dann würde Gras über die Sache wachsen und alles wäre wieder gut. Wieder so wie früher. In diesem Moment fühlte ich mich so allein wie noch nie in meinem Leben.

Als ich im Hotel ankam, waren die meisten Braintrust-Teilnehmer schon beim gemeinsamen Abendessen. Sie begrüßten mich freudig. Ich reagierte sehr reserviert. Thomas und Carlos waren angesichts meiner Distanziertheit sichtlich überrascht. Aber da ich mit meinen Beweggründen nicht rausrückte, boten sie mir erst mal einen Platz an, und ich hörte den Gesprächen zu. Irgendwie waren diese für mich schon meilenweit entfernt. Wo war ich da nur reingeraten?

Als ich gegessen hatte, setzte sich Wolfgang neben mich. »Ich habe dich den ganzen Abend beobachtet. Du bist ein Stück des Weges gemeinsam mit uns im Zug mitgefahren. Und du hast in den letzten Tagen oder Wochen etwas sehr Schmerzvolles erlebt. Deshalb möchtest du aus dem Zug aussteigen. Nicht wahr?«

Ich nickte nur und blinzelte eine Träne weg. Wie konnte er das nur sehen?

»Du *hoffst*, dass es dann wieder so sein wird wie früher?«

Ich nickte wieder.

»Und *glaubst* du ganz tief in dir drin, dass es wieder so sein könnte wie früher?«

Langsam schüttelte ich den Kopf. Ich wusste genau, dass Wolfgang mich überzeugen wollte. Aber ich wusste auch, dass er recht hatte. Ich hatte mich in den letzten Monaten verändert und sah jetzt andere Dinge. Ich hatte eine andere Wahrnehmung. Und ich konnte nicht mehr so tun, als hätte ich diese Wahrnehmung nicht. Ich glaube, erst in diesem Moment wurde mir klar, wie fundamental sein Ansatz mit den Wahrnehmungsmustern war.

Nach einer langen Pause fragte Wolfgang weiter: »Selbst wenn es wieder genauso werden könnte wie an dem Morgen, als wir uns das erste Mal getroffen haben, würdest du das wollen?«

Nach und nach kamen die Bilder hoch. Vier Monate war das schon her. Ich erinnerte mich an das Flipchart, als ich »Einsam, hohl und leer« hingeschrieben hatte. Ich fühlte mich zwar im Moment kein bisschen besser. Eher noch deutlich schlechter. Aber ich wusste: So wie damals beim ersten Treffen mit Wolfgang wollte ich das auch nicht. Und so schüttelte ich wieder den Kopf.

»Du befindest dich gerade in einer Situation, in der das Alte unerträglich wird. Und das Neue zeigt sich noch nicht. Oder du kannst es gerade nicht wahrnehmen. Und deshalb ist dein einziger Wunsch zu fliehen. Ich möchte dir anbieten, dass wir morgen Abend, wenn der offizielle Teil in der Gruppe vorbei ist, zwei Stunden miteinander reden. Vielleicht kann ich dir helfen, deine jetzige Situation anders wahrzunehmen. Dann siehst du einen Weg für dich. Vielleicht aber auch nicht. Dann kannst du uns immer noch verlassen. In Ordnung?«

Ich nickte: »Ja, Wolfgang, das wäre schön! Ich weiß einfach nicht mehr, wie ich da rauskomme. Danke für dein Angebot!«

»Gerne. Gerade wenn man völlig verzweifelt ist, braucht man Freunde.«

Ich nickte wieder.

Wolfgang fuhr fort: »Eine Bitte noch: Sei den anderen gegenüber – zumindest solange du da bist – nicht so abweisend. Sie haben ehrlich versucht, dir zu helfen. Vor allem Thomas und Carlos. Auch wenn du glaubst, dass sie dich auf den falschen Weg geführt haben, beurteile sie bitte nach ihrem Motiv, nicht nach deiner jetzigen Situation. Wenn dir das nicht möglich sein sollte, dann kannst du jederzeit gehen und keiner trägt dir irgendetwas nach. In Ordnung?«

Und ich verstand in diesem Moment: Auch Wolfgang hatte sein emotionales Referenzbild und zeigte mir gerade seine Grenzen. Ich verstand, dass ich gehen müsste, wenn ich mich darauf nicht einließ. Zugleich hatte ich aber erstmals nicht das Gefühl der Schuld. Es schien so, als ob beide Möglichkeiten für ihn in Ordnung wären. Er hatte keine Macht über meine Einstellung. Aber er nahm sich die Macht, im Sinne der Gruppe und seines emotionalen Referenzbilds zu entscheiden. Und beides war für ihn okay. Und das wiederum war völlig in Ordnung für mich.

Und so nickte ich wieder: »Ich werde mich daran halten und morgen Abend sprechen wir. Danke.«

Wolfgang schaute mir noch kurz in die Augen, dann verabschiedete er sich. Bevor ich schlafen ging, bedankte ich mich kurz bei Thomas und Carlos für die Unterstützung der letzten Monate. Bei ihrem Nicken und Lächeln ging mir das Herz auf: Wie hatte ich nur so bescheuert sein können, die Freundschaft zu ihnen beenden zu wollen? Da ich trotzdem nicht wusste, wie ich mit meinen Schuldgefühlen und meinem Selbstekel klarkommen sollte, begann ich, dem nächsten Abend mit Wolfgang entgegenzufiebern.

In der Nacht schlief ich tief und fest und der Tag verging im Flug. Abends traf ich mich mit Wolfgang in einem extra Raum zum Abendessen. Als wir beide saßen, schaute er mich fragend an. Und nach einiger Zeit begann ich zuerst zögernd, dann immer schneller: »Ich habe in den letzten Monaten viel geändert. Manches davon ist wirklich gut: Ich ernähre mich anders, ich schreibe Tagebuch, ich meditiere, ich mache wieder Sport. Aber in der Firma gibt es endlose Konflikte. Und je mehr ich das ändern will, desto größer scheinen diese Konflikte zu werden. Das macht mich ungeheuer wütend und aggressiv und aus diesem Gefühl heraus trample ich über alles hinweg. Ich habe meine einzige enge Freundschaft, die zu Beate, kaputt gemacht. Ich walze mit einer Eiseskälte über die vier Mitarbeiter, die nicht mitziehen, drüber. Ich müsste ihnen nach meinem Plan heute eigentlich kündigen, aber bringe es nicht übers Herz. Ich habe das Gefühl, ich tue ihnen unrecht. Und zu allem Überfluss ist mein Vater vor über zwei Monaten mit einem Herzinfarkt ins Krankenhaus gekommen, und ich wusste davon nichts, weil ich mit mir und meinem Unternehmen beschäftigt war und nicht ans Telefon gegangen bin.«

»Du fühlst dich schuldig?«, fragte Wolfgang sanft.

»Ich bin geradezu zerfressen von Schuldgefühlen!«, erwiderte ich heftig. »Ich habe alle diese Beziehungen zerstört! Und das alles nur, weil ich meinen Alphastatus und meine Freiheit in den Vordergrund gestellt habe. Nur weil Thomas, Carlos und du mir das eingeimpft habt! Der einzige Weg aus diesen Schuldgefühlen heraus ist, die anderen wieder in den Vordergrund zu rücken und mich bei ihnen zu entschuldigen.«

Wolfgang nickte nachdenklich: »Möchtest du eine Geschichte hören?«

Da ich vor allem aus meinen Schuldgefühlen rauswollte, nahm ich sein Angebot als willkommene Ablenkung an und nickte.

»1979 gründete ich mein erstes Unternehmen, einen Elektronik-Versandhandel. 1982 hatte ich 50 Mitarbeiter und ein Jahr später war ich pleite. Ich hatte Schulden bis über beide Ohren. Meine Ehe war zerrüttet – ich war ja nie da und hatte wie ein Löwe um meine Firma gekämpft. Und ich hatte einen kleinen zweijährigen Sohn. Damals wusste ich nicht, was ich tun sollte. Ich fühlte mich gefangen wie in einem Käfig. Meine ehemaligen Mitarbeiter schickten mir Hassbriefe, meine Gläubiger nervten, meine Frau stichelte gefühlt einmal pro Minute, statt mich zu unterstützen. Mein Sohn wollte meine Aufmerksamkeit. Ich hätte eine Arbeit annehmen können, aber von meinem Gehalt wäre praktisch alles sofort gepfändet worden. Ich fühlte mich hilflos, klein und ungenügend. Eines Abends betrank ich mich sinnlos, und als ich nach Hause kam, wurde ich aggressiv und schrie meine Frau und meinen Sohn an. Am nächsten Morgen kamen die Schuldgefühle und ich ekelte mich vor mir selbst. Ich wollte nur noch raus aus der Situation. Eine Woche später war ich mit meinen letzten 5000 Mark in Amerika. Ich war geflohen und hatte meine ehemaligen Mitarbeiter, meine Gläubiger, meine Frau und meinen Sohn einfach sitzen lassen.«

»Echt?«, fragte ich. »Du hast deinen Sohn sitzen lassen?«

»Ja«, sagte Wolfgang fest. »Rückblickend betrachtet war es das Beste, was ich tun konnte. Ich sah ja keinen Ausweg mehr. Ich war verbal aggressiv geworden, und ich spürte, dass die Grenze zur körperlichen Gewalt nicht mehr sehr weit weg war. Wäre ich geblieben, wäre mein Sohn mit einem gewalttätigen, frustrierten Säufer aufgewachsen. Manchmal ist es nur eine einzige Entscheidung, die entweder zu einem gelungenen oder zu einem gescheiterten Leben führt. Und diese Entscheidungen sind selten leicht. Damals zerfraß ich mich vor Schuldgefühlen. Um in Amerika zu überleben und vor allem um meine Schuldgefühle zu betäuben, gründete ich ein zweites Unternehmen und arbeitete bis zum Umfallen. Bald hatte ich wieder 30 Mitarbeiter. Nach eineinhalb Jahren zahlte ich meine Schulden in Deutschland komplett zurück und schickte meiner Frau und meinem Sohn in Deutschland einen ansehnlichen Betrag. Diese hatte mittlerweile die Scheidung eingereicht. Einerseits fiel mir damit ein Stein vom Herzen, andererseits verschwanden die Schuldgefühle dadurch nicht. Ich stürzte mich noch tiefer in die Arbeit. Und ich scheiterte ein zweites Mal. Dieses Mal immerhin ohne persönliche Schulden. Dennoch kamen mir Zweifel: Ich war gegenüber meinen Mitarbeitern wieder schuldig geworden. Ich konnte meinem Sohn wieder kein Geld schicken. Ich hatte wieder bewiesen, dass ich ein schlechter Unternehmer war. Und so versank ich für ein paar Wochen in einer Depression. Dann begann ich zu reisen und lernte dabei Jeff, einen sehr erfolgreichen Unternehmer, kennen, von dem ich drei Jahre lang die Grundlagen des Unternehmerseins lernte. Ich fühlte mich, wie wenn ich davor völlig blind gewesen wäre.«

»Und was war mit deinen Schuldgefühlen?«

»Nach etwa zwei Wochen konfrontierte mich Jeff mit folgender Ansage: Wolf, so nannte er mich, du hast widerstreitende Gefühle in dir. So wird das nichts mit dem Unternehmersein. Entweder du sprichst darüber und wir klären das oder wir sind geschiedene Leute! Ich habe keine Lust, mit Leuten zu arbeiten, die nur mit halber Kraft laufen!«

»So krass?«, fragte ich ungläubig.

»Ja«, nickte Wolfgang. »Ich entschied mich fürs Reden. Wäre Jeff nicht so vorgegangen, hätten wir beide noch monate- oder gar jahrelang unsere Zeit verplempert. Jeff hörte aufmerksam zu, ging am

Ende in seine Bibliothek und gab mir das Buch *Atlas wirft die Welt ab*[148] von Ayn Rand. Er forderte mich auf, es in den nächsten drei Tagen zu lesen und dann wiederzukommen und unser Gespräch fortzusetzen. Das Buch hatte weit über 1000 Seiten und war stellenweise ziemlich zäh! Aber ich zog es durch.«

»Und dann?«

»Dann fing ich an, anders über Schuld zu denken. Ich erkannte, dass niemandem geholfen ist, wenn ich schwach bin und leide. Oder genauer: Es ist ihnen sehr wohl geholfen, weil sie sich dann überlegen fühlen können. Aber vielleicht möchtest du, dass ich den Rest der Geschichte und dessen, was ich gelernt habe, mit deiner Situation verknüpfe?«

Ich dachte einen Moment nach. Zwar schienen mir die Ursachen seiner Schuldgefühle und meiner Schuldgefühle durchaus unterschiedlich zu sein, aber zugleich spürte ich, dass Wolfgang meine Schuldgefühle verstand und zumindest Ähnliches auch schon erlebt hatte. Wer weiß, was dabei herauskäme? Immerhin machte er den Eindruck, heute völlig mit dem, was er damals getan hatte, im Reinen zu sein. Wenn ich das gegenüber meinen Mitarbeitern, gegenüber Beate und meinen Eltern auch sein könnte, dann wäre ich wirklich glücklich. Und so stimmte ich zu.

»Jeff sagte mir damals als Erstes: Dass ich überhaupt Schuldgefühle habe, sei ein gutes Zeichen.«

»Verstehe ich nicht«, warf ich verblüfft ein.

»Nun, vor vier Monaten hattest du – zumindest bewusst – keine Schuldgefühle, richtig?«

»Nein, aber warum soll das gut sein?«

»Weil du vor vier Monaten ein hilfloses Opfer warst, das nur reagiert hat. Da fühlst du dich nicht schuldig, sondern höchstens klein und ungenügend, weil du nicht alle Anforderungen erfüllen kannst. Schuldgefühle im eigentlichen Sinne entstehen erst, wenn du aktiv

148 Im Jahr 2012 neu aufgelegt unter dem Titel *Der Streik*.

wirst. Also wenn du beginnst, eigene Ziele zu verfolgen, Aggressionen spürst, wenn dich etwas an der Zielerreichung hindert und du dann über einige andere Menschen hinweg trotzdem handelst. Meine Schuldgefühle entstanden an dem Abend, als ich meine Frau und meinen Sohn angebrüllt habe, und verstärkten sich, als ich davongelaufen bin.«

»Ich verstehe immer noch nicht: Warum sind die Schuldgefühle ein Fortschritt?«

»Ganz einfach: *Schuldgefühle sind ein Zeichen dafür, dass du beginnst, deine Ziele und dein Leben ernst zu nehmen, und dass du beginnst, dafür zu kämpfen.* Wenn ich vor vier Monaten mit dir über Schuldgefühle gesprochen hätte, dann hättest du diese weit von dir gewiesen und du hättest recht gehabt. Schuldgefühle entstehen erst im Verlauf deiner Zielverfolgung.«[149]

»Meine Mutter sagt immer, ich sei egoistisch«, überlegte ich. »Und dann fühle ich mich schuldig. Ja, da ist ein Zusammenhang.«

»Und dieser Zusammenhang führt uns zur entscheidenden Zutat für die Schuldgefühle. Deine Mutter sagt, du seist egoistisch und du würdest nie an sie denken. Beate wirft dir vor, dass dir eure Liebe egal wäre. Und die ›Viererbande‹ denkt, dass du ungerecht und unmenschlich zu ihnen wärst – zumindest glaubst du, dass die vier so denken. *All diesen Fällen gemeinsam ist, dass du die emotionalen Referenzbilder derjenigen, gegenüber denen du dich schuldig fühlst, übernimmst.* Ich fühlte mich damals gegenüber meinen Mitarbeitern schuldig, weil sie meinetwegen auf der Straße saßen.«

»Ja, aber das war doch auch so. Oder nicht?«

»Nein. Wir haben schon bei unserem letzten Termin vor zweieinhalb Monaten darüber geredet: Drei Monate später hatten alle

---

149 Genauso wird es auch dir als Leser gehen. Du wirst mit dem Thema Schuldgefühle nur etwas anfangen können, wenn du zuvor aktiv und bewusst in Konflikte hineingegangen bist und gelernt hast, achtsam deine Gefühle wahrzunehmen.

wieder eine neue Arbeit. Und genau genommen: Warum sollte ich für irgendetwas im Leben meiner Mitarbeiter verantwortlich sein? Sie sahen ja schon vorher, dass meine Firma den Bach runterging. Sie hätten sich da schon was Neues suchen können, aber die meisten trafen die Entscheidung, zu bleiben. Wieso bin ich für die Entscheidungen meiner Mitarbeiter verantwortlich?«

»Weil …«, wollte ich beginnen. Aber dann fuhr ich plötzlich fort: »Du meinst, dass ich mich gegenüber der ›Viererbande‹ schuldig fühle, weil ich ihre emotionalen Referenzbilder, die bislang auch meine waren, über mein Ziel des Loveparade-Feelings stelle? Weil ich immer noch glaube, dass die beste Haltung, mit Mitarbeitern umzugehen, ein Kuschelklima ist und sie einfach in Ruhe zu lassen?«

»Das ist der Punkt! Du hattest bislang gar keine klaren emotionalen Referenzbilder, nach denen du dich aktiv verhalten hast. Und um dann in einer angenehmen Komfortzone zu bleiben, hast du einfach die Referenzbilder deiner Umwelt angenommen. Das ist okay, wenn du Teil der Gruppe sein willst. Aber wenn du Unternehmer werden willst, brauchst du eigene Maßstäbe. Plötzlich entsteht ein Konflikt. Nicht nur im Außen, sondern auch in dir: der Widerstreit zwischen den alten, angenommenen Referenzbildern und dem neuen emotionalen Referenzbild. Natürlich stärken die Menschen um dich herum die alten Bilder und daraus entstehen die Schuldgefühle. *Die einzige Möglichkeit, einen Menschen dauerhaft klein zu bekommen, ist, ihm Schuldgefühle einzuimpfen.* Und um sich schuldig zu fühlen, muss er die emotionalen Referenzbilder des Täters übernehmen. Die ›Viererbande‹ ist der Täter und du bist das Opfer. Das ist die effektivste Betaisierungsstrategie, die es gibt. Das Resultat sind Schuldgefühle bei dir. Und wenn man sich schuldig fühlt, will man Verzeihung. Und wer kann einem diese Verzeihung geben? Nur der Täter! Deshalb rückt man mental noch näher an den Täter heran. Man fleht ihn an, sein emotionales Referenzbild doch einmal auszusetzen oder nicht zu streng zu sehen. Aber warum sollte der Täter das tun? Stattdessen wird er dich irgendwann genau für diese Selbsterniedrigung verachten.«

»Beate«, sagte ich nur und wurde blass.

»Und je näher du an den Täter heranrückst, desto mehr Ohnmacht entsteht in dir. Gibst du dieser Ohnmacht nach, haben sie gewonnen. Du würdest weiter nach der Pfeife von Beate oder deiner Mutter tanzen. Du würdest der ›Viererbande‹ nicht kündigen, sondern vor ihnen kriechen, damit sie dir irgendwann vielleicht verzeihen. Was sie aber niemals tun würden, weil sie damit ja ihr Machtinstrument aus der Hand geben würden.«

Langsam drang dieser Zusammenhang zu mir durch und ich spürte plötzlich eine nie gekannte Aggression!

»Die haben alle die ganze Zeit nur mit mir gespielt! Ich werde sie zur Sau machen!«

»Halt, stopp!«, rief Wolfgang lachend. »Ja, sie haben mit dir gespielt. Aber *du* hast es zugelassen. Gib ihnen nicht die Verantwortung für *deine* Schuldgefühle. Diese liegt ganz allein bei dir!«

Zuerst fühlte ich mich, wie wenn Wolfgang die Luft aus mir abgelassen hätte. Aber dann erkannte ich plötzlich: »Wenn die Verantwortung bei mir liegt, dann habe ich es ja selbst zu 100 Prozent in der Hand, ob ich Schuldgefühle habe oder nicht. Wie komme ich da raus?«

»Ayn Rand sagte: ›Frei fühlt man sich, wenn man keine unverdiente Schuld akzeptiert.‹ Und das lässt sich nur mit einem eigenen emotionalen Referenzbild oder klassisch mit eigenen Wertmaßstäben sicherstellen. Du bist den halben Weg schon gegangen: *Du hast ein emotionales Referenzbild, wie du leben und arbeiten möchtest. Wird es stärker als die Referenzbilder der anderen, verschwinden die Schuldgefühle.*«

Wird dein emotionales Referenzbild stärker als das der anderen, verschwinden die Schuldgefühle.

»Aber was mache ich mit dem Schmerz, zum Beispiel darüber, die Beziehung zu Beate zu verlieren?«

»Der Schmerz speist sich aus deiner sonstigen Einsamkeit. Du hast sonst keine engen Beziehungen. Und das ist ein starker Antrieb, Beates Maßstäbe für dich zu übernehmen. Der Weg da raus ist letztlich der Weg, den du die letzten Monate bereits beschritten hast: Stärkung deines Status und emotionalen Referenzbilds, Achtsamkeit und Schaffung eines neuen Umfelds mit Maßstäben, die eher den deinen entsprechen.«

Langsam nickte ich. Und in diesem Moment wusste ich so tief wie nie zuvor: »Ja, ich will dieses neue Feeling in meinem Unternehmen schaffen!«

Und genau in dem Moment war mein Schuldgefühl *verschwunden*. Ich wusste, dass ich das richtige Ziel hatte.

Wolfgang schaute mich durchdringend an, dann sagte er: »Du spürst jetzt, wie es ist, wenn du deinen eigenen Maßstab zur Richtschnur machst. Die Schuldgefühle verschwinden. Es entsteht Energie. Und aus dieser Energie heraus kannst du anderen helfen. Mein Sohn spürte, als ich Anfang der 1990er-Jahre wieder nach Deutschland zurückkam, meine Stärke, und deshalb beschloss er mit 14 Jahren, zu mir zu ziehen. Und ich gab ihm diese Stärke, die ich nie besessen hätte, wenn ich geblieben wäre. Aber glaub nicht, dass dieses Gefühl, das du jetzt hast, bleibt. Bevor du nicht einige tiefgehende Entscheidungen getroffen und umgesetzt hast, wird das Schuldgefühl immer wieder zurückkommen. Erst durch deine Entscheidungen signalisierst du deinem Gehirn, dass dir dein emotionales Referenzbild tatsächlich wichtiger ist.«

Nachdenklich nickte ich. Und für mich selbst überraschend erwiderte ich lachend: »Jetzt bekomme ich erst mal eine Gehaltserhöhung!«

Als mich Wolfgang fragend anschaute, erklärte ich: »Beate und Jens verdienen aktuell mehr als ich. Ich hätte mich schuldig gefühlt, wenn ich am meisten verdient hätte. Das ist jetzt vorbei!«

»Kindskopf!«, sagte Wolfgang grinsend. »Die Gehaltserhöhung war überfällig und ist deshalb genehmigt. Aber diese Handlung meinte ich nicht.«

»Ich weiß«, erwiderte ich.

9. Die Entscheidung

(MONTAG, 9. MAI – DIENSTAG, 10. MAI)

Der Rest des Braintrusts war wie im Flug vergangen. Mein Gefühl der Distanz war seit dem Gespräch mit Wolfgang wie weggeblasen. Und als alle gingen, hatte ich das Gefühl, jetzt wirklich dazuzugehören. Oder zumindest fast. Thomas verabschiedete sich nämlich: »Bald bist du für Madeira weit genug. Wolfgang wird dich drauf ansprechen. Viel Erfolg bei deinen nächsten Entscheidungen.« Wir umarmten uns zum Abschied.

Ich blieb die Nacht noch im Hotel und fuhr dann am Montagvormittag nach Landsberg. Einer Eingebung folgend, hielt ich zuvor noch am Friedhof. Ich war seit der Beerdigung meines Opas vor 23 Jahren nicht mehr dort gewesen. Nach kurzer Suche fand ich das Grab; es war ziemlich verlottert. In der Gravur – sowohl im Namen meines Großvaters als auch im Grabspruch – hatte sich Moos festgesetzt. Ich kratzte es heraus und konnte schließlich lesen: »Toleranz ist ein Beweis des Misstrauens gegen ein eigenes Ideal. Nietzsche«.

Was für ein ungewöhnlicher Grabspruch! Wie mein Opa das durchgesetzt hatte? Ich dachte einige Zeit darüber nach. Toleranz hieße, sein eigenes emotionales Referenzbild niedriger zu bewerten als das anderer und damit wieder den Schuldgefühlen Raum zu schaffen. Ob mein Opa das auch gewusst hatte?

Toleranz wurde heute so hochgehalten und als entscheidend angesehen. Aber war Gandhi tolerant gegenüber den Engländern? Nelson Mandela gegenüber der Apartheid-Regierung? Steve Jobs gegenüber Designfehlern? Wolfgang gegenüber meiner Distanziertheit zu Thomas und Carlos? Nein, sie setzten ihr eigenes Ideal in jedem Fall höher. Aber sie hassten und verachteten ihre Gegner nicht.

Genauso hatte auch mein Opa gelebt. Mir fielen plötzlich wieder Situationen aus meiner Kindheit ein, wie er meine Mutter wegen meiner Erziehung zusammengefaltet hatte. Wie er sich dem ganzen Stadtrat widersetzte. Wie er einmal mit einer Papp-Atomrakete zum Schweigen für den Frieden kam und sich dafür einsetzte, dass wir für die Freiheit kämpfen müssen. Als ich mich an den Tumult erinnerte, musste ich unwillkürlich grinsen. Verrückter alter Mann! Er hatte sein eigenes Leben gelebt und ich erinnerte mich an einen sehr glücklichen Opa.

Und ich würde ab jetzt auch mein eigenes Leben leben. Ich dankte meinem Opa für alles, was er mir mitgegeben hatte. Beim Gehen schaute ich noch kurz bei der Friedhofsverwaltung vorbei, um einen Grabpflegevertrag abzuschließen. Meine Eltern kümmerten sich ja ganz offensichtlich nicht darum. Als ich hörte, dass die Pachtzeit für das Grab in zwei Jahren auslaufen würde, verlängerte ich kurzerhand um 25 Jahre.

Mittags fuhr ich zu meinen Eltern. Als ich läutete, hatte ich einen Kloß im Hals. Meine Mutter öffnete, schaute mich an, schaute auf die Uhr und fragte: »Ist jetzt Vormittag?«

Ich schaute ihr fest in die Augen, was sie ganz offensichtlich irritierte. Dann entgegnete ich: »Nein, es ist Mittag. Und ich möchte zu meinem Vater!«

Perplex ging sie zur Seite und ich an ihr vorbei. Von hinten hörte ich: »Was ist denn das für eine Art, seine Mutter zu begrüßen? Ist es dir denn völlig egal, wie sich das für mich anfühlt?«

Es reichte! Ich drehte mich um und erwiderte ruhig: »Genauso egal, wie es dir egal ist, wie sich deine Begrüßung für mich anfühlt. Und jetzt lass mich zu Vater!«

Ich drehte mich um und ging ins Wohnzimmer, wo mein Vater Zeitung las. Er war alt geworden: »Hallo, Papa, wie geht's dir?«

Er nickte: »War schon mal besser! Nun ja, wie soll es einem mit 75 Jahren schon gehen? Ich versuche mich von meiner Operation zu erholen. Doch wenn ich heute Zeitung lese, dann denke ich, da arbeiten nur noch Idioten! Zu meiner Zeit bei der Zeitung hätten wir die Hintergründe richtig recherchiert und uns noch für Gerechtigkeit eingesetzt. Aber heute bringen sie ja nur noch Agenturmeldungen. Und selbst die können sie nur mit 20 Rechtschreibfehlern pro Artikel abschreiben. Ich schreibe jeden Tag einen Leserbrief, aber die bringen sie nie! Kannst du das glauben? Da arbeite ich fast 40 Jahre für diese Zeitung und dann ignorieren sie mich jetzt einfach?«

Er hätte wahrscheinlich noch weiter gejammert, hätte ihn nicht meine Mutter gerufen: »Martin! Kannst du mal den Tisch decken?«

Mein Vater war schon aufgestanden, aber ich bedeutete ihm, sich wieder zu setzen. Die war echt unglaublich! Und so rief ich zurück: »Nein, er muss sich von seiner Operation erholen!«

»Wie war Opa für dich?«, wollte ich wissen.

»Hä?«, erwiderte mein Vater. »Wie kommst du denn jetzt darauf?«

»Ich war vorhin an seinem Grab und habe die Pachtzeit verlängert.«

»Ach, ich dachte, Karin, deine Mutter, hätte das schon gemacht? Na ja, ist ja auch egal. Dein Opa? Ich glaube, in seinem tiefsten Herzen war er Anarchist. Er hat sich immer seine eigenen Regeln gemacht. Und er hat gehofft, dass ich auch so werde. Aber die Welt braucht klare, allgemeine Regeln und Strukturen, an die sich alle halten. Wo kommen wir denn da hin, wenn sich jeder seine eigenen Regeln macht? Das hat er nie begriffen. In seiner Nähe war ich immer verunsichert. Aber zum Glück sind wir ja anders: Karin, du und ich.«

Ich verstand plötzlich: Menschen, die ihre eigenen Regeln machten, mussten sehr genau darauf achten, alle anderen in ihrem Umfeld nicht zu verunsichern. Da war es wieder: das erste Bedürfnis aus

Wolfgangs Bedürfnismodell. Das hatte mein Opa wohl nicht verstanden.

»Wolltest du irgendwann einmal Abenteuer erleben, was Eigenes machen?«, fragte ich ihn.

Lange schwieg mein Vater, dann erwiderte er: »Ja, ich wollte mal eine Weltreise machen, aber das wollte Karin nicht. Und so blieben wir zu Hause. Eigentlich schade. Jetzt geht's ja nicht mehr.«

In diesem Moment kam meine Mutter zur Tür rein: »Marc, Martin, jetzt deckt endlich mal den Tisch! Was glaubt ihr, wie es mir geht, wenn ich alles allein machen muss?«

Vater stand auf und wollte schon losgehen. In dem Moment erinnerte ich mich an Wolfgang und sagte an meine Mutter gewandt: »Jeder ist für seine Gefühle selbst verantwortlich!«

Bevor sie explodieren konnte, fuhr ich fort: »Wenn du dich schlecht fühlen willst, ist das deine Entscheidung. Aber was gibt dir das Recht, dich so zu verhalten, dass wir uns auch schlecht fühlen sollen?«

»Wir sind eine Familie und da hat jeder seinen Teil beizutragen«, explodierte sie.

»Ich hab noch nicht mal Hunger. Wieso sollte ich da in deinem Zeitplan eine Aufgabe übernehmen?«, erwiderte ich ruhig.

Vater schaute entgeistert zwischen uns beiden hin und her. Da sich keiner bewegte, setzte er sich wieder. Ich glaube, es war nicht einmal eine Entscheidung für mich, sondern er fühlte sich einfach schwach.

Und dann fuhr ich fort: »Meine ganze Kindheit hindurch ging es immer um dich. Ich musste wegen *deiner* Gefühle zum Schweigen für den Frieden. Ich durfte wegen *deiner* Gefühle nicht mehr zu Opa. Ich musste mich wegen *deiner* Gefühle in der Schule immer korrekt verhalten. Das ist nun endgültig vorbei!«

»Aber ich habe dich doch immer geliebt«, verlegte sich meine Mutter aufs Jammern.

»Nein, du hast *dich* immer geliebt«, entgegnete ich. »Und noch nicht mal das richtig!«

»Wie kannst du deiner alten Mutter nur so was antun?«, jammerte sie weiter. »Nachher bekommt dein Vater noch deinetwegen einen zweiten Herzinfarkt. Schau, er kann nicht mal mehr stehen«, versuchte sie ihn miteinzubeziehen.

»Versuch nicht, ihn auch zu instrumentalisieren«, schüttelte ich den Kopf.

Und schließlich, nach schier endlos langer Zeit, ergänzte ich: »Ich bin hier fertig. Wenn du bereit bist, dich wirklich zu öffnen und auch die Bedürfnisse anderer Menschen wahrzunehmen, können wir gerne wieder Kontakt aufnehmen. Vorher nicht!«

Mein Vater stand auf: »Ich bring dich noch zur Tür, Marc. Und ich muss noch was holen.«

Meine Mutter verschwand wortlos in der Küche, während er in einer Schublade kramte und schließlich einen alten Brief fand. Er brachte mich zur Tür und gab mir den Brief: »Er ist von deinem Opa. Er sagte damals, dass ich dir den Brief erst überreichen sollte, wenn du es geschafft hast, dich gegen deine Mutter durchzusetzen. Ich habe nie verstanden, was er damit meinte, aber heute war es wohl so weit!«

Ich war völlig überrascht und zugleich tief berührt. Ich drückte eine Träne weg, dann nahm ich meinen Vater, der reichlich verblüfft wirkte, in den Arm: »Danke für alles! Und lass dir das nicht mehr gefallen.«

Er nickte zum Abschied und winkte, bis ich um die Ecke gefahren war. Mir liefen die Tränen über die Wangen, denn ich ahnte, dass ich meine Eltern nie wiedersehen würde. *Meine Aufgabe bestand aber nicht darin, etwas zurückzugeben, sondern darin, etwas weiterzugeben.* Ich war von meiner Schuld befreit!

Während der Heimfahrt klingelte mein Telefon: »Hallo, Marc, hier ist Petra.«

»Hallo, Petra, was gibt's?«

»Ich weiß nicht recht, wie ich anfangen soll«, wandte sie sich. »Du erinnerst dich doch an die Situation mit Beate letzte Woche?«

»Ja, klar.«

»Ich muss dir was erzählen, habe aber Angst, dass du es als Retourkutsche von mir gegen Beate verstehen könntest.«

»Immer raus damit! Ich denke, ich kann es einordnen.«

»Ich sag dir das jetzt nur, weil du dich letzte Woche hinter mich gestellt hast. Heute Abend treffen sich Beate, Torsten, Maria, Karla und Jana. Sie wollen sich beraten, wie sie dich unter Druck setzen können, damit wir wieder zu den alten Zuständen zurückkommen. Sie haben auch noch die anderen Mitarbeiter außer Jens, Ria und mich gefragt, aber es wollte sich sonst keiner dran beteiligen.«

»Die Initiative ging von Beate aus, richtig?«

»Ja, Marc. Ich hoffe, du verstehst es nicht falsch. Und ich hoffe, sie kriegen dich nicht klein: So wie früher möchte ich nie wieder arbeiten.«

»Danke, Petra. Ich bin morgen wieder im Büro. Dann werde ich das klären.«

Merkwürdigerweise war ich während der ganzen Rückfahrt nach Mainz ziemlich ruhig. Ich dachte vor allem an den Brief meines Opas. Ich wollte mir zu Hause zuerst was Schönes zu essen kochen und ihn danach in aller Ruhe lesen. Ich war wirklich gespannt, was er mir zu sagen hatte.

Am Abend, es dämmerte schon, machte ich es mir auf dem Balkon bequem und öffnete den Brief. Heraus fielen ein altes Bild des Schwertes Excalibur, das im Stein steckte, und zwei handgeschriebene Seiten, die ich nur schwer entziffern konnte.

Lieber Marc,

wenn du diesen Brief in den Händen hältst, bin ich wahrscheinlich schon ein paar Jahre tot. Aber ich bin sicher, er wird dich erreichen: Du kannst dein Herz, deine Identität nicht ewig einsperren lassen. Als Kind wolltest du immer der König sein. Und diese Wünsche zeigen uns die Zukunft.

Vielleicht erscheint dir mein Brief etwas mystisch. Wir haben ja heute keine Könige mehr. Und zeitgemäß ist das in einer Demokratie vordergründig auch nicht. Aber der Mensch mit seinen Bedürfnissen hat sich über all die Jahrtausende nicht geändert. Und deswegen sind in den alten Berichten oft destillierte Wahrheiten zu finden, die man im heutigen Lärm der täglichen Zeitungen und Nachrichten komplett überhört. Deswegen rede ich weiter vom König!

Bevor du selbst König werden konntest, musstest du Abenteuer, Kämpfe und Prüfungen bestehen. Wie alle Könige vor dir und alle nach dir. Je schwieriger diese Kämpfe, desto größer der König! Wenn du also eine harte Zeit hinter dir hast, dann zeigt dies nur eine umso größere Zukunft! Nur durch den Zugang zu deiner Aggression und die Befreiung von Schuld warst du in der Lage, dich aus der Umklammerung deiner dich vereinnahmenden Mutter zu befreien. Schütze diese beiden Schätze wie deine beiden Augäpfel.

Aber du bist noch nicht am Ende angekommen! Robert Moore und Douglas Gillette sprechen von vier Archetypen, die gemeistert werden müssen: dem Krieger, dem Magier, dem König und dem Liebenden.[150] *Bevor du König werden konntest, musstest du den Krieger in dir meistern, indem du deine Aggression wiederfandest und lerntest, an den Grenzen deiner Angst zu leben. Vorher warst du nicht handlungsfähig.*

Und du musstest den Magier, den Wissenden in dir, meistern, indem du lerntest, dich von deinen Schuldgefühlen zu verabschieden. Der Wissende ist nur dann wirksam, wenn er auch nach seinem Wissen handelt. Dieses Wissen unterscheidet sich immer vom Wissen der Masse. Um wirksam zu werden, muss der Magier seine eigene Realität höher bewerten als die anderer, und dabei verschwinden die Schuldgefühle. Vorher warst du immer Werkzeug anderer und konntest dich nicht frei, selbstbestimmt und wirksam fühlen, egal, was du wusstest.

---

150 Vgl. Robert Moore, Douglas Gillette: König, Krieger, Magier, Liebhaber.

Diese beiden Schritte erlauben dir den Zugang zum König, symbolisiert durch das Schwert Excalibur. Aber jetzt besteht deine Aufgabe darin, auch zum guten König zu werden. Das Schwert steht für Kampf. Auch Artus konnte, nachdem er König geworden war, das friedliche Camelot erst nach vielen Kämpfen gegen die Sachsen schaffen. Und das Schwert steht auch für Gerechtigkeit. Auch das ist nun deine Aufgabe: Schaffe eine neue Ordnung in deinem Umfeld. Achte darauf, in dieser neuen Ordnung die Wünsche und Bedürfnisse und Träume der Menschen zu berücksichtigen. Aber es ist deine Ordnung!

Du denkst vielleicht, dass die meisten Könige in der Geschichte ziemlich üble Zeitgenossen waren. Und da hast du recht. Was den König zum guten, zum wirklichen König macht, ist der Archetyp des Liebenden. Sei dir bewusst: Auch als König dreht sich nicht alles um dich. Genau genommen dreht sich dabei gar nichts um dich – es geht einzig und allein um die Idee und Ordnung, die hinter dem ganzen Reich steht und die du repräsentierst. Es geht um die Menschen, die in diesem Reich leben, und um die Menschen, die irgendwann einmal in diesem Reich leben werden. Lerne Demut! Sei klar und gerecht!

Und umgib dich mit Menschen, die innerlich Könige sind. Lerne von ihnen.

Ein guter König ist nicht die Person Marc, sondern ein König, dessen Identität das ganze Reich umfasst.

Du siehst nun den weiteren Weg vor dir. Konzentriere dich dabei immer auf das Wesentliche. Und das ist dein Herz. Dein Löwenherz.

Dein Opa Gerhard

Beim Lesen liefen mir die Tränen über die Wangen. Wie hat mein Opa vor mehr als 20 Jahren so genau wissen können, wo ich jetzt stehe? Aber mit einem Mal wurde mir klar, dass es immer wieder dieselbe Geschichte in tausend unterschiedlichen Varianten war: Auch Aragorn erfuhr spät, dass er königlicher Abstammung war. Auch er musste kämpfen, bevor er eine Ordnung aufbauen konnte. Und viele andere auch. Vermutlich war es auch Thomas, Carlos und Wolfgang so gegangen. Ich beschloss, das Foto mit dem Schwert Excalibur, das im Brief lag, neben das Foto von meinem Opa auf meinen Schreibtisch zu stellen.

Was aber würde ich morgen tun? Die fünf würden versuchen, mich in die Enge zu treiben. Vielleicht indem sie gemeinsam androhten, zu kündigen. Ich wusste nicht, ob mein Unternehmen das überleben würde, wenn fünf Leute gleichzeitig gehen würden. Vor allem nicht, was passieren würde, wenn Beate gehen würde. Ohne Beate wäre mein Business-Modell kaputt. Wir hätten keine Möglichkeit, zeitnah unsere Filme und Beiträge für unsere Kunden zu platzieren. Das waren alles ihre persönlichen Beziehungen. Und diese in der Intensität aufzubauen, würde viele Monate, wenn nicht sogar Jahre dauern. Jemanden mit diesen Kontakten zu finden und einzustellen? Fast unmöglich! Auch das würde Monate dauern! Und die Kunden, die uns schon beauftragt hatten, wären zu Recht sauer, dass wir unsere Leistung nicht bringen würden.

Der morgige Tag würde vermutlich mein Ende sein. Gingen die fünf, dann wäre es das Ende meiner Firma. Würde ich einknicken, wäre es mein persönliches Ende. Als ich ins Bett ging, fiel mir ein Satz des Filmhelden Jake in *Avatar* ein, kurz bevor er auf den roten Drachen springt. Er sagte: »Manchmal läuft das ganze Leben auf eine irrwitzige Entscheidung hinaus.«

Und so traf ich meine Entscheidung und schlief sofort ein. Völlig tiefenentspannt ging ich am nächsten Morgen gegen neun Uhr ins Büro. Ich spürte die Unruhe im ganzen Büro fast körperlich. Die einen waren unruhig, weil sie nachher angreifen würden, die anderen, weil sie wussten, dass es heute zu einer Entscheidung kommen würde. Lächelnd begrüßte ich die, die mitzogen: »Das wird ein schöner Tag heute!« Irritiert schauten sie mich an. Nur Jens nickte: »Ich bin bereit!«

In meinem Büro stellte ich zuerst das Bild mit dem Schwert Excalibur neben das Foto meines Opas und das Bild mit dem Filmplakat unseres Loveparade-Projektes, sodass ich alle immer im Blick hatte. Kaum war ich damit fertig, ging die Tür auf. Jana, Torsten, Maria und Karla kamen herein und schlossen die Tür hinter sich. Es konnte losgehen! Aber wo blieb Beate?

»Marc«, begann Torsten, »so wie in den letzten drei Monaten kann es nicht mehr weitergehen. Du schneidest uns. Du bestrafst uns. Und dabei haben wir immer für diese Firma gearbeitet und überhaupt nichts Böses gemacht.«

Ich schwieg und schaute die anderen drei lächelnd und fragend zugleich an. Aber es dauerte fast eine halbe Minute, bis Jana als Nächste das Wort ergriff: »Wir wollen, dass es wieder so wird wie früher!«

Ich schwieg immer noch und allmählich wurden sie ziemlich unruhig. Karla fuhr fort: »Vielleicht wäre es eine gute Idee, wenn Beate – sie kommt doch als Einzige hier mit allen gut aus – die Managementrolle, von der du vor ein paar Monaten mal gesprochen hast, übernehmen könnte.«

Lange blickte ich Maria an. Nach einer gefühlten halben Ewigkeit sagte sie schließlich: »Oder wir kündigen eben.«

Ich nickte wortlos, lächelte, stand auf, öffnete meine Tür und winkte sie alle raus. Sollten sie ruhig Angst bekommen, dass ich sie alle feuern würde.

Ein paar Sekunden später trat ich auch durch die Tür auf den Flur und sagte: »Kommt mit!«

Ich ging voraus zu unserem Meetingraum und rief dort alle zusammen. Erstmals nahm ich am Kopfende des Tisches Platz – bislang hatte ich mich lieber zwischen die anderen gesetzt. Am Kopfende hatte manchmal Beate oder Jens gesessen. Als Beate hereinkam, sah sie, dass dieser Platz belegt war. Ich wartete, bis alle da waren und saßen. In dieser ganzen Zeit war ich innerlich gefasst und völlig ruhig.

»In den letzten Monaten haben wir vor großen Herausforderungen gestanden. Viele von euch haben richtig mit angepackt und wir haben gemeinsam eine Menge erreicht! Und diese Teilgruppe ist ein Team geworden, wie wir es zuvor nicht hatten. Ich bin stolz auf euch!«

Und damit sah ich jedem einzelnen Unterstützer direkt in die Augen und lächelte ihn an.

»Aber es gab auch einige, die es vorzogen, andere für ihren Arbeitsplatz kämpfen zu lassen, die Hände in den Schoß zu legen und nichts zu tun. Trotz der vielen Chancen, die ich ihnen gab, entschieden sie sich dafür, sie *nicht* zu ergreifen. Vielleicht wollten sie, dass alles beim Alten blieb. Obwohl das Alte schon längst tot war. Und gerade eben«, ich genoss es, wie die vier unruhig auf den Stühlen hin und her rutschten, »kamen Maria, Jana, Torsten und Karla zu mir ins Büro und drohten mir, kollektiv zu kündigen, wenn ich nicht wieder den alten Schlendrian zulassen würde. *Ich sage hier und heute: Ich werde diese alten Umgangsformen und die alte Einstellung niemals wieder zulassen!* Ich werde niemals mehr zulassen, dass ein Werner unsere Kunden schädigt oder dass sich Mitarbeiter schon am frühen Morgen wegen der Kaffeemaschine anschreien. *Nie wieder!*«

Ich machte eine kurze Pause, und ich sah an den Gesichtern, dass alle rätselten, was ich stattdessen machen würde.

»Dann erfuhr ich von den vieren, dass sie gerne Beate als Managerin hätten. Und in diesem Moment wurde mir klar, dass niemand von diesen vier Mitarbeitern die Stärke gehabt hätte, zu mir zu kommen, wenn es nicht eine heimliche Anführerin gegeben hätte.«

Ich blickte Beate an, die das Wort ergreifen wollte. Aber genau in diesem Moment schlug ich mit der Faust auf den Tisch und brüllte: »Schweig!«

Ich kostete das Überraschungsmoment aus, dann fuhr ich seelenruhig fort: »Und diese Anführerin hatte noch nicht mal den Mut, gerade mit den anderen in mein Büro mitzukommen. Sie schickte die anderen vor, damit diese sie zur Managerin küren würden. Auch das wird niemals passieren!«

Beate wollte etwas erwidern, aber dieses Mal reichte ein kalter, scharfer Blick von mir.

Nach einer langen Pause fuhr ich klar und deutlich fort: »Beate, du bist gefeuert!« Das ließ ich einen Moment so stehen, und dann wandte ich mich an Jens: »Gehst du bitte mit ihr zu ihrem Schreibtisch, achtest darauf, dass sie nur ihre persönlichen Sachen mitnimmt, ihren Schlüssel abgibt, nachher die Passwörter geändert werden und sie in fünf Minuten aus unserem Büro raus ist? Danke!«

»Marc«, kreischte Beate, »das kannst …«

Ich zeigte zur Tür und knurrte: »Raus! Ich will dich nie wieder sehen oder hören!«

Und ich glaube, in diesem Moment realisierte Beate, dass sie keine Chance mehr hatte. Sie ging raus und Jens folgte ihr.

An die anderen vier gewandt, fuhr ich fort: »Ich hatte angekündigt, dass ich euch letzten Freitag entlassen würde, wenn ihr nicht mitzieht. Wir haben nun Dienstag. Leider habe ich meine Entscheidung vier Tage verzögert. Auch das wird in Zukunft nie wieder vorkommen! Aber jetzt haben wir die Verzögerung nun mal. Deshalb meine Frage an euch: Werdet ihr mitziehen und die Firma zum Erfolg führen? Oder nicht? Versteht mich bitte richtig: Beide Optionen sind für mich in Ordnung: Ihr könnt hierbleiben und begeistert mitmachen oder ihr könnt gehen. Beides ist okay! Aber ich will die Entscheidung heute, hier und jetzt!«

Ich blickte in die Runde – keine Reaktion. Wer von den vieren war die schwächste Person? Ich schaute Maria an: »Maria? Wie entscheidest du dich?«

Hilfesuchend schaute sie die anderen an. Aber sie hatten gerade ihre Anführerin verloren und es gab noch keinen Ersatz. So drehte sie sich schließlich wieder zu mir und erwiderte leise: »Ich mache mit.«

»Herzlich willkommen an Bord, Maria«, begrüßte ich sie. »An welcher Stelle willst du die Firma unterstützen?«

»Ich weiß nicht«, sagte sie: »Ich bin doch nur Cutterin.«

Da warf Tobias plötzlich ein: »Maria, du kannst mich unterstützen. Dann habe ich wieder mehr Freiraum, mich um meine Kundenbeziehungen zu kümmern. In Ordnung?«

»Ja, das ginge«, erwiderte Maria mit etwas festerer Stimme. »Das mache ich! Ich komme nachher gleich zu dir.«

»Karla?«, fragte ich als Nächstes.

Sie schaute zu Torsten und Jana, dann zu Maria und sagte schließlich mit fester Stimme: »Ich bin auch dabei! Ich bin die Einzige von uns vieren, die in der Lage ist, Beate auch nur näherungsweise zu ersetzen. Ich versuche, unsere Beiträge und Storys zu platzieren. Zumindest, wenn es für dich okay ist, dass ich nur halb so effektiv bin.«

»Herzlich willkommen an Bord, Karla!«

»Ich bin raus«, fuhr Torsten dazwischen. »Ich packe dann wohl besser auch mal meine Sachen zusammen.«

Ich nickte: »Viel Erfolg für deine Zukunft, Torsten. Petra, begleitest du bitte Torsten und sorgst ebenfalls dafür, dass er in fünf Minuten hier raus ist? Danke!«

Petra nickte und die beiden verschwanden genau in dem Moment, als Jens wiederkam. Dieser erfasste die Sache sofort, grinste und setzte sich.

Ich schaute Jana an: »Jana?«

Sie blickte hilflos zu Karla, zu Maria, zur Tür und wieder zu mir. Schließlich schien sie eine Entscheidung zu treffen. Sie straffte sich und richtete sich auf. Dann nickte sie und sagte – für mich sehr überraschend: »Ich bin dabei, Marc! Ich bin deine Assistentin und werde dich immer unterstützen. Damit du den nötigen Freiraum hast, unsere Firma voranzubringen.« Offenbar hatte ich gerade Janas Respekt zurückgewonnen.

Für einen Moment musste ich an Carlos denken – es war alles nur eine Frage des inneren Status. Dann nickte ich und lächelte: »Herzlich willkommen, Jana, als meine Assistentin!«

Dann blickte ich wieder in die Runde: »Leute, wir haben heute etwas gemeinsam geschafft, was ich vor vier Monaten nicht für möglich gehalten hätte: Wir sind jetzt ein Team! Ein Team, das sich gegenseitig unterstützt und das gemeinsam in eine Richtung geht.«

Ich erzählte ihnen von meinem Loveparade-Projekt und dem Bau des Vogelhauses mit meinem Opa. Ich fragte sie, ob sie ähnliche Erlebnisse gehabt hätten, und Jana, Jens und Ria erzählten von vergleichbaren Erfahrungen. Und schließlich fragte ich: »Wer möchte hier auf diese Art und Weise zusammenarbeiten?«

Alle Hände gingen hoch. Was für ein Fest!

»Wir stehen aber vor einer großen Herausforderung«, fuhr ich fort. Ich wusste, ich brauchte eine Erneuerung der gemeinsamen Aufgabe, dieses Mal für alle. »Beate hat dieses Unternehmen verlassen. Sie war an einer strategischen Schlüsselposition tätig und all ihre Kontakte waren persönlicher Natur. Sie ist kaum ersetzbar. Karla wird zwar einige Resultate erzielen, aber nicht in dem Ausmaß wie Beate. Mir sind nun zwei Dinge wichtig: erstens mittelfristig, dass wir nie wieder eine solche Stelle so konzipieren, dass bei einem Ausfall des entsprechenden Mitarbeiters die ganze Firma existenziell bedroht ist. Zweitens kurzfristig: Wir finden jetzt hier gemeinsam Lösungen!«

Alle nickten und wir diskutierten den ganzen Vormittag. Die Diskussion führte in zwei Richtungen: Zum einen ging es darum, wie wir den Ausfall überbrücken können. Da reorganisierten wir unglaublich viel unserer Arbeitslast und schafften es am Schluss, die Kapazität von zweieinhalb Stellen für Beates bisherige Aufgaben freizuräumen. Das sollte notdürftig funktionieren.

Aber es kam auch noch was anderes heraus: Mit meiner bisherigen Vision und Strategie konnte eigentlich keiner aus dem Team was anfangen. Und als ich mir das jetzt bei Lichte besah: Ich konnte auch nichts mehr damit anfangen. Zu sehr hatten sich in den letzten Monaten meine Werte verschoben: Gerechtigkeit war sehr in den Hintergrund gerückt. Und wieso sollten wir Unternehmen helfen, ihr Image in der Öffentlichkeit zu drehen, obwohl sie zum großen Teil durch eigenes Verschulden in die Schlagzeilen geraten waren? Zumal wir teilweise wussten, dass diese Firmen nur ihr Image drehen, aber nicht die Ursachen für die schlechten Schlagzeilen bekämpfen wollten. Es erschien mir plötzlich völlig sinnlos!

Und so bekam ich eine große Aufgabe: Ich sollte eine Vision und eine Strategie für das Unternehmen entwickeln und diese dann ins Unternehmen tragen. Und da hatte ich wirklich Lust drauf!

Am Ende des Meetings hatten wir alle eine super Energie, und so beschloss ich, eine kleine Feier zu spendieren: »Lasst uns heute Abend alle zusammen in einen Klub gehen und Party machen!«

Ich erntete zustimmendes Klatschen und beim Rausgehen klopften sich alle gegenseitig auf die Schulter und gaben sich High Fives!

Nach einigen Stunden im Klub kam Jens, als ich gerade gehen wollte, zu mir: »Marc, es steht mir nicht zu, aber als dein Freund: Wie kamst du eigentlich auf die Idee, dass Beate dich jemals geliebt haben könnte? Wart ihr miteinander im Bett? Nein! Hatte sie dein Bestes im Sinn? Nein! Es ging ihr immer nur um ihren Status als Königin. Und zwar als Königin, die ihren – verzeih den Ausdruck – Waschlappenkönig nach Belieben führt: mit angedeutetem Liebesentzug und mit Schuldgefühlen. Es ging ihr um ihren Status, und als dieser bedroht wurde, fing sie an zu kämpfen. Zuerst wollte sie deinen Berater wegbeißen, dann hat sie im Unternehmen eine Allianz gegen dich geschmiedet, danach wollte sie Petra aus der Firma drängen und schließlich – das war ziemlich kopflos, immerhin ist es deine Firma – hat sie eine Revolution gegen dich angezettelt. Sie hat dich nie geliebt, Marc. Nicht eine Sekunde. Ihr wirkliches Gefühl dir gegenüber war Verachtung! Und heute hast du dich auf eine Art und Weise verhalten, dass man dich vielleicht fürchten, aber sicher nicht mehr verachten kann. Ganz sicher aber werden *wir* dich ab jetzt *respektieren*! Bleib so!«

Ich nickte und klopfte ihm auf die Schulter: »Danke, Jens. Ich weiß, wie es gemeint ist. Beate ist Schnee von gestern!«

Und mit diesen Worten verabschiedete ich mich und fuhr nach Hause. Ich wusste, dass für diesen Tag entscheidend war, dass ich vorher bereit gewesen war, den Preis zu bezahlen. Wie es Wolfgang an unserem ersten gemeinsamen Tag beschrieben hatte: Der Boxer, der in den Ring steigt, muss vorher bereit sein, k.o. zu gehen. Und dann alles tun, damit der andere k.o. geht. Ich hatte gestern Abend mit meiner Bereitschaft, alles anzunehmen, den Preis bezahlt.

Auf dem Heimweg fragte ich mich, weil es mir schon fast in Fleisch und Blut übergegangen war, wie ich denn jetzt mein Unternehmen im Hinblick auf die drei Kriterien herausragender Führung bewerten würde. Ich gab uns eine 7 für die Energie und eine 4 für den gemeinsamen Beitrag. Und die Zukunft? Die war ungewiss. Und so fühlte ich tief in mich hinein. Und plötzlich *wusste* ich, dass wir alle eine Zukunft hatten, als Einzelne, als Team und als Firma. Und so gab ich auch eine 4. Wir hatten uns dramatisch verbessert! Und ich hatte mein Ziel von 5, 5 und 3 bis Ende Mai praktisch durch nur eine entscheidende Handlung erreicht. Zugleich wusste ich, auch durch den Brief meines Opas, dass wir noch nicht am Ende waren. Und dass ich selbst auch noch nicht am Ende war!

10. Neues entsteht

(MITTWOCH, 11. MAI – SONNTAG, 10. JULI)

Am nächsten Morgen ergab für mich alles Sinn. Ich dachte an die sieben Handlungsbereiche der Führung. Ich hatte die Teamzusammensetzung verändert. Meine operative Führung hatte sich verändert. Wir begannen Systeme zu schaffen. Ich hatte mein Team entwickelt und auch einzelne Mitarbeiter. Und ich hatte mir sehr viel Zeit für meine persönliche Entwicklung und meinen Status genommen. Ich hatte an allen Einflussfaktoren meines Status gearbeitet. Dies war in gewissem Sinne die Grundlage für alles andere. Ohne meinen neuen Status wären die letzten beiden Tage unmöglich gewesen.

10.1 Strategie und strategische Führung

Der Bereich visionäre und strategische Führung fehlte noch, und genau da hatte ich für die nächsten Wochen einen Engpass, den ich gezielt angehen wollte. Zumal der zweite Wert der drei Kriterien, also der gemeinsame Beitrag für die Kunden, auch der einzige war, der noch von meiner Zielstellung um einen Punkt nach unten abwich. So bat ich Wolfgang um weitere Unterstützung.

Wir trafen uns am 20. Mai für einen halben Tag, und ich berichtete ihm, was alles seither geschehen war. Wolfgang hörte aufmerksam zu, unterbrach nur hin und wieder mit ein paar Fragen. Schließlich schloss ich: »In den letzten eineinhalb Wochen war ich gelöst und zufrieden wie schon viele Jahre nicht mehr. Ich glaube, mein Team hat einen ganz anderen Marc kennengelernt und nicht zuletzt deshalb hatten wir eine super Stimmung im Team. Einen großen Teil meiner Zeit nutzte ich, um meinen Mitarbeitern zu helfen, ihnen Steine aus dem Weg zu räumen, Ziele zu vereinbaren, Prozesse zu definieren usw. Aber zugleich machte ich mir auch Sorgen: Meine alte Vision war für mich selbst nicht mehr greifbar und mein bisheriges Business-Modell funktioniert nicht mehr richtig. Wir können zwar unsere Aufträge mit kollektiver Anstrengung abarbeiten. Aber da ich weiß, dass wir in der Platzierung der Beiträge richtig schlecht sind, fehlt mir auch die Überzeugung, neue Aufträge zu gewinnen. Kurz und gut: Ich brauche eine neue Strategie und eine neue Vision. Und deswegen bin ich hier.«

»Ich verstehe«, erwiderte Wolfgang grinsend. »Du hattest eine Vision, die schon bisher nicht funktionierte, und willst sie durch eine neue ersetzen, die vielleicht auch nicht funktioniert.«

»Natürlich soll sie funktionieren«, sagte ich irritiert.

»Du erinnerst dich an unsere Session, in der es um Werte ging und um emotionale Referenzbilder?«

»Ja«, erwiderte ich langsam, während ich begriff: »Du meinst, dass Visionen oft genauso sind wie die abstrakten Wertedeklarationen an der Wand. Sie hängen dort rum, ergreifen aber nicht die Herzen und deswegen interessiert sich in der Praxis keiner dafür?«

»Genau«, sagte Wolfgang. »Wir gehen darauf später näher ein. Aber du sagtest, dass du auch eine neue Strategie brauchen würdest. Deine bisherige Strategie hat einigermaßen funktioniert: Du bist nicht pleite und hast einfacher als manch anderer Unternehmer neue Kunden gewonnen. Deshalb war sie nicht ganz schlecht! Aber erstens ist dir durch Beates Fähigkeiten und Kontakte eine herausragende und notwendige Stärke weggebrochen, und zweitens hast du eigentlich keine Lust mehr, für *diese* Kunden zu arbeiten. Du willst nicht mehr nur neuen Lack auftragen, während deine Kunden die Ursachen ihrer Negativschlagzeilen nicht beseitigen wollen.«

Ich nickte; das hatte Wolfgang treffend zusammengefasst. So fuhr er fort: »Wäre es nur der Wegfall der Stärke, müsstest du einfach die Zähne zusammenbeißen und die Stärke wieder aufbauen. Das mag manchmal ein bis zwei Jahre dauern, ist aber trotzdem nur eine Frage der Zeit. Aber es kommt noch der zweite Grund dazu: Es erscheint dir sinnlos! Und deswegen *müssen* wir uns mit einer neuen Strategie beschäftigen. Und im Anschluss daran müssen wir uns damit beschäftigen, wie du es schaffst, deine Leute mitzunehmen, also strategisch zu führen. Auch hier gibt es wieder dieselbe Frage wie bei den Werten und der Vision: Was hilft es dir, wenn du ein Blatt Papier mit deiner Strategie an der Wand hängen hast?«

»Sind Strategie und Vision denn zwei unterschiedliche Dinge?«, fragte ich.

»Ja, absolut!«, antwortete Wolfgang. Zuerst einmal kann sich ein Unternehmer in einer von vier mentalen Welten[151] aufhalten. Er kann im Bereich der reinen Reaktion sein – so wie du vor fünf Monaten. Etwas geschieht und der Unternehmer reagiert. Dieser Unternehmer braucht keine Vision und keine Strategie, weil er sowieso keine Zeit und Energie hat, sich darum zu kümmern. In der zweiten Welt kümmert sich der Unternehmer nur um seine eigenen Ziele bzw. die Ziele seines eigenen Unternehmens. Er will also mehr Umsatz, mehr Gewinn, mehr Gehalt, mehr Kunden, bessere Prozesse, ein besseres Betriebsklima, schneller neue Kunden, die Marktführerschaft, mehr Geld, mehr Zeit, mehr Macht, mehr Anerkennung. Alles letztlich für sich selbst. Er hat also eigene Ziele und ›Strategien‹, um diese Ziele zu erreichen. Manchmal deklariert er auch einige dieser Ziele als Vision und wundert sich, warum sonst niemand der Vision

151 Er hält sich oft in mehreren dieser Welten gleichzeitig auf, aber eine ist dominant! Ausführlich dazu in meinem Seminar »Der Weg zum erfolgreichen Unternehmer 2.0«.

folgt. Die Antwort ist, weil die Menschen um ihn herum auch ihre eigenen Ziele in den Vordergrund stellen, und dies sind in aller Regel andere Ziele als seine. Obwohl also in dieser Welt von Visionen und Strategien gesprochen wird, handelt es sich eigentlich nur um Ziele und um Vorgehensweisen, um diese Ziele zu erreichen. Damit beschäftige ich mich nur peripher.«

»Und die dritte Welt?«

»Ab hier wird es spannend! Nun geht es darum, die Ziele des Kunden und des zukünftigen Kunden zu erreichen. Und zwar *nicht*, weil wir dann mehr Profit machen, sondern weil uns der Kunde am Herzen liegt. Und weil wir das in Zukunft auch noch und sogar noch viel besser machen wollen als heute, müssen wir Geld dafür nehmen. Geld ist also nicht mehr das Ziel, sondern ein Mittel, um das eigentliche Ziel, den Kundennutzen, zu erreichen. Ab hier stellen sich die Fragen, für welche Zielgruppe ich arbeiten möchte, was dieser Zielgruppe *wirklich* wichtig ist und wie wir dafür am besten Lösungen schaffen können. Jetzt geht es um eine Strategie, die den Namen verdient!«[152]

»Aber ist das nicht ziemlich blauäugig? Ich brauche doch Gewinne! Und ich hätte gerne auch mehr Geld als die paar Zehntausend Euro auf meinem Konto!«

»Ganz im Gegenteil«, schüttelte Wolfgang den Kopf. »In dem Maße, wie du anderen hilfst, beginnen andere, dir zu helfen! Den permanenten Krieg hast du nur in der Welt der eigenen Ziele. Und nur aus der Brille der Welt 2 erscheint das Vorgehen der Welt 3 blauäugig. Das Problem ist aber nicht die Welt 3, sondern die Brille der Welt 2 samt den ganzen zugehörigen Glaubenssätzen. Wir kommen gleich noch ausführlicher dazu. Doch lass uns erst noch Welt 4 anschauen. In Welt 4 sind Unternehmer, die etwas an der Welt verbessern oder verändern möchten, und zwar weit über den unmittelba-

152 Ausführlich dazu in meinem Buch *Die Kunst, seine Kunden zu lieben. Neurostrategie für Unternehmer.*

ren Kundennutzen hinaus. Das kann die ganze Region oder Branche sein oder sogar die ganze Welt. Unternehmen, die zum Beispiel den Plastikmüll wieder aus den Meeren fischen wollen, gehören dazu. Hier geht es um eine größere Vision! Damit haben wir auch die Hauptunterschiede zwischen Strategie und Vision: Die Strategie bezieht sich auf die Kunden; die Vision geht darüber hinaus und zielt auf eine bessere Welt. Die Strategie bietet den Kunden einen Nutzen, die Vision bietet allen Beteiligten einen Sinn. Die Strategie ergibt sich aus dem Nutzen der Kunden, die Vision aus dem Inneren des Unternehmers und seines Bezugs zur ganzen Welt. Aus diesem Grund müssen wir getrennt vorgehen.«

Die Strategie bietet den Kunden einen Nutzen, die Vision bietet allen Beteiligten einen Sinn.

»Wenn die Vision das Übergeordnete ist, dann lass uns damit beginnen«, schlug ich vor.

»Eben nicht!«, lehnte Wolfgang ab. »Ein Unternehmen kann ganz gut ohne Vision funktionieren, aber sicher nicht ohne Kundennutzen. Ein Bäcker, der zwar gesunde, aber schlecht schmeckende Brötchen verkauft, der also eine Vision, aber keine Strategie hat, wird sicher schlechtere Resultate erzielen als einer, der es umgekehrt macht. Eine Strategie brauchen wir zwingend, eine Vision ist für Unternehmen ein hilfreiches Add-on. Wir beginnen also mit der Strategieentwicklung und dazu nutze ich die Neurostrategie.«[153]

»Und wie geht das?«

»Ach, das ist eigentlich ganz einfach«, grinste Wolfgang. »Du findest heraus, was dein wichtigstes Motiv ist.«

»Also frei, selbstbestimmt und selbstwirksam? Das, was wir am ersten gemeinsamen Tag herausgearbeitet haben?«

»Klingt gut«, nickte Wolfgang. »Dann überlegst du dir, wer eine

---

153 Vgl. ausführlich dazu mein Buch *Die Kunst, seine Kunden zu lieben. Neurostrategie für Unternehmer*. Hier in diesem Fall wird sehr schnell ein *Ansatz* für eine Strategie gefunden. Nicht weil Strategie einfach wäre, sondern weil der Fokus in diesem Buch auf strategischer *Führung* und nicht auf Strategieentwicklung liegt.

dafür passende Zielgruppe ist. Die Zielgruppe sollte möglichst klein sein. Dann kannst du sie mit deinen beschränkten Mitteln schneller erreichen und in diesem winzigen Markt sehr schnell die Nummer eins werden.«

»Aber damit begrenze ich doch mein Wachstum?«

»Das ist die Haupthürde beim Anwenden der Neurostrategie«, lächelte Wolfgang. »Welches Gefühl steckt wohl hinter deiner Frage?«

Ich dachte einen Moment nach: »Mangel und Angst. Das Gefühl, nicht genug Kunden zu gewinnen.«

»Genau«, bestätigte Wolfgang. »Der Haupthinderungsgrund bei der Strategieentwicklung und -umsetzung ist Angst. Dieser Angst wirst du dich stellen müssen. Und dann wirst du feststellen, dass nicht der Spezialist Angst haben muss, sondern der Generalist. Nimm einen Spezialisten für Gehirnchirurgie. Ursprünglich hat er auch eine allgemeinmedizinische Ausbildung. Aber er kümmert sich nicht mehr um Grippepatienten. Wer wird nun wohl nachgefragter sein? Und wer wird mehr verdienen? Wer wird dauernd Angst davor haben, dass die Kassenabrechnungsregeln noch komplizierter werden?«

»Aber Unternehmen wie Google haben sich an alle gewandt und sind trotzdem groß geworden«, warf ich ein.

»Die waren zu Beginn auch spezialisiert – zwar nicht auf eine Zielgruppe, aber auf ein Problem. Die ganzen Wettbewerber wie Yahoo und Altavista waren eher Nachrichtenportale und boten alles an. Google nur ein Eingabefeld. Und zweitens hatte Google Hunderte Millionen Dollar Risikokapital, um die Marktdurchdringung zu erreichen. Wenn du auch so viel Geld hast, dann brauchst du deine Zielgruppe nicht einzugrenzen. Aber lass uns zurück zur Frage kommen: Wie könnte deine Zielgruppe aussehen?«

»Aber meine Zielgruppe sind Unternehmen! Wie soll ich da eine Verbindung zu meinem Motiv herstellen?«

»Im Unternehmen arbeiten Menschen. Wenn du an den Unternehmer verkaufst, dann sollte der Unternehmer dein Motiv teilen. Wenn es der Marketingleiter ist, dann eben dieser.«

»Das müssten solche Unternehmer sein wie im Braintrust«, überlegte ich.

»Anspruchsvoll, aber könnte passen«, nickte Wolfgang. »Kommen wir zum nächsten Schritt: Was sind deren wichtigste Probleme oder Bedürfnisse oder Träume?«

»Wahrscheinlich das Problem, von der Fachkraft zum Unternehmer zu werden, doch wie kann ich da helfen?«

»Interessiert erst mal nicht, wie du helfen kannst. Das Problem ist, dass du noch zu grobschlächtig denkst. Die Leute aus dem Braintrust haben das Problem, das du genannt hast, oft längst gelöst. Deine Zielgruppe hat also zu unterschiedlichen Zeitpunkten unterschiedliche Fragen, Wünsche und Probleme. Über was hast du mit den Menschen beim Braintrust gesprochen?«

In diesem Moment fiel mir Uwe ein: »Uwe wollte wissen, ob ich ihm bei der Optimierung seiner Unternehmenskultur mit Storytelling helfen kann. Er wollte das dann aber nicht, da ich die einzige Fachkraft in meinem Unternehmen war und er dann gleich einen Freelancer hätte nehmen können.«

»Klingt nach einer interessanten Arbeitshypothese: Du verbesserst die Unternehmenskultur. Deine Zielgruppe würde sich durch diese Frage etwas verschieben: Es wären nämlich nur Unternehmer, die schon ein gewisses Niveau erreicht haben, die in ihrem Bereich schon richtig gut sind. Was hältst du von der Idee, die Unternehmenskultur für die Hidden Champions zu optimieren? Das sind 1400 Unternehmen in Deutschland, vermutlich immer noch zu viel für dich. Aber lass uns damit mal arbeiten.«

»Das klingt super spannend! Mit Storytelling könnte man auch gleich noch Employer-Branding machen, damit genügend wirklich gute Mitarbeiter dort anfangen.«

»Was in der Tat ein Problem ist, da viele Hidden Champions nicht in den für junge Menschen attraktiven Großstädten wie Berlin oder Hamburg angesiedelt sind, sondern in Künzelsau oder Bielefeld oder an anderen Orten, wo eigentlich niemand freiwillig hinwill.«

Ich dachte einen Moment nach: »Beim Thema Unternehmenskultur wird unsere Schwäche, dass wir Beiträge medial nicht mehr richtig platzieren können, völlig unwichtig: Es geht ja um etwas, was innerhalb des Unternehmens stattfindet. Lediglich beim Employer-Branding hätten wir ein Problem. Auch dort müssten wir die Beiträge in den entsprechenden Medien unterbringen.«

»Allerdings kein sehr großes Problem: Du kannst dich auf die fürs Employer-Branding wichtigen Medien konzentrieren und deshalb sehr viel schneller die Expertise wieder aufbauen, als wenn du Kontakte für alle Medien aufbauen müsstest.«

»Das stimmt«, überlegte ich. »Doch woher weiß ich, ob das funktioniert?«

»Bevor du angefangen hast, weißt du nie, ob es funktioniert! Der Weg ist immer in möglichst kleinen Schritten zu gehen, dann kannst du deine Risiken minimieren. Also konkret indem du ein Probeprojekt bei Uwe machst. Und dann mit diesen Erfahrungen bei anderen Hidden Champions anklingelst und den Markt testest. Das machst du, während du deine bisherigen Aufträge abwickelst. Solange du noch nicht den Beweis hast, dass es wirklich funktioniert, wirst du nur wenige Ressourcen versenken. Dann ist dein Risiko ziemlich gering und du kannst jederzeit abbrechen oder die Ausrichtung verändern.«

»Dann«, überlegte ich, »sind wir eigentlich schon fertig mit dem, was wir heute bei der Strategieentwicklung machen können? Wir haben eine Idee, die sich für mich richtig anfühlt, und jetzt muss ich ausprobieren?«

»Ja«, antwortete Wolfgang. »Strategieentwicklung ist ein iterativer Prozess, bei dem du permanent dein Ohr am Markt hast, früh testest, dabei eine Menge über den Kunden lernst und vor allem permanent deine Gefühle hinterfragst. Kommen irgendwo Angst oder die Bedürfnisse deines Egos ins Spiel, bist du mit hundertprozentiger Sicherheit auf dem falschen Weg.«

»Und wie kann ich da mein Team miteinbeziehen?«

»Das ist nun strategische Führung«, sagte Wolfgang. »Die meisten Unternehmer definieren jetzt klassisch nach Führungsstil 3 ein paar strategische Projekte und wundern sich, dass die nicht richtig funktionieren. Das liegt zum einen daran, dass Strategie ein iterativer Prozess ist und deshalb mindestens mit flexiblen Zielen, also Stil 4, geführt werden muss. Aber der eigentliche Schlüssel bei der Neurostrategie ist, seine Kunden zu lieben und die eigenen Ängste und unerfüllten eigenen Bedürfnisse zu minimieren bzw. in den Hintergrund treten zu lassen. Du musst allerdings beachten: Wenn du als Unternehmer das kannst, dann machen es deine Mitarbeiter noch lange nicht.«

»Aber das müssen sie doch auch nicht. Ich entwickle doch die Strategie und nicht meine Mitarbeiter«, entgegnete ich.

»Die Grundrichtung entwirfst du. Dennoch hat jede Handlung eines Mitarbeiters strategische Auswirkungen. Du willst dich auf die Bedürfnisse deines Kunden konzentrieren, weil du ihn liebst. Aber du hast zum Beispiel einen Verkäufer, der sich auf die Höhe seiner Provision konzentriert, weil ihm die Schulden bis zum Hals stehen. Dann wird deine Strategie nicht funktionieren. Du kannst auch hundertmal mit diesem Mitarbeiter sprechen, ihm Ziele oder flexible Ziele geben, es wird trotzdem nicht funktionieren! Er *kann* mit diesen Emotionen nicht kundenorientiert agieren!«

»Ich könnte die Provision abschaffen«, schlug ich vor.

»Das ist sicher eine gute Idee«, erwiderte Wolfgang. »Aber vermutlich sind diesem Verkäufer deine Kunden trotzdem egal – er fokussiert sich auf seine eigenen Probleme. Was dann?«

»Dann müsste ich ihn austauschen.«

»Ich glaube, du hast gerade schon genügend Fluktuation in deinem Unternehmen«, schüttelte Wolfgang den Kopf. »Nein, es läuft letztlich auf folgende zwei Fragen hinaus: *Was kannst du tun, damit auch deine Mitarbeiter die Kunden aus deiner Zielgruppe lieben? Und was kannst du tun, damit die Bedürfnisse deiner Mitarbeiter so befriedigt sind, dass sie nicht nur in der Lage sind, sondern sogar darin ihre Erfüllung finden, sich auf die Bedürfnisse deiner Kunden und die Lösung ihrer Probleme zu konzentrieren?* Die Antwort auf diese beiden Fragen und nichts anderes ist strategische Führung nach Stil 5.«

»Ich kann dem Vertriebler mit den Schulden doch nicht einfach mehr bezahlen?«, warf ich ein.

»Das nicht, aber du kannst ihn zu einem Finanzseminar schicken, wo er lernt, mit seinen Finanzen umzugehen und zu sparen. Lass uns das mal systematisch angehen. Was kannst du tun, damit deine Mitarbeiter die Kunden aus deiner Zielgruppe lieben?«

Ich dachte einen Moment nach, dann ging ich ans Flipchart:

- Hin und wieder einen Kunden einladen und dann gemeinsam mit ein oder zwei Mitarbeitern essen gehen
- Zu Betriebsfesten auch Kunden einladen
- Sich von Hardcore-Problemkunden, die die Stimmung runterziehen, gezielt verabschieden
- Systematisch positive Storys über tolle Kunden im Unternehmen verbreiten
- Bei negativen Erlebnissen eines Mitarbeiters mit einem Kunden einhaken, woran das noch gelegen haben könnte, bevor sich ein Glaubenssatz wie »Der Kunde ist blöd« verfestigt
- Möglichst viele Kontaktpunkte zwischen Mitarbeiter und Kunde schaffen, wo es auch menscheln kann
- Wenn jemand eine Methode gefunden hat, wie man einen schwierigen Kunden besänftigen oder gar begeistern kann, diese im ganzen Unternehmen bekannt machen

»Du meinst solche Ideen?«

Wolfgang nickte: »Das klingt alles schon recht gut! Im Endeffekt schaffst du damit einen positiven Glaubenssatz im Unternehmen: Unsere Kunden sind richtig super, und es macht Spaß, mit ihnen zu tun zu haben. Nicht nur die Bereitschaft, mit den Kunden Kontakt zu haben und ihnen Lösungen zu bieten, steigt dadurch dramatisch, sondern auch die Neugier auf den Kunden. Und durch diese Neugier erfährt dein Unternehmen – und zwar dein ganzes Unternehmen und nicht nur du als Unternehmer – viel schneller, welche neuen Bedürfnisse und Probleme beim Kunden noch entstehen. Damit kannst du auf Veränderungen viel schneller reagieren als irgendwer sonst. Dein Wettbewerb sieht die Möglichkeiten oft erst, indem sie dich als Wettbewerber beobachten und dann nachmachen. Aber wer sich am Wettbewerb orientiert, ist automatisch bestenfalls der Zweite.[154] Bevor wir zur zweiten Frage kommen, noch eine Anmerkung: Du musst natürlich dafür sorgen, dass die Dinge, die ein Mitarbeiter über einen Kunden lernt, auch im ganzen Unternehmen bekannt gemacht werden. Wieder über Storytelling oder über einen festen TOP ›Was ich Neues über einen Kunden gelernt habe‹ auf euren Meetings oder über andere Ideen.«

»Okay«, nickte ich. »Dann zur zweiten Frage: Was kann ich tun, damit die Bedürfnisse meiner Mitarbeiter so befriedigt sind, dass sie in der Lage sind und ihre Erfüllung darin finden, sich auf die Bedürfnisse meiner Kunden und die Lösung ihrer Probleme zu konzentrieren? Das mache ich doch eigentlich sowieso schon. Ich hatte das schon Anfang Februar mit Thomas besprochen.«

»Kennst du das schon oder kannst du das schon?«, hakte Wolfgang nach. »Weißt du zum Beispiel, wann sich Ria sicher fühlt? Und was gegeben sein muss, damit Jens das Gefühl hat, sich wirklich wei-

---

154 In der Tat halte ich persönlich von Wettbewerbsbeobachtung sehr wenig. Wenn ich dieselbe Zeit in den Kundenkontakt investiere, kommt meist deutlich mehr raus. Und falls ein Wettbewerber mal tatsächlich was Herausragendes macht (was eher selten ist, wenn man selbst der Marktführer ist), dann erfährt man es durch den Kunden, der nach dieser neuen herausragenden Sache fragt. Das hat nebenbei auch noch den Vorteil, dass man nur das Zeug vom Wettbewerber berücksichtigt, das dem Kunden auch wirklich wichtig ist. Meist geht die größere Gefahr auch nicht von den Wettbewerbern aus, sondern von disruptiven Technologien. Dual ist nicht pleitegegangen, weil die Wettbewerber einen besseren Plattenspieler auf den Markt brachten, sondern weil die CD-Player aus einer völlig anderen Branche hereinschwappten. *Dies* muss ich natürlich sehr wohl beobachten, aber auch darauf macht mich oft der Kunde aufmerksam.

terzuentwickeln? Oder was gegeben sein muss, damit Jana sich zugehörig fühlt?«

Ich dachte einen Moment nach und wollte schon antworten, als mir klar wurde, dass ich das alles nicht wusste. Ich hatte Vermutungen, aber ich hatte nie mit meinen Mitarbeitern darüber gesprochen. »Das Entscheidende ist jetzt vermutlich gar nicht so sehr eine Methode, sondern dass meine Mitarbeiter regelmäßig das Gefühl haben, dass mich das interessiert und dass ich letztlich jeden auch entsprechend seinen Bedürfnissen führe. Führungsstil 5 im Bereich der strategischen Führung, richtig?«

Wolfgang nickte: »Wenn deine Mitarbeiter das Gefühl haben, dass sie dir wirklich am Herzen liegen und du auf ihre Bedürfnisse achtest, *dann* sind sie bereit, auf die Bedürfnisse deiner Kunden zu achten und ihnen zu zeigen, dass sie ihnen am Herzen liegen. Das wirklich Besondere an dieser Art der strategischen Führung ist nicht nur, dass sie menschenzugewandt ist und dass sie schnellere und bessere Ergebnisse bringt, sondern dass letztlich – bei gegebener Zielgruppe – alle an der Verbesserung der Strategie mitarbeiten. Dein Job als Unternehmer ist es nur noch, die Zielgruppe vorzugeben[155] und durch die beiden Fragen den Rahmen zu setzen.«

Das klang alles ziemlich cool und einfach. Ich hatte keine weiteren Fragen mehr zum Thema, und so schlug ich vor: »Lass uns kurz eine Pause machen. Und in der Pause rufe ich Uwe an, vielleicht kann ich dann gleich noch einen ersten praktischen Schritt machen.«

Wolfgang nickte anerkennend und lächelte.

---

155 Und beinhart bei dieser kleinen Zielgruppe zu bleiben!

10.2 Vision und visionäre Führung

Als ich wieder in den Raum kam, überfiel ich Wolfgang sofort freudig: »Uwe möchte, dass wir bei ihm ein Pilotprojekt machen! Zwar zum deutlich reduzierten Preis, aber wenn er zufrieden ist, ist er bereit, als Referenz herzuhalten.«

»Klingt super!«, stimmte Wolfgang zu. »Nur sei dir darüber im Klaren: Der Hauptkontext, in dem du mit Uwe zu tun haben wirst, ist der Braintrust. Und da werden wir nicht dulden, dass du, um deinem neuen Kunden zu gefallen, allen anderen was vormachst. Du wirst noch nie gegenüber einem Kunden so die Hosen runtergelassen haben! Wenn das für dich okay ist, dann soll es für mich auch okay sein.«

Ich schluckte. Da war es wieder, das klare emotionale Referenzbild von Wolfgang. Und da war gemeinsames Lernen wichtiger, als miteinander Geschäfte zu machen. Vermutlich war deshalb der Braintrust so anders als alle anderen Networking-Events, auf denen ich je gewesen war: Da stand das Geschäftemachen im Vordergrund, und das führte dazu, dass alle sich gegenseitig was vormachten, wie toll sie doch waren. Genau das wollte ich nicht mehr! Und so war ich bereit, in den sauren Apfel zu beißen und alle Probleme vor meinem neuen Kunden auf den Tisch zu legen: »In Ordnung, Wolfgang!«

Wolfgang beobachtete mich einen Moment zweifelnd, dann nickte auch er: »Gut, lass uns zu deiner Vision kommen! Zuerst einmal: Eine Vision ist nichts, was wir hier am grünen Tisch brainstormen und dann festlegen. Das wäre bestenfalls eine Schnapsidee.«

»Warum?«

»Weil das Entscheidende gar nicht die Vision ist, sondern die Kraft, die sie – zuerst in dir, dann in anderen – entfaltet. Kraftlose Visionen finden sich leicht. Ich nehme irgendein großes Menschheitsthema und verknüpfe das mit meiner Strategie. Fertig wäre die Vision. Zum Beispiel willst du ja die Kultur in Unternehmen verbessern. Dann fühlen sich Mitarbeiter wohler und dann sind sie gesünder. Und wenn sie gesünder sind, leben sie länger. Mit deinem Unternehmen trägst du also zu einer höheren Lebenserwartung bei. Fertig.«

Ich machte ein langes Gesicht: »Das haut mich aber jetzt nicht vom Hocker!«

Das Entscheidende ist gar nicht die Vision, sondern die Kraft, die sie – zuerst in dir, dann in anderen – entfaltet.

»Ist aber eine formal korrekte Vision. Gut, wenn dir diese Vision nicht gefällt, nehmen wir eine andere. Viele Menschen leiden heute unter Vereinsamung. Auch am Arbeitsplatz. Durch bessere Unternehmenskulturen sorgst du dafür, dass die Menschen stärker in ihr Umfeld eingebettet sind und das wiederum an ihr Umfeld außerhalb der Firma ausstrahlen. Du reduzierst die Vereinsamung.«

»Nicht wirklich besser«, schüttelte ich den Kopf.

»Ist aber auch eine gültige Vision. Der Haken ist nur: Es ist nicht die richtige Vision *für dich*!«

»Wieso? Könnten diese Visionen für andere richtig sein?«

»Klar! Nimm jemanden, dessen Vater aufgrund der Unkultur und des Mobbings in seinem Unternehmen ganz früh gestorben ist. Plötzlich hätte die Vision eine ganz neue Bedeutung.«

Ich nickte nachdenklich: »Wir brauchen also eine Vision, die zu mir passt. Aber was genau ist der Unterschied?«

Wolfgang überlegte einen Moment. Dann begann er: »Vor allem die Energie, die sie entfesselt. Aber diese Energie hat ihren Preis und darüber möchte ich zuerst mit dir sprechen. Gandhi sagte einmal: ›Zuerst ignorieren sie dich. Dann lachen sie über dich. Dann bekämpfen sie dich. Und dann gewinnst du!‹ Das ist der Weg bei allen Visionen. Zumindest wenn du nicht vorher aufgibst. Und wenn es eine wirklich ernst zu nehmende Vision ist, wirst du daran nicht Jahre, sondern Jahrzehnte arbeiten müssen. *Und das erfordert von dir, dem Visionär, dass du dein Leben der Vision komplett verschreibst.* Sonst hast du einfach nicht die Energie, das durchzuhalten! Du wirst nämlich auf dem Weg ignoriert, ausgelacht und bekämpft!«

Ich schluckte, während Wolfgang fortfuhr: »Ich will noch einen

Schritt weitergehen: Ein Visionär, der sich einer Sache voll und ganz verschreibt, setzt seine Vision an Position eins.[156] Vor seine Familie und oft sogar vor seine Gesundheit und sein Leben. Nun, das Letztere ist nicht immer klug – oft hilft es der Vision mehr, wenn der Visionär Energie hat und am Leben ist. Aber die Familie ist praktisch bei allen großen Visionären nachgeordnet. Wenn die Familie mal eine größere Rolle spielt, dann nur deshalb, weil sie den Visionär bei seiner Vision unterstützt. Würde sie das nicht tun, würde sie entsorgt. Eine Vision zu haben, hat riesige Vorteile, vor allem die Anziehungskraft, die Begeisterung, die davon ausgeht, und den Sinn. Und wenn Menschen Sinn in ihrer Arbeit sehen, dann erhöht sich ihre Produktivität um 70 Prozent.[157] Letztlich kannst du auch den Führungsstil 5, also das Führen mit Sinn, nur mit einer starken Vision verwirklichen.«

»Visionär zu sein, hat also einen sehr, sehr hohen Preis«, stellte ich fest.

»Ja, man wird für seine nächste Umgebung und Familie unerträglich. Gandhi kam irgendwann auf die Idee, nicht mehr mit seiner Frau zu schlafen, weil ihn dies von seinem Freiheitskampf ablenken würde. Elon Musk rätselt, ob es reicht, wenn er zehn Stunden pro Woche in seine Frau investiert. Steve Jobs verleugnete seine eigene Tochter, weil das 1978 geborene Mädchen ihn von der Arbeit an seiner Vision abgehalten hätte. – Willst du immer noch Visionär sein?«

Ich zögerte merkwürdigerweise nicht eine Sekunde: »Wenn ich weiß, wofür, dann ein absolutes Ja!«

»Dann lass uns beginnen! Die meisten Menschen suchen die Vision in der Zukunft. Das ist grundlegend falsch! Eine starke Vision benötigt starke und dauerhafte Emotionen des Visionärs. Und die

---

156 Bill Hybels schreibt in *Mutig führen*: »Ich könnte mir vorstellen, dafür mein Leben zu investieren. Vielleicht bin ich genau dafür geboren!«

157 Sinn in der Arbeit erhöht die Leistung um etwa 70 Prozent, wie ein Versuch von Adam Grant zeigte. Vgl. dazu Sebastian Purps-Pardigol: Führen mit Hirn. Purps-Pardigol berichtet auch über Dan Arielys Experimente zum Einfluss der Sinnhaftigkeit auf die Leistung.

haben ihre Ursache in der Vergangenheit. Eine starke Vision entsteht *immer* auf dieselbe Art und Weise. Der zukünftige Visionär hat ein starkes inneres emotionales Referenzbild, wie die Welt sein sollte. Und dieses Referenzbild trifft auf eine andersgeartete Wirklichkeit. Daraus entsteht ein starker Konflikt, verbunden mit sehr starken aktiven[158] Emotionen: Wut, Ärger, das Gefühl der Zurücksetzung oder ein Ungerechtigkeitsgefühl. Und diese Emotionen sind so stark, dass der zukünftige Visionär beginnt, irgendetwas zu tun. Er handelt! Und meist werden im Handeln die Emotionen noch stärker. Jeder andere hätte hier schon aufgegeben, aber nicht unser zukünftiger Visionär. Für ihn ist Aufgeben keine Option. Und zwar im wahrsten Sinne des Wortes: Er *kann* aufgrund der Stärke seiner Emotionen nicht einmal darüber nachdenken! Da Außenstehende andere Emotionen haben, können sie den Visionär in dieser Phase nicht begreifen. Während des Handelns macht der zukünftige Visionär Erfahrungen. Er lernt, er bekommt Zugang zu neuen Ressourcen und lernt neue Menschen kennen. In diesem Handeln und in der Auseinandersetzung mit den anderen Menschen nimmt die Vision *langsam* Gestalt an. Eine Vision entsteht also im Handeln und sie kann in dieser Form und Intensität *nur* in diesem einen Menschen entstehen, weil nur dieser Mensch an diesem Punkt Emotionen hat, die stark genug sind.«

Der zukünftige Visionär hat ein starkes emotionales Referenzbild, wie die Welt sein sollte. Und dieses Referenzbild trifft auf eine andersgeartete Wirklichkeit.

»Und wenn ich keine Emotionen habe, die stark genug sind?«

»Klingt mir nach einer ziemlich verkopften Frage«, wiegelte Wolfgang ab. »Ich glaube, du hattest in letzter Zeit eine Menge starker Emotionen.«

»Du meinst den Schmerz mit Beate?«

---

158 Natürlich kann ein solcher Konflikt auch Emotionen auslösen, die eher nicht zum Handeln führen, zum Beispiel Traurigkeit. Daraus wird dann aber auch keine starke Vision.

»Den gerade nicht!«, schüttelte Wolfgang den Kopf. »Du hast ja gehandelt trotz des absehbaren Schmerzes. Es muss also noch ein stärkeres Motiv dagewesen sein.«

»Mein Wunsch nach Freiheit!«

»Nein. Wünsche sind nicht stark genug.«

Ich überlegte, und nach vielleicht einer halben Minute hatte ich es: »Es war meine Wut! Die Wut darauf, als Kind Schuldgefühle eingeimpft bekommen zu haben. Die Wut, dass mir meine Position in meinem Freundeskreis und der enge Kontakt zu meinem Opa weggenommen wurden. Die Wut darauf, dass Beate mich fernsteuerte und schließlich erpressen wollte.«

»Ja, jetzt höre ich das Löwengebrüll«, lächelte Wolfgang. »Natürlich liegt der Wunsch nach Freiheit zugrunde, aber erst durch den Konflikt entstehen die starken Emotionen, die nötig sind für Handlungen, wie du sie in letzter Zeit ausgeführt hast.«

»Und was mache ich jetzt damit?«

»Du hast doch bereits begonnen zu handeln! Dabei lernst du, und du hast neue Menschen kennengelernt. *In der Auseinandersetzung mit diesen wird deine Vision entstehen. Da gibt es keine Abkürzung!*«

»Das verstehe ich nicht«, erwiderte ich. »Praktisch alle behaupten, man müsse mit einer Vision oder einem großen Ziel beginnen. Du sagst nun, dass ich mir Zeit lassen soll?«

»Nein, ich sage nicht, dass du dir Zeit lassen sollst! Ich sage, dass du bereits ohne die fertige Vision *handeln* sollst, weil nur so die Vision entstehen kann. Ich gebe dir mal ein Beispiel für ein großes Ziel: John D. Rockefeller wird nachgesagt, dass er von seiner frühesten Jugend an das Ziel hatte, ein riesiges Ölimperium aufzubauen, und dass ihn dies sein ganzes Berufsleben lang angetrieben hätte. Aber das ist unmöglich! Er begann sein Berufsleben mit 16 Jahren als Buchhalter. Zu diesem Zeitpunkt gab es noch gar keine Ölindustrie. Erst als er 19 war, wurde die Ölraffination erfunden. Und erst in seinen frühen Zwanzigern begann er in diesem Bereich aktiv zu werden. Interessant ist aber Folgendes: Als er mit 16 seinen ersten

Job suchte, begriff er die Arbeitssuche als Job. Das heißt, er verließ jeden Morgen um acht Uhr morgens das Haus und kam erst nach 18 Uhr zurück. Vergleicht man das mit der Arbeitssuche eines heutigen durchschnittlichen Arbeitslosen[159], dann ist da eine ziemlich hohe Motivation zu erkennen, und zwar völlig ohne Vision oder großes Ziel. Die Emotion war Wut über die ärmlichen, asozialen Verhältnisse, in denen er seine Kindheit verbracht hatte. Diese Wut brachte ihn zum Handeln. Dabei lernte er Neues und er lernte neue Menschen kennen. Und daraus entstand dann einige Jahre später sein großes Lebensziel.«

Jetzt hatte ich verstanden. Ich war also mitten im Handeln und dabei würde meine Vision aus meiner Wut über die Fremdbestimmung entstehen. »In Ordnung, Wolfgang, ich brauche also Geduld, während ich handle. Aber angenommen, ich habe nun meine Vision, wie vermittle ich sie anderen? Wie begeistere ich sie? Und hätte ich sie nicht gemeinsam mit anderen entwickeln sollen?«

»In gewissem Sinne entwickelst du sie sowieso gemeinsam mit anderen, zum Beispiel mit Thomas, Carlos oder mir. Am besten geht das mit Menschen, die diese Wut mit dir teilen. Aber in der Regel sind das nicht deine Mitarbeiter und auch nicht dein Führungsteam. Sonst kommt wieder nur eine blutleere Kompromiss-Schnapsidee raus, der niemand folgt. Du musst also zusätzlich wissen, wie du deine Vision anderen vermittelst. Das ist dann visionäre Führung.«

»Und wie geht das?«

»Nehmen wir einmal die Vision Kennedys, bis Ende der 1960er-Jahre einen Mann auf den Mond und wieder zurückzubringen. Die Idee, ins All zu fliegen, war schon wesentlich älter. Jules Verne als Romanautor und Hermann Oberth als Physiker hatten die sachliche Idee. Wernher von Braun lernte bei Oberth. Die *Kraft* der konkreten Vision kam jedoch von einer anderen Seite: John F. Kennedy hatte eine klare Vorstellung davon, wie die Welt sein sollte: Amerika sollte

---

159 Inkl. Weiterbildung weniger als fünf Stunden pro Woche.

das führende Land auf dieser Erde sein. Und dann kamen die Russen mit dem Sputnik. Das traf den Westen ins Mark! Aus dieser Wut heraus suchte Kennedy eine Lösung und traf dabei auf Wernher von Braun, der ihm den Text der Vision ins Ohr flüsterte. Aber Kennedy gab aus seiner starken Emotion heraus die Mittel frei und begeisterte die Menschen.«

»Klingt interessant, aber wie hat er das gemacht?«

»Ganz einfach: indem er seine Vision anknüpfungsfähig gemacht hat. Normalerweise hätte er ja nur die Menschen erreicht, die Amerika ebenfalls ganz oben sehen wollten. Das waren zwar viele, aber nicht alle. Nach dem Bedürfnismodell also nur diejenigen, für die *Bedeutsamkeit* ähnlich wichtig gewesen ist wie für ihn selbst. Kennedy muss sich nun entweder bewusst oder unbewusst die Frage gestellt haben, wie er auch die anderen Menschen emotional erreicht. Er musste seine Vision also mit den anderen Bedürfnissen des Bedürfnismodells verbinden. Gegen die Russen im All zu gewinnen, schuf aus Sicht Kennedys mehr *Sicherheit* für die Menschen. Die Bedrohung der Amerikaner würde verschwinden. Etwas so Ungewöhnliches und Herausforderndes zu wagen, versprach zudem eine Menge *Abwechslung*. Wissenschaftler wollten bei der NASA mitarbeiten und hätten es oft sogar umsonst gemacht, nur um dabei zu sein. Wer der Vision folgte, fühlte sich zuerst mit den besten Wissenschaftlern und dann mit der ganzen Nation *verbunden*. Schließlich entstand daraus ein gemeinsames Lebensgefühl einer ganzen Generation. Der Kampf zwischen den USA und der UdSSR war in der Wahrnehmung des Westens ein Kampf zwischen Gut und Böse. Es wäre also ein Kampf für *Gerechtigkeit*. Um dieses riesige Ziel zu erreichen, mussten alle Beteiligten weit über ihre aktuellen Fähigkeiten hinaus *wachsen*. Und nicht zuletzt wurde Raumfahrt damals zum *Beitrag* für die Zukunft der ganzen Menschheit hochstilisiert. Diese Vorarbeit ermöglichte es Kennedy, seine Vision so zu verkaufen, dass alle Amerikaner, egal, welche Bedürfnisse ihnen am wichtigsten waren, die Befriedigung ihrer Bedürfnisse mit dieser Vision verknüpfen konnten. Er schuf also bewusst eine *Projektionsmöglichkeit* und die Menschen projizierten ihre Bedürfnisse auf diese Vision.«[160]

»Und der Rest ist dann Storytelling«, fuhr ich fort. »Der Visionär muss also nur ein paar Geschichten auf Lager haben, die es erlauben, dass sich ganz unterschiedliche Menschen mit dem Helden identifizieren, und der Held ist einer, der der Vision folgt.«

»Genau«, stimmte Wolfgang zu. »Und auf diese Weise erreicht man sogar Menschen mit seiner Vision, die mit dem ursprünglichen Motiv gar nichts anfangen können. Aber dann braucht es noch etwas: Der Visionär muss schnell Teilerfolge erzielen und diese feiern. Nichts macht erfolgreicher als der Erfolg. Große Reden, wie zum Beispiel die Rede Kennedys an der Rice University ein Jahr nach dem Ausrufen der Vision, bestärken durch die Erfolge. Erfolge sind aus zwei Gründen entscheidend: Erstens bestärken sie die Menschen, dass man es gemeinsam schaffen kann. Zweitens bestärken sie die Menschen darin, dass sie dem richtigen Visionär folgen. Die Idee des Visionärs kann noch so großartig und anknüpfungsfähig sein, wenn seine kleinen Schritte nicht funktionieren, wird er lange Zeit sehr einsam an seiner Vision arbeiten. Genau genommen, und das ist wirklich wichtig, folgen die Menschen erst mal *nicht* der Vision, sondern dem Visionär.«

»Aber es wäre doch auch okay, wenn jemand anderes die Vision fortführt? Das muss doch nicht unbedingt ich tun.«

»Nein, musst du nicht. Nur ist es so: Wenn du erste Erfolge hast, dann kommen viele andere, die ihre ganz eigenen Vorstellungen mit der Vision verbinden. Der eine will dann vielleicht zum Mars fliegen, der nächste will militärisch nutzbare Satelliten im Orbit stationieren und wieder einer will ein anderes Treibstoffgemisch nehmen, damit er bessere Geschäfte macht. Sobald die Vision Dynamik bekommt, ist

160 Das muss man nicht im stillen Kämmerlein machen; vielmehr bringt die schlichte Frage an andere Menschen: »Welchen Platz könntest du in dieser Vision einnehmen?« Antworten zutage, an die man selbst nie denken würde.

ein starker Visionär, der diese ganzen Energien bündelt, unabdingbar. Und derjenige, der dazu am besten geeignet ist, ist der, den sowieso schon alle mit der Vision identifizieren. Der, der in Bezug auf diese Vision sowieso schon den höchsten Status hat. Damit dies gelingt, musst du dafür sorgen, dass die Menschen dich sehen wollen. Und du musst dafür sorgen, dass vor allem die Menschen in deiner Nähe sind, die derselben Vision folgen und nicht ihrer Interpretation davon. Schau, ich habe dir mal alle zehn Schritte zur visionären Führung auf diese Karte geschrieben.« Und er überreichte mir ein weiteres Kärtchen:

Zehn Schritte zur visionären Führung

1. Ein starkes inneres emotionales Referenzbild, wie die Welt sein sollte, trifft auf eine andersgeartete Realität.
2. Daraus entsteht ein Konflikt mit starken Emotionen.
3. Sind dies aktive Emotionen (Wut, Ärger usw.), beginnt der zukünftige Visionär zu handeln.
4. Während des Handelns lernt der zukünftige Visionär Neues und er lernt neue Menschen kennen.
5. Daraus entsteht im Lauf der Jahre durch Reflexion und Gespräche die starke emotionale Vision.[161]
6. Diese Vision wird nun mit dem Bedürfnismodell und Storytelling anknüpfungsfähig gemacht.
7. Der Visionär redet, so oft er nur kann, über seine Vision.
8. Der Visionär sorgt für erste Erfolge.
9. Der Visionär sorgt dafür, dass die Menschen die Vision mit ihm als Person identifizieren. Er wird zum Vorbild und macht sich selbst zur Projektionsfläche.
10. Der Visionär schafft sich ein nahes Umfeld, eine Aristokratie aus Menschen, die seine Vision zu 100 Prozent teilen.

---

161 Das, was normalerweise als Visionsentwicklung verkauft wird, ist bestenfalls also ein Teilschritt des Schrittes 5 im gesamten Visionsprozess. Es geht aber nicht nur um Entwicklung, sondern um das Verwirklichen der Vision!

Ich schaute mir das Kärtchen an und fragte dann Wolfgang: »Das Modell gibt mir eine gute Orientierung. Ich bin jetzt also bei Schritt 4 und 5. Kann ich denn nicht schon was von den folgenden Schritten machen?«

Wolfgang lachte: »Du bist zu ungeduldig, Marc. Aber nun gut, du kannst tatsächlich was machen. Aber nicht, indem du vorgreifst, sondern indem du mehr im Bereich 4 handelst, schneller lernst und mehr Leute triffst. Damit sind wir für heute auch am Ende angekommen. Ich habe dir weniger Antworten gegeben als vielmehr Wahrnehmungsmodelle, mit deren Hilfe du selbst zu Antworten kommen kannst.«

Ich bedankte mich bei Wolfgang und verabschiedete mich. Ich beschloss, mich vor allem um das Projekt von Uwe zu kümmern. Das war für mich Handeln und dabei würde ich mich auch mit Menschen auseinandersetzen. Vermutlich würde in diesem Handeln am ehesten meine Vision entstehen.

10.3 Kulturelle Führung

Die nächsten Wochen waren wieder völlig ausgefüllt. Aber im Vergleich zum Januar fühlte es sich einfach super an: Die Dinge bewegten sich nämlich! Etwa die Hälfte meines Tages war mit Gesprächen mit meinen Mitarbeitern sowie der Vor- und Nachbereitung dieser Gespräche ausgefüllt. Ich arbeitete mit ihnen an Systemen und Prozessen. Wir setzten und überprüften gemeinsam Ziele. Wir agierten sehr dynamisch, wo immer es notwendig war.

Und vor allem nahm ich mir sehr viel Zeit, herauszufinden, auf welche Art und Weise die sieben Bedürfnisse bei jedem einzelnen Mitarbeiter erfüllt werden konnten. An einigen Stellen gab es durchaus Ähnlichkeiten. So beschrieben fast alle Mitarbeiter, dass ihr Bedürfnis nach Sicherheit durch eine offene und ehrliche Kommunikation befriedigt werden könne. Dann gab es aber auch Unterschiede: Ria befriedigte ihr Bedürfnis nach Bedeutsamkeit am besten dadurch, dass sie jede Woche einen neuen Kunden gewann; das war den anderen eher egal. Zu Beginn konzentrierte ich mich auf die Bedürfnisse und Möglichkeiten, die den größten Hebel hatten, also auf die offene Kommunikation, später dann auf die Bedürfnisse Einzelner. Mein Denken kreiste somit hauptsächlich um Führungsstil 5 – allerdings unter Einbeziehung aller anderen Stile.

Dadurch, dass ich praktisch keine Gespräche mehr mit einzelnen Mitarbeitern führte, sondern nur noch Gespräche mit mindestens zwei Mitarbeitern gleichzeitig, schuf ich eine stärkere Verbindung und eine stärkere Verbindlichkeit untereinander. Vor allem aber gab mir dies den Freiraum, mich immer wieder sehr schnell herauszuziehen. Meine Mitarbeiter kontrollierten sich so nämlich gegenseitig. Und zwar nicht im negativen, sondern im positiven Sinn: Es entstand neues, teilweise tiefes Vertrauen. Alle Gerüchte, die vor einigen Monaten im Unternehmen zirkulierten und permanent neu entstanden, waren verstummt.

Meine restliche Zeit teilte ich etwa hälftig auf für meine eigene Entwicklung und die Arbeit an Uwes Projekt. Für meine eigene Entwicklung meditierte ich mittlerweile rund zwei Stunden pro Tag, trieb Sport und aß fast nur noch Obst, frisches Gemüse und etwas Fisch, so wie es mir mein Leistungsmediziner aufgrund meiner Nahrungsmittelunverträglichkeiten empfohlen hatte. Ich reflektierte mich und mein Handeln jeden Tag und schrieb bestimmt täglich eine Stunde Tagebuch. Was ich zu dieser Zeit allerdings gar nicht machte, war lesen. Ich hatte das Gefühl, dass ich für meine jetzigen Aufgaben genug theoretische Konzepte und Input hatte und nun einfach Handeln und Erfahrung gefragt waren.[162]

---

162 Das ist wirklich wichtig! Es gibt Phasen, in denen es notwendig ist, sehr viel zu lesen, meist zu Anfang eines Projekts oder Lernabschnitts. Aber dann kommt ein Zeitpunkt, an dem jedes neues Wissen den Fortschritt hemmt. Schlicht,

Völlig neu für mich war, dass ich in meiner Freizeit nicht mehr dauernd an die Firma dachte. Und so begann ich abends wieder wegzugehen: mal mit Leuten aus meiner Fußballmannschaft, einmal war Carlos da, dann war mal wieder ein Improtheater-Kurs, an dem ich teilnahm. Dabei lernte ich auch neue Leute kennen, darunter zwei interessante Frauen. Ich fühlte mich ausgeglichen und das Leben machte einfach Spaß.

Wirklich spannend entwickelte sich das Projekt mit Uwe. Sehr schnell stellte sich nämlich heraus, dass Uwe selbst gar nicht so genau wusste, was er eigentlich wollte. Es war eher ein Gefühl, das ihn leitete. Er war den Weg von der völligen Fremdbestimmung, aus dem Stuck State, hin zur eigenen Selbstbestimmung vor etwa einem Jahr gegangen. Aber er war irgendwie unzufrieden damit, wie die Zusammenarbeit im Team lief. Natürlich viel besser als vor einem Jahr, aber ginge es nicht *noch* besser? Er hatte den Verdacht, dass es etwas mit seiner Unternehmenskultur zu tun hatte, und er wusste, dass man die Unternehmenskultur mit Storytelling verbessern könnte. Den Rest wollte er mir überlassen.

Aber ich spürte, dass das so nicht funktionieren konnte! Da ich selbst auch noch keine Antworten hatte, beschlossen wir einen iterativen Prozess. Ich hatte immerhin eine Ausgangshypothese: Die Kultur hatte sicher viel mit dem emotionalen Referenzbild zu tun. Damit begannen wir und wir wollten während des Prozesses lernen und dann gegebenenfalls Anpassungen vornehmen.

Gleich zu Beginn dieses Prozesses bezog ich Petra und Jens mit ein. Das hätte ich früher nie gemacht, aber jetzt war es für mich gar nicht anders denkbar. Die Gedanken dahinter waren, mich erstens

---

weil es vom Handeln abhält und so verhindert, eigene Erfahrungen zu machen. Es gibt nicht wenige Menschen, die nur aus Unsicherheit immer noch mehr Bücherwissen in sich hineinstopfen wollen. Aber diese Unsicherheit verschwindet nicht durch Lesen, sondern durch Handeln. Ist dann eine Aufgabe gemeistert und der nächste Lernschritt steht an, beginnt der Prozess mit Lesen von vorne.

während der Entwicklung von allem Operativen so weit wie möglich zu befreien und mir den Raum zur Reflexion zu schaffen. Zweitens wollte ich am Ende nicht mit etwas Neuem dastehen, für das ich wieder selbst die einzige Fachkraft war. Und ich wollte drittens gleich zu Beginn eine positive emotionale Beziehung zwischen meinen Mitarbeitern und meiner neuen Zielgruppe schaffen. Viertens stärkte dieses Vorgehen die Beziehung zu Petra und Jens und das Vertrauen untereinander. Und fünftens war es kreativer und machte auch mehr Spaß.

Wir besuchten also Uwe und hörten seinem Bericht darüber zu, wie er sich im letzten Jahr entwickelt hatte. Und dann sprachen wir mit etwa 20 Leuten aus seinem 150-köpfigen Team, wie sie das letzte Jahr erlebt hatten. Nach einiger Zeit wurde klar, dass zwar Uwe sehr genau wusste, wie sich sein Unternehmen anfühlen sollte – er hatte ein starkes inneres Referenzbild –, aber seine Leute konnten nur sagen, dass es seit einem Jahr viel besser sei, schienen dieses Referenzbild jedoch nicht zu kennen oder sich nicht mit ihm verbinden zu können.

So begannen wir als Erstes damit, aus Uwes Referenzbild mehrere hochemotionale Storys herauszuarbeiten. Danach sprachen wir mit Mitarbeitern über diese Storys und variierten diese so lange, bis wir plötzlich ein Leuchten in den Augen sahen. Letztlich machten wir damit Uwes Referenzbild auf dieselbe Art anknüpfungsfähig, wie Wolfgang dies mir in Bezug auf die Vision erklärt hatte. Und nahezu immer erzählte dann dieser Mitarbeiter eine eigene Geschichte.[163]

Dabei erfuhr ich etwas, was eigentlich klar sein sollte, aber mir nicht klar gewesen war. Oder zumindest konnte ich es in der Vergangenheit nicht fühlen: Mitarbeiter sehnen sich oft nach denselben

---

163 Der Zauber der Veränderung der Unternehmenskultur beginnt oft, so Dave Logan in *Tribal Leadership,* wenn der Unternehmer Geschichten erzählt, die Werte beinhalten, mit denen die Mitarbeiter sich identifizieren können: »Genau das ist es! Du hast es zum Ausdruck gebracht!«

Dingen wie Unternehmer auch. Dadurch, dass es nicht meine Mitarbeiter waren, konnte ich noch offener und unvoreingenommener an sie herangehen.

Manchmal filmten wir die Mitarbeiter, wenn sie ihre eigenen Geschichten erzählten, manchmal schrieben wir sie nur auf. Am Ende entstanden zwei Produkte: zum einen ein neues Image-Video, das nur das emotionale Referenzbild zum Inhalt hatte, aus der Perspektive von Uwe und einigen ausgewählten Mitarbeitern. Und plötzlich verstanden die Mitarbeiter und auch viele Kunden von Uwe viel besser, was tatsächlich der Unterschied zwischen früher und heute und damit auch zwischen Uwes Mitbewerbern und ihm war. Zum anderen gab es nun etwa zwei Dutzend Geschichten, die Uwe an den verschiedensten Stellen, bei Teamsitzungen, in seinem Intranet oder bei Gesprächen in der Kaffeeküche, streuen konnte, um das Referenzbild immer wieder zu bestärken und damit Stabilität zu schaffen.

Aber während wir daran arbeiteten, wurde auch klar, dass da noch etwas fehlte. Wir mussten das umfassender angehen. Es ging nicht nur um ein paar Storys, sondern es ging um die ganze Unternehmenskultur. Als mir dies klar wurde, wurde mir zugleich klar, dass ich eigentlich keine Ahnung hatte, was genau eine Unternehmenskultur war und wie man sie verändern konnte. Diesen Bereich aus den sieben Handlungsfeldern der Führung hatten wir bislang noch ausgelassen. Und so rief ich ein weiteres Mal Wolfgang an und wir trafen uns am 17. Juni für einen weiteren halben Tag.

Zu Beginn fragte mich Wolfgang nach den aktuellen Werten bei den drei Kriterien der Führung. Da ich diese nun einmal wöchentlich für mich bewertete, konnte ich sofort sagen: »6 bei Energie, 5 bei Beitrag und 4 bei Zukunft. Die Energie bewerte ich etwas schlechter als an dem Tag, als ich Beate feuerte. Zum einen aus einem gewissen Gewöhnungseffekt – das unmittelbare Aufbruchsgefühl ist schwächer, zum anderen weil ich wieder etwas überlastet bin und das natürlich auch in die Firma hinein ausstrahle. Die Ausrichtung am Kunden ist etwas besser, weil wir gerade beim Projekt mit Uwe sehr viel lernen. Die Zukunft bewerte ich gleich, da ich noch keine neuen Resultate aus meiner Arbeit an der Strategie hatte.«

»Gut«, nickte Wolfgang. »Du willst heute also noch was über kulturelle Führung lernen, um Uwe besser helfen zu können. Ich denke, das wird auch für dein Unternehmen nützlich sein. Und wir sollten uns außerdem noch darum kümmern, dass deine Energie noch besser wird, also die Überlastung weiter reduzieren. Es ist zwar nur ein leichter Rückgang der Bewertung, aber aus leichten Rückgängen können plötzlich große Rückschläge werden.«

»So habe ich das noch gar nicht gesehen, aber du hast recht«, stimmte ich zu. »Lass uns trotzdem mit der Kultur beginnen.«

»Wenn über Unternehmenskultur geredet wird, wird in der Regel mit Nebelkerzen gearbeitet«, begann Wolfgang. »Was soll Unternehmenskultur eigentlich sein? Wenn man nach Begriffsdefinitionen von Kultur sucht, stößt man auf solch unterschiedliche Definitionen wie einem Set von unbewussten Regeln, dem Unterschied von Natur und Kultur, Kultur als symbolischer Sinnerzeugung oder das Verwobensein des Einzelnen in eine Gemeinschaft und die kollektive Programmierung des Verstandes. Philosophen haben Jahrhunderte und Jahrtausende damit zugebracht, sich über eine brauchbare Definition zu streiten. Sie haben kein einheitlich anerkanntes Ergebnis hervorgebracht. Da wir nun nicht intelligenter als alle Philosophen zusammen sind, sollten wir nicht davon ausgehen, in absehbarer Zeit eine einheitliche Definition hervorzubringen. Brauchen wir aber auch nicht. Wir nehmen eine Arbeitsdefinition, die einfach ist und in den meisten Unternehmen ausreicht. Tut sie das irgendwann nicht mehr, verändern wir sie einfach. Meine Arbeitsdefinition ist: ›Unternehmenskultur‹ ist all das, was die Psychologie der Gruppe und damit das Handeln des Teams mittel- und langfristig beeinflusst.«

Arbeitsdefinition: »Unternehmenskultur« ist all das, was die Psychologie der Gruppe und damit das Handeln des Teams mittel- und langfristig beeinflusst.

Ich dachte einen Moment nach: »Mittel- und langfristig, um nicht irgendwelchen kurzfristigen Stimmungsschwankungen und Eintagsfliegen hinterherzurennen, richtig?«

Wolfgang nickte.

»Aber«, fuhr ich fort, »dann hat ja in gewissem Sinne alles, was wir bisher gemacht haben, schon Einfluss auf die Unternehmenskultur. Mein neuer Führungsstil hat Einfluss, die Ausrichtung des Teams auf ein gemeinsames Ziel hat Einfluss und die Definition von Systemen hat auch Einfluss. Ist die Unternehmenskultur dann nicht eine Art Überbegriff zu den sieben Handlungsfeldern, den drei Kriterien und den fünf Stilen?«

»In gewissem Sinne, ja«, stimmte Wolfgang zu. »Zugleich bietet dir das Konzept der Unternehmenskultur noch neue Aspekte und Perspektiven.«

Wolfgang ging ans Flipchart und malte acht Kreise: »Die Psychologie und damit letztlich das Handeln von einzelnen Menschen und von Gruppen werden durch folgende acht Einflussfaktoren bedingt.[164] Erstens haben wir den *Kontext*. Es spielt eine entscheidende Rolle, in welchem Kontext gehandelt wird, also in welchem Land und zu welcher Zeit. Der Kontext gibt Gesetze oder Tabus vor. Der Kontext bestimmt das Wetter und die Ernährung und damit die Energie der Menschen. Der Kontext zeigt sich in den Büroräumen. Einen Teil des Kontexts kannst du als Unternehmer nur zur Kenntnis nehmen: Er beeinflusst dich, aber du kannst ihn nicht ändern. Wir leben nun mal nicht im 19., sondern im 21. Jahrhundert. Aber vieles kannst du beeinflussen: Wo siedelst du dein Unternehmen an? Hast du ein billiges Vorstadtbüro im Hinterhof mit einem Teppichboden für 4 Euro pro Quadratmeter und lauter Einzelbüros oder ein offenes, helles Designerbüro? Wo können die Menschen wohl kooperativer und kreativer arbeiten? Wo haben sie die bessere Stimmung?

164 Basiert ursprünglich auf dem Konzept der sechs neurologischen Ebenen von Robert Dilts. Diese erschienen mir jedoch nicht ausreichend.

Steve Jobs hat zum Beispiel die Gebäude von Pixar oder Apple selbst entworfen. Warum? Weil er sich auch noch als Architekt versuchen wollte? Eher nicht. Er wusste um die überragende Bedeutung der Arbeitsumgebung für die Psyche der Menschen.[165] Und er wusste, dass er das keinem Architekten überlassen konnte: Die haben entweder Ahnung von Ästhetik oder Ahnung von Technik, aber normalerweise nicht die geringste Ahnung von Unternehmenskultur und den Auswirkungen ihrer Räume auf die Qualität der Zusammenarbeit.«

Wolfgang schwieg einen Moment und zeigte dann auf den zweiten Kreis: »Zweitens das konkrete *Verhalten*. Im unternehmerischen Kontext ist davon einiges durch Systeme geregelt, aber vieles sind eher kollektive Gewohnheiten. Wer spricht bei einer Teamsitzung zuerst? Wer sitzt wo? Ed Catmull, der Gründer von Pixar, erzählte von einem langgestreckten Konferenztisch, an dem 30 Leute Platz hatten. Da man am Ende nicht mehr so gut hörte, waren die Plätze in der Mitte am begehrtesten. Daraufhin wurden Platzkarten eingeführt und natürlich bekamen die Führungskräfte die Plätze in der Mitte. Und das führte dann dazu, dass die Leute auf den Randplätzen sich kaum mehr beteiligten, weil sie vieles akustisch nicht verstanden.«

»Aber redest du gerade nicht vom Kontext, dem Tisch?«

»Ja, diese acht Einflussfaktoren bedingen sich gegenseitig. Als sie nämlich den Tisch austauschten, verwendeten sie trotzdem noch ein weiteres Jahr lang Platzkarten. Und erst als sie diese auch wegließen, beteiligten sich wieder alle gleichmäßig am Gespräch. Das ist das Verhalten. – Der dritte Faktor sind die *kollektiven Fähigkeiten*. Kollektive Fähigkeiten setzen sich zwar aus den Einzelfähigkeiten zusammen, hängen aber davon ab, wie die Einzelnen zusammenwirken.«

»Entspricht das nicht dem Bereich der Mitarbeiter- und Teamentwicklung in den sieben Handlungsfeldern der Führung?«, fragte ich.

---

165 Dieses Thema findet sich z. B. auch in Dave Logans Buch *Tribal Leadership*, und zwar unter dem Begriff »Space Management«.

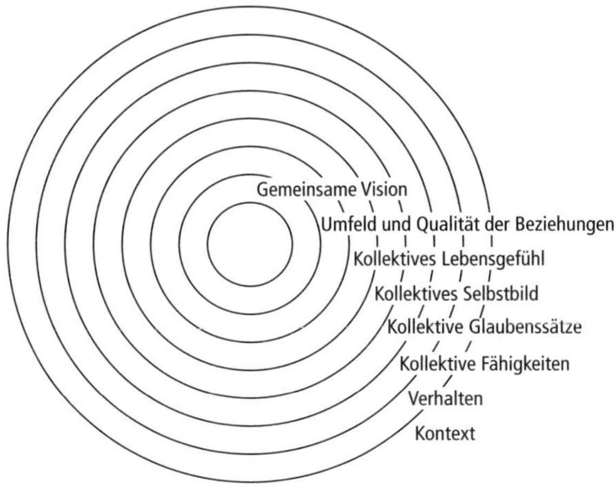

»Zum Teil«, antwortete Wolfgang. »Aber die kollektiven Fähigkeiten werden auch durch Systeme und Prozesse, durch die genutzte IT-Infrastruktur oder die Maschinen bestimmt. Und natürlich durch die Zusammensetzung des Teams: Welche Menschen mit welchen Fähigkeiten engagierst du und welche entlässt du? Eine einfache Zuordnung der sieben Handlungsfelder der Führung zu den acht Einflussfaktoren der Kultur ist nicht möglich. Aus diesem Grund habe ich mit der kulturellen Führung auch gewartet, bis die sieben Handlungsbereiche einigermaßen sitzen. Sonst würde dies eher zu Verwirrung führen.«

»Du meinst also, dass die kulturelle Führung mir nochmals eine andere Perspektive auf Führung eröffnet. Diese ist in gewissem Sinne umfassender, weil sie den Fokus zum Beispiel auch auf Räume richtet oder im Wesentlichen die Gruppenpsychologie zum Inhalt hat, auf der anderen Seite aber auch reduzierter, da zum Beispiel der innere Status des Unternehmers vermutlich keine so große Rolle spielt?«

»Ja, stimmt. Der innere Status des Unternehmers ist eher kein Inhalt der kulturellen Führung. Aber er ist natürlich entscheidend dafür, dass die kulturelle Führung gelingt – allein schon deshalb, weil eine zentrale ›Methodik‹ der kulturellen Führung das *Vorbild* des Unternehmers[166] ist. Kommen wir zum vierten Einflussfaktor: den *kollektiven Glaubenssätzen*. In jeder Gruppe glaubt man bestimmte Dinge über die Welt unhinterfragt. Kodak hat zum Beispiel geglaubt, dass der Wettbewerb nur in der eigenen Branche wäre. In anderen Unternehmen glaubt man, dass der Unternehmenserfolg über allem anderen steht. Heraus kommen dann Betrugsfälle wie bei Enron oder Schummelsoftware wie bei VW. Diese kollektiven Glaubenssätze sind aber nicht nur hinderlich, sondern können auch beflügeln: Wir haben die nettesten oder innovativsten Kunden der ganzen Branche. Überprüfen lässt sich das nicht wirklich, aber ein solches Unternehmen wird anders arbeiten als ein Unternehmen, in dem geglaubt wird: Unsere Kunden nerven den ganzen Tag und schauen nur auf den Preis.«

Ich stimmte zu, und Wolfgang machte weiter: »Der fünfte Einflussfaktor ist das *kollektive Selbstbild*: Wer sind wir als Unternehmen? Sind wir das innovative Spinnerunternehmen? Das Power-Hochdruck-Verkaufs-Unternehmen? Das zuverlässige Unternehmen? Sind wir – zumindest von unserem mentalen Anspruch – der Branchenführer? Oder sind wir Mitläufer? Letztlich sind auch dies Glaubenssätze, aber eben Glaubenssätze über uns selbst. Der sechste Einflussfaktor ist das *kollektive Lebensgefühl*: Wie kommen die Menschen morgens in die Firma? Voller Begeisterung? Oder schlurfen sie mit einem gemurmelten »Moin« auf ihren Platz? Wenn der Unternehmer was Neues vorschlägt, hoffen dann alle, dass es möglichst schnell vorbeigeht? Oder überschlagen sich Begeisterung und Ideen?«

---

166 Und in den Fällen, wo der Unternehmer es mal nicht schafft, Vorbild zu sein, kann er dies auch delegieren: »Nehmt euch XY zum Vorbild. Er macht es genau richtig!« Der Unternehmer ist schließlich kein Superman und damit auch kein perfektes Vorbild! Aber in den meisten Fällen sollte der Unternehmer schon das leben, was er in seiner Kultur sehen will.

»Hat das was mit dem emotionalen Referenzbild zu tun?«

»Ja!«, nickte Wolfgang. »Das emotionale Referenzbild ist das ideale kollektive Lebensgefühl. So wie es sein sollte.«

»Das bedeutet«, überlegte ich, »dass wir bei Uwe bislang nur den sechsten Einflussfaktor, also das kollektive Lebensgefühl, systematisch angegangen sind. Da diese acht Faktoren sich aber gegenseitig bedingen, ist das Ergebnis suboptimal.«

»Absolut richtig«, stimmte Wolfgang zu. »Aber lass uns noch die letzten beiden Faktoren anschauen und erst dann zur Kulturänderung kommen. Der siebte Einflussfaktor ist das *Umfeld und die Qualität der Beziehungen untereinander*. Mit welchen Menschen umgeben wir uns? Bewegen wir uns in einem Umfeld anspruchsvoller Kunden oder sind das alles Sparfüchse? Mit welchen Menschen sind unsere Mitarbeiter befreundet? Mit den Besten der Besten? Oder mit Hartz-IV-Empfängern? Wie ist unsere Branche mental drauf? Wie denken unsere Lieferanten? Wenn die Menschen im Umfeld nur Probleme wälzen, statt sie zu lösen, dann wird das Unternehmen das mit großer Wahrscheinlichkeit auch tun. Wenn die Menschen im Umfeld nur an sich denken, dann werden die Mitarbeiter des Unternehmens das mit großer Wahrscheinlichkeit auch tun.«

»Dann müsste ich ja Einfluss auf die Freunde und das Umfeld meiner Mitarbeiter nehmen?«

»Zumindest solltest du das Umfeld durchaus als Auswahlkriterium für deinen Einstellungsprozess nehmen, ja! Sag mir, wer deine Freunde sind, und ich sage dir, wer du bist. Aber du kannst natürlich weitergehen: Warum bauen die ganzen IT-Unternehmen wie Apple und Google auf ihrem Campus Fitnessstudios, Einkaufszentren oder Kinos? Natürlich nehmen sie so Einfluss auf das Umfeld ihrer Mitarbeiter und die Beziehungen untereinander! Du kannst deine Mitarbeiter aber auch zu Erfolgsseminaren oder Kongressen schicken. Praktisch nebenbei lernen sie dort Leute kennen, die auch erfolgreicher werden wollen.«

»Und da gehört sicher auch die Vorgehensweise mit rein, nur noch

Treffen zu dritt statt zu zweit zu machen«, warf ich ein. »Damit stärke ich die Beziehungen der Besten untereinander.«

»Ja, genau! Und du kannst dir natürlich, das machst du ja gerade durch deine neue strategische Ausrichtung, auch deine Kunden aussuchen: zum Beispiel Unternehmen, denen es schlecht geht, oder Hidden Champions. Der achte Einflussfaktor der Kultur ist die *gemeinsame Vision*. Also das, was in den Köpfen als gemeinsame Vision erlebt wird, nicht das, was der Unternehmer in seinem Kopf rumträgt. Oder anders ausgedrückt: das Ergebnis der visionären Führung, nicht die Absicht dahinter. Wenn eine gemeinsame Vision existiert und diese stark ist, dann trägt das zu einer gemeinsamen Ausrichtung des Handelns bei wie keine einzige sonstige Aktivität.«

»Okay, an der Vision bin ich ja immer noch dran. Aber wenn ich jetzt diese acht Einflussfaktoren habe, wie gehe ich dann vor? Setze ich mich systematisch hin und designe eine Unternehmenskultur? Ich überlege mir also, in welchem Kontext und in welchen Räumen ich mein Unternehmen führe, welche Glaubenssätze und Selbstbilder ich dort haben will und in welchem Umfeld und mit welcher Vision mein Unternehmen funktionieren soll? Und dann implementiere ich das alles? Das sieht für mich ziemlich uferlos aus!«

»Und funktioniert so auch nicht! Natürlich kann und sollte ich mir vor der Gründung ein paar grundlegende Gedanken machen. Und die kann ich gemäß einem Plan auch umsetzen: In welcher Region suche ich mir was für ein Büro? Wer sind meine Zielkunden? Und ganz zentral: Was ist mein emotionales Referenzbild für mein Team? Aber neben diesen wenigen grundlegenden Entscheidungen funktioniert Kultur anders. Sie ist nicht vergleichbar mit der Idee vom Architekten, der ein Haus plant und diesen Plan dann eins zu eins von jemand anderem umsetzen, also implementieren lässt. Sondern eher mit der Idee eines Gärtners, der einen vorhandenen Garten verschönern soll. Er wird nicht mit der Planierraupe beginnen! Natürlich hat er auch eine Idee und diese entspricht deinem emotionalen Referenzbild. Die Idee von der Implementierung einer Kultur funktioniert allein deshalb nicht, weil die Kultur durch viele äußere Faktoren bedingt ist: Gründe ich in einer innovativen Branche wie 3-D-Druck oder eröffne ich einen Edeka? Das werden zwei völlig unterschiedliche Unternehmenskulturen! Gründe ich mitten in einer Krise aus eigener Kraft oder in einer Boomzeit mit Risikokapital? Auch das werden zwei völlig unterschiedliche Kulturen. Wird meine Branche durch neue Technologien komplett umgewälzt oder entwickelt sie sich kontinuierlich? Auch dies führt wieder zu unterschiedlichen Kulturen. Und davon kann ich wenig bis nichts beeinflussen.«

»Standardführungsmodelle[167] können dann nicht wirklich funktionieren, oder?«, erkundigte ich mich.

»Nein, je nach Kultur musst du unterschiedlich führen. Du wirst, um zwei Extreme zu nennen, eine McDonald's-Filiale anders führen müssen als eine Kreativagentur. Ein prozessgetriebenes Unternehmen wird anders geführt als ein projektgetriebenes Unternehmen. Ein Unternehmen mit höchst qualifizierten Mitarbeitern anders als eines mit angelernten Hilfskräften. Ein Unternehmen in einem hochdynamischen Umfeld wird anders geführt werden müssen als eines in einem vergleichsweise statischen Umfeld. Ein wachsendes anders als ein schrumpfendes! Es gab ja schon bei den Urmenschen keine einheitliche Führungs*methodik*: Mammuts jagen erforderte eine andere Führungsmethodik als Pilze sammeln und wiederum eine andere als bei der Erziehung von Kindern. In der einen Umgebung wird ein solches Standardmodell ganz gut funktionieren, in der anderen überhaupt nicht. Mit dem Führungssystem ist es wie mit dem Unternehmen insgesamt: Der Manager arbeitet *in* einem Führungssystem, der Unternehmer arbeitet *an* einem Führungssystem. Letztendlich kommt hier einer der wichtigsten Unterschiede zwischen der Füh-

Der Manager arbeitet *in* einem Führungssystem, der Unternehmer arbeitet *an* einem Führungssystem.

167 Wie sie zum Beispiel Boris Grundl, Fredmund Malik, Peter Drucker und Jurgen Appelo konzipiert haben.

rung für Manager und der für Unternehmer zum Ausdruck. Der Unternehmer gestaltet die Kultur – er definiert, wie geführt wird. Der Manager führt in der gegebenen Kultur. Die meisten Unternehmer haben keine Ahnung, dass das ihre Aufgabe ist, und selbst wenn sie das wüssten, wüssten sie immer noch nicht, wie sie diese Aufgabe erfüllen sollen. Und daraus entsteht der Wunsch nach einfachen externen Lösungen, nach Standardführungsmodellen. Das kann, wenn man für seine Situation zufällig an das richtige Standardmodell gerät, bis zu einer gewissen Grenze ganz gut funktionieren. Darüber hinaus führt kein Weg an einer permanenten Selbstreflexion und Überarbeitung des Führungssystems, der Kultur und des eigenen Führungsverhaltens vorbei!«

»Aber du hast ja auch ein System?«

»Nicht ganz«, schüttelte Wolfgang den Kopf, »ich sage dir eher selten: Mach es so und so! Ich biete dir Metamodelle, mit denen du jede Art von Führung für dich entwickeln und reflektieren kannst. Die drei Kriterien, die fünf Stile, die sieben Handlungsfelder gelten immer. Wie du jetzt aber über deine Teamzusammensetzung bestimmst oder wie du deine Systeme aufbaust, ob das statische oder agile oder emotionale Systeme sind, ist deine Entscheidung und deine Arbeit! Und wenn wir jetzt zur Unternehmenskultur zurückkommen: Deine Aufgabe ist, herauszufinden, wo es am meisten hakt. Wo ist also der Engpass bei den acht Einflussfaktoren? Hier setzt du an. Und sobald du Ergebnisse erzielt hast, beginnst du dieselbe Aufgabe von vorne: Wo ist jetzt der Engpass? Arbeit an der Unternehmenskultur ist also ebenfalls ein iterativer Prozess. Und zwar einer, an dem viele Menschen, also Kunden, Mitarbeiter, der Gesetzgeber und andere, gleichzeitig arbeiten – oft ohne sich auch nur im Geringsten um deine Idealvorstellung einer Unternehmenskultur zu kümmern. Deswegen ist dieser Prozess endlos und kann durchaus auch mit Rückschritten verbunden sein, obwohl du alles richtig gemacht hast.«

Ich dachte einen Moment nach: »Kennt Uwe dieses Modell mit den acht Einflussfaktoren?«

»Von mir nicht. Vielleicht hat er es von einem der anderen Braintrust-Mitglieder. Aber vermutlich kennt er es nicht, sonst hätte er dir die Aufgabe schon ganz anders gestellt.«

»Dann wäre die erste Aufgabe, wenn ich Unternehmenskulturen verändern will, also die, den Engpass herauszufinden und erst dann mit der Arbeit zu beginnen? Das könnte aber bis dahin führen, dass der Kunde zuerst mal in ein neues Büro umziehen müsste!«

»Kann passieren, stimmt!«

»Aber das liegt doch gar nicht in meiner Hand, oder?«

»Stimmt, du kannst mit deinem Unternehmen nicht alle Felder der Veränderung einer Unternehmenskultur abdecken! Jeden der acht Einflussfaktoren der Unternehmenskultur beeinflusst du ja auf eine andere Art und Weise. Der Kontext wird zum Beispiel baulich bestimmt, das Verhalten kann durch andere Prozesse oder auch durch die Vorbildfunktion des Unternehmers bestimmt werden, die Glaubenssätze lassen sich durch das Vorbild des Unternehmers, ein Coaching der Mitarbeiter oder durch Storys beeinflussen usw. Alle diese Maßnahmen zugleich auf einem professionellen Niveau anzubieten, wird deine Fähigkeiten übersteigen. Deshalb ist es entscheidend, dass du deine Grenzen kennst und an dieser Stelle externe Partner dazuholst. Die größte Hürde an dieser Stelle ist deine Angst vor dem Umsatzverlust.[168] Diese treibt dich nicht nur dazu, immer wieder Aufgaben anzunehmen, die du eigentlich nicht erledigen kannst, sondern sie macht dir die Zusammenarbeit mit deinen Partnern extrem schwer: Sie sind nämlich permanent in Habtachtstellung, ob du ihnen jetzt wieder mal Konkurrenz machst.«

»Und wenn ich mich begrenze auf die Bereiche, die wir jetzt gut abdecken können? Mit Filmen und Storytelling? Das wären Glaubenssätze, Selbstbild, emotionales Referenzbild, kollektives Lebensgefühl, Qualität der Beziehungen untereinander und Vision. Ich

---

168 Siehe *Die Kunst, seine Kunden zu lieben*: Angst ist, wie schon gesagt, das Haupthindernis bei der Strategieentwicklung und -umsetzung.

müsste mich also mit Uwe gemeinsam hinsetzen, seinen Engpass herausarbeiten, und wenn dieser in einem der genannten Bereiche liegt, können wir ihm helfen. Und wenn nicht, dann nicht?«

»Bei einem Unternehmen in der Größenordnung von Uwe wird sowieso immer an mehreren Stellen der Kultur gleichzeitig gearbeitet. Während du bei deiner Größenordnung bei einem Neubau kaum mehr Kapazitäten hast, dir auch noch Gedanken über die Vision zu machen, ist das bei Uwe anders. Ab einer bestimmten Größenordnung deiner Kunden wirst du also praktisch immer helfen können – lediglich die Stärke des Interesses wird variieren.«

»Ich könnte da ja zu Beginn eine Beratung anbieten und dabei ein bisschen Einfluss nehmen und das Interesse wecken«, schlug ich vor.

»Das wird schwierig: Der Einzige, der diese beratende Fachkraftarbeit auf einem für Unternehmer dieser Liga akzeptablen Niveau anbieten könnte, bist du selbst. Und zudem haben diese Unternehmer ein recht gutes Gespür dafür, wenn du etwas nur so hinbiegen willst, dass sie es kaufen.«

»Okay, aber wie komme ich dann zu meinen Kunden?«

»Indem du mit möglichst vielen potenziellen Kunden über Employer-Branding, positive Unternehmenskultur und diese Dinge sprichst. Dabei wirst du ihre Sprache, ihre Bedürfnisse, ihre bisherigen Ansätze kennenlernen. Und je mehr du gelernt hast, desto besser kannst du deine Strategie danach ausrichten.«

»Ja, und wie komme ich an solche Unternehmen ran?«

»Frag Uwe! Ein Unternehmer dieser Liga kennt immer Unternehmer, die so ähnlich ticken und ähnliche Fragen haben.«

»Ich könnte doch auch dich fragen«, grinste ich. »Du kanntest doch auch Uwe und kennst noch mehr Unternehmer.«

Wolfgang lachte: »Ich dachte schon, du kommst nie drauf! Wenn einer von uns, also Thomas, Carlos, ich oder einer der vielen anderen Unternehmercoachs, längere Zeit mit Unternehmern arbeitet, dann kommen wir immer irgendwann zur Unternehmenskultur. Unsere Arbeit beschäftigt sich mit dem Denken, Fühlen und Handeln des

Unternehmers, aber nicht mit der operativen Begleitung bei der Veränderung der Unternehmenskultur. Wenn du erstens diese Grenze anerkennst und zweitens ein Angebot hast, das Hand und Fuß hat, dann können wir dich da ins Spiel bringen.«

»Könnte ich nicht«, überlegte ich, »den manchmal notwendigen Beratungsteil unter deinem Label machen, dann kommen wir uns nicht in die Quere, und der Kunde bekommt trotzdem, was er braucht.«

»Vorausgesetzt, du betrachtest das nicht als Akquiseveranstaltung für dein Unternehmen, ist das langfristig denkbar«, nickte Wolfgang. »Aber aktuell bist du als Unternehmercoach noch nicht so weit. Folgender Vorschlag: Ich spreche mit Uwe, und wenn er ein positives Feedback zu deiner bisherigen Arbeit gibt, wird er dir sicher noch zwei, drei andere Unternehmer empfehlen, und ich kann dir auch noch zwei oder drei nennen, dann kannst du etwas mehr in die Breite gehen. In Ordnung?«

»Das wäre super«, nickte ich. Dann überlegte ich einen Moment: »Wir kommen hier jetzt vermutlich gar nicht mehr weiter, weil ich zuerst wieder handeln muss. Und das wird mir immer wieder passieren. Meine Lernaufgabe ist deshalb weniger, sofort eine unmittelbare Lösung zu finden, sondern mit der Ungewissheit umzugehen.«

»Absolut!«, stimmte Wolfgang zu. »Tony Robbins sagte einmal sinngemäß: Die Qualität deines Lebens wird von dem Grad an Unsicherheit, den du gut ertragen kannst, abhängen.«

»Und da helfen mir wieder mein Umfeld, mein Status und meine Achtsamkeit«, sagte ich. »Ich hätte vor fünf Monaten nie gedacht, dass das alles ein solches zusammenhängendes Gesamtbild ergibt. Und es gibt mir große Sicherheit, dass ich jetzt in der Lage bin, neue Situationen in die drei Metamodelle einzuordnen und von dort aus Antworten zu finden. Und das führt zu Zufriedenheit und Zuversicht. Danke!«

Wolfgang lächelte: »Du hast schnell gelernt! Aber ein bisschen fehlt noch. Lass uns noch mal eine kurze Pause machen.«

10.4 Übergabe von Manageraufgaben

Nach der Pause fuhr Wolfgang fort: »Lass uns jetzt zum Schluss noch mal auf deine Überlastung zurückkommen. Du bist aktuell in drei großen Bereichen tätig: Zum einen bist du mit deiner eigenen persönlichen Weiterentwicklung beschäftigt. Da wirst und kannst du nichts streichen! Zum anderen arbeitest du im Bereich der Strategieentwicklung am Projekt für Uwe. Da hast du klugerweise schon Petra und Jens integriert. Sobald das funktioniert, bist du also wieder raus. Das hilft uns allerdings jetzt nichts. Bleibt der letzte Bereich: deine vielen Meetings und die Führung im Unternehmen.«

»Aber das beginnt gerade richtig Spaß zu machen«, warf ich ein. »Erst bringst du mir alles bei, und dann sagst du, ich soll wieder damit aufhören«, beschwerte ich mich verhalten lachend. »Und ich habe ja gar keinen Manager«, schob ich nach.

»Wirklich nicht?«, blickte mich Wolfgang fragend an.

»Du meinst Jens? Der ist noch nicht so weit.«

Wolfgang schwieg.

»Er ist gerade mal ganz gut als Projektleiter, aber die ganze Firma managen kann er noch nicht.«

Wolfgang nickte nachdenklich: »Als du ihn zum Projektleiter machtest, konnte er da Projekte leiten?«

»Nein«, antwortete ich. »Du meinst, das könnte auch mit dem Management der ganzen Firma klappen? Aber wie mache ich das? Und wie sorge ich dafür, dass Jens so führt, wie ich mir das vorstelle?«

»Diese Fragen gefallen mir schon besser«, grinste Wolfgang. »Zuerst einmal: Wie komme ich auf Jens? Die Antwort: Such den Menschen mit dem höchsten inneren Status, der jetzt schon am meisten Einfluss im Unternehmen hat.[169] Wenn nicht grundlegende Dinge –

169 Bill Hybels wählt als zentrales Auswahlkriterium für zukünftige Führungspersonen den Einfluss, den sie jetzt bereits an dem Ort, an dem sie aktuell sind,

wie mangelnder Bezug zum emotionalen Referenzbild – dagegensprechen, nimm ihn als Manager.«

Ich dachte eine Weile nach, dann erwiderte ich: »Im Januar wollte ich ihn noch loswerden, aber da habe ich einfach falsch geführt. Heute spricht nichts Grundlegendes dagegen. Ich bin sogar fast schon mit ihm befreundet.«

»Gut, wie machst du das also? Die Antwort ist jetzt ganz einfach: Du kennst die drei Kriterien herausragender Führung, du kennst die sieben Handlungsbereiche und die fünf Führungsstile. Du erklärst Jens, dass du seinen Führungserfolg an den drei Kriterien herausragender Führung misst. Du übergibst die Handlungsbereiche Schritt für Schritt, und du definierst, nach welchem Führungsstil er führen soll und nach welchem Stil du ihn führst.«

Als ich darüber nachdachte, fiel es mir wie Schuppen von den Augen: »Früher hätte ich keine Ahnung gehabt, was ich eigentlich damit meine, wenn ich die Führung an einen Manager übergeben möchte. Führung war so eine große, wabernde Wolke. Ich hätte meinem Manager also einen großen Haufen eines undefinierbaren Etwas übergeben und ihm gesagt: Mach! Da können nur suboptimale Ergebnisse rauskommen. Jetzt habe ich klar kommunizierbare Modelle, und ich habe Kriterien, wie ich den Erfolg messen kann. Ich kann mir kleine Teilbereiche rauspicken, die ich Schritt für Schritt übergeben kann. Und ich kann definieren, wie mein Manager seine Aufgabe ausführen soll. Genau genommen habe ich ihm ja schon Teilaufgaben übergeben: Er sollte sein Team zusammenstellen und er sollte dieses Team operativ führen.«

»Genau das ist der Wert von Wahrnehmungsmodellen. Du siehst plötzlich die Welt durch eine andere Brille, und mit dieser anderen Brille bist du dann in der Lage, selbst Lösungen zu finden. Du

---

haben. Einfluss ist sozusagen die Konsequenz eines hohen inneren Status. Und hoher innerer Status ist die eine unabdingbare Zutat für gute Führungskräfte.

brauchst mich dann nicht mehr. Und diese Lösungen kannst du mit den Modellen deinen Mitarbeitern klar kommunizieren. Beim Management übergibst du die Handlungsbereiche meist in der folgenden Reihenfolge:

1. Operative Führung
2. Teamzusammensetzung (mit deinem Vetorecht)
3. Führung mit Systemen
4. Mitarbeiter- und Teamentwicklung

Die Bereiche der strategischen und visionären sowie der kulturellen Führung bleiben sehr lange bei dir und werden erst in sehr großen Firmen in Teilbereichen übergeben. Den Bereich der Führung durch Persönlichkeit wirst du nie übergeben können. Allerdings wirst du von deinen Managern erwarten, dass sie ebenfalls an ihrer Persönlichkeit und ihrem Status arbeiten, sonst können sie nicht richtig führen. Du kannst also beispielsweise[170] folgendermaßen vorgehen.« – Wolfgang ging zum Flipchart:

---

170 Dies wird in jedem Unternehmen anders aussehen. Die Grundidee, die drei Metamodelle für eine schrittweise Übergabe zu nutzen, bleibt jedoch gleich.

Quantitative Ziele für den Manager[171]:

- Erfolg mithilfe der drei Kriterien für herausragende Führung
- Kundenbegeisterung[172]
- Finanzielle Reichweite[173]
- Rendite
- Wachstum

Qualitative Ziele für den Manager

- Innerhalb eines halben Jahres von Führungsstil 3 zu 4 entwickeln
- Prozesse und Ziele mit den Bedürfnissen der Mitarbeiter abgleichen, um den Übergang zu Führungsstil 5 vorzubereiten

Ziele aus den übergebenen Handlungsbereichen

- Teamzusammensetzung: X Mitarbeiter finden und dabei den Einstellungsprozess Y nutzen
- Alle operativen Projekte nach Stil 3 (und in einem halben Jahr nach Stil 4) steuern und wöchentlich proaktiv Zwischenreports vorlegen
- Eigene Entwicklung: täglich 30 Minuten Achtsamkeitsmeditation und Erfolgsjournal führen

---

171 Hier wird der Manager nach Führungsstil 3 geführt.

172 Zum Beispiel über den Net Promoter Score, https://de.wikipedia.org/wiki/Net_Promoter_Score.

173 Wie lange kann das Unternehmen überleben, wenn der Umsatz von heute auf morgen auf 0 zurückgeht? Werte oberhalb von sechs Monaten sind gut. Der Manager muss hier eine Zielvorgabe bekommen, um das Unternehmen nicht unnötigen Risiken auszusetzen.

Ich überdachte nochmals das Gesagte und fasste schließlich für mich zusammen: »Ich werde also zwei Tage mit Jens in ein Hotel fahren. Das wird bestimmt lustig – wir flachsen jetzt schon ziemlich viel herum. Aber natürlich arbeiten wir auch, und zuerst werde ich ihm erklären, warum ich wie führen möchte, und ihm dieselben Wahrnehmungsmodelle vermitteln. Und dann werde ich ihm die operative Führung der gesamten Firma und die Teamzusammenstellung der gesamten Firma übergeben. Da er das bei seinen Projekten sowieso schon macht, sollte das recht schnell gehen. Am Ende der zwei Tage haben wir eine klare Vereinbarung. So ähnlich, wie du sie gerade ans Flipchart geschrieben hast. Ich müsste lediglich noch einen Projektleiter finden, der die Aufgaben von Jens übernimmt.«

»Wieso willst *du* das machen?«, schüttelte Wolfgang den Kopf. »Die Teamzusammenstellung ist doch Aufgabe von Jens. Dann kann er auch seinen Nachfolger als Projektleiter finden. Du willst doch schnelle Ergebnisse bei deiner zeitlichen Entlastung, oder?«

Mannomann, schon wieder dieses alte Denkmuster! Aber da ich wusste, dass das sicher noch einige Zeit so gehen würde, lachte ich einfach über mich selbst, und Wolfgang fiel ins Lachen mit ein.

»Dann sind wir für heute durch?«, fragte ich.

»Ja, fast«, erwiderte Wolfgang. »Ich möchte dir nur noch einen Hinweis mit auf den Weg geben. Wenn du glaubst, dass die Übergabe an den Manager und die Arbeitsteilung zwischen euch beiden immer konfliktfrei abläuft und ihr immer Spaß miteinander haben werdet, muss ich dich leider enttäuschen. Zum einen widersprechen sich die Rollen ja teilweise: Ein Manager will Systeme schaffen, ein Unternehmer wird diese mit seinen Ideen immer wieder umwerfen. Es ist sinnvoll, dass manchmal du gewinnst, dass sich der Manager aber bei wichtigen Systemen auch durchsetzt. Zudem wird ein Manager Alphatests machen wie jeder andere Mitarbeiter auch. Einen Manager, der auf Dauer einen höheren Status hat als

Ein Manager will Systeme schaffen, ein Unternehmer wird diese mit seinen Ideen immer wieder umwerfen.

du, kannst du nicht führen. Du wirst also an deinem Status weiterarbeiten müssen, wenn du möchtest, dass es mit Jens als Manager funktioniert.«

Mit fester Stimme antwortete ich: »Ja, ich kann Jens mittlerweile führen, weil mein Status gestiegen ist. Im Januar machte er noch, was er wollte. Aber wenn er jetzt auch führt und an seiner Persönlichkeit arbeitet, wird auch sein Status wieder steigen. Ich verstehe, was du meinst!«

11. Der Mensch, der ich sein könnte

(MONTAG, 11. JULI – SONNTAG, 17. JULI)

In den letzten Wochen hatte ich einige meiner Management-Aufgaben an Jens übergeben. Und ich hatte meine Strategie und Vision weiterentwickelt. Zudem hatte ich begonnen, neben Uwe mit zwei weiteren Unternehmern zu arbeiten. Ihr Ansatz war das Employer-Branding, also erst mal der Schein nach außen. Aber nach nur wenigen Gesprächen war beiden Kunden klar geworden, dass sich auch die Kultur im Inneren ändern muss.

Die Notwendigkeit, auch an der Unternehmenskultur zu arbeiten, erkannten die Unternehmer, die auf dem Niveau unterwegs waren, das ich bei meiner Zielgruppe anstrebte, recht schnell von selbst. Daher wollte ich bei meiner Akquise nur auf das Employer-Branding setzen. So hatte sich nach nur wenigen Wochen meine Strategie noch weiter geschärft. Ich hatte eine eindeutig definierte Zielgruppe, die Hidden Champions. Diese hatten ein klares Problem: Wie finden sie dauerhaft die besten Mitarbeiter und locken sie in oft abgelegene Regionen? Die Lösung dieses brennendsten Problems war vordergründig Employer-Branding. Aber um dies wirklich effektiv, ehrlich und authentisch machen zu können, musste meist auch die Kultur verändert werden.

Dadurch, dass Jens und Petra von Anfang an dabei waren und die Kunden kannten und sahen, was wir bewirken konnten, brannten beide für diese Idee und waren somit Botschafter in mein Unternehmen hinein. Mit beiden hatte sich dabei eine enge Freundschaft entwickelt und auf den Fahrten zum Kunden flachsten wir fast nur herum. In mir machte sich eine tiefe Zufriedenheit breit.

Natürlich war mir klar, dass wir mit der Strategie noch nicht fertig waren. Wir brauchten Tests, die noch weiter in die Breite gingen. Wir mussten unser Angebot in ein Package schnüren, damit es im Kopf der Kunden klarere Vorstellungen erzeugte und einfacher zu verkaufen war. Und wir brauchten eine Lösung dafür, dass ich selbst bei bestimmten Beratungskomponenten der Engpass zu werden drohte, weil unsere Kunden, die Unternehmer, bei bestimmten Themen nur einen Unternehmer wirklich ernst nahmen. Darüber hinaus galt es, die anderen Mitarbeiter in der Firma noch stärker zu integrieren und mit diesen Kunden bekannt zu machen, also über Jens und Petra hinaus strategisch zu führen. Aber das erschien mir alles beherrschbar.

Bei den vielen Gesprächen mit den Mitarbeitern unserer Kunden hatte ich erkannt, wie wichtig auch ihnen Freiheit und Selbstbestimmung waren. Und das verband sich langsam, wenn auch noch undeutlich, mit meinem eigenen emotionalen Referenzbild und meiner Wut gegenüber Hilflosigkeit, Schuldgefühlen und Fremdbestimmung zu einem visionären Kern. Ich wollte nicht nur irgendwelche Unternehmenskulturen schaffen, sondern eine bestimmte Art, und damit würde ich Wirkung weit über meinen eigenen Kundenkreis hinaus erzielen. Ich wollte die Art, wie in Unternehmen gearbeitet wird, generell verändern. Zwar war ich noch nicht richtig in der Lage, das alles so auszudrücken, dass es genauso ankam, wie ich es meinte, dass die Energie zum Ausdruck kam und dass die Menschen sich damit verbinden konnten, aber ich wusste ja, dass ich von den zehn Schritten zur visionären Führung eben einen kleinen weiteren Schritt gemacht hatte.

Ich war also weder mit Strategie noch mit Vision fertig, aber ich hatte auch das Gefühl, dass es weniger um das Fertigsein als vielmehr um das dauerhafte strategische und visionäre Denken und Handeln ging. Wahrscheinlich war sogar die ganze Vorstellung von einer »fertigen« Strategie und »fertigen« Vision falsch. Es war ein iterativer Prozess, bei dem sich immer wieder die Fragen nach größerer Klarheit und Energie stellten. Und bei dem ich mir zu jedem Zeitpunkt die Frage nach der stärkeren, vor allem emotionalen Einbindung meiner Mitarbeiter stellen musste.

Aber auch das fiel mir viel leichter. Dadurch, dass ich meine Aggressionen genau spürte und lernte, immer bewusster damit umzugehen und sie auszudrücken, fühlte ich mich viel sicherer. Und aus diesem Gefühl heraus hatte ich begonnen, wahrzunehmen und mich wirklich dafür zu interessieren, was meine Mitarbeiter auf dem Herzen hatten. Dies geschah weitestgehend von allein. Das tiefe Interesse an anderen ist der Naturzustand. Was mich früher davon abgehalten hatte, waren meine Unfähigkeit, Grenzen zu setzen, und mein Unwille, zu verzeihen. Und meine Mitarbeiter spürten, dass ich echtes Interesse an ihnen hatte und nicht nur eine Führungsmethode anwandte.

Insofern war ich auf einem wirklich guten Weg! *Genau genommen, war es das Ziel, auf dem Weg zu sein und zu bleiben. Und genau das tat ich!*

Die Werte bei den drei Kriterien herausragender Führung hatten sich folgendermaßen verändert: Der Beitrag hatte sich durch meine Strategie- und Visionsentwicklung weiter verbessert. Gefühlt auf eine 7. Bei der Betrachtung der Zukunft schwankte ich noch. Mal war es eine 3 und mal eine 6. Es waren zwar erste Ergebnisse zu sehen, aber manchmal überkamen mich natürlich auch Zweifel.

Aber die Energie war noch etwas weiter abgesunken und ich gab nur noch eine 5. Das wären eigentlich herausragende Ergebnisse, wenn da nicht diese Absenkung der Energie und diese Schwankungen wären. Wolfgang hatte ja gesagt, dass aus kleinen Änderungen ganz schnell große werden könnten. Und das machte mich dann doch etwas nervös und sorgte dafür, dass meine neue Grundzufriedenheit und neu gewonnene Freude am Leben nicht in eine Selbstgefälligkeit kippte.

Und so hatte ich vor ein paar Tagen nochmals bei Wolfgang angerufen. Seine Assistentin berichtete mir, dass sie mir im Fall meines Anrufs mitteilen sollte, dass Wolfgang in seinem Haus in Madeira sei und ich ihn dort besuchen könne. Und nun saß ich im Flugzeug nach Funchal und war neugierig, was mich erwarten würde. Im Braintrust hatten sie ja immer so ein Geheimnis um Madeira gemacht, und meine Fragen hatte Wolfgang damit geblockt, dass ich noch nicht so weit wäre. Weit genug für was? Ich hatte doch eigentlich alles umgesetzt und verändert. Was fehlte noch? Hatte das was mit der Energie im Unternehmen, mit meiner Energie zu tun?

Als ich gegen Abend ankam, begrüßte mich Wolfgang herzlich: »Marc, schön, dass du da bist! Übrigens, Carlos ist auch da und sitzt im Garten.«

Das war ja mal eine angenehme Überraschung! So brachte ich kurz meinen Koffer auf mein Zimmer und ging dann in den Garten, wo ich Carlos umarmte: »Schön, dich auch hier zu sehen! Hast du auch gerade Probleme in deinem Unternehmen?«

»Marc, compadre, ein Unternehmerleben ohne Probleme wäre langweilig, findest du nicht? Aber im konkreten Fall bin ich nur da, weil ich den Austausch mit Wolfgang sehr schätze und er offensichtlich auch den mit mir.«

Wolfgang nickte: »Marc, was kann ich für dich tun?«

»Ich möchte mich zuallererst bei euch beiden bedanken! Mit eurer Hilfe habe ich eine Menge Erfolge erzielt. Mein Team arbeitet zusammen, meine Strategie und meine Vision entstehen. Ich habe mit euch ein neues, enges Umfeld. Ich gehe abends wieder weg, habe dabei meinen Kopf frei und habe sogar eine spannende Frau kennengelernt, mit der ich mich schon mehrfach getroffen habe. Das könnte wirklich was werden!«

Carlos warf ein: »Marc, compadre, das klingt mir nicht nach dem Status des Führenden, wenn ›es etwas werden könnte‹. Klingt für mich nach Zufall und Beta. Aber lass uns da die nächsten Tage noch mal drüber reden. Du bist ja sicher aus anderen Gründen hier.«

Im ersten Moment wollte ich mich verteidigen und sagen, dass ja nicht jeder, der allein in eine Bar gehe, zu zweit wieder rauskommen müsse, wie das bei ihm offenbar der Fall sei. Aber da ich viel mehr auf meine Emotionen achtete als früher, spürte ich den Neid und die Minderwertigkeit hinter dieser Verteidigung. Und diese Gefühle gefielen mir nicht. So nahm ich meinen Mut zusammen und erwiderte: »Gerne, Carlos. Ich bin gespannt, was ich da von dir lernen kann. Aber nun zu meiner jetzigen Situation. Ich merke, wie sich meine Wahrnehmung fundamental geändert hat. Durch Achtsamkeit und durch die Fähigkeit, mittels Aggression[174] meine Integrität zu wahren, bin ich nicht mehr dauernd in der Rückzugs-, Verteidigungs- und Selbstbeobachtungssituation, sondern ich habe richtig Lust auf andere Menschen, auf meine Mitarbeiter und meine Kunden. Und ich nehme plötzlich wahr, was diese Menschen auf dem Herzen haben.«

Die beiden lächelten mich aufmunternd an. »Und?«, fragte Wolfgang.

»Im Vergleich zur Situation vor zwei Monaten, als ich Beate rausgeworfen habe und wir begannen, die Dinge grundlegend zu ändern, ist die Energie in meinem Unternehmen wieder abgesackt. Und ich vermute, es liegt an mir. Denn meine persönliche Energie ist ebenfalls gesunken. Zwar mache ich weiter konsequent meine Achtsamkeitsmeditation, ernähre mich gesund, spiele zweimal in der Woche Fußball und nehme mir wirklich Zeit für mich. Sogar mein Gewichtsziel von 75 Kilo bis Ende Juli habe ich fast erreicht. Es sind aktuell 77 Kilo. Aber trotzdem geht meine Energie runter. Ich verstehe es nicht! Und ich habe Angst, dass das noch mehr auf die Energie in meinem Unternehmen ausstrahlt. Ich habe zum Beispiel überhaupt

---

174 Die Vorstellung, dass man die Aggression irgendwann nicht mehr brauchte, ist falsch. Man braucht sie durchaus immer wieder, und sei es nur, um diese Fähigkeit zu trainieren und wachzuhalten. Sonst endet man wieder da, wo man begonnen hat.

keine Lust mehr auf die alten Kunden und das alte Business, brauche sie aber aktuell aus wirtschaftlichen Gründen noch. Und ich befürchte, dass Ria das irgendwann spürt und noch schlechter in der Akquise wird.«

Carlos hakte ein: »Marc, du kannst einen drauf lassen, dass Ria das längst schon spürt! Frauen sind darin viel besser als Männer. Bevor du das für dich selbst überhaupt in Worte fassen kannst, weiß sie schon, wie der Hase läuft. *Es geht nicht darum, dass dein niedriges Energielevel vielleicht irgendwann ein bisschen auf dein Unternehmen abstrahlt, sondern das passiert, bevor du überhaupt richtig weißt, dass deine Energie geringer wird.*«

»Vermutlich hast du recht«, nickte ich. »Das macht mein Problem aber auch nicht kleiner. Und die neue Ausrichtung ist noch nicht so weit, wie ich sie gerne hätte, und dann kommen Zweifel hoch: Was, wenn es nicht klappt?«

»Wie fühlst du dich in diesen Momenten, wenn die Zweifel hochkommen?«, fragte Wolfgang.

»Schlecht«, antwortete ich.

Carlos und Wolfgang schauten sich irritiert an.

Ich begriff: Wozu hatte ich das ganze Training mit der Wahrnehmung meiner Emotionen eigentlich gemacht? So fuhr ich lachend fort: »Ihr zwei könnt einem aber auch jede Nachlässigkeit verderben. Da sitze ich relaxed im Garten in der Sonne und für euch ist das immer noch Training! Also, ich gebe zu: ›schlecht‹ ist ein wenig undifferenziert. Die Zweifel weiten sich in solchen Situationen aus. Sie umfassen dann nicht nur das Jetzt und die Strategie, sondern mein ganzes Leben und alles. Dann sinkt meine Energie. In diesen Momenten frage ich mich sogar, ob mein Vorgehen gegenüber meiner Mutter und Beate richtig war. Und ich fühle mich dann klein. Hilflos. Mein ganzer innerer Status ist wie weggeblasen. Und ich merke es daran, dass ich mich dann wieder in meinem Büro verbarrikadiere.«

»Und wenn du das in Gedanken weiterspinnst?«, fragte Carlos.

»Dann würde ich wahrscheinlich irgendwann scheitern und vermutlich wieder als angestellter Filmemacher enden«, überlegte ich.

»So wie es klingt«, fuhr Wolfgang langsam und deutlich fort, »hast du zwar große Schritte gemacht, aber etwas unter der Oberfläche schwelt weiter. Wirkliche Veränderungen sind mit einer Zwiebel vergleichbar. Du beginnst von außen und trägst Schale für Schale ab, bis du zum Kern vorstößt. Das lässt sich heute Abend nicht mehr klären; dafür braucht es die richtige Zeit und den richtigen Ort. Wir werden uns in den nächsten Tagen darum kümmern.«

Ich nickte. Nach dem Flug hätte ich auch nicht mehr die richtige Energie gehabt, um gleich daranzugehen. So saßen wir noch einige Zeit im Garten, unterhielten uns über alles Mögliche, frotzelten ausgelassen herum und bald nach dem Abendessen legte ich mich ins Bett und schlief ein.

Aber mitten in der Nacht wachte ich plötzlich völlig verschwitzt mit einer Panikattacke auf. Der Traum, den ich eben gehabt hatte, stand noch glasklar vor mir: Ich war gescheitert, und Anton, mein ehemaliger Fußballkumpel, hatte mir zu einem Job in seiner Firma verholfen. Und dann stand er plötzlich als mein Vorgesetzter vor mir und forderte mich auf, immer schneller irgendwelche Filme zu produzieren, die er dann einfach in den Mülleimer warf, und ich musste schon den nächsten machen und den warf er wieder weg und so weiter. Bis ein tiefes, wütendes Nein meinen ganzen Kopf ausfüllte und schließlich aus mir rausplatzte. Davon wachte ich auf.

Ich wollte den Traum abschütteln und ging erst mal auf die Toilette. Aber die Bilder standen lebhaft vor meinem inneren Auge und nahmen mich wieder gefangen. Als ich zurück in mein Zimmer wollte, begegnete ich Carlos, der mich entgeistert anschaute: »Marc, du siehst ja scheiße aus! Was ist passiert?«

»Panikattacke«, murmelte ich.

Carlos nickte: »Okay, zieh dir was an und komm mit.«

Das kam mir nicht im Mindesten merkwürdig vor und so zog ich mir was über. Als ich runterkam, warteten Carlos und Wolfgang schon auf mich, als wäre es das Natürlichste der Welt. Wir gingen raus und folgten hinter dem Haus einer Levada, einem kleinen Bewässerungskanal. Nach kurzer Zeit war es stockdunkel – der Mond war hinter einer dicken Wolkendecke verborgen. Ich konzentrierte mich nur noch auf die Schritt- und Atemgeräusche vor mir. Da ich nichts sah, stolperte ich hin und wieder und konnte mich mehrfach nur mit Mühe fangen. Wie konnten die beiden vorne überhaupt etwas sehen?

»Jetzt links«, hörte ich Wolfgang plötzlich und tastete mich langsam vorwärts. Ja, da schien ein Weg abzugehen. Wir folgten dem Weg nach oben. Zwischendurch stieß ich hin und wieder mit meinen Füßen gegen Steine und fluchte leise. Carlos und Wolfgang schienen wie durch ein Wunder die Steine zu umgehen. Nach vielleicht einer oder zwei Stunden – ich hatte jedes Zeitgefühl verloren – sagte Wolfgang: »Wir sind gleich da!«

Wenig später flammte plötzlich ein Streichholz auf. Kurz darauf züngelte eine Flamme an kleinen Ästchen entlang. Carlos legte größere Äste nach. In völligem Schweigen saßen wir dann zu dritt um ein kleines Feuer. Ich erkannte an den tanzenden Schatten, dass an einer Seite Bäume standen. Gegenüber musste das Meer sein.

Und dann erzählte ich: »In meinem Traum begann Beate damit, Gummiseile um mein Büro zu wickeln – um die Fenster, die Türen, einfach alles. Ich suchte hektisch nach einem Messer, um sie durchzuschneiden, aber in der Schublade war kein Messer, sondern ein Telefon, das klingelte. Ich hob ab und hörte: ›Du kannst uns doch jetzt nicht, gerade wo es so schön ist, die Stimmung kaputt machen. Du bist immer so egoistisch!‹ Wütend stieß ich die Schublade wieder zu und wollte die anderen, Jens und Ria, zu Hilfe holen, aber sie waren nicht da. Ich fand nur einen Zettel, auf dem stand: ›Hochstapler!‹ Plötzlich hörte ich ein Wasserrauschen und ging den Geräuschen nach in Richtung Toilette. Schon von außen sah ich, wie das Wasser herausflutete. Voller Panik wollte ich es stoppen, wurde aber selbst immer kleiner. Ich war vielleicht noch einen Meter groß. Und das

Wasser stieg unterdessen immer höher. Schließlich konnte ich nur noch schwimmen, aber das Wasser stieg weiter, bis es nur noch fünf Zentimeter bis zur Decke waren. Ich war noch etwa 20 Zentimeter groß und fühlte mich klein und voller Angst. Ich wollte nicht aufgeben, aber in diesem Moment floss das Wasser durch die Toilette ab und ich wurde einfach mitgerissen. Nach schier endloser Zeit, in der ich durch irgendwelche Rohre geschleudert wurde, spuckte mich der Wasserschwall wieder aus. Ich fand mich am Ufer eines Abwasserkanals wieder. Dort saß Anton und angelte. Sein Eimer quoll von widerlichen verdreckten Fischen über. Als er mich sah, nickte er nur und sagte: ›Ich hab auf dich gewartet!‹«

Die gespenstische Szenerie meines Traumes ließ mich erneut erschaudern. Doch ich berichtete weiter: »Das Krabbentattoo auf seiner Hand wurde immer größer und die Krabbe begann bedrohlich auf mich zu zu krabbeln. ›Lass uns zusammen zu Abend essen‹, sagte Anton, wobei er auf den Eimer zeigte. ›Und du brauchst sicher einen Job. Sieht aus, als ob deine Firma den Bach runtergegangen wäre – hab ich dir ja gleich gesagt. Aber mein Chef sucht grad jemanden.‹ Ich hatte Angst davor, dass Anton mich wegschicken würde – ich war so klein und hässlich und das schien mir meine letzte Chance zu sein. So ging ich mit und würgte sein Abendessen hinunter. Gleich darauf begann ich eine völlig sinnlose Sisyphusarbeit unter seiner Führung. Wut erfüllte mich! Und dann wachte ich mit einem lauten Nein auf. – Vielleicht werde ich doch nie ein guter Unternehmer und die letzten Monate waren nur ein Traum.«

Nach fast einer Minute sagte Wolfgang leise: »Du hast in den letzten Monaten vieles geändert. Du nimmst andere Dinge wahr. Du machst Dinge anders. Du hast an deinem inneren Status gearbeitet. Du hast grundlegende Entscheidungen getroffen und durchgezogen. Aber eines hat sich nicht verändert.«

Er schwieg und nach einiger Zeit fuhr Carlos fort: »Dein Bild, das du tief innen von dir selbst hast, das, was du für deine Identität hältst, das, was die Gefühle dir selbst gegenüber erzeugt und dich klein, hilflos und wertlos erscheinen lässt, das hat sich noch nicht geändert.«[175]

Ich nickte langsam. In meinem Inneren fühlte ich mich immer noch wie der kleine Marc, der ich mal war: »Und solange ich so klein bin, werde ich immer wieder, auch unbewusst, versuchen, meine Lebenssituation an meine Gefühle anzupassen. Sprich: Ich werde dafür sorgen, dass ich scheitere.«

»Allein dadurch, dass die anderen spüren, dass sie keinen wirklichen Alpha vor sich haben«, ergänzte Carlos.

»Lässt sich das denn nicht ändern?«

»Doch, klar!«, antwortete Wolfgang. »Indem du hinter den Vorhang schaust und es als *eine* deiner Identitäten akzeptierst.«

Verblüfft schaute ich ihn an. Das wirkte ziemlich abgefahren und irgendwie esoterisch auf mich, aber andererseits wollte ich unbedingt Unterstützung und so wartete ich mit fragendem Gesichtsausdruck.

»Was ist Identität?«, fragte Carlos und fuhr gleich darauf fort: »*Identität ist eine Konstruktion deines Verstandes.* Du glaubst dieses und jenes über dich und denkst, du wärst das, was du über dich glaubst. Du glaubst, du bist Unternehmer, und natürlich glaubst du, du wärst nur ein guter Unternehmer, wenn du erfolgreich bist. Du glaubst, du bist jetzt so etwas wie ein König, und ein König ist nur dann ein guter König, wenn alles in seinem Reich gedeiht. Das kannst du fortführen: Du bist nur ein guter Liebespartner, wenn deine Partnerin glücklich

---

175 Ich hatte in den letzten zehn Jahren buchstäblich mit Tausenden Unternehmern zu tun. Oberflächlich betrachtet waren viele erfolgreich und einige wirkten hart, dominant und manche auch so, als könnte bei ihnen nichts schiefgehen. Sobald wir begannen, in die Tiefe zu gehen, kamen in mindestens 90 Prozent der Fälle Selbstwert- und Selbstbild-Themen zum Vorschein. Und sei es nur in der Form »Ich bin nur wertvoll, wenn ich XY schaffe«, wobei XY für irgendeine übermenschliche Leistung steht, die sowieso niemand erbringen kann. Das erscheint manchmal ähnlich absurd wie die größten Ängste von Hollywood-Schönheiten: nicht gut genug auszusehen und deshalb nicht gut genug zu sein. Beides ist aber subjektiv wahr. Und beides hat fatale Konsequenzen. Und beides lässt sich ändern!

ist. Bestimmt glaubst du zu wissen, was du kannst und was du nicht kannst, aber vielleicht hast du es einfach nicht lange genug probiert? Das, was du für deine Identität hältst, ist nichts anderes als ein Konglomerat von teilweise mühsam und mit viel Energie aufrechterhaltenen Glaubenssätzen über dich selbst! *Deine Identität hat nichts mit dir selbst zu tun!*«

»Und was hat das mit meiner Panik zu tun?«

»Alles«, fuhr Wolfgang fort. »Wenn du deine Identitätskonstruktion an den Erfolg deines Unternehmens bindest, dann bist du mit deinem *Selbstwertgefühl* abhängig von deinem Unternehmenserfolg. Läuft es gut, fühlst du dich großartig und stark. Läuft es schlecht, fühlst du dich klein und hilflos. Weißt du nicht, wie du dein Unternehmen einschätzen sollst, dann weißt du nicht, wie du dich einschätzen sollst. Du schwankst dauernd hin und her. Mal stark, mal klein. *Du lässt dich von den Dingen außerhalb von dir völlig fremdbestimmen.*«

»Aber dann werde ich das ja immer in meinem Leben haben«, warf ich frustriert ein.

»Nur solange du deine Identität und damit dein Selbstwertgefühl an dein Unternehmen koppelst. Solange du dein Selbstwertgefühl von äußeren Umständen abhängig machst. Dann wirst du dich immer, wenn die äußeren Umstände nicht so sind, wie du sie gerne hättest, klein und hilflos fühlen. Egal, ob du dich mit deinem Unternehmen, deiner Partnerschaft, deiner Außenwirkung oder sonst was identifizierst. Das Gefühl gehört nicht zu dir, sondern ist das Resultat deiner Identitätskonstruktion«, erklärte Wolfgang.

»Wie meinst du das?«, fragte ich.

Carlos fuhr fort: »Marc, nimm mal hypothetisch an – ich weiß, das kannst du noch nicht – aber nimm mal an, du würdest dich wertvoll fühlen, egal, wie erfolgreich dein Unternehmen ist. Du würdest dich sogar dann wertvoll fühlen, wenn dein Unternehmen Insolvenz anmelden müsste, was wäre dann mit deiner Angst und deinem Selbstgefühl?«, fragte Carlos.

Im ersten Moment weigerte sich etwas in mir, mich auf diese Vorstellung einzulassen. Aber zugleich wollte ich es wissen. Und in dem Moment, als ich mich in diese Situation versetzte, wurde mir klar, dass noch etwas fehlte: »Ich müsste mich auch wertvoll fühlen, egal, was andere von mir denken.«

Wolfgang nickte: »Du bist immer ein wertvoller Mensch! Egal, was irgendwo außerhalb passiert oder was jemand anderes sagt oder tut. Nimm das mal hypothetisch an, was würde mit dir passieren?«

Ich versetzte mich wieder in die Situation – ich glaube, hier kam mir mein Meditationstraining zugute – und plötzlich konnte ich es spüren! Ich spürte meinen tiefen Atem, ich spürte, wie mein Herz gleichmäßig und ruhig schlug. *Und ich hatte vor nichts mehr Angst.* Egal, was auch immer passieren würde, es war in Ordnung. Ich wusste in diesem Moment, dass mir manche Dinge vielleicht jetzt gerade wichtig waren, dass sie aber meinem tiefsten Inneren nichts anhaben konnten. Ich saß bestimmt eine Minute oder so da und hörte das Feuer prasseln.

Plötzlich rissen die Wolken etwas auf, und ich sah das Glitzern des Mondes, der sich weit draußen im Meer spiegelte. Ich war wertvoll und dieser Moment war wertvoll, unabhängig davon, was gerade geschah oder irgendwann geschehen würde.

»Ich hab dich gerade reingelegt«, lächelte Carlos plötzlich dazwischen. »Du hast es gefühlt, oder?«

»Ja, ich habe mich wertvoll gefühlt und die Angst war wie weggeblasen. Ob ich mit meiner Strategie oder Vision vorwärtskomme oder nicht, löste keine Angst mehr aus. Ich war bereit, alles zu akzeptieren. Nicht, dass es mir gleichgültig gewesen wäre, aber ich fühlte mich plötzlich innerlich wirklich frei. Ich konnte entscheiden, ob ich mich mit meiner Firma beschäftigen wollte oder nicht – vorher war ich, wenn die Zweifel hochkamen, immer getrieben. Jetzt verstehe ich: Meine eigene Identitätskonstruktion trieb mich! Die Angst, zu versagen und ein Nichts zu sein, die aus dieser Identitätskonstruktion folgte, trieb mich! Aber inwiefern hast du mich reingelegt?«

»Ganz einfach, compadre«, grinste Carlos, »ich habe dir gesagt ›Nimm mal hypothetisch an – ich weiß, das kannst du noch nicht‹. Wenn ich dir gesagt hätte: ›Nimm mal die folgende Identität an …‹, hättest du geantwortet, dass du das nicht kannst. Und ich hätte mit dir diskutieren müssen und es wäre doch nichts dabei rausgekommen. Dadurch, dass ich gesagt habe, du sollst es einfach mal hypothetisch annehmen, auch wenn's sowieso nicht klappt, musste sich deine bisherige Identitätskonstruktion nicht wehren.[176] Sie fühlte sich in Sicherheit. Und dann hast du einfach für eine Minute die andere Identität angenommen.«[177]

»Aber ich hab doch nicht meine Identität gewechselt«, wandte ich ein.

»Marc«, hakte Wolfgang ein, »hast du gerade in dieser Minute anders über dich gedacht?«

Nach kurzem Zögern nickte ich.

»Hast du ein anderes Gefühl zu dir gehabt?«

Ich nickte wieder.

»Sind dir andere Dinge als sonst durch den Kopf gegangen?«

Wieder musste ich nicken.

»Hättest du anders gehandelt als vorhin unmittelbar nach deinem Traum?«

»Ja«, räumte ich schließlich ein, auch wenn's mir schwerfiel.

»Dann *warst* du jemand anderes, als dir dein bisheriges Selbstbild vormachte! Und ich möchte dir ein zentrales Geheimnis verraten, vielleicht das wichtigste Geheimnis überhaupt: *Du kannst jederzeit*

---

176 Bei Menschen mit statischem Selbstbild (vgl. dazu Carol Dweck: Selbstbild) ist die stärkste psychische Kraft diejenige, die das eigene Selbstbild, also die eigene Identitätskonstruktion, aufrechterhalten will. Dagegen frontal anzukämpfen, ist völlig sinnlos.

177 Identität als psychologisches Konzept geht laut Wikipedia davon aus, dass sich die Person mit etwas identifiziert. Insofern kann ich, indem ich mich mit anderen Dingen identifiziere, eine andere Identität annehmen. Auch wenn sich unsere »Standardidentität« beharrlich weigert, dies zu akzeptieren.

deine Identität und dein Selbstbild frei wählen. Von einer Sekunde auf die andere wie eben. Vergiss diesen Moment nie! Und wenn du eine Zeit lang eine andere Identität bewusst angenommen hast, dann wird diese zu einer Gewohnheit und du hältst sie für ganz natürlich. Allerdings solltest du das nicht tun!«

»Wieso das nicht?«, fragte ich verblüfft.

Wolfgang fuhr fort: »Weil du dann die eine Identität durch die andere austauschst. Dadurch gewinnst du nicht wirklich in der Tiefe etwas. Du sagtest vorhin, du hast dich innerlich während dieser Minute völlig frei und selbstbestimmt gefühlt. Und ich vermute, du wärst in diesem Zustand auch viel wirksamer. Dein wichtigster Wunsch vor einem halben Jahr war, dich frei, selbstbestimmt und wirksam zu fühlen. Gerade hast du dich das erste Mal *wirklich* so gefühlt und dein Ziel für eine Minute erreicht. Natürlich gibt es Identitäten, mit denen du dich freier fühlst als mit anderen. Aber die wirkliche Freiheit besteht nicht darin, dir eine neue Identität anzugewöhnen, sondern deine Identität jeden Moment frei wählen zu können.«

Die wirkliche Freiheit besteht darin, die eigene Identität jeden Moment frei wählen zu können.

»Wie meinst du das?«

Carlos schaltete sich ein: »Ich glaube, es ist zuerst wichtig zu verstehen, warum du bislang nur eine Identität zu haben glaubtest. Das hat etwas mit Berechenbarkeit und Sicherheit zu tun. Du selbst hast aufgrund deiner Identität eine Vermutung darüber, was du morgen tun wirst. Und als wir vor einem knappen halben Jahr über die Betaisierung sprachen, habe ich dir erklärt, dass die anderen deine Identität noch viel mehr brauchen. Sie bildet den Mechanismus, um dich zu kontrollieren, und, wie du vor zwei Monaten erkannt hast, auch den Mechanismus, um dir Schuldgefühle zu machen. Ich bin in der Lage, meine Identitäten zu wählen: Erinnere dich an unseren Abend vor einem knappen halben Jahr in der Hotelbar. Zuerst war ich bei dir ein guter Zuhörer, dann war ich bei den Mädels Alleinunterhalter, dann Aufreißer und irgendwann schlafe ich auch. Ich war immer anders. Und ich war immer *authentisch* anders. Die Vorstellung von nur einer Identität, welche auch immer das sein mag, limitiert!«

»Aber wer bist du dann wirklich?«, fragte ich irritiert.

»Wer weiß das schon?«, grinste Carlos. »Der, der die Identitäten wählt? Der, der in diesem Moment dieses oder jenes denkt, fühlt oder macht?[178] Das ist für mich nicht wichtig! Ich *spüre mich* in jedem Moment lebendig und frei – das ist es, was zählt! Wenn du viel meditierst, wird dir irgendwann bewusst, dass das Einzige, was zählt, der Moment ist, nicht irgendein Ichkonstrukt. Es geht auch, wenn wir über Status reden, nicht um ein mentales Großkotzkonstrukt, sondern es geht um dieses Im-Moment-bei-sich-Sein. Die Ausstrahlung oder der Status ist dann das Resultat.«

»Und was bringt mir das mit der Identitätswahl jetzt?«

»Ganz praktisch: wahre innere Freiheit! Aber du kannst es auch in deinem Unternehmen und in jedem Lebensbereich anwenden. Das nutzen viele Unternehmer. Ed Catmull, der Gründer von Pixar, beschreibt das schön in seinem Buch. Führungskräfte, die sich selbst als Kapitän fühlen und entsprechend handeln, andere, die sich als Hirte einer Schafherde gesehen haben und natürlich anders gehandelt haben. Du befindest dich mit deinem Unternehmen mitten im Sturm und hast keine Ahnung, wo zur Hölle du bist und ob du überlebst. Wie führst du da dein Team? Du wirst zum Kapitän und machst deinen Job, und dein innerer Status verlangt, dass jeder aus deinem Team den seinen macht. Diese Ichmodelle geben uns vollständige komplexe Handlungsmuster vor, sie geben uns Sicherheit und Orientierung. Und je nach Identität führst du ganz anders.«

Ich dachte eine Weile über das Gehörte nach und plötzlich kam mir eine Idee: »Ich habe bislang nicht wirklich verstanden, wie du

---

178 Diese Vorstellung, wer ich *wirklich* bin, geht von der Idee aus, dass da irgendwo hinter unseren Augen ein kleines Männchen, ein wahres Ich, sitzt, das alles sieht und steuert. Diese Vorstellung wurde von den Neurowissenschaften gründlich widerlegt.

das gemeint hast, dass ich die fünf Führungsstile alle abrufen können muss. Die widersprechen sich doch zum Teil völlig. Aber wenn ich fünf Identitäten hätte, dann könnte ich ganz einfach und definiert hin und her wechseln. Dann ginge das.«

»Ja, der erste Stil mit Zwang ist die Identität des Besitzers. Ich sehe diese Identität nicht so negativ. Stell dir vor, deine Firma samt allem Inhalt sei dein Besitz. Was sie ja auch ist, aber normalerweise betrachten wir es nicht so. Ein überaus wertvoller Besitz. Und der Besitzer möchte, dass der Besitz gedeiht. Er wird Dinge so einrichten, wie es ihm gefällt. Er wird niemals dulden, dass ein Pferd auf die Idee käme, sein Gatter woanders auf der Hacienda aufzustellen. Wenn es irgendwo unordentlich aussieht, wird er die Unordnung beseitigen lassen, und er erwartet ohne Zweifel, dass genau das passiert. Du kannst das beliebig fortspinnen. Und mit den anderen fünf Stilen auch.«

»Wahnsinn«, entfuhr es mir. »Ich war gerade mit dir auf der Hacienda und war der Besitzer. Ich sah und spürte, was der Besitzer tun würde. In jedem Moment. Mit dieser Art der Identität brauche ich überhaupt keine Handlungsanweisungen mehr. Und Führungsstil 5?«

Carlos schaute mich an: »Ich habe da für mich als innere Rolle den späten Nelson Mandela. Er hatte eine den Menschen zugewandte Vision eines Südafrikas, wo Schwarze und Weiße friedlich zusammenleben. Er spürte immer, was die Menschen fühlten und brauchten, und gab es ihnen. Ich glaube, er war wirklich ein meisterhafter Stil-5-Führer, aber eben einer, der, weil er Südafrika auch mental *besaß*, ein beinharter Stil-1-Führer[179] sein konnte. Ich stelle mir oft vor, wie ich morgens als Nelson Mandela in meine Firma komme und was ich da wahrnehmen und tun würde. Bei den ersten Malen wäre ich als Nelson fast davongelaufen. Mein Unternehmen hatte keinen

179 Und er hatte diesen Stil trainiert: Vor seiner Inhaftierung gründete und leitete er den bewaffneten Arm des ANC. Zudem war er Boxer.

Sinn und die Menschen waren unglücklich und zerstritten. Aber ein Nelson läuft nicht davon und dann wurde es besser und besser!«

»Ihr hattet ja die ganzen Monate immer mal wieder von anderen Identitäten gesprochen, aber der wesentliche Aspekt ging die ganze Zeit an mir vorbei. Ich glaube, jetzt habe ich das wirklich in der Tiefe verstanden. Danke, Carlos!«

»Nein«, schüttelte Wolfgang den Kopf. »Du fängst gerade erst an, das mit den Identitäten zu verstehen. Stell dir mal hypothetisch vor – ich weiß, das geht nicht –, du wärst unser Braintrust. Wie würdest du dich fühlen? Was würdest du brauchen?«

»Du meinst, ich wäre die ganze Gruppe?«, fragte ich überrascht.

Beide nickten.

Das war so abgefahren, dass ich es allein aus Neugier versuchte. »Ich fühle mich wohl«, überraschte ich mich selbst, »ich fühle mich wertvoll, weil ich einen Beitrag zur Entwicklung aller leiste und weil ich Verbindung schaffe. Ich mag es, wenn neue Mitglieder wie Uwe oder Marc hinzukommen. Ich brauche die Verbindlichkeit und das Commitment der Teilnehmer. Ich möchte, dass die Menschen und ihre Entwicklung im Vordergrund stehen, nicht das Business. Ich will mich nicht anlügen lassen und bin hart, wenn jemand nicht auf dem höchsten Niveau seiner Möglichkeiten mitspielt. – Das ist ja krass«, unterbrach ich mich.

»Du hast es wieder gespürt, nicht?«

Ich starrte ins Feuer. Ich war in diesem Moment der Braintrust. Ich war nicht mehr der Marc, der von äußeren Dingen abhängig war. Ich war auch nicht der Marc, der wertvoll war, egal, was im Außen passierte. Ich war plötzlich eine ganze Gruppe von Menschen. Und es war auch nicht einfach nur eine gedankliche Konstruktion gewesen. Es war auch kein Hineinversetzen. Ich *war* gerade die ganze Gruppe!

Ich weiß nicht mehr, wie lange ich so dasaß und ins Feuer starrte und in der Tiefe begriff, was hier gerade geschah. Schließlich begann ich: »Ich kann also jede Identität annehmen, und jedes Mal werde ich mich anders fühlen, werde ich anders wahrnehmen, anders denken und anders handeln.«

»Und du wirst akzeptieren und annehmen, was du spürst«, ergänzte Wolfgang. »Wenn du dich klein fühlst, dann ist das ein Zeichen dafür, dass du einen Fehler in deiner aktuellen Identitätskonstruktion hast. Es geht nicht darum, irgendwie das Gefühl des Kleinseins abzustreifen. Das Gefühl ist nur das Resultat. Dieses Annehmen dessen, was ist, wird plötzlich spannend, wenn du gerade nicht irgendein Marc bist, sondern die Identität deines ganzen Teams innehast. Wenn du dich in deiner Identität als Team klein fühlst, ist das ein wichtiger Hinweis für Marc in der Identität des Unternehmers. Frag das Team-Ich, was es wirklich braucht! Und dann handle danach.«

»Das«, überlegte ich, »ist ja eine völlig andere Form der Führung. Ist es das, was du mit der emotionalen Führung, dem Stil 5 meinst?«

»Ja«, nickte Carlos. »Du fühlst mit deinen Mitarbeitern, deinem Team, ja sogar deinen Kunden, weil du sie sein kannst. Und dann musst du einfach nur die Frage stellen, welche Bedürfnisse deine gegenwärtige Identität hat, und danach handeln. Im Buddhismus nennt man das Mitgefühl. Aber es ist mehr als mit-fühlen. Es ist mitsein. Dann braucht die richtige Handlung auch keine Disziplin mehr, sondern geschieht automatisch.«

Wolfgang fuhr nun fort: »Du bist zu mir gekommen mit dem Stoßseufzer: ›Wenn die doch endlich mal das tun würden, was ich sage.‹ Du hattest den Wunsch, dass dein Wille geschehe. Nun löst sich das auf: Dein Wille wird geschehen, aber das *Du* ist jeweils ein anderes. Mal ist es der Wille von deiner Identität als Team, mal der Wille von deiner Identität als dein Kundenkreis. Dann bist du zugleich derjenige mit dem Willen, aber zugleich der bewusst ausgewählte Diener deines Teams oder deiner Kunden. Mal ist es der Wille von deiner Identität als Besitzer-Marc, mal von deiner Identität als Mandela-Marc. Dein Wille wird geschehen, aber du bist nicht mehr nur dieses eingeschränkte Du vom Januar.«

»Und das«, ergänzte Wolfgang nach einer langen Pause, in der mir die Tiefe dieser Worte bewusst wurde, »führt auch dazu, dass du dich selbst anders führst. Bislang hast du dich selbst mit Stil 3 oder 4 geführt. Du hast dir Ziele für dich selbst gesetzt und dann hast du diese abgearbeitet. Egal, welche Tricks auch immer du dabei anwendest, deine To-do-Liste wird dabei länger und länger und du fühlst dich immer fremdbestimmter. Du machst dein Selbstgefühl ja von den Punkten auf deiner To-do-Liste abhängig! Hinterfrag deshalb, ob deine aktuelle Identität die Ursache für deine schlechten Gefühle ist. Falls ja, wechsle sie. Und sei es nur hypothetisch. Falls nein, frage, was die Identität, die du gerade hast, brauchen würde. Handle danach!«

»Ich soll meine ganzen Pläne und Ziele über den Haufen werfen?«, fragte ich ungläubig.

Carlos schüttelte den Kopf: »Nein, du nutzt sie, wenn sie nötig sind. Genauso wie du vom Führungsstil 4 zu Stil 2 oder 1 springst, wenn es nötig ist. Aber der Marc mit seinen Zielen und Plänen ist auch nur eine Identität unter vielen möglichen.«

»Aber verliere ich dann nicht meine Kraft und Energie?«, wandte ich ein. »Wenn mir die Zielerreichung letztlich egal ist, wieso sollte ich mich dann anstrengen?«

»Weil du *willst*, nicht weil du *musst*! Wenn du das Team-Ich annimmst, dann willst du dem Team-Ich dienen. Wenn du danach das Ich deiner Fußballmannschaft annimmst, gibst du dort alles. Und wenn du abends das Weisheits-Ich anlegst, genießt du es zu meditieren. Es wird ein Spiel, leichter, freier und damit kreativer und effektiver. Normalerweise denkst du während der Arbeit schon ans Fußballspielen und während der Meditation an die Arbeit. Der Grund dafür liegt in nichts anderem als den vielfältigen Abhängigkeiten deiner Identitätskonstruktion und der Angst vor Selbstwertverlust.«

Lange schaute ich ins Feuer. Und plötzlich erinnerte ich mich an ein Fußballspiel in meiner Kindheit. Gefühlt war ich da die ganze Mannschaft. Alles wirkte zusammen! In diesem Moment war ich nirgendwo sonst als auf dem Platz, und zwar überall auf dem Platz. Und ich spürte die Energie, die ich hatte. Und da begriff ich: *Diese Identität des ganzen Teams, dass ich das Team war, gab mir mehr Kraft und Energie, nicht weniger! Und mein Wille als Wille des ganzen Teams geschah.*

»Es geht also gar nicht darum, in der Gleichgültigkeit eines in der Höhle meditierenden Ichs zu versinken! Es geht darum, die Energie und Kraft des Lebens zu spüren und zu sein!«

»Genau!«, bestätigte Wolfgang. »Unternehmersein ist – und ich mag diesen Begriff eigentlich nicht – die ultimative spirituelle Herausforderung! In der Höhle zu sitzen und zu meditieren und bei sich zu sein, ist in gewissem Sinne einfach. Es ist, mal abgesehen von deinen Erinnerungen, ja sonst keiner da. Aber bei sich zu bleiben, wenn die Stürme toben, man von seinen eigenen Gefühlen hin und her geschleudert wird und Hunderte oder Tausende anderer an einem zerren und man zu scheitern droht, ist schwer! Durch die Annahme anderer Identitäten wie die deines Teams, deines Unternehmens, deiner Kunden oder gar der ganzen Welt[180] kommt das Wachstum, die Lust an Veränderung, der Pfeffer ins Leben. Du willst nicht mehr dies oder das und rennst hektisch von A nach B – wo du nie ankommst, weil du zwischendurch C entdeckst –, sondern *es entsteht eine Demut in dir und eine Lust und Bereitschaft, diesen größeren Ichs zu dienen. Das ist die wirkliche innere Haltung eines Führenden!*«

Lange saßen wir da, während es am Horizont langsam heller wurde. Plötzlich ergab das alles für mich ein Bild: »Ich habe im letzten halben Jahr in gewisser Weise meinem Unternehmen und meinem Team gedient. Indem ich mir Zeit für Petra und Ria nahm, indem ich an meinem Status arbeitete, indem ich Jens zum Manager machte, indem ich klare Standards definierte und gegenüber Jana und

---

180 Die Ich-Größe definiert den Führenden. Wer nur sein eigenes, gar noch von außen abhängiges Ich hat, wird nie dauerhaft herausragend führen können. Wer sein Ich auf sein Team ausdehnen kann, wird ein weiser Anführer oder »König«. Wer sein Ich darüber hinaus auf seine Kunden ausdehnen kann, wird ein hervorragender Unternehmer. Und wer sein Ich auf die Welt und die zukünftige Welt ausdehnen kann, wird ein wahrer Visionär.

den anderen durchsetzte, indem ich Beate feuerte. *Nur spürte ich mein Unternehmen und mein Team nicht, weil ich noch so sehr mit mir und meiner fixen Identitätskonstruktion und der damit verbundenen Wut, den Ängsten und Schuldgefühlen beschäftigt war, dass ich das Unternehmen und das Team gar nicht wahrnehmen und spüren konnte.* Ich war der kleine Marc, der von euch beiden und Thomas Schritt für Schritt andere Wahrnehmungsmodelle gezeigt bekam und am Ende reif war für den letzten Schritt: *die freie Wahl seiner Identität in jedem Moment.* Das ist die wahre Lektion, alles andere wie Jana, Beate[181] oder meine Mutter waren nur Sparringspartner, die mir halfen, mich zu entwickeln. Insofern kann ich ihnen dankbar sein! *Das* hätte ich vor einem halben Jahr oder auch nur vor einem halben Monat wirklich noch nicht begriffen.«[182]

Wolfgang und Carlos lächelten und ich erkannte den Stolz in ihren Gesichtern. Ich sah es deutlich im immer heller werdenden Morgen. Und in diesem Moment war ich auch stolz auf mich!

Als die Sonne aufging, wusste ich, dass ich einen Blick in ein neues Leben getan hatte. Entscheidend an dieser ganzen Führung ist nicht diese oder jene Methodik, sind nicht diese oder jene Ergebnisse. Entscheidend ist, zu wem man selbst in diesem Prozess wird und wer man noch werden kann.

---

181 Es gibt in Unternehmen, die nicht geführt werden, immer eine Beate oder einen Beat, die das Macht- und Statusvakuum füllen. Es muss sie geben, damit wenigstens einer führt, solange der Unternehmer noch nicht begriffen hat, dass dies seine Rolle wäre. Und es muss sie geben, weil nur auf diese Weise der Unternehmer, wenn er es schließlich begriffen hat, seinen adäquaten Sparringspartner findet.

182 Und ich bin mir sicher, dass es viele Leser gibt, die diesen Schritt nicht mitgehen oder nachvollziehen können. Das liegt daran, dass man dazu erst einen langen Weg gegangen sein muss, um es wirklich in sich spüren zu können. Aber, wenn du zu diesen Lesern gehörst, die noch Schwierigkeiten mit diesem Schritt haben, nimm einfach mal hypothetisch an, du könntest deine Identitäten wechseln wie Marc, Wolfgang oder Carlos. Wie wäre das?

Entscheidend beim Führungsthema sind nicht Methoden oder Ergebnisse, sondern zu wem man selbst in diesem Prozess wird und noch werden kann.

Aber ich hatte noch eine Frage: »Wie halte ich das jetzt aufrecht? Wie sorge ich dafür, dass das lebendig bleibt und ich jeden Moment meines zukünftigen Lebens so lebe?«

Carlos sah mich an: »Erinnere dich an die Gefühle deines Paniktraums. An die Wut am Ende und das laute Nein! Wenn du diesen Traum und das, was du gerade hier erfahren hast, verblassen lässt, wirst du bei Anton und seinen stinkenden Fischen landen. Halte diesen Paniktraum lebendig. Und erinnere dich daran, wie du dich vorher wertvoll gefühlt hast, unabhängig von allem außerhalb von dir. Erinnere dich an deine Gefühle, als du dein Team warst. Halte auch das lebendig. Schreib es nachher auf mit all den dazugehörigen Gefühlen! *Du hast zu jeder Sekunde die Wahl, das eine oder das andere Leben zu führen! Weil du zu jeder Sekunde die Wahl hast, ein anderer zu sein!*«

»Und zudem«, meldete sich Wolfgang grinsend zu Wort, »ist das genauso wie mit allen anderen Dingen: Such dir ein Umfeld, das genauso agiert, und trainiere täglich!«

»Das Umfeld habe ich ja mit euch gewissermaßen schon«, grinste ich. »Und wie trainiere ich das?«

»Mach dasselbe wie eben, zum Beispiel während deiner Meditation. Wechsle deine Identität. Und eins noch, bevor wir zum Haus zurückgehen: Du hast deine alte Identität lange trainiert. Sicher wird sie hin und wieder zurückkommen. Mit genügend Achtsamkeit spürst du das irgendwann sofort und kannst dann deine Identität sofort wechseln. Bis dahin wirst du vielleicht wieder ein paar Tage oder auch Wochen mit deiner alten Identität rumlaufen und dich klein fühlen. Das ist okay, quäl dich deswegen nicht. Dein Umfeld wird dich wieder zu dem Bewusstsein, dass du deine Identität jederzeit frei wählen kannst, zurückbringen. Nutze die folgenden Tage, um dir nochmals den ganzen Prozess bewusst zu machen, durch den du im letzten halben Jahr gegangen bist.«

Carlos stand auf: »Lass uns frühstücken gehen – ich hab echt einen Bärenhunger!«

Die folgenden Tage vergingen wie im Flug. Wenn ich allein war, nutzte ich die Zeit, um all das, was du hier gelesen hast, wie im Rausch in mein Smartphone zu diktieren. Waren wir zusammen, tauschten wir uns aus, gingen in persönlichen Gesprächen in die Tiefe, flachsten herum, wanderten und schwammen, mieteten uns mal ein Segelboot, mal einen Hubschrauber und genossen das Nachtleben in Funchal. Der Löwe in mir war erwacht.

12. Dein Weg

Dieses Buch ist bewusst so geschrieben, dass du für dich selbst Lösungen finden und erarbeiten kannst. Du kannst also einfach loslegen und es so ähnlich machen wie Marc. Damit wirst du zu Ergebnissen kommen. Genauso, wie du einfach zu Hause mit deiner Partnerin oder deinem Partner mit einem Buch oder Video tanzen lernen kannst. Das geht. Bei nur kleinen Herausforderungen in deinem Unternehmen ist das auch völlig ausreichend. Dazu gibt es auf unserer Website auch einige hilfreiche kostenlose Downloads.[183]

Allerdings: Mit Unterstützung wirst du dramatisch schnellere und bessere Ergebnisse erzielen. Und in einem Umfeld aus Unternehmern, die dasselbe anstreben wie du, macht es deutlich mehr Spaß und ihr befruchtet euch gegenseitig.

Und genau solch ein Umfeld bietet die Unternehmercoach GmbH. Wir sind eine Lern- und Entwicklungsgemeinschaft aus Unternehmern mit meist drei bis 50 Mitarbeitern. Manche beginnen gerade erst und haben sogar noch gar keinen Mitarbeiter, manche haben schon alle möglichen Awards gewonnen und mittlerweile 200 und mehr Mitarbeiter. Manche beginnen erst, sich mit dem Unternehmersein zu beschäftigen, andere machen das schon seit zehn oder

---

183 Na ja, ganz kostenlos nicht: Wir wollen dafür im Gegenzug deine E-Mail-Adresse. Das ist fair, oder?
Vgl. www.unternehmercoach.com/deinwillegeschehe/downloads.

20 Jahren. Aber alle eint die Grundeinstellung, gemeinsam besser werden zu wollen.

Und alle werden auch dadurch geeint, dass sie durch eines meiner Bücher zu Unternehmercoach kamen und deshalb eine gemeinsame Denkweise und eine gemeinsame Sprache mitbringen. Wir müssen nicht mehr über die Rollen von Fachkraft, Manager und Unternehmer streiten. Wir können davon ausgehen, dass alle eher den Kunden als den Gewinn im Blick haben und auch dass alle den Wert der eigenen Persönlichkeitsentwicklung für den Unternehmenserfolg erkannt haben. Und damit können wir auf einem viel höheren Niveau interagieren, als dies bei beliebig zusammengewürfelten Unternehmergruppen möglich ist. Die häufigste Aussage, die ich nach Seminaren von Teilnehmern höre, ist: »Mensch, die anderen Unternehmer dort haben ja dieselben Sorgen wie ich. Die sind wie ich!«

Aber nun zu der Frage, was du bei Unternehmercoach erleben und was du bei uns lernen kannst. Wird das wirklich so wie bei Marc und Wolfgang Radies? Die Antwort lautet: Ja und nein!

Nein, weil ein wirkliches Coaching etwas anders funktioniert. Es ist weniger lehrend, dafür mehr entwickelnd. Um nicht stilistisch im Buch dauernd zwischen Seminaren und Coaching wechseln zu müssen, habe ich in einer Art Kunst-Coachingform Seminar und Coaching integriert. Nein, es wird nicht genauso, weil ein gutes Buch wie ein Eisberg ist: Du siehst nur zehn Prozent. Die anderen 90 Prozent sind das Wissen, das der Autor auch benötigt, um das Buch schreiben zu können. Und da du ein anderer Mensch bist als Marc, werden in deinem Fall vielleicht andere zehn Prozent wichtiger sein.

Ja, weil du dich wirklich verändern wirst! Wenn du wirklich dein Umfeld verändern willst und eine aktuell festgefahrene Situation ändern möchtest, dann komm zu einem unserer Seminare oder Braintrusts. *Zum Beispiel zum Vertiefungs- und Umsetzungsseminar zu diesem Buch: »Führung für Unternehmer«.*[184]

---

184 Vgl. http://www.unternehmercoach.com/fuehrung-fuer-unternehmer.htm.

Mein *Seminar »Der Weg zum erfolgreichen Unternehmer«*[185]*, mit dem die meisten unserer Kunden einsteigen*, zeichnet sich dadurch aus, dass die Teilnehmer, die sich wirklich am Ende des Seminars committen, eine Umsetzungsquote von 80 bis 90 Prozent haben. Eine Nachhaltigkeit, die neben den sonst üblichen zehn bis 20 Prozent vieler anderer Seminare heraussticht. Infos dazu findest du unter http://www.unternehmercoach.com/seminare. Oder ruf uns unter +49 (0)7634/50 89 60 an.

Aber wenn du wirklich den Weg gehen willst, den Marc gegangen ist, wenn du wirklich von Grund auf dein ganzes Unternehmerleben ändern möchtest, dann wird ein einmaliges Seminar nicht reichen. Viele Forscher haben untersucht, welche Faktoren Spitzenleistungen zugrunde liegen. An drei Punkten sind sich fast alle einig: bei der Intensität und Dauer des Trainings[186], beim fördernden Umfeld und beim Commitment des Lernenden.

Ein Commitment kann schwach sein: »Klingt ja alles schön und gut. Ich probiere das mal aus.« Es kann mittel sein: »Ich lerne die Fähigkeiten eines Unternehmers.« Und es kann stark sein: »Ich werde herausragender Unternehmer, was auch immer dafür nötig ist.« Je nach deinem Commitment werden deine Ergebnisse ausfallen. Bitte lies ab jetzt nur weiter, wenn du die stärkste Form des Commitments hast: *Ich werde herausragender Unternehmer, was auch immer dafür nötig ist!*

Wir haben bei Unternehmercoach ein *zweijähriges Unternehmertraining* geschaffen, das es so in dieser Form nirgends sonst gibt. In diesen zwei Jahren wirst du dein Unternehmerleben komplett umkrem-

---

185 Das Seminar ist in vielerlei Hinsicht grundlegend. Aber natürlich kann man auch als Erstes am Führungs-, am Neurostrategie- oder am Storytelling-Seminar teilnehmen.

186 Im Unternehmen 16 Stunden pro Tag an Fachkraftaufgaben herumzuwerkeln, ist *kein* Training für Unternehmer. Nur das Ausführen und Reflektieren und Verbessern von U-Aufgaben kann als Training gewertet werden.

peln. Du wirst 40 bis 50 Tage[187] bei Präsenzveranstaltungen in deinem neuen Umfeld sein und lernen. Du bekommst Trainingsaufgaben für die Zeit zwischen den Präsenztagen. Und solltest du am Anfang vom Weg abkommen – was völlig normal ist –, wirst du nach einer Woche von deinem Herrn Bertram wieder auf den von dir definierten Weg zurückgeholt.

Du wirst während der Präsenzveranstaltungen alle Seminare besuchen und dort noch weit mehr an Content lernen als in meinen Büchern. Du hast einen Braintrust (oder Intensiv-Braintrust) als dein persönliches Umfeld. Du hast einen persönlichen Coach, der dich die zwei Jahre begleitet. Alle unsere Coachs sind übrigens seit mindestens zehn Jahren selbst Unternehmer.[188]

Und vor allem bist du beim Unternehmertraining Teil einer Klasse, deren Mitglieder ein Team bilden und diese zwei Jahre gemeinsam durchkämpfen. Diese Klasse wird dir helfen und du wirst jedem anderen Mitglied dieser Klasse helfen: Einer für alle, alle für einen! Diese Klasse wird von zwei Unternehmertrainern geleitet. Dabei geht es vor allem um deine innere Entwicklung. Gutes Unternehmersein könnte man an äußeren Kriterien (Gewinne, Unternehmensgröße etc.) messen. Das ist bei uns völlig nachgeordnet. Herausragendes Unternehmersein bemisst sich an deiner inneren Freiheit, an deiner Erfüllung und am Sinn. Die äußeren Erfolgskriterien folgen dann automatisch nach.

Da es sich um einen Klassenverband handelt, gibt es feste Startzei-

---

187 Da wirst du einen großen Teil der anderen 90 Prozent des Inhalts kennenlernen, die gar nicht in meine Bücher reinpassen. Mein Prinzip ist zwar immer, alles zu geben, aber ein Buch mit mehreren Tausend Seiten wäre dann doch zu viel.

188 Ich persönlich coache seit 2010 nicht mehr eins zu eins. Unsere Coachs sind in der Regel Unternehmer wie Thomas, Carlos oder noch ein bis zwei Jahre später auch Marc, die den Weg selbst gegangen sind. Ihr Motiv ist nicht, als Coach reich zu werden – reich werden können sie mit dem eigenen Unternehmen viel besser – und auch nicht, ein Coaching-Business aufzubauen, sondern das, was sie selbst erfahren haben, weiterzugeben.

ten für das Unternehmertraining. Diese sind halbjährlich im Januar und Juli. Und weil es immer sehr viel mehr Bewerber als Plätze gibt, kann man sich nicht einfach anmelden, sondern man muss sich bewerben. Dabei ist für mich, abgesehen von einer Mindestmitarbeiteranzahl von drei, nicht entscheidend, wo du stehst, sondern es ist für mich allein entscheidend, mit welchem Commitment du dabei sein wirst. Ende der Bewerbungsfrist ist jedes Jahr Mitte April und Mitte Oktober. Aber für mich zeigt sich Commitment auch in der schnellen und sofortigen Bewerbung. Wer sich also früher verbindlich bewirbt, hat die besseren Karten![189] Bewerbungsinfos findest du unter http://www.unternehmercoach.com/unternehmertraining.

Wir haben mit Seminaren, Braintrusts und Coachings bereits vielen Tausend Unternehmern weitergeholfen und einige Dutzend sind bereits im Unternehmertraining. In gewisser Weise haben wir das Konzept des Unternehmercoachings überhaupt erst entwickelt – deswegen waren auch damals die Domains unternehmercoach.de und unternehmercoach.com noch frei.

Aber noch wichtiger als das: Wir sind nicht nur Stefan Merath und ein paar Coachs, sondern wir haben eine komplette Infrastruktur aus Lerngemeinschaften, Braintrusts überall im deutschsprachigen Raum, Communitys, Seminaren, Produkten wie den Coachingbriefen, Unternehmersystem oder DVD-Seminaren, außerdem den Zugang zu Unternehmern wie Richard Branson, Jochen Schweizer oder Han Shan, die alle schon auf unseren Seminaren gesprochen haben.

Und so etwas Anspruchsvolles wie das Unternehmertraining wäre ohne eine solche Infrastruktur gar nicht anzubieten. Auf unserer Website findest du viele Statements von Kunden, die du auch gerne befragen kannst. Ich freue mich darauf, dich bald persönlich kennenzulernen.

---

189 Ich schreibe dies im August 2016. Von den insgesamt 24 Plätzen für die zwei Klassen Unternehmertraining 2017/2018 sind vor der eigentlichen Werbekampagne bereits 14 vergeben.

Warum dieses Buch?

Im Jahr 2003 scheiterte ich nach über sechs Jahren mit meinem ersten Unternehmen, der blue orange Internet GmbH. Diese sechs Jahre waren angefüllt mit 80- bis 110-Stunden-Wochen, Begeisterung und Enttäuschung, Erfolgen und Misserfolgen. Es war mein Leben.

Für mich unerträglich war aber am Ende, dass ich überhaupt nicht verstanden hatte, warum ich gescheitert war. Gut, auf dem Konto war ein dickes rotes Minuszeichnen, aber warum? Die Kunden kauften nicht mehr, aber warum nicht? Alle Maßnahmen, die ich ergriff, um das Unternehmen zu retten, gingen ins Leere. Warum? Ohne dieses Wissen wäre das Risiko, mit einer neuen Firma erneut in der Insolvenz zu landen, enorm gewesen.

In den folgenden Jahren lernte ich deshalb, so viel ich nur konnte, über das Unternehmersein: aus Büchern, von anderen Unternehmern, in Seminaren, von meinen Coachs. Und ich verstand schließlich, dass ich in meinem ersten Unternehmen zwar alles Mögliche gemacht hatte, nicht jedoch die Aufgaben eines Unternehmers – und ich hatte auch nicht Selbstbild und Identität eines Unternehmers angenommen. Diese Aufgaben und Identität waren damals nämlich schlicht nirgends beschrieben.

Vor diesem Hintergrund entstand im Jahr 2007 mein Buch *Der Weg zum erfolgreichen Unternehmer*. Dieses ist inzwischen das Grundlagenwerk geworden, wie die Verkaufszahlen des Buches, das aktuell in der 15. Auflage ist, beweisen. Durch viele Zuschriften, viele Rezensionen sowie viele Feedbacks in meinen Seminaren und Coachings erfahre ich immer wieder, dass ich mit diesem Buch einen Nerv bei Unternehmern aus kleinen und mittleren Unternehmen getroffen habe. Es wurde zum Standardwerk und war als solches in den letzten acht Jahren bei Amazon in der Rubrik »Kleine und mittlere Unternehmen« praktisch durchgehend auf Platz eins.

Und viele Zuschriften bestätigen mir immer wieder die positiven und grundlegenden Änderungen, die durch mein Buch eingetreten sind. Diese Feedbacks gehen deutlich in die Tausende. Dafür möchte ich allen danken, die mir geschrieben haben!

Aber es gibt nicht nur Positives. Ich habe in den Jahren bis 2010 auch eine ganze Reihe Coachings geleitet, bei denen am Ende eine wundervolle strategische Idee entstanden ist. Und dann passierte nichts. Danach passierte immer noch nichts. Und dann wurde die Idee begraben. Ich könnte mich jetzt wie viele andere Berater und Coachs damit herausreden, dass das nicht mehr in meiner Verantwortung liegen würde. Ich hätte alles getan, und laufen müsse der Unternehmer schon selbst. Es stimmt natürlich, dass der Unternehmer selbst laufen muss. Aber ganz unleugbar gab es ja Gründe, warum er es nicht tat. Und die waren nicht in meinem Blickfeld. Daher fühlte ich mich verantwortlich und ging wieder zurück an den Bücherschrank und las – zum Teil zum wiederholten Male – Strategiebücher von Sun Tsu über Machiavelli, Clausewitz, Porter und Mewes bis Jack Trout. Und fand auch dort keine befriedigende Antwort.

Ganz offensichtlich lag das Problem an einer Stelle, die diese Bücher auch nicht im Blick hatten. *Die Berater, die diese Bücher schrieben, beschäftigten sich nur mit dem Konzept, aber nicht mit dem, was bei der Umsetzung geschah.* Das war spannend! Die Frage entstand: *Was ist der Unterschied zwischen einer guten und einer funktionierenden Strategie?* Was macht den Unterschied zwischen einem tollen Strategiekonzept, das auf dem Papier allen Anforderungen genügt, aber nicht erfolgreich ist, und einer mittelmäßigen Idee, die zu einem riesigen Erfolg wird, aus?

Die Antwort, die ich schließlich fand, ist folgende: Der Unterschied liegt im Strategen selbst, im Unternehmer. Rückblickend ist das naheliegend, ja zwingend. *Aber der Stratege, das Subjekt des Strategieprozesses, taucht in kaum einem Buch über Unternehmensstrategie auf.* Damit war die Idee geboren, die Psychologie des Strategen und Strategiekonzepte zu verbinden. Und daraus entstand das Buch *Die Kunst, seine Kunden zu lieben. Neurostrategie für Unternehmer*, das im Jahr 2011 erschien und aktuell in der 5. Auflage ist.

Auch dieses Buch hatte wieder enorme Auswirkungen auf die Art, wie in kleinen Unternehmen strategisch gedacht und gehandelt wird.[190] Aber nun stellte sich vielen unserer Kunden ein neues Problem: *Wie gelingt es mir, meine Strategie im Team zu verankern, mein Team mitzunehmen?*

Kurz, es stellte sich die Frage nach der Führung. Und wieder las ich über 100 Bücher zum Thema. Und wieder fand ich keine befriedigenden Antworten. Dafür gibt es viele Gründe. Die wichtigsten sind:

- Wenn ein Unternehmer andere Aufgaben hat als ein Manager, dann hat er auch andere Führungsaufgaben. Ein Manager hat zum Beispiel Projekte zu managen, ein Unternehmer hat eine Vision zu verankern. Es ist völlig offensichtlich, dass dies nicht mit denselben Führungsmethoden geschehen kann. Doch ein Führungsbuch nur für Unternehmer gab es nicht! Die vorhandenen Bücher richteten sich fast alle an Manager in Konzernen oder bei großen Mittelständlern.

---

190 Wie fundamental die Neurostrategie ist, erlebte ich 2015 auf einer Veranstaltung, bei der fünf Unternehmensstrategien mit einer klassischen Strategiemethode durchleuchtet wurden. In allen fünf Fällen konnte diese Methode nicht weiterhelfen, weil sie das Problem überhaupt nicht erkannte: Es lag in der Psyche des Unternehmers. Erst mit dieser Perspektive war es möglich, allen fünf Unternehmern weiterzuhelfen, sodass Monate später auch praktisch andere Ergebnisse herauskamen.

- Und das zweite Problem war: In den Büchern werden im Wesentlichen Führungsmethoden vorgestellt. Es wird suggeriert, dass zwei Menschen, die mit denselben Methoden führen, dieselben Führungsergebnisse bringen werden. Dem ist definitiv nicht so. Auch hier wieder ist die Persönlichkeit des Führenden entscheidend. Und dabei meine ich jetzt nicht irgendwelche plumpen DISG- oder HDI-Modelle, sondern ein in die Tiefe gehendes Verständnis der Persönlichkeit.

Mit anderen Worten: Auch wenn viele dieser Bücher wirklich gute Ideen enthielten und ich viel daraus lernen konnte, sind sie als Gesamtkonzept für Unternehmer von kleinen und mittleren Unternehmen doch allesamt unbrauchbar.

Leider hatte ich selbst aber auch nichts Besseres anzubieten. Und mein eigenes Unternehmen war auch nicht super geführt. Genau das war nun meine Aufgabe in den Jahren 2012 bis 2016: gemeinsam mit meinem Umfeld führen zu lernen. »Der Lehrer und der Lernende erschaffen gemeinsam die Lehre.« Ich sprach also wieder mit Unternehmern und besuchte die erfolgreichsten davon. Ich diskutierte viele Tage und Nächte. Ich tauschte mich in unzähligen Diskussionen mit meinem Mitgesellschafter Andreas Müller aus. Auch die vielen Gespräche mit Anja Haller, die zwischen 2011 und 2015 bei Unternehmercoach als meine Assistentin tätig war, haben mir neue Perspektiven eröffnet.

Aber das Entscheidendste war: Ich musste mich selbst dabei verändern. Ich habe noch nie so viele Führungsfehler gemacht wie in dieser Zeit. Nein, ich hatte natürlich auch vorher schon mindestens genauso viele Fehler gemacht, aber ich habe sie jetzt erst wahrgenommen. ;-) Einige davon waren sehr schmerzlich! Aber alle waren notwendig, um mich selbst in der Tiefe zu reflektieren und ein funktionierendes Konzept zu entwickeln.

Diese Fehler mussten oft meine Mitarbeiter und Coachs ausbaden. Manche hatte ich schlicht bereits zu Beginn falsch ausgesucht, andere habe ich falsch geführt. Beides korrigierte ich in diesen vier Jahren. Manchmal durch direkte Entscheidungen, manchmal dadurch, dass mein Verhalten Entscheidungen provozierte. Auch das ist Teil des Prozesses. Als Mitarbeiter wäre ich selbst übrigens lieber bei einem Unternehmer, der für sich eine Richtung sucht und dabei verwinkelte und wenig nachvollziehbare Irrwege einschlägt, als bei einem, der sich nicht reflektiert und der keinen Plan hat – aber so tut als ob.

Als sich langsam ein Kern einer Führungslehre für Unternehmer herauskristallisierte, beschlossen Andreas Müller und ich, zusammen mit 13 Unternehmern im Sommer 2015 für drei Wochen an den Grand Canyon[191] zu fahren und diese Führungslehre einem Härtetest zu unterziehen. Auch bei diesen Teilnehmern, allen voran George Antoniadis und René Luechinger, möchte ich mich herzlich für ihr Vertrauen und ihre Offenheit und Direktheit bedanken. Heraus kam für alle Beteiligten das intensivste Seminarerlebnis, das sie je hatten. Bei allen 13 Unternehmern kam es zu fundamentalen Veränderungen. Drei davon wollten das Erfahrene weitergeben und wurden dann auch Unternehmercoach bei uns. Und für mich selbst wurde der Grand Canyon zum emotionalen Referenzbild: *Genau so sollten meine Seminare und so sollte mein Unternehmen funktionieren!* Der Härtetest war bestanden.

Und damit konnte der nächste Schritt kommen: ein Buch! Erst im Jahr 2016 schrieb ich wieder – es hatte seit 2010 gedauert, bis ich mich selbst so entwickelt hatte, dass ich etwas fundamental Neues schreiben konnte. Den immer selben Abklatsch jedes Jahr einmal

191 Wir wiederholen dieses Event auch 2017 und voraussichtlich 2019 wieder. Was dort passiert, ist kaum in Worten zu beschreiben, hat aber ganz wesentlich die Madeira-Sequenz aus diesem Buch beeinflusst. Und jetzt stell dir diese Intensität vor wie mit Carlos, Wolfgang und Marc am Lagerfeuer … Und das über drei Wochen. Das 2017er-Event ist schon lange ausgebucht. Weitere Informationen unter http://www.unternehmercoach.com/coach-unternehmer-coaching-fuehrung-selbstfuehrung-grand-canyon-rafting.htm.

zwischen zwei Buchdeckel zu pressen, liegt mir nicht.[192] Ein Buch ist für mich eben nur zu einem kleinen Teil Marketinginstrument. Zu einem viel größeren Teil ist es Anlass und Kristallisationspunkt, mich selbst zu reflektieren und zu entwickeln. Und gerade dadurch für meine Kunden einen viel weitreichenderen Nutzen zu bieten.

Dieses Buch entspricht damit der Positionierung von Unternehmercoach. Es geht immer nur um ein Thema: die Persönlichkeit des Unternehmers. Egal, ob in seiner Rollenfindung (*Der Weg zum erfolgreichen Unternehmer*), seiner Strategieumsetzung (*Die Kunst, seine Kunden zu lieben*) oder in seiner Rolle als Führender (dieses Buch). Mein Ziel ist, dass Unternehmer zu sich selbst, zu ihrer Freiheit und Selbstbestimmung, zu ihrer Wirksamkeit finden und dann sagen können: Unternehmer sein ist für mich die geilste Lebensform der Welt!

Wie bei jedem meiner Bücher handelt es sich auch bei *Dein Wille geschehe. Führung für Unternehmer* um eine fiktive Geschichte. Die Personen sind alle frei erfunden, und jeder Versuch, einen konkreten Menschen in einer der fiktiven Personen des Buchs erkennen zu wollen, würde den Menschen nicht gerecht. Das gilt sowohl für die Mitarbeiter als auch für die Coachs. Höchstens Anton ist echt, aber von diesem Menschenschlag gibt es viele. ;-)

Die Form der Geschichte habe ich aus dem einfachen Grund gewählt, dass wir uns Geschichten leichter merken, dass wir Geschichten einfacher imitieren können und insofern leichter ein Handeln folgt und dass Geschichten emotionaler sind.

Ich habe als Helden der Geschichte bewusst einen Mann gewählt. Unsere Zielgruppe – Unternehmer mit 3 bis 50 Mitarbeitern – ist zu 87 Prozent männlich. Manches von dem, was ich hier im Buch beschreibe, ist nicht allgemeingültig, sondern ein spezifisches Problem von Marc. Bei anderen Unternehmern würden wir an einigen Punkten ganz anders vorgehen. Und bei Unternehmerinnen würden wir

192 Deswegen wird es sicher vor 2020 oder 2021 kein weiteres Buch von mir geben.

an einigen Punkten noch mal anders ansetzen. Bei einer Geschichte handelt es sich nicht um eine allgemeingültige, dogmatische Lehre, sondern um einen Prozess, der bei jedem etwas anders aussieht. Und Geschichten sind Beispiele und nicht dogmatisch.

Wie schon bei meinen Büchern *Der Weg zum erfolgreichen Unternehmer* und *Die Kunst, seine Kunden zu lieben* gilt auch hier: Mit diesem Buch biete ich dir die Essenz meiner jahrelangen Erfahrung zu einem bezahlbaren Preis. Umgekehrt bin ich auch auf deine Hilfe angewiesen. Zum einen freue ich mich, da ich auch von dir lerne, über jedes Feedback unter s.merath@unternehmercoach.com. Zum anderen freue ich mich natürlich über jede Weiterempfehlung dieses Buchs (Amazon-Rezension, Facebook-Posting oder in Form eines Buchgeschenks an befreundete Unternehmer oder was dir sonst noch einfällt). Eine solche Weiterempfehlung ist für mich der größte Dank! Und es unterstützt meine Vision, dass *möglichst viele* Unternehmer für sich selbst sagen können: Unternehmersein ist die geilste Lebensform der Welt! Und dass damit unsere Welt insgesamt unternehmerischer wird.

Stefan Merath, Bad Krozingen, November 2016

Literaturhinweise

Zu den meisten der hier angeführten Bücher findest du ausführliche Besprechungen von mir persönlich unter www.unternehmercoach.com.

David Allen: Wie ich die Dinge geregelt kriege. Selbstmanagement für den Alltag.

Alexandra Altmann: Gesagt, getan! Business-Strategien und Pläne erfolgreich umsetzen.

Carlo Ancelotti: Quiet Leadership. Wie man Menschen und Spiele gewinnt.

Jurgen Appelo: Management 3.0. Leading agile developers, Developing agile leaders.

Arbinger Institute: Leben ohne Selbstbetrug. Wie Sie aus der Box herauskommen.

Dan Ariely: Denken hilft zwar, nützt aber nichts. Warum wir immer wieder unvernünftige Entscheidungen treffen.

John Assaraf, Murray Smith: The Answer. Grow Any Business, Achieve Financial Freedom, and Live an Extraordinary Life.

Marc Aurel: Selbstbetrachtungen.

Christine Bauer-Jelinek: Die helle und die dunkle Seite der Macht. Wie Sie Ihre Ziele durchsetzen, ohne Ihre Werte zu verraten.

Don Edward Beck, Christopher C. Cowan: Spiral Dynamics. Leadership, Werte und Wandel.

Steve Biddulph: Männer auf der Suche. Sieben Schritte zur Befreiung.

Ken Blanchard, Patricia Zigarmi, Drea Zigarmi: Führungsstile.

Ken Blanchard: Full Steam Ahead. Die Kraft von Visionen.
Ken Blanchard, Sheldon Bowles: Gung ho! Wie Sie jedes Team in Höchstform bringen.
Heiner Brand, Jörg Löhr: Projekt Gold. Wege zur Höchstleistung. Spitzensport als Erfolgsmodell.
Ulf Brandes, Pascal Gemmer, Holger Koschek, Lydia Schültken: Management Y.
Nathaniel Brandon: Die 6 Säulen des Selbstwertgefühls.
Richard Branson: Business ist wie Rock 'n' roll.
Richard Branson: Geht nicht gibt's nicht.
William Bridges: Der Charakter von Organisationen.
Heike Bruch, Bernd Vogel: Organisationale Energie. Wie Sie das Potenzial Ihres Unternehmens ausschöpfen.
Marcus Buckingham, Curt Coffman: Erfolgreiche Führung gegen alle Regeln. Wie Sie wertvolle Mitarbeiter gewinnen, halten und fördern.
Ed Catmull: Die Kreativitäts-AG. Wie man die unsichtbaren Kräfte überwindet, die echter Inspiration im Wege stehen.
Ron Chernow: John D. Rockefeller. Die Karriere des Wirtschaftstitanen.
Deepak Chopra: Die sieben geistigen Gesetze des Erfolgs.
Deepak Chopra: Mit dem Herzen führen.
Yvon Chouinard: Lass die Mitarbeiter surfen gehen! Die Erfolgsgeschichte eines eigenwilligen Unternehmers.
Robert B. Cialdini: Die Psychologie des Überzeugens. Ein Lehrbuch für alle, die ihren Mitmenschen und sich selbst auf die Schliche kommen wollen.
Arthur Ciaramicoli: Der Empathie-Faktor. Mitgefühl – Toleranz – Verständnis.
Jim Collins: Der Weg zu den Besten. Die 7 Management-Prinzipien für dauerhaften Unternehmenserfolg.
Jim Collins, Morten T. Hansen: Oben bleiben. Immer.
Richard Conniff: Was für ein Affentheater. Wie tierische Verhaltensmuster unseren Büroalltag bestimmen.
Jens Corssen: Der Selbstentwickler.
Stephen M. R. Covey: Schnelligkeit durch Vertrauen. Die unterschätzte ökonomische Macht.
Stephen R. Covey: Die 7 Wege zur Effektivität.

Stephen R. Covey: Der 8. Weg.
Daniel Coyle: Die Talentlüge. Warum wir (fast) alles erreichen können.
Mihaly Csikszentmihalyi: Kreativität.
Mihaly Csikszentmihalyi: Flow.
Mihaly Csikszentmihalyi: Flow im Beruf.
Stephen Denning: The Leaders Guide to Storytelling.
Titus Dittmann: Brett für die Welt.
Mark Divine: Der Weg des SEAL. Werde charakterstark, belastbar und instinktsicher wie ein Elitesoldat.
Paul Donders: Authentische Führung.
Peter F. Drucker: Management im 21. Jahrhundert.
Carol Dweck: Selbstbild. Wie unser Denken Erfolge oder Niederlagen bewirkt.
Paul Ekman: Gefühle lesen. Wie Sie Emotionen erkennen und richtig interpretieren.
Christian Elger: Neuroleadership. Erkenntnisse der Hirnforschung für die Führung von Mitarbeitern.
Jay Elliot, William L. Simon: Steve Jobs – Leadership. Mit Charisma und Coolness an die Spitze.
Jason Fried, David Heinemeier Hansson: Rework. Business intelligent & einfach.
Werner Fuchs: Management by Heroes. Warum wir Vorbilder brauchen und ihnen folgen.
Mahatma Gandhi: Mein Leben.
Jörg Gantert: Sieg über sich selbst. Erfolgstechniken eines Karateweltmeisters.
Helmut Geiselhart: Das Managementmodell der Jesuiten. Ein Erfolgskonzept für das 21. Jahrhundert.
Michael E. Gerber: Das Geheimnis erfolgreicher Firmen. Warum die meisten kleinen und mittleren Unternehmen nicht funktionieren und was Sie dagegen tun können.
Gerd Gigerenzer: Bauchentscheidungen. Die Intelligenz des Unbewussten und die Macht der Intuition.
Boris Gloger, André Häusling: Erfolgreich mit Scrum. Einflussfaktor Personalmanagement. Finden und Binden von Mitarbeitern in agilen Unternehmen.

Daniel Goleman: EQ – Emotionale Intelligenz.
Daniel Goleman, Richard Boyatzis, Annie McKee: Emotionale Führung.
Baltasar Gracián: Handorakel und Kunst der Weltklugheit.
Robert Greene: Power. Die 48 Gesetze der Macht.
Robert Greene: Die 24 Gesetze der Verführung.
Anselm Grün: Menschen führen – Leben wecken.
Boris Grundl, Bodo Schäfer: Leading Simple. Führen kann so einfach sein.
Boris Grundl: Mach mich glücklich.
Boris Grundl: Steh auf!
Sebastian Haffner: Winston Churchill.
Gary Hamel: Das Ende des Managements.
Thich Nhat Hanh: The art of power. Die Kunst, mit Macht richtig umzugehen.
Hans-Georg Häusel: Brain Script. Warum Kunden kaufen!
Hans-Georg Häusel: Limbic Success! So beherrschen Sie die unbewussten Regeln des Erfolgs – die besten Strategien für Sieger.
Hans-Georg Häusel: Neuromarketing. Erkenntnisse der Hirnforschung für Markenführung, Werbung und Verkauf.
Hans-Georg Häusel: Emotional Boosting. Die hohe Kunst der Kaufverführung.
Nicolas G. Hayek: Ansichten eines Vollblutunternehmers.
Napoleon Hill: Denke nach und werde reich.
Hans H. Hinterhuber: Führen mit strategischer Teilhabe. Wie sich die Lücken zwischen Strategie und Ergebnissen schließen lassen.
Hans Hinterhuber, Anna Maria Pircher-Friedrich, Rüdiger Reinhardt, Leonhard J. Schnorrenberg (Hrsg.): Servant Leadership. Prinzipien dienender Unternehmensführung.
Philip Hodgson, Randall White: In der Ruhe liegt die Führungskraft.
Jeremy Hope, Robin Fraser: Beyond Budgeting.
Tony Hsieh: Delivering Happiness.
Gerald Hüther: Männer. Das schwache Geschlecht und sein Gehirn.
Bill Hybels: Die Kunst des Führens. Meine Führungsprinzipien auf den Punkt gebracht.
Bill Hybels: Mutig führen. Navigationshilfen für Leiter.
Roland Jäger: Ausgekuschelt. Unbequeme Wahrheiten für den Chef.

Bodo Janssen: Die stille Revolution. Führen mit Sinn und Menschlichkeit.
Keith Johnstone: Improvisation und Theater.
Markus Jotzo: Der Chef, den keiner mochte.
Markus Jotzo: Loslassen für Führungskräfte. Meine Mitarbeiter schaffen das.
Hans Rudolf Jost: Unternehmenskultur. Wie weiche Faktoren zu harten Fakten werden.
Heinz Kaegi: Gesucht: Leader. Der Weg vom Manager zur Führungspersönlichkeit.
Oliver Kahn: Ich. Erfolg kommt von innen.
Daniel Kahneman: Schnelles Denken, langsames Denken.
Robert S. Kaplan, David P. Norton: Die strategiefokussierte Organisation. Führen mit der Balanced Scorecard.
Bas Kast: Wie der Bauch dem Kopf beim Denken hilft. Die Kraft der Intuition.
Gary Klein: Natürliche Entscheidungsprozesse. Über die Quellen der Macht, die unsere Entscheidungen lenken.
Jörg Knoblauch, Jürgen Kurz: Die besten Mitarbeiter finden und halten. Die ABC-Strategie nutzen.
Jörg Knoblauch: Die Personal-Falle. Schwaches Personalmanagement ruiniert Unternehmen.
Jörg Knoblauch, Benjamin Kuttler: Das Geheimnis der Champions. Wie exzellente Unternehmen die besten Mitarbeiter finden und binden.
Hans Knürr: 80 Ansichten eines gestandenen Unternehmers. Auffassungen und Anregungen aus 40 Jahren leidenschaftlichen Unternehmertums.
Klaus Kobjoll: Abenteuer European Quality Award. Motivaction III.
Klaus Kobjoll: max. Das revolutionäre Motivationskonzept.
Paul J. Kohtes: Dein Job ist es, frei zu sein. Zen und die Kunst des Managements.
Bjørn Thorsten Leimbach: Männlichkeit leben. Die Stärkung des Maskulinen.
Kevin Leman, William Pentak: Das Hirtenprinzip. 7 Erfolgsrezepte guter Menschenführung.

Theo Lieven: Unternehmer sein heißt frei sein.
Lothar Linz: Erfolgreiches Teamcoaching.
James E. Loehr: Die neue mentale Stärke. Sportliche Bestleistung durch mentale, emotionale und physische Konditionierung.
Dave Logan, John King, Halee Fischer-Wright: Tribal Leadership. Leveraging Natural Groups to Build a Thriving Organization.
Detlef Lohmann: … Und mittags geh ich heim. Die völlig andere Art, ein Unternehmen zum Erfolg zu führen.
Niccolò Machiavelli: Der Fürst.
Fredmund Malik: Führen, Leisten, Leben.
Fredmund Malik: Management. Das A und O des Handwerks.
Fredmund Malik: Wirksam führen.
Nelson Mandela: Der lange Weg zur Freiheit.
John C. Maxwell: Entwickeln Sie Ihre Führungsqualität.
Peter May: Der Unternehmer.
Alan Loy McGinnis: Aus Freude am Erfolg. Wie Sie aus sich und anderen das Beste herausholen.
Matthew McKay, Patrick Fanning: Selbstachtung. Das Herz einer gesunden Persönlichkeit.
Matthew McKay, Patrick Fanning, Carole Honeychurch, Catherine Sutker: Selbstwert. Die beste Investition Ihres Lebens.
Stefan Merath: Der Weg zum erfolgreichen Franchisegeber. Wie Sie die magische Hürde von 25 Franchisepartnern überwinden.
Stefan Merath: Der Weg zum erfolgreichen Unternehmer. Wie Sie und Ihr Unternehmen neue Dynamik gewinnen.
Stefan Merath: Die Kunst, seine Kunden zu lieben. Neurostrategie für Unternehmer.
Reinhold Messner: Grenzenlos zum Erfolg. So wachsen Sie über sich hinaus.
Dan Millman: Der Pfad des friedvollen Kriegers.
Denis Mourlane: emotional Leading. Die Kunst, sich und andere richtig zu führen.
Miyamoto Musashi: Das Buch der fünf Ringe.
Friedrich Nietzsche: Jenseits von Gut und Böse. Zur Genealogie der Moral.
Matthias Nöllke: Machtspiele. Die Kunst, sich durchzusetzen.

Michael Paschen, Erich Dihsmaier: Psychologie der Menschenführung. Wie Sie Führungsstärke und Autorität entwickeln.

Niels Pfläging: Führen mit flexiblen Zielen. Beyond Budgeting in der Praxis.

Niels Pfläging, Silke Hermann: Komplexithoden. Clevere Wege zur (Wieder)Belebung von Unternehmen und Arbeit in Komplexität.

Astrid Posner: Die smarte Art, sich durchzusetzen. Status-Spiele erkennen und für sich entscheiden.

Sebastian Purps-Pardigol: Führen mit Hirn. Mitarbeiter begeistern und Unternehmenserfolg steigern.

Ayn Rand: Der Streik.

Rüdiger Reinhardt (Hrsg.): Neuroleadership. Empirische Überprüfung und Nutzenpotenziale für die Praxis.

Geshe Michael Roach: Die Weisheit des Diamanten. Buddhistische Prinzipien für beruflichen Erfolg und privates Glück.

Anthony Robbins: Grenzenlose Energie. Das Powerprinzip.

Anthony Robbins: Der Vorsprung. Die Kraft, dein Leben jetzt zu ändern.

Jochen Röpke: Der lernende Unternehmer. Zur Evolution und Konstruktion unternehmerischer Kompetenz.

Marcus Sassenrath: Management by Brain. Nutzen Sie die Erkenntnisse der Gehirnforschung für erfolgreiche Führung.

Bodo Schäfer: Die Gesetze der Gewinner.

Bodo Schäfer: Der Weg zur finanziellen Freiheit. In sieben Jahren die erste Million.

C. Otto Scharmer: Theorie U. Von der Zukunft her führen.

Edgar H. Schein: Organisationskultur.

Josef Schmidt: Unternehmer sein – mit Körper, Geist und Seele.

Werner Schwanfelder: Konfuzius im Management. Werte und Weisheit im 21. Jahrhundert.

Tony Schwartz, Jim Loehr: Die Disziplin des Erfolgs. Von Spitzensportlern lernen – Energie richtig managen.

Martin Seligman: Pessimisten küsst man nicht.

Ricardo Semler: The Seven-Day-Weekend.

Peter M. Senge: Die fünfte Disziplin.

Han Shan: Achtsamkeit.

Werner Siefer, Christian Weber: Ich. Wie wir uns selbst erfinden.
Werner Siefer: Das Genie in mir. Warum Talent erlernbar ist.
Manfred Spitzer: Vom Sinn des Lebens. Wege statt Werke.
Manfred Spitzer: Lernen. Gehirnforschung und die Schule des Lebens.
Reinhard K. Sprenger: Vertrauen führt. Worauf es im Unternehmen wirklich ankommt.
Reinhard K. Sprenger: Das Prinzip Selbstverantwortung. Wege zur Motivation.
Reinhard K. Sprenger: Mythos Motivation. Wege aus der Sackgasse.
Reinhard K. Sprenger: Gut aufgestellt. Fußballstrategien für Manager.
Reinhard K. Sprenger: Radikal führen.
Hartmut Stahl: Die Motivation des Unternehmers.
Bruce Tulgan: Einer muss der Chef sein. So werden Sie die Führungskraft, die Ihr Team braucht. Erfolg statt Schmusekurs.
Bernd Venohr: Wachsen wie Würth.
Frans de Waal: Der Affe in uns. Warum wir sind, wie wir sind.
Denis Waitley: Nur wer handelt, kann gewinnen.
Christoph Weiß: Verdammt zur Spitzenleistung. Ein Arbeitsbuch für Unternehmer.
Jürgen Wunderlich: Intuition – Die unbewusste Intelligenz. I^3-Power oder wenn der Bauch beim Denken hilft.
Reinhold Würth: Erfolgsgeheimnis Führungskultur. Bilanz eines Unternehmers.
John Yokoyama, Joseph Michelli: Wenn Fische fliegen lernen. Ein ungewöhnliches Führungsbuch.
Jeffrey Young, William L. Simon: Steve Jobs und die Erfolgsgeschichte von Apple.

Register

Nachwort von Uwe Rotermund

GESCHÄFTSFÜHRENDER GESELLSCHAFTER NOVENTUM CONSULTING GMBH, GEWINNER »GREAT PLACE TO WORK« 2010, 2011, 2012

Meine Beziehung zu Stefan Merath und seiner Unternehmercoach GmbH begann am 3. August 2011 mit einem ersten Telefongespräch, das Stefan Merath initiiert hatte. Wenige Monate zuvor war mein Unternehmen noventum consulting zum zweiten Mal in Folge vom »Great Place to Work«-Institut als bester Arbeitgeber Deutschlands und als einer der Top-5-Arbeitgeber Europas ausgezeichnet worden. Das war auch der Grund des Anrufs, denn wie ich erfuhr, »sammelte« Stefan Merath Unternehmerstars aus verschiedenen Bereichen für einen Unternehmerworkshop, zu dem ich einen Beitrag leisten durfte. Diese Idee fand ich ausgesprochen spannend. Auf der einen Seite wollte ich sehr gerne andere Unternehmer an meinen Erkenntnissen über den Nutzen einer konsequenten Vertrauenskultur teilhaben lassen, zum anderen war ich sehr neugierig auf die anderen Starunternehmer, die aus anderen Perspektiven etwas mitzuteilen hatten. Bis zu unserem ersten Treffen nutzte ich dann meine Langstreckenläufe, um die Audiobücher *Der Weg zum erfolgreichen Unternehmer* und *Die Kunst, seine Kunden zu lieben* zu hören und mich damit in die Strukturen von Stefan Meraths Unternehmercoach hineinzudenken. Ich habe diese Läufe sehr genossen.

Inzwischen blicke ich auf eine über fünfjährige Zusammenarbeit mit Stefan Merath zurück, die mich in vielerlei Hinsicht inspiriert und mich als Unternehmer wirklich weitergebracht hat. Zum einen habe ich bei den Unternehmercoach-Veranstaltungen und den Braintrust-Unternehmertreffen viele andere Unternehmer mit außerordentlich anregenden Konzepten und großer Freude an einem intensiven Erfahrungsaustausch kennen- und schätzen gelernt. Noch heute bin ich mit einigen dieser Unternehmer in häufigem Kontakt. Ein zweiter Aspekt, den ich schätzen gelernt habe, sind die Konzepte und Strukturen der Unternehmercoach GmbH zur Entwicklung einer wirkungsvollen Unternehmensstrategie und zu einem effektiven Führungsverhalten. Ich erinnere mich noch gerne an einige Braintrust-Treffen, bei denen wir im Unternehmerkreis intensiv drei Tage lang unsere Anwendung von Strategie und unser Führungsverhalten gegenseitig analysiert haben. Als dritten Bereich, in dem mir die Unternehmercoach GmbH sehr genutzt hat, möchte ich die Impulse von führenden Management- und Führungstheoretikern nennen. Ich durfte insbesondere in den Seminaren und Workshops von Stefan Merath Dr. Kerstin Friedrich, Boris Grundl, Niels Pfläging, Peter Sawtschenko u.v.m. kennenlernen, um mich auf dieser Basis in Spezialthemen wie Engpasskonzentrierter Strategie, Positionierung oder Selbstorganisation weiterzuentwickeln.

Es freut mich sehr, dass Stefan Merath jetzt mit *Dein Wille geschehe* sein neues Werk für Unternehmer veröffentlicht hat. Es erklärt in klarer und verständlicher Weise, worauf es als Unternehmer wirklich ankommt, und verdeutlicht dies in unnachahmlicher Weise mithilfe des Storytelling-Ansatzes. Mir hat das neue Buch wieder sehr viele Anregungen gegeben und bestätigt, dass ich als Unternehmer bei der Unternehmercoach GmbH in den besten Händen bin.

»Nachdem ich bereits die ersten beiden Bücher von Stefan Merath mit großem Erkenntnisgewinn gelesen bzw. gehört hatte und ich auch als Kunde der Unternehmercoach GmbH viel gelernt habe, habe ich mich sehr über neuen Lese- und Erkenntnisstoff für leidenschaftliche Unternehmer aus dem Hause Unternehmercoach gefreut. Auch in Dein Wille geschehe *stellt Stefan Merath wichtiges Handwerkszeug zur Unternehmensführung in vertrauter und beeindruckender Weise vor, die ihresgleichen sucht. Stefan Merath ›verpackt‹ seine gut strukturierten Handlungsempfehlungen zur effektiven Führung in eine Geschichte, die den Leser in der Rolle des Protagonisten Niederlagen und Erfolge miterleben lässt. Storytelling at its best.«*

– Uwe Rotermund

© Svyatoslav Lypynskyy / Adobe Stock

Unternehmertraining

DAS UMFASSENDE TRAINING ZU DEN BÜCHERN – IN ZWEI JAHREN VON 0 AUF 100

Du fragst dich, was es braucht, um ein Spitzenunternehmer wie Marc zu werden, und wie DU es endlich schaffst, dass dein Unternehmen abhebt?

- Unternehmersein ist eine Lebensform und diese kann man lernen. Dies braucht ein permanentes und intensives **Training**, d. h. Zeit, in der man an sich selbst (mit einem herausragenden Lehrer) arbeitet.
- Ein oft unterschätzter Schlüssel ist das **Umfeld**, in dem man sich bewegt. Ein Unternehmer wird sich dramatisch anders entwickeln, wenn zu seinem Umfeld erfolgreiche Unternehmer gehören.
- Beides bringt aber nur mit einer weiteren Zutat Erfolg: der Entscheidung, herausragender Unternehmer zu werden. Ich meine die **wirkliche, tiefe Entscheidung!**

WILLST DU MEHR ALS NUR MITTELMASS SEIN?

Gerne unterstützen wir dich dabei: mit einem zweijährigen Unternehmertraining in einem Umfeld von hoch motivierten Unternehmern und mit persönlichen Trainings-Sessions in der Nähe von Bad Krozingen.

WAS BRINGT DIR DAS UNTERNEHMERTRAINING?

Nach diesen zwei Jahren hast du für dich ein Unternehmen aufgebaut, das dir Sinn und Erfüllung bietet und zudem extrem erfolgreich ist. Wichtiger noch: Nach diesen zwei Jahren bist du fähig, egal wo und egal von welcher Ausgangsposition wieder von vorn zu beginnen. Aus dem Bewusstsein dieser Fähigkeit ergeben sich wahre Sicherheit und Freiheit. Sicherheit und Freiheit, die von innen kommen. Das Unternehmertraining beginnt Anfang des Jahres und ist meist Monate zuvor ausgebucht.

Mehr zum Einsatz und zu den Voraussetzungen erfährst du unter:

https://www.unternehmercoach.com/unternehmertraining

UNTERNEHMERCOACH

Dein Weg – Unternehmersein als geilste Lebensform der Welt

DU MÖCHTEST DEIN LEBEN UND DEIN UNTERNEHMEN VERBESSERN? MIT UNSEREN SEMINAREN …

- **Der Weg zum erfolgreichen Unternehmer (Basisseminar)**
- **Neurostrategie® für kleine und mittlere Unternehmen**
- **Führung für Unternehmer I + II**
- **Storytelling**

… BIETEN WIR DIR EINE TOLLE MISCHUNG AUS SEMINAR, GRUPPENARBEIT UND COACHING, DAMIT …

- du den einen zentralen behindernden Punkt in deinem Unternehmen identifizieren und beseitigen kannst,
- dein Unternehmen für dich arbeitet und nicht umgekehrt,
- du deine Entwicklung dramatisch beschleunigen kannst und
- du eine Richtung für dich und dein Unternehmen findest, die Sinn stiftet und dich in Gänze erfüllt.

DIESE SEMINARE UNTERSCHEIDET VON ANDEREN, DASS …

- du unter Gleichgesinnten bist und nach den Seminaren an unseren Braintrusts, also am regelmäßigen Austausch, teilnehmen kannst.
- du die Möglichkeit hast, mit Stefan Merath auch während der Pausen und des Essens persönlich zu sprechen.
- die Seminare zu den wenigen Angeboten gehören, die dir helfen, Unternehmer (nicht Manager oder BWL-Experte!) zu werden.
- du Methoden kennenlernst, die deine Umsetzungswahrscheinlichkeit um – in der Seminarlandschaft einzigartig – 80 Prozent erhöhen.

Die Seminare finden ausschließlich in exklusiven Seminarhotelanlagen statt!

Informiere dich jetzt unter:
https://www.unternehmercoach.com

UNTERNEHMERCOACH